《安全管理学》新形态教材建设项目(JC2414)资助

安全管理学

主　编　罗通元
副主编　腾小幸　孙志勇
参　编　赵雪珊
主　审　吴　超

中国矿业大学出版社
·徐州·

内 容 提 要

本书以安全学原理和管理学理论为基础，汲取了国内外安全管理领域的理论成果和实践经验，系统阐述了安全学基本原理、安全管理职能和现代安全管理方法等。全书共分 6 篇、14 章，每章均有思考题和案例分析。本书内容由浅入深，逻辑清晰、重点突出。其中，全书设有思维导图及拓展阅读二维码，每篇设有开篇导读、学习目标和思维导图，每章设有思考题、案例分析，以拓展教材深度和广度。运用书中二维码增加趣味性，旨在使读者深入理解安全管理学理论，提高读者理论联系实际的能力，提升安全管理水平。

本书主要作为高等院校安全科学与工程类及相关专业的本科教材，也可作为从事安全管理的专业人员的参考书。

图书在版编目(CIP)数据

安全管理学 / 罗通元主编. — 徐州 ：中国矿业大学出版社，2025. 1. — ISBN 978-7-5646-6354-4

Ⅰ. X915.2

中国国家版本馆 CIP 数据核字第 2024T34P69 号

书　　名　安全管理学
主　　编　罗通元
责任编辑　陈红梅
出版发行　中国矿业大学出版社有限责任公司
（江苏省徐州市解放南路　邮编 221008）
营销热线　(0516)83885370　83884103
出版服务　(0516)83995789　83884920
网　　址　http://www.cumtp.com　**E-mail**:cumtpvip@cumtp.com
印　　刷　徐州中矿大印发科技有限公司
开　　本　787 mm×1092 mm　1/16　**印张** 20.75　**字数** 518 千字
版次印次　2025 年 1 月第 1 版　2025 年 1 月第 1 次印刷
定　　价　58.00 元

前　言

安全问题是人类社会活动中永恒的主题，尽管安全管理老生常谈，但安全管理作为科学研究却是年轻的。在安全领域，依靠单一工程技术手段难以全面解决复杂的安全问题，因为约70％的事故根源在于人为因素。人作为具有主观能动性的变量，其行为不确定性使得仅30％的安全问题能通过技术手段直接解决，其余70％必须依靠系统化的安全管理来实现。因此，安全工作遵循"三分技术、七分管理"的规律，需要通过管理手段持续规范人员行为，从而有效降低不安全行为的发生概率。

近年来，全球安全事件频发，事故灾难等造成了灾难性的人员伤亡以及巨大的经济损失和恶劣的社会影响。通过致因调查发现，造成突发事件频发的主要原因总是离不开安全管理。管理工作是一切活动的基础，犹如战略制定和战术落实的关系，不能只讲战术不谈战略。因此，无论是日常生活中的交通安全、食品安全，还是工作场所的生产安全，都需要安全管理来保驾护航。日常安全工作是系统工程，要从系统工程和全局角度寻求新的安全治理之道，不能再是各管一摊、相互掣肘，而必须统筹兼顾、整体谋划。这也需要管理思维，对系统中人、物、环境进行综合管理，协调好计划、组织、领导和控制活动。

在实施安全工作时，人们应摆脱单一技术思维，从管理的角度考虑安全工程的全面解决。为此，需要运用管理学和安全科学的理论、原理和方法探讨安全管理活动的规律，安全管理学应运而生。安全管理学是研究安全管理活动规律和方法的一门科学，以所确定系统中的人、物、信息、环境、文化、体系等要素以及它们之间与安全的关系为研究对象，研究合理、有效的配置要素及其关系，从而保证系统中安全状况的持续实现。在生产安全领域，尽管重要性凸显，但专业化岗位设置仍待完善；在国际上，职业安全健康管理及其工作岗位已经延续了很多年。因此，安全管理具有普适性和重要性。

本书旨在帮助读者全面了解安全管理的知识体系，掌握安全管理的基本技能，提高安全意识和应对能力。通过本书的学习，读者能够深入理解安全管理的内涵和外延，掌握安全管理的核心要素和关键环节，从而更好地应对各种安全挑战，保障人们的生命安全和财产安全。

本书在编写过程中注重理论与实践相结合，既注重理论知识的系统性和完整性，又注重实践应用的针对性和可操作性。本书从安全管理的基本概念入手，深入阐述了安全管理职能，并结合实际进行了分析和解读。同时，本书还关注当前安全管理领域的热点问题，介绍了安全管理的新理念、新方法和新应用，使读者能够了解安全管理的最新动态和发展趋势。

在内容安排上，本书首先介绍了安全管理的基本概念、发展历程和重要性，为后续章节的学习打下基础。接着，本书详细阐述了安全管理学的基础理论，包括管理与管理者、管理的四阶段理论内容、中西方管理思想等，使读者能够全面理解管理和安全管理的内涵和外延。在此基础上，本书进一步介绍了安全管理四项职能和现代安全管理方法，包括安全计划职能（安全目标管理、安全战略管理和安全计划管理）、安全组织职能（安全组织管理、安全人员管理和安全团队管理）、安全领导职能（安全领导与管理、安全激励与沟通）和安全控制职能（安全行为管理、风险与应急管理）等，还介绍了安全管理体系（职业安全健康管理体系、健康安全与环境管理体系、安全生产标准化和安全管理双重预防机制）以及 6σ 和 13S 安全管理方法等。此外，本书还注重培养学生的创新意识和实践能力，引入实际案例，使学生能够在实践中学习和掌握安全管理的知识和技能。本书力求做到内容准确、权威、实用，注重语言的通俗易懂和可读性，使读者能够轻松理解并吸收书中的知识。

安全管理不仅是一门学科，而且是一种责任和使命。每一个从事安全管理工作的人员，都应该以高度的责任感和使命感，认真对待每一个安全细节，确保每一个环节都符合安全标准。只有这样我们才能真正做到防患于未然，确保人们的生命安全和财产安全。同时，安全管理是一个不断发展和完善的过程。随着科技的进步和社会的变革，新的安全问题和挑战不断涌现。因此，我们需要不断学习和掌握新的安全管理知识和技能，以适应不断变化的安全环境。

本书在编写过程中借鉴了不少专家、学者的宝贵意见和建议，在此表示衷心的感谢；书中参考了大量国内外相关的学术著作、研究论文和实践案例，在此对文献的作者深表感谢！特别申明：本书所用视频资料已获授权，仅供教学使用，其版权归属原权利人。

希望本书能够成为您学习和工作的良师益友，为您的安全管理工作提供有益的参考和借鉴。由于编者水平有限，书中难免存在不足之处，热切地希望广大读者提出批评意见。

编　者

2024 年 5 月

本书导读

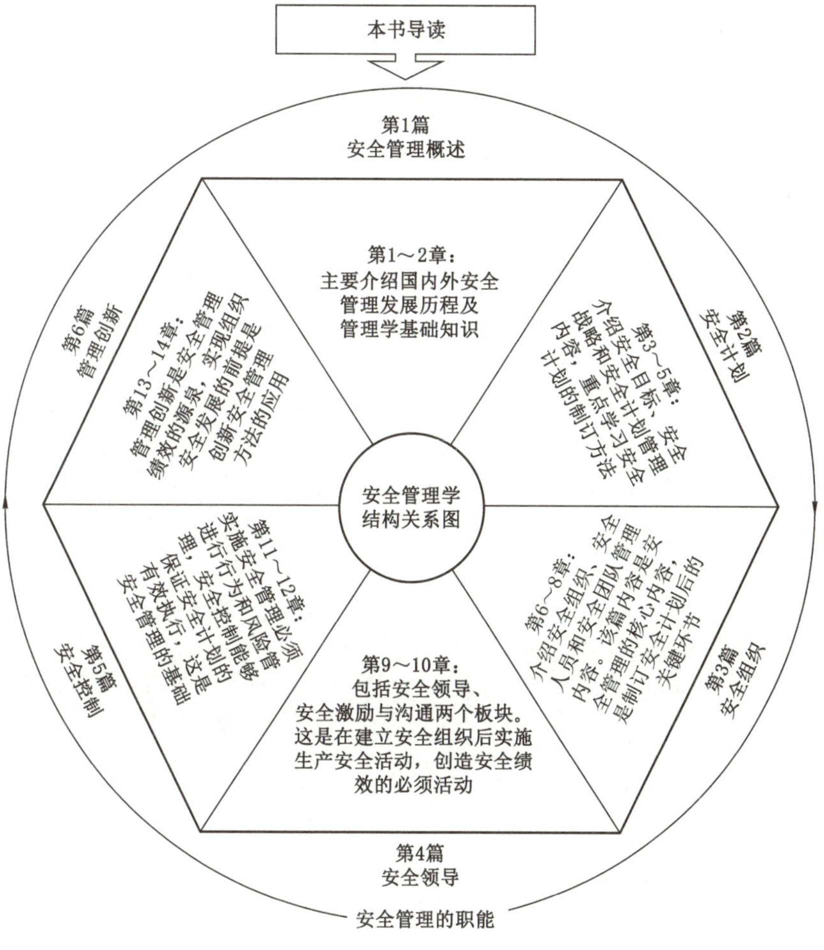
本书导读
第1篇
安全管理概述
第1～2章：
主要介绍国内外安全
管理发展历程及
管理学基础知识
第2篇
安全计划
第3～5章：
介绍安全目标、安全
战略和安全计划管理
内容，重点学习安全
计划的制订方法
第3篇
安全组织
第6～8章：
介绍安全组织、安全
人员和安全团队管理
内容。该篇内容是安
全管理的核心内容，
是制订安全计划后的
关键环节
第4篇
安全领导
第9～10章：
包括安全领导、
安全激励与沟通两个板块。
这是在建立安全组织后实施
生产安全活动，创造安全绩
效的必须活动
第5篇
安全控制
第11～12章：
实施安全管理必须
进行行为和风险管
理，安全控制能够
保证安全计划的
有效执行，这是
安全管理的基础
第6篇
管理创新
第13～14章：
管理创新是安全管理
绩效的源泉，实现组织
安全发展的前提是
创新安全管理
方法的应用
安全管理学
结构关系图
安全管理的职能

目 录

第 1 篇 安全管理概述

第 2 篇 安 全 计 划

第3篇　安全组织

第 4 篇 安全领导

第 5 篇 安全控制

第6篇 管理创新

第 1 篇

安全管理概述

❀ 开篇导语

安全管理是保障安全的基本活动，而在安全的范畴内实施管理活动则是检验一个组织、企业、社会乃至国家管理能力的重要试金石。在世界安全科学发展历程中，技术和管理作为推动理论创新、科学研究和工程实践的双引擎，人类从开始研究安全工程技术到研究安全基础理论，学术界逐渐认识到没有管理就不可能实现安全。现实中我们碰到的大部分问题都是复杂且不确定的，单一学科的专业也很难解决问题。单纯地依靠安全工程技术或安全管理理论解决不了现实安全问题，在“新质生产力”的催生下势必会诞生符合安全科学规律和实践需要的新方案，这一方案必须是基于宏观管理的微观技术科学。

安全管理学是指导安全管理实践的理论工具，通过安全管理理论学习为实施安全管理活动提供理论支撑。安全管理学是安全科学和管理学的交叉学科，也是研究安全管理活动规律和方法的一门科学。它以所确定系统中的地、物、信息、环境、文化、体系等要素以及它们之间与安全的关系为研究对象，研究合理有效的配置诸要素及其之间的关系，从而保证系统中安全状况的持续实现。基于此，本篇的第一部分提出安全管理的一般认识，阐述安全及其管理概念，讲述安全管理学概念、内涵、研究内容、特点等；第二部分讲述管理学基础理论，重点介绍管理与管理者的概念、古典管理理论、行为科学理论、管理理论丛林、当代管理理论和中西方管理理论比较等。

❀ 学习目标

了解安全管理学研究对象和主要内容。

掌握管理的定义、性质和职能。

了解管理理论的四个阶段内容。

了解东西方管理思想的差异与融合，树立文化自信。

掌握安全管理与安全管理学的定义。

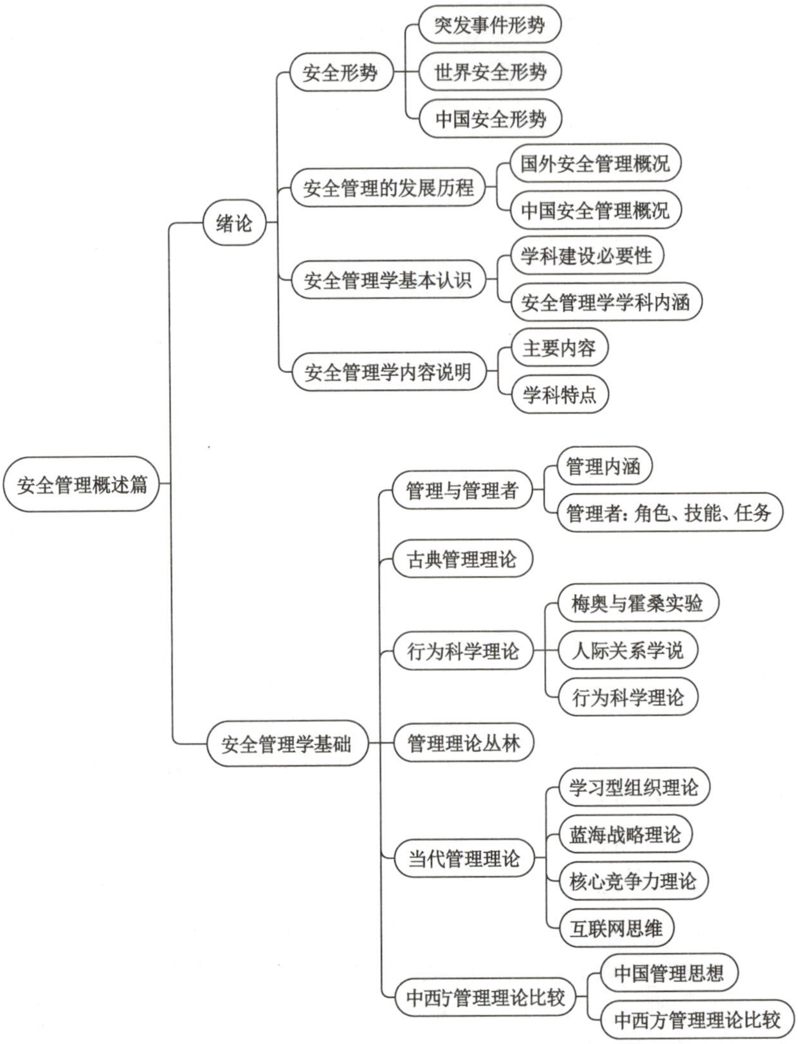
安全管理概述篇
绪论
安全形势
突发事件形势
世界安全形势
中国安全形势
安全管理的发展历程
国外安全管理概况
中国安全管理概况
安全管理学基本认识
学科建设必要性
安全管理学学科内涵
安全管理学内容说明
主要内容
学科特点
安全管理学基础
管理与管理者
管理内涵
管理者：角色、技能、任务
古典管理理论
行为科学理论
梅奥与霍桑实验
人际关系学说
行为科学理论
管理理论丛林
当代管理理论
学习型组织理论
蓝海战略理论
核心竞争力理论
互联网思维
中西亏管理理论比较
中国管理思想
中西方管理理论比较

思维导图

第1章 绪　论

第1节 安全形势

安全是一切生存、生活和生产的基础条件;安全自古以来就是人类追求的目标之一;安全是现代人类社会活动的前提;安全是国家和社会稳定的基石;安全是经济社会发展的保障条件之一;安全是人民安居乐业的基础之一;安全是建设和谐社会必须解决的重大原则性战略性问题;安全是家庭和谐的保障;安全也是实现个人价值和抱负的基石;等等。因此,安全强调得再多也是不够的,安全管理学得再多都是值得的。

一、突发事件概述

"天下之势不盛则衰,天下之治不进则退。"世界总是在矛盾中发展,没有矛盾就没有世界的发展。纵观历史,人类正是在战胜一次次考验中成长、在克服一场场危机中发展。在这些考验和危机中都涉及安全问题,人类社会的发展史在某种意义上也是解决安全问题的奋斗史。21 世纪以来,全球安全形势越发严峻和复杂,人类在享受科技发展带来红利的同时,严峻的安全问题仍然层出不穷。

据世界卫生组织报告,2023 年全球交通事故死亡人数每分钟超过 2 人,每日超过 3 200 人。《2022 年全球自然灾害评估报告》指出:2022 年,全球共发生 321 次较大自然灾害(不含流行性疾病),受影响的国家和地区达 118 个,共造成 30 759 人死亡。根据国际劳工组织(ILO)的保守估计,全球每年的工伤事故达 2.5 亿次,平均每天发生 68.5 万起事故,每小时发生 2.85 万起,每分钟发生 475.6 起,全世界每年因工伤事故和职业病危害的死亡人数约为 110 万人。全球每年因工伤和职业病造成的经济损失达 1.25 万亿美元,占全球 GDP(国内生产总值)的 4%。

突发事件为安全敲响了警钟。当前乃至今后一段时期,国内外的安全形势将会更加严峻,安全管理的研究及发展依然滞后于社会发展的实际需要。目前造成安全形势严峻的重要原因就是安全管理落后、管理方式不科学等,主要表现为突发事件后果严重、人因事故占比增大等。

二、世界安全形势

随着全球化纵深推进与科技革命加速迭代,当今世界安全格局呈现多维风险交织特征。地缘政治博弈、恐怖主义威胁等传统安全问题,与网络安全危机、环境生态恶化及产业链生产安全风险等非传统挑战深度耦合。特别是大安全理念下,生产安全不仅关乎企业存续,更通过供应链传导效应与能源安全、经济安全乃至社会稳定形成战略联动，亟须在统筹发展和安全的框架下构建全链条风险防控体系。

1. 地缘政治风险加剧

当前世界各大国之间的地缘政治竞争日趋激烈，主要经济体纷纷加强军事部署和战略调整，以维护自身利益。一些地区的地缘政治紧张局势不断升级，甚至爆发了局部冲突和战争。研究表明，地缘政治风险不仅威胁着相关国家和地区的和平与稳定，也对全球安全形势产生了深远影响。

2. 恐怖主义威胁持续存在

尽管国际社会在打击恐怖主义方面取得了一定成效，但是恐怖主义威胁仍然持续存在。一些极端恐怖组织利用各种手段在全球范围内制造恐怖袭击事件，给各国人民的生命财产安全造成了严重威胁。同时，恐怖主义还与网络犯罪、毒品走私等跨国犯罪活动相互勾结，形成了更加复杂的威胁网络。

3. 网络安全问题日益突出

随着互联网的普及和技术的迅猛发展，网络安全问题日益成为世界各国共同面临的挑战。黑客攻击、网络病毒、网络诈骗等网络犯罪活动层出不穷，给个人隐私、企业机密和国家安全带来了巨大威胁。同时，一些国家还利用网络空间进行政治渗透、军事侦察和经济窃密等活动，加剧了网络空间的紧张局势。

4. 环境问题加剧安全挑战

全球气候变暖、水污染等环境问题日益严峻，给世界安全形势带来了新的挑战。气候变化导致极端天气事件频发，给农业生产、生态系统和人类健康带来了严重影响；环境污染则加剧了资源短缺、生态破坏等问题，增加了社会不稳定和地区冲突的风险。

三、中国安全形势

我国作为世界上最大的发展中国家，长期面临着复杂多变的安全形势。从政治、经济到军事、社会以及国际层面，各种安全挑战不断涌现。

1. 政治安全

政治安全是国家安全的核心，关系着国家主权、政权稳定和社会秩序。近年来，我国政府在维护政治安全方面取得了显著成效，但仍面临一些政治安全的挑战。

2. 经济安全

经济安全是国家安全的基础。近年来，我国经济保持了较快的增长速度，但也面临一些风险和挑战。中美经贸摩擦是近年来我国经济安全面临的重要挑战之一。美国对我国不断发起贸易战，加征关税、限制技术出口等给我国经济造成了一定的负面影响。虽然双方经过多轮磋商，达成了一定协议，但中美经贸关系仍然存在不确定性因素。随着金融市场的不断发展，金融风险也逐渐凸显。近年来，我国政府加强了对金融市场的监管力度，严厉打击非法金融活动，防范金融风险。

3. 军事安全

军事安全是国家安全的重要保障。一些周边国家试图通过军事手段侵犯我国领土主权。我国政府坚决维护国家领土完整和领海权益，加强巡航和军事演习等行动。近年来，恐怖主义威胁也有所抬头，我国政府加大了对恐怖主义的打击力度，成功破获了一系列恐怖袭击案件，维护社会稳定和人民生命财产安全。

4. 社会安全

社会安全是国家安全的重要组成部分。为了打击黑恶势力犯罪活动，维护社会治安稳定，我国政府开展了扫黑除恶专项斗争。通过严厉打击黑恶势力团伙及其保护伞，有效净化了社会环境，提升了人民群众的安全感。近年来，我国政府加强了对网络安全事件的应对能力建设。例如，针对一系列网络攻击和数据泄露事件，政府及时采取措施进行处置和防范，保障了国家网络安全和信息安全。

随着国内外环境的不断变化和安全挑战的不断涌现，我国的国家安全和生产领域仍将面临诸多考验和挑战。为此，我们需要保持清醒头脑和战略定力，继续加强安全管理的建设和改革工作，以应对未来可能出现的各种风险和挑战。

第2节 安全管理的发展历程

一、国外安全管理概况

从人类社会诞生起，伴随着人类生产和生活，趋利避害和维持生存的需要就一直存在。无论是宗教崇拜，还是科学信仰，自美索不达米亚文明开始，世界文明的进步都离不开安全管理的实践。然而，这些都是科学诞生前模糊、零散且短暂的管理经验。例如，公元前27世纪，古埃及第三王朝在建造金字塔时，组织10万人花费20年时间开凿地下甬道、建造墓穴及地面塔体，该工程就是用安全管理保障人员安全的。公元前2000年，古埃及中王朝时期，国王派出大量军队保护勘探采石场的人员安全。公元前24年，在奥古斯都统治罗马时，就创立了警戒人员“值夜”制度。古希腊和古罗马时期，设立了以维持治安和救火为任务的近卫军和值班团。公元872年，英国颁布宵禁命令，要求晚上在规定时间内熄火。公元12世纪初，英国颁布了《防火法令》等。

国外安全管理的发展可以大致分为四个阶段。

① 初始阶段(19世纪末至20世纪初)。在工业革命的推动下，工厂和企业大量涌现，工作场所的安全问题逐渐暴露出来。此时，安全管理处于萌芽状态，主要由企业自发进行，缺乏系统性的法规和标准。

② 法规建设阶段(20世纪初至20世纪50年代)。随着工作场所安全事故的频发，政府开始介入安全管理领域，制定了一系列法律法规，要求企业遵守并执行。这一阶段的安全管理主要以法律法规为依托，通过强制执行来保障工作场所的安全。

③ 风险管理阶段(20世纪50年代至20世纪末)。随着科技的进步和工业化进程的加速，工作场所的复杂性不断增加，单纯依靠法规和标准已经难以满足安全管理的需求。此时，风险管理理论开始应用于安全管理领域，强调通过识别、评估和控制风险来预防事故的发生。这一阶段的安全管理更加注重主动性和预见性。

④ 现代安全管理阶段(21世纪初至今)。21世纪以来，全球化、信息化和智能化等新趋势对安全管理提出了新的挑战。此时，安全管理逐渐向全面化、系统化和智能化方向发展，注重整合各种资源和技术手段，构建高效的安全管理体系。同时，随着人们安全意识的提高和对企业社会责任的关注增加，安全管理也更加注重以人为本和可持续发展。安全管理作为一种系统的方法，旨在识别、评估、控制和预防工作场所的危险和风险。其发展在全球范围内有着深厚的积淀，尤其是在美国、日本、英国和欧洲等发达国家和地区。

1. 美国的安全管理发展

美国的安全管理发展可以追溯到19世纪末和20世纪初的工业化时期。在那个时代，工厂工作条件恶劣，工伤事故频发，促使社会各界日益关注工人安全问题。

(1) 早期的法律法规

为了改善工作条件，美国于1914年通过了《工厂法案》，明确要求工厂雇主应该提供安全的工作环境。这是美国历史上第一部关于安全管理的法律。此后，美国陆续颁布了更多与职业安全相关的法律法规，如《职业安全与健康法》等。

(2) 风险管理概念的引入

20世纪30年代，美国管理协会保险部首次提出风险管理的概念。这一概念逐渐在企业界得到认可，并成为企业安全管理的重要组成部分。到了20世纪60年代，随着风险管理理论和实践的不断发展，美国先后出版了多部风险管理的专著，标志着风险管理学科的正式形成。

(3) 职业安全与健康管理局的成立

1970年，美国国会通过了《职业安全与健康法》，并成立了职业安全与健康管理局(OSHA)。OSHA负责制定和执行工作场所的安全与健康标准，对美国的安全管理产生了深远的影响。

(4) 现代安全管理方法的发展

进入21世纪后，美国的安全管理逐渐从传统的法规遵从型向风险管理型转变，企业开始更加注重通过风险评估、安全文化建设等手段提高安全管理水平。此外，随着信息技术的发展，安全管理也逐渐实现了数字化和智能化。

2. 日本的安全管理发展

日本的安全管理发展经历了与美国类似的过程，但具有其独特的特点。

(1) “安全第一”原则的确立

在日本的企业文化中，“安全第一”原则被高度重视。这一原则强调在任何情况下都要优先考虑员工的安全。在这种文化背景下，日本的安全管理更加注重预防和持续改进。

(2) 全员参与的安全管理

日本企业鼓励全员参与安全管理，从员工到管理层都承担起相应的安全责任。这种管理方式有助于提高员工的安全意识和技能，从而降低事故发生的概率。

(3) 精细化的安全管理

日本企业以精细化管理著称，这种管理方式也应用于安全管理中。通过详细分析事故原因、制定针对性的预防措施等手段，日本企业能够有效地降低事故风险。

3. 英国的安全管理发展

英国在安全管理方面有着悠久的历史和丰富的经验。

(1) 法律法规的制定

英国制定了一系列与职业安全相关的法律法规，如《工作健康与安全法》等。这些法律法规为企业提供了明确的安全管理指南和要求。

(2) 健康与安全执行局的成立

为了监督和执行职业安全法规，英国成立了健康与安全执行局(HSE)。HSE负责监管工作场所的安全与健康条件，并对违法行为进行处罚。

(3) 安全文化的推广

英国注重培养企业的安全文化，鼓励企业通过培训、宣传等手段提高员工的安全意识和技能。这种安全文化的推广有助于在企业内部形成良好的安全氛围。

4. 欧洲的安全管理发展

欧洲作为一个经济发达的地区，在安全管理方面有着显著的成就。

(1) 欧洲职业安全与健康局的成立

为了加强欧洲各国在职业安全与健康领域的合作与交流，欧洲成立了职业安全与健康局(EU-OSHA)。该机构致力于推动欧洲各国在职业安全与健康方面的政策制定和实施。

(2) 欧洲职业安全与健康周的设立

为了提高公众对职业安全的关注度和参与度，欧洲设立了职业安全与健康周活动。该活动每年举办一次，通过举办各种宣传活动、研讨会等形式，提高公众对职业安全与健康问题的认识。

(3) 跨国合作与经验分享

欧洲各国在职业安全领域积极开展跨国合作和经验分享活动。通过交流彼此的成功经验和做法，欧洲各国能够共同提高安全管理水平并应对全球性挑战。

美国、日本、英国等国和欧洲地区在安全管理方面都经历了漫长而富有成效的发展历程。这些国家和地区通过制定法规、成立监管机构、推广安全文化等手段不断提高安全管理水平，保障员工的生命安全和健康权益。随着科技的进步和全球化趋势的加强，未来的安全管理将面临更多挑战和机遇。因此，各国需要继续加强合作与交流，共同推动全球安全管理事业的繁荣发展。

二、我国安全管理发展历程

我国安全管理的发展历史源远流长，经历了从传统到现代、从经验到科学的转变。

扫码看中国古代火政的发展

1. 古代安全管理的萌芽与案例

在古代，我国安全管理主要体现在对火灾、水灾等自然灾害的防范以及对社会治安的维护上。虽然当时的安全管理措施相对简单，但是已经体现出了对人民生命财产安全的重视。

【案例 1.1】 火政制度的建立

早在商周时期，中国就有了“火政”之设。火政是专门负责城市防火工作的机构，负责制定和执行防火措施。例如，在城市规划中，火政会考虑建筑物的布局、材料的选用以及水源的配置等因素，以降低火灾发生的风险。这一制度的建立，为后来的消防工作提供了重要的历史借鉴。

2. 近代安全管理的起步与案例

进入近代以后，随着工业化和城市化进程的加速，安全问题日益凸显。这一时期，中国开始借鉴西方国家的安全管理经验，逐步建立起自己的安全管理体系。

【案例 1.2】 工厂安全管理制度的引入

清朝末年，一些有识之士开始关注工业安全问题。他们借鉴西方国家的经验，提出了“振兴实业、注重安全”的口号。在这一背景下，一些工厂开始引入安全管理制度，如设立安全检查员、制定安全操作规程等。这些制度的引入，有效地提高了工厂的安全生产水平。

3. 现代安全管理的快速发展与案例

中华人民共和国成立后，特别是改革开放以来，我国安全管理进入了快速发展的新时期。政府高度重视安全生产工作，制定了一系列法律法规和政策措施来保障人民的生命财产安全。

【案例 1.3】《安全生产法》的制定与实施

2002 年，我国颁布了《中华人民共和国安全生产法》(以下简称《安全生产法》)，这是安全生产领域的基本法律。该法明确了安全生产的基本原则、政府监管职责、企业主体责任、员工安全权益等内容。通过实施《安全生产法》，我国建立了完善的安全生产法律体系，为安全生产提供了坚实的法治保障，一些违法违规的企业和个人受到了法律的制裁，起到了警示和震慑作用。

第 3 节　安全管理学学科简述

一、学科建设必要性

1. 安全管理实践需要

实际工作中真正需要技术解决的占 30%，剩下 70% 的工作就是安全管理。钱学森曾说："研制导弹，三分靠技术，七分靠管理。"安全也是如此，安全工作是三分靠技术、七分靠管理的工作。安全领域绝大多数的事故致因是人为因素，人作为不确定性和复杂性的存在因素，依靠单一工程技术手段是很难解决突发事件问题，必须以管理来引导、约束人的行为，以减少不安全行为的产生。

在我国，安全生产中长期存在"重技术、轻管理"的现象。在推进安全工程时，应该摆脱纯技术思维，要站在管理的角度考虑安全工程的全面解决。管理工作是一切活动的基础和前提，犹如战略制定和战术落实的关系，不能只讲战术不谈战略。"新质安全管理力"作为安全管理学的概念应该被提及，当前社会发展处于新时代下高质量转型和发展阶段，就要推动高质量安全管理，以安全管理者、安全管理资料和安全管理对象及其优化组合跃升为安全管理内涵。新质安全管理力正在实践中形成，并显示出对高质量安全管理的强劲推动力、支撑力，这就需要我们从安全理论上进行总结、概括，用以指导新的安全发展实践。

2. 安全管理学科建设

我国的研究生教育和本科教育目录中目前尚没有安全管理这个学科专业，研究生教育仅有"安全科学与工程"一级学科之下设立"安全与应急管理"作为一个二级学科方向。2022 年"安全科学与工程"调整，可以授予工学和管理学学位，本科教育仅有"安全科学与工程类"下设一个安全工程专业，而安全工程专业的大部分毕业生都去企业从事安全管理工作，安全工程专业在某种意义上相当于国外的安全管理专业。目前，在"公共管理学"研究生教育一级学科之下设立"应急管理"二级学科，而本科教育"应急管理"已经设立多年。在《学科分类与代码》(GB/T 13745—2009)中，在"安全科学技术"之下设有"安全管理学"和"安全管理工程"两个三级学科。

在生产安全领域，安全管理工作一直非常重要，长期以来都设立有相应的工作岗位。在国际上，职业安全健康管理及其工作岗位已经延续很多年。从实际需要来看，安全管理的确需要成为我国高等教育的一个学科专业,安全管理学是一门重要的应用型学科分支。

二、安全管理学简介

安全管理学是研究安全管理活动规律和方法的一门科学,以所确定系统中的人、物、信息、环境、文化、体系等要素以及它们之间与安全的关系为研究对象,研究合理有效地配置诸要素及其之间的关系,从而保证系统中安全状况的持续实现。安全管理学、安全管理和安全管理工程是有一些区别的,前者是关于安全管理研究的学问,而后两者更侧重于安全管理的实施过程和结果。安全管理学的学科基础涉及系统学、管理学、行为学和安全学等,上述学科的研究方法都可以作为安全管理学的研究方法。从实质内容上讲,安全管理学在某种意义上是个体和组织行为的安全管理的科学,安全管理学涉及管理学、社会学、心理学、生理学、人类学、文化学、经济学、语言学、法律学等多学科的基础理论和方法,并将其应用到安全管理和事故预防的活动之中,从而达到为保障人类安全、健康和安全生产服务的目的。安全管理学的研究对象是社会、企业或组织中的人与人、人与物、人与事及其之间的相互关系以及与此相联系的现象和规律及管控方法。安全管理学的研究方向如下:宏观安全管理理论与方法,微观安全管理理论与方法,安全法律法规,安全标准与认证,安全行为管理,风险管理与评价,应急管理,事故灾难管理,安全监察和审计,安全规划与设计,公共安全风险评估,公共安全监测监控,公共安全预测预警,等等。

第4节 安全管理学的主要内容

一、主要内容

安全管理学是安全科学(安全学)和管理学的交叉综合而产生的,学科内容涉及安全学基本原理、管理学基础理论、安全管理方法和安全管理原则等,如图1-1所示。

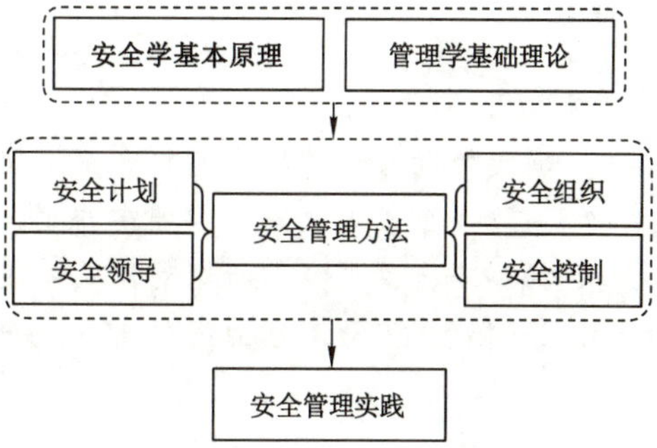

图1-1 安全管理学内容框架

二、学科特点

安全管理学是面向生产、生活各领域的通用管理理论,强调突发事件预防、控制、处置和评价,综合运用管理学与安全学理论进行基于实践的学习是本课程的特点。方法上强调管理技能,学科在本质上具有交叉综合性和实践应用性。安全管理学作为一门综合性学科,具有多个独特的学科特点。

1. 学科交叉

安全管理学的实践和研究融合了多个学科的知识,如工程技术、物理学、化学、环境科学等用于识别、理解和控制危险源,而管理学、组织行为学、心理学等则帮助人们理解人类行为和组织因素对安全的影响,法律和政策学为安全规章和法规的制定提供指导等。这种跨学科的融合使安全管理学能够全面、多角度地理解和解决安全问题。

2. 以人为本

在安全管理学中,人被看作系统的主体,人的行为、意识、习惯等都是影响系统安全的关键因素。安全管理学关注人的需求，通过提供良好的工作环境、合理的工作负荷、必要的安全培训等来满足员工的安全需求。此外，它也重视员工的参与，认为员工是保障工作场所安全的重要力量。

3. 风险管理

安全管理学中的风险管理不仅是对已发生事件的应对，而且是对可能发生事件的预测和预防。它通过识别工作场所的潜在风险，评估这些风险可能带来的影响，并采取措施来降低或消除这些风险。这种方法使组织能够主动地管理风险，而不是被动地应对事件。

4. 系统思维

安全管理学运用系统的观点来看待安全问题，将组织视为一个复杂的系统，其中的各个环节都可能对整体安全产生影响。因此，安全管理学关注各个部分的相互关联，寻求在整体上实现最佳的安全性能。此外，它也关注系统与外部环境的交互，如法规要求、社区期望等，这些都会对系统的安全管理产生影响。

5. 预防为主

预防性管理是安全管理学的核心理念之一。它强调在事故发生之前采取行动来预防事故的发生，而不是等到事故发生后再去应对。这种方法包括定期的安全检查、安全培训、安全文化的建设等，都是为了防止事故的发生。此外，预防性管理也包括对事故原因的深入调查和分析，以便找出事故发生的根本原因并采取措施防止类似事故的再次发生。

除了上述特点外，安全管理学还强调持续改进和不断学习的重要性。安全管理是一个持续的过程，需要人们不断地学习新的知识、技能和方法，以应对不断变化的安全挑战。

复习思考题

1. 简述研究安全管理学有什么重要意义。
2. 简述安全管理及安全管理学的定义。
3. 简述安全管理学的研究对象及主要内容。
4. 论述我国安全管理的发展历程及未来发展趋势。

安全文化点滴

第 2 章　安全管理学基础

第 1 节　管理与管理者

一、管理概述

1. 管理的定义

“管理”一词在古今中外有着不同的含义。在我国，“管”引申为管辖、管制之意，体现着权力的归属。在国外，“管理”原意为“训练和驾驭马匹”。从说文解字的角度探究“管理”一词，“管”是“竹”与“官”的组合，由于竹简是古代的文书载体，因而“管”字有通过文化来统治之意，“理”意为“条理”，管理即通过文化来达到条理化。西方管理科学诞生的“管理”最初是用来控制被管理对象的。英文的“manage”可拆分为“man”和“age”，“man”意为“人”，有控制之意；“age”衍生为“经验”“体验”。整体而言，“management”面对的主要管理对象是人，强调管理与人息息相关，并且需要充分的经验和历练才能胜任。

在《战国策》等文献中，“理”是经常出现的，比如“理世不必一其道，便国不必法古”“理国要道，在于公平正直”，都是说的“理”字。据北京大学何小锋教授考证，在我国，“管理”一词最早出自管仲，是“管仲之理”的缩写。

根据管理史学家摩根・威策尔(Morgen Witzel)的研究，“管理”以及“管理者”等词语的最初来源是拉丁语“manus”，字面意思是“手”，但也有“权力”和“权限”的深层含义。研究者还发现，中世纪晚期时意大利语“maneggiare”逐渐取代了原来的“factore”(英语“factor”原意是贸易站和生产的地方，起源于此)，成为对主管贸易、制造企业的官员的称呼。法语“manegerie”在 16 世纪也开始出现。在英语里，“管理”一词很长时间泛指对事物的控制和指导，而不管是个人事务还是集体事务。从 17 世纪开始，成百上千本出版物的书名里都有“管理”这个词，其意义从农业、林业、医疗保健、儿童教育到监狱，包罗万象。而到 17 世纪中期，这个词也被应用于商业和金融事务。

许多管理领域的代表人物都对管理有很明确的想法，但是他们对于管理的定义却并不总是一致的。例如，F. W. 泰勒、彼得・德鲁克和汤姆・彼得斯作品中出现的管理概念就不同。管理的目的是指导实践，彼得・德鲁克曾说：“管理是一门科学，一种系统化的并到处适用的知识；同时，管理是一种实践，其本质不在于知而在于行；其验证不在于逻辑，而在于成果。”这句话影响广泛，很多知名企业的会议室、高校教室的墙上都有这句话，这句话揭示了管理不是知识本身，而是强调如何更好地解决实际问题。管理也是一套逻辑性很强且自成体系的学科，评价管理有效是以其实际效果为评价标准的。此外，科学管理之父泰勒定义管理为:“管理就是要确切地知道要别人干什么,并注意让他们用最好、最经济的方法去干。”他开创了科学管理的时代,指出科学管理的核心就在于研究人工作中的具体动作。管理过程学派的开山鼻祖亨利·法约尔认为,管理就是实行计划、组织、指挥、协调和控制活动。

现在学术界普遍认为,管理是指在一个组织中,管理者实施计划、组织、领导和控制,协调组织内成员的工作,使得组织目标实现的过程。

2. 管理的性质

管理是科学和艺术的完美结合,管理有科学的成分,也有艺术的成分。管理并不像数学和物理那样充斥着定律、公理和纯规律性知识,它有很多非量化的知识系统,是科学性和艺术性的组合。管理的科学性体现在管理活动具有内在规律性,存在着可供遵循的基本原理和一般方法。管理的艺术性体现在管理活动中存在着很多不确定因素,任何管理理论都不能为所有管理者提供解决一切问题的标准答案,管理理论具有很强的情景依赖性。

面对与人相关的复杂问题领域,管理很多时候是没有最优解的,特别是那些具有很强情境性的管理理论。管理的科学性是管理的艺术性的基础和前提,如果把管理纯粹当作一门艺术,则会造成玄之又玄的不可知状态;管理的艺术性是管理科学性的补充和发展,它使得我们对待一个复杂的管理世界的认识更加理性、客观和生动。亨利·明茨伯格认为,管理是科学、艺术和手艺的组合,其中手艺强调经验。

3. 管理的职能

管理是在目标确定的基础上,围绕目标的实现开展计划、组织、领导和控制的一系列活动。该定义中包含管理的四项基本职能,即计划、组织、领导和控制。

(1) 计划职能

计划职能是对组织未来所要达到的目标及实现目标的活动进行的筹划与安排。计划的本质是一种安排,目标在计划之前,计划是实现目标的安排。计划职能通常包括对未来环境的分析、目标的确定、战略方向的确定,如何具体制订计划和保证计划有效实施。“凡事预则立,不预则废”“好的计划是成功的一半”等说法就是计划重要性的体现,“磨刀不误砍柴工”也体现了计划的实施过程。

(2) 组织职能

作为管理的核心职能,组织职能指的是根据组织目标的要求对组织系统进行整体设计和相应地人员配备,包括组织设计、人员配备、组织运行和组织变革。将一群人更加有效地组织起来,让大家心往一处想、劲往一处使,组织并不是一个人的事,而是一群人甚至成千上万人的事。在实际工作中,要将专业的人放到合适他发挥作用的岗位上,实现专业的人干专业的事,这就是人岗匹配的问题。

组织中要有流程、工作标准和奖惩机制,在外部环境不断变化之下,目标可能随时调整,组织往往要调整自己之前定好的组织规则。

(3) 领导职能

领导职能指的是管理者充分利用各种方法和手段对下属进行有效的激励,并为下属提供必要的指导和支持,帮助下属高效能地实现组织预定目标的过程。

领导职能在于如何驱动下属实现工作的任务目标,领导要解决工作意愿和工作能力两类问题。如果下属意愿不足,则要考虑提升其意愿,如果下属能力不足,则要对其进行培训,所谓扶上马送一程。领导并不是“一手胡萝卜、一手大棒”的简单粗暴,现实中很多领导,下属听话、干得好给“胡萝卜”，对那些不听话且干得不好的下属则“大棒”伺候。如果如此领导下属的话，领导和动物园里的驯兽员有什么区别呢？人类进入 21 世纪，由于时代对领导提出更多挑战，因而如何实施更好的领导职能值得深入研究。

【案例 2.1】 提升

杰里·诺兰(Jerry Nolan)在环球摩托车公司总部工作。他的任务是处理正当的赔偿要求问题，同时指导分布在世界各地代销点的维修工程师的工作。后来，他听说有一个现场工程师的空缺。

首先，诺兰去找了他的顶头上司唐纳德·布朗(Donald Brown)，请求考虑调他到简·史密斯(Jane Smith)的部门担任现场工程师。“这事我们以后再说吧”，他的想法被拒绝了。在布朗出差时，诺兰又找了国际业务部服务经理史密斯本人。史密斯不仅是布朗的上级，他还负责关于现场工程师的工作。史密斯主张从公司内部提拔年轻有为的人，认为诺兰很适合现场工程师的工作，答应等布朗出差回来后同他谈谈。

一星期后，布朗把诺兰召到他的办公室，说道：“我听说你在我出差的时候同史密斯谈了有关现场工程师工作的事，我不能让你去担任这项工作。我们正转换到用计算机处理索赔系统进行工作，我们需要你，因为你在我的 7 个下级人员中经验最丰富。”诺兰听了很吃惊，难道就因为他是小组中最出色的人就不给提升吗？两星期后，公司从外面招聘了一名现场工程师，诺兰不知道他下一步该做什么？

讨论：你认为布朗的人事工作做得如何？你建议采取什么样的政策？

(4) 控制职能

控制职能指的是按计划标准来持续衡量所取得的成果并持续动态纠正所发生的各种偏差，以保证计划目标实现。控制职能使得组织运行出现偏差或失误时能被及时发现并纠正，贯穿于管理过程的始终，是组织目标实现的重要保障。

在实际管理活动中，计划、组织、领导和控制职能是交织出现的。

【案例 2.2】 厨房失火

有位客人到某人家里做客，看见主人家厨房的灶上烟囱是直的，旁边又有很多木材。客人告诉主人说：“烟囱要改曲，木材须移去，否则将来可能会导致厨房火灾。”主人听了不以为然，没有做任何表示。

不久主人家厨房果然失火，四周的邻居赶紧跑来救火，最后火被扑灭了。于是，主人烹羊宰牛，宴请四邻，以酬谢他们救火的功劳，但是并没有请当初建议他将木材移走、烟囱改曲的客人。

有人对主人说：“如果当初你听了那位先生的话，今天也不用准备筵席了，而且没有火灾的损失。现在论功行赏，原先给你建议的人没有被感恩，而救火的人却是座上客，真是很奇怪的事呢！”主人顿时醒悟，赶紧去邀请当初给予建议的那位客人来吃酒。

一般人认为，足以摆平或解决企业经营过程中的各种棘手问题的人，就是优秀的管理者，其实这是有待商榷的。“预防重于治疗”，能防患于未然之前，更胜于治乱于已成之后。由此观之，企业问题的预防者，其实优于企业问题的解决者。习以为常的生活方式，也许是最危险的生活方式。因为习惯了的东西很难改变，所以当你觉醒时，往往回天乏术。

扫码听故事

二、管理者:角色、技能、任务

1. 管理者的角色

管理者需要做到“眼观六路,耳听八方”,处理问题时要有“向上一窍,八面玲珑”的状态。关于管理者角色的定义,经理人角色学派创始人亨利·明茨伯格指出管理者在工作中有十种角色:挂名首脑、领导者、联络者、监听者、传播者、发言人、企业家、故障排除者、资源分配者和谈判者。管理者要扮演好不同场景下和面对不同企业时的角色:

① 挂名首脑是高阶领导象征性出席活动、礼节性活动、签署文件等职责所需。

② 领导者要负责动员、激励下属,负责配备、培训和社交活动。

③ 联络者要维持与外界的联系,向人们提供信息以及恩惠,从事外部事务。

④ 监听者寻求并获取各种特定的有用信息,以便透彻地了解组织内部以及外部环境,阅读新闻和报告,进行视察,保持私人接触,要广开言路。

⑤ 传播者将从外部以及下属那里获得的信息传递给组织的成员,其中有些信息是关于事实的描述,有些是解释和综合了组织中有影响的人物的各种观点,如举办信息交流会、座谈会用打电话的方式传达信息。

⑥ 发言人将组织的计划、政策、行动结果等信息向外界发布,为组织所在产业方面的专家提供服务,举行董事会议,向媒体发布信息,处理向外界发送信息的邮件等。

⑦ 企业家要具有居安思危的习惯,为组织寻求机会,进行必要的改革,制定改进方案,监督方案的推进。

⑧ 故障排除者(混乱驾驭者)在组织面临重大危机和意外的动乱时,负责采取补救行动,检查陷入混乱和危机的情况并提出解决措施。

⑨ 资源分配者负责分配组织的各种资源,批准所有重要的组织决策,通过调度、询问、授权进行预算编制或安排下级的工作等。

⑩ 谈判者在主要的谈判中代表组织发表意见,参与工会的合同谈判,参与安全部门的人事变动问题谈判等。

不同层级、不同岗位对于管理者上述角色的应用程度不同,高阶管理者有其特定角色要求,中层干部有其关键角色要求,基层管理者有其自身角色。这十种角色在所有管理者身上都有所体现,要求管理者根据不同岗位发挥各自的重点角色。

2. 管理者的技能

管理者的技能是实施管理活动时应当具备的能力。掌握恰当的管理技能才能实施有效管理。从组织层面看,组织管理架构一般分为高层管理、中层管理和基层管理三个层次。学者罗伯特·李·卡茨认为,管理者应当具备三种基本技能:概念技能、人际技能和技术技能。

(1) 概念技能

概念技能指的是把观点设想出来并加以处理以及将关系抽象化的精神能力,即将碎片化的知识上升为流程和做法,再形成制度和文件。概念技能的核心是抽象化、理论化,对于高阶管理者,要求会看问题,能透过现象看本质,具有简化复杂问题的能力。

(2) 人际技能

有些管理者在沟通时能娓娓道来,让人感觉如沐春风。而有些管理者能力欠缺,一句话就让人感觉冷冰冰的。人际技能就是成功地与别人打交道并成功地与别人沟通的能力。要求管理者具备和不同利益相关方沟通协调的能力,善于鼓舞人心、调动士气。

(3) 技术技能

技术技能是指运用管理者所监督的专业领域中的过程惯例、技术和工具的能力。要求管理者掌握一般的管理工具、方法和理念。比如,企业安全生产部门的管理者给下属制定安全目标时能不能清晰地把安全目标设定出来,能不能利用 SMRT 工程软件;布置安全工作时能不能把工作进行有效分解,能不能用跟踪工具进行工作跟踪等。技术技能虽然很基础,但是很重要,是基层管理者必须具备的能力之一。

对不同层级的管理者而言,这三种范畴技能的相对重要性有所不同,如图 2-1 所示。

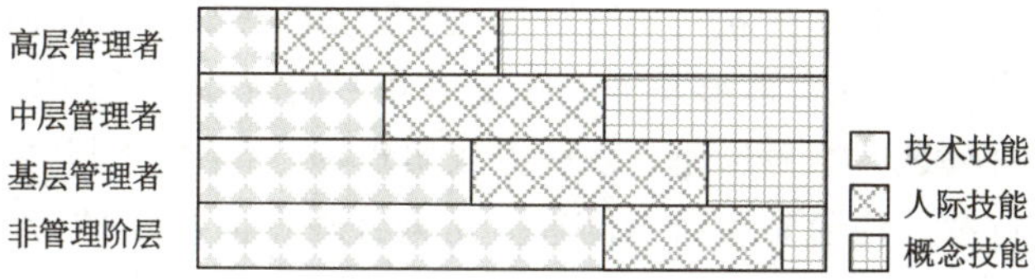

图 2-1 高效管理者三种必备技能分布

① 高层管理者(安全总监)更多要求具备概念技能和人际技能,一般技术技能不做更高要求。比如,企业安全领导人更多考虑企业的安全使命、安全愿景和安全价值观,制定组织的安全战略方向。同时,必须做好内外部协调工作,为组织争取发展的安全资源。

② 中层管理者(部门安全经理),更多要求人际技能和技术技能,降低概念技能要求。例如,某企业安全环保部门经理,要和不同部门一起协作开展工作,只有具备人际技能才能保证高效的跨部门的协作和沟通。中层安全管理者还要辅导好其下属,"扶上马送一程"式地培养员工,这又是技术技能的范畴。

③ 基层管理者对于概念技能要求最少,要求具备更多的技术技能和部分人际技能。比如,企业某车间的安全主管或现场安全员应该掌握更多安全管理工具和方法,学会使用诸如隐患排除工具、风险辨识方法和应急处置工具等。

④ 非管理阶层(略)。

管理者的三种技能为管理者进阶提供思考维度:初级管理者应该知道在哪方面加强,部门经理晋升到公司副总经理等要提高其概念技能等。企业里不同管理者要清楚自身定位和技能侧重,通过不断强化高阶技能而达到晋升的目的。

3. 安全管理者的任务

安全工程专业的学生毕业后很多会从事安全管理相关工作,初入职场的安全新人常常会感到工作要求多、头绪多、流程多,困扰安全管理者最多的问题就是不知道如何下手组织实施管理工作,由于抓不住管理工作的重点而成为安全打杂匠。关于安全管理者的任务,很早就有学者对此进行了研究。比如,管理学大师彼得·德鲁克在《管理的实践》一书中系统地回答了这个问题,提出管理者应具有的五项重点任务。这五项任务间接回答了安全管理者应该重点关注的方面和需要提升的技能。

(1) 制定目标

安全管理者应该明确企业安全的整体目标是什么,为了实现安全目标应该做什么工作、怎么做等,在目标制定时要做目标体系,将目标分解为每个部门甚至每个岗位的具体目标。在此过程中,安全管理者需要和上级(经理、安全总监等)进行目标沟通,达到认识一致、思想统一。安全管理者要逐级下达目标到每个员工身上，并且要帮助下属认识目标、分清主次，让员工明确自己的工作方向，并付出必要的努力来达成目标。

(2) 从事组织工作

安全管理者需要分析所需的活动、决策和关系，将工作进行合理的分类和划分，进一步划分为可管理的任务。然后，将这些单位和任务组合到组织结构中，选择合适的人员来管理这些单位，确保任务的顺利完成。这些工作的完成需要安全管理者和下属反复协商，而不是发号施令。

(3) 从事激励和沟通工作

安全管理者的一项重要任务就是团结下属，提高组织的凝聚力和向心力。安全管理者要做到与下属良好沟通，使他们能够积极投入工作并形成高效的工作团队，同时创造轻松氛围确保沟通高效；重视激励，这可以通过多种方法实现，如给予员工成功的激励和奖励、制定晋升政策以及保持持续的沟通。沟通不仅包括安全管理者向员工的传达，也包括员工向安全管理者的反馈。

(4) 衡量绩效

在组织中，安全绩效衡量和评价是做好安全绩效分配的基础。首先，安全管理者要建立安全绩效衡量标准，要让安全参与者明白做什么工作是组织认可并鼓励的，做哪些工作是可能面临惩罚的。其次，安全管理者要做好下属工作的跟踪和辅导，不能布置完任务后就当甩手掌柜。应该及时探讨如何提高成绩，确保下属有持续改进的空间，不断提升安全工作绩效。最后，安全管理者要做好安全绩效考评及应用。要让所有参与者感受到公平、公正、公开，激励能者多得、劳者有份，还应该让组织在安全绩效中减少事故成本，增加安全收益。

(5) 培养人才

培养人才是所有管理者工作的必选项，安全管理离不开安全人才储备与选拔，人才梯队建设"掉链子"会引发一系列安全生产问题。安全管理者能否系统培养下属，决定着下属能否进步和发展，安全工作中尤为重视"师徒关系"。安全管理者在培养人才过程中也要提高自身的业务能力和素质，不断成长。

管理活动由来已久，自人类集体劳动中的分工与协作开始，管理活动开始体现。人类管理实践活动几乎是与人类文明曙光同时出现的，探索管理活动规律的研究工作可以追溯到公元前的中国和古希腊。在古希腊的哲学家苏格拉底、柏拉图和亚里士多德等人的著作中可以找到有关管理规律的一些论述，而公元前 5 世纪的《孙子兵法》则因为探索战略的一般规律被认为是最早、最系统的战略管理学著作。管理作为一门系统的科学研究对象被认识、研究，并且管理实践能够得到管理科学知识的指导，则是在过去的 100 多年里发生的。在 19 世纪末 20 世纪初，美国人泰勒开始使用秒表研究如何提高工作效率，而法国人法约尔一直在思考组织管理活动的普遍性和独立的规律，这标志着传统管理学的诞生。在过去的 100 多年里，管理从一种不可言传的非正式的活动，发展成为一个独立的职业。通常认为，管理理论分为古典管理理论、行为科学理论、现代管理理论和当代管理理论。

第 2 节　古典管理理论

研究管理思想及理论是从 19 世纪末 20 世纪初开始的，也是随着第二次工业革命的大规模工厂活动发展起来的。一般认为，古典管理理论阶段由以泰勒为代表的科学管理理论、以法约尔为代表的一般管理理论和以韦伯为代表的理想行政组织体系理论组成。

一、泰勒与科学管理理论

弗雷德里克·温斯洛·泰勒(Frederick Winslow Taylor，1856—1915)是美国著名的管理学家和经济学家，也是古典管理理论的主要代表人物之一，被后世称为“科学管理之父”。泰勒的科学管理理论强调对工作的科学研究和标准化以及工人与管理层之间的合作。他认为，通过科学的方法确定工作量和工作时间以及通过培训和激励来提高工人的工作效率，可以实现企业和工人的双赢。这一理论对后来的管理理论和实践产生了深远的影响，被许多国家的企业和管理者所采纳和应用。

弗雷德里克·温斯洛·泰勒
——科学管理之父

1. 科学管理理论产生背景

学界普遍认为，科学管理理论的产生基于两点现实背景：一是劳资双方严重的矛盾。19 世纪中后期，尽管美国南北战争后经济快速发展，但是生产力落后，劳动生产率极低，这就导致对劳动力的极度压榨，工人平均每周工作超过 60 小时，较长的工作时间和工作强度，引发一系列劳资纠纷。二是大规模垄断生产对科学管理的现实需求。随着美国经济危机爆发，越来越集中的生产形势要求摒弃传统经验管理，复杂程度和组织规模已经在客观上要求用系统化、科学性的管理手段进行管理。

2. 科学管理理论

泰勒提出的科学管理理论的具体实践方法包括如下几个方面。

(1) 制定关于某一工作的科学作业方法

通过亲身参与工人的日常工作，对复杂工作行为进行逐步动作分解，找到能使效率最大化的最优动作并组合起来加以标准化，从而形成最优做法。

(2) 科学地挑选工人并对其进行系统培训

根据不同工作选择适合某项工作并愿意从事这项工作的工人，对其进行培训，让其在日常工作中按照标准流程进行作业。所谓“人尽其才，以岗用人”的原则，是指将有意愿的人安排在最适合的工作岗位中。

(3) 实行“有差别的计件工资制”

在标准工作量的基础上，对于超额完成的工作，以较高的工资率支付工资。对于未完成标准工作量的个人，以低于正常标准的工资率支付工资。这样不仅可以提高工人工作的积极性，而且使得企业成本核算更加科学合理。此做法类似于“按劳分配，多劳多得，少劳少得，不劳不得”。这种绩效分配方法一方面激励想干事、能干事的人，另一方面又惩罚那些懒惰、无能的人。

(4) 将计划职能和执行职能分开

泰勒主张明确划分计划职能和执行职能，将经验工作法变为科学工作法，执行部门按照计划部门制定的操作方法和指示执行操作，不得自行改变。此做法杜绝了“既当运动员，又当裁判员”的不合理规定。

(5) 实行职能工长制

将管理的工作进行细分，一个管理者只承担一种职能，具体负责某一方面的工作，在职能范围内，可以直接向工人发布命令。职能工长制能防止职责交叉产生推诿扯皮等现象，具体职能领导者能垂直管理所辖业务内人员，起到高效管理的作用。

(6) 在组织管理控制上实行例外原则

对于规模较大的企业必须应用例外原则，即企业的高级管理者例行的一般事务授权给下级管理人员去处理，自己则只保留对例外事项的决定和监督权。当前，很多企业高管只负责对外联络、公关和业务洽谈，这就是例外管理的实践。

泰勒关于科学管理理论的思想方法不仅得以在美国各地传播，而且被传播到德国、日本等国家，对后来的管理实践产生重大影响，为管理理论的发展奠定了坚实的基础。泰勒的科学管理理论对管理职能的重新认识具有重要意义，对于推动管理理论的发展、提高生产效率、解决企业管理问题等做出了贡献。他将管理的职能从企业生产职能中独立出来，使得企业开始有人从事专职的管理工作。这促进了人们对管理实践的思考和总结，为管理理论的进一步形成和发展开辟了道路。

二、法约尔与一般管理理论

亨利·法约尔（Henri Fayol，1841—1925），法国著名的管理实践家、管理学家、地质学家和社会活动家，被后人尊称为“管理理论之父”。他是古典管理理论的主要代表人之一，也是管理过程学派的创始人。

亨利·法约尔
——一般管理之父

1. 一般管理理论的影响

法约尔提出了一系列的管理理念和原则，对后来的管理理论和实践产生了深远影响。他认为，管理是一种普遍的职能，所有机构（无论是企业、政府还是其他组织）都需要管理来维持其正常运转。他将管理的职能划分为计划、组织、指挥、协调和控制五个部分，这一理论至今仍为许多管理者所引用和借鉴。他还强调了企业管理的重要性，并亲自参与法国陆军大学和海军学校的管理学教学。他还创立了管理研究中心，并亲自担任领导，继续对法国的企业、陆军和海军的管理进行深入研究和指导。他的著作《工业管理与一般管理》是管理学的经典之作，被翻译为多种语言，广为流传。

2. 一般管理理论

法约尔的一般管理理论是西方古典管理思想的重要代表，后来成为管理过程学派的理论基础，也是以后各种管理理论和管理实践的重要依据，其提出的五大管理职能和十四项管理原则至今仍然对管理实践产生深远的影响。

(1) 管理的五大职能

法约尔认为，管理是普遍的一种单独活动，有自己的一套知识体系，由各种职能构成，是管理者通过完成各种职能来实现目标的一个过程。管理活动包括计划、组织、指挥、协调和控制五大职能。

① 计划。计划是管理的基本部分，是指对有关事件的预测，并且以预测的结果为依据拟订工作方案。它涉及原因与目的、活动与内容、人员安排、时间安排、空间安排以及手段与方法的选择等问题。计划在行政职能中处于首要地位，关系着其他职能的作用和效果，管理者必须制订计划，以确定需要什么样的组织关系，什么样的人员配备，按照什么样的方针、政策去领导员工以及采取什么样的控制方法。计划是最重要的管理职能，关系着组织的兴衰成败。

② 组织。组织职能指的是为组织中各项劳动、材料、人员等资源提供一种结构，不仅包括对物资的组织职能，也包括对人力的组织职能。组织职能的核心在于建立和维护一种有利于实现组织目标的工作环境和秩序。组织职能强调不同人员在组织中应完成的任务以及为更好地完成任务而必备的素质。

③ 指挥。指挥职能是指企业各级领导人员为了贯彻实施企业计划，在自己的职权范围内，通过下达指示、命令和任务，使员工在统一的目标下，各负其责、相互配合，完成各项任务。指挥的目的是协调组织成员的行为，让每个人都发挥作用，为组织做出最大的贡献，以实现组织目标。法约尔认为，指挥是一种艺术，担任指挥工作的领导人要对组织成员的行为充分了解，能够协调好企业与员工之间的关系。指挥职能的有效发挥可以提高企业的管理效率，也是管理者必须具备的基本能力。

④ 协调。协调职能是指管理者通过调整和改善组织内部各个部门、人员、资源以及活动之间的关系，使它们能够相互配合、协同工作，以实现组织的整体目标。企业的一切工作都要和谐地配合，以便企业经营的顺利进行。协调职能的发挥需要管理者具备全局观念、沟通能力和应变能力。在实际管理过程中，管理者可以通过制定明确的规章制度、建立有效的沟通机制、加强团队建设、提高员工素质等方式来增强组织的协调能力。

⑤ 控制。控制职能是指管理者按照既定的目标和标准，对组织的活动进行监督、检查和评估，发现偏差并采取纠正措施，以确保组织目标的实现。控制是保证计划目标得以实现的手段，在组织运行中，需要对人和活动加以控制，只有及时发现工作中存在的问题并纠正，才能确保实现经营目标。

(2) 管理的十四条原则

法约尔从各类组织运行中提取出具有共性和普遍意义的系列原则，指出在管理活动中要遵循的一般经验。这些原则为管理者提供了指导和参考，帮助他们有效地组织和管理团队，实现组织的目标。注意，这些原则并不是一成不变的，而是需要根据组织的实际情况和需要进行调整和应用。

① 劳动分工。法约尔认为，劳动分工属于"自然规律"范畴，通过专业化提高效率，即熟能生巧。

② 权力与责任。"权力越大，义务越重；责任越重，重任越强。"责任来源于权力，管理者必须有权力发布命令，但权力必须与责任相当，不可滥用权力。优秀领导者必须"规定责任的范围，制定奖惩的标准"。

③ 纪律。员工必须遵守组织纪律和规章制度，良好的纪律是有效领导的基础。纪律本质上是公司和员工之间达成的协议，表现为服从、勤勉、行动、忍耐和尊重。

④ 统一指挥。每个员工应该只接受一个上级的直接指挥，以避免混乱和冲突。这是一条基本原则，"一切行动听指挥"的同时，要"每个员工只接受一位领导者的命令"。

⑤ 统一领导。要求员工"心往一处想、劲往一处使"，对于具有同一目标的组织活动，应在同一管理者和同一计划的指导下进行，以确保步调一致。组织中的所有人应该为一个共同的目标而努力，需要有能力的领导者或领导团体统一规划并带领员工实现目标。

⑥ 个人利益服从整体利益。任何员工或团队的利益都不应置于组织整体利益之上。人性中的自私、贪婪、懒惰、懦弱等可能使人维护个人利益而不在意整体利益。

⑦ 人员的报酬。必须确保员工得到与其劳动相应的报酬，以激励其工作的积极性。合

理报酬的三个条件:一是薪酬公平;二是创新奖励;三是限制过度报酬。

⑧ 集中。权力的集中或分散应根据组织的实际情况和需要来确定。集中与分权是企业在不同情况下的选择,集中制和分权制不是一成不变的,而是根据哪种收益最大来选择。民主集中制就是典型代表,既要求有分权,同时又要能集中领导。

⑨ 等级制度。等级制度是从组织的最高权力机构直至最底层管理人员的领导体系,是组织内部命令传递和信息反馈的正常渠道。从管理的最高层到最低层应建立明确的等级制度,以确保命令和信息的顺畅传递。

⑩ 秩序。秩序包括“物的秩序”和“人的秩序”,要让适当的人从事适当的工作,所谓“人工匹配,人尽其才,各司其职”,是指人员和物品都应在合适的位置,以确保工作的顺利进行。

⑪ 公平。管理者应公平对待所有员工,避免偏袒和歧视。公平是由善意与公道产生的,为了鼓励下属忠实执行职责,必要的善意是必不可少的。

⑫ 人员的稳定。管理者应确保员工的相对稳定,以降低流动率并提高员工忠诚度。人员的稳定对工作的正常进行、活动效率的提高非常重要,一个人要适应新的工作,不仅要具备相应的能力,还要有一定的时间来熟悉工作。

⑬ 首创精神。法约尔强调,激发员工的创新精神是领导者的重要能力之一,鼓励员工发挥创造力和创新精神,为组织带来新的想法和解决方案。

⑭ 团队精神。强调团队合作的重要性,促进员工之间的协作和互助。团队精神意味着组织中的成员应该相互支持、协作和共同努力,以实现组织的整体目标。这种精神鼓励成员之间的合作和沟通,促进信息共享、知识传递和相互学习,从而增强整个团队的绩效和竞争力。

三、韦伯与理想行政组织体系理论

马克斯·韦伯(Max Weber,1864—1920)是德国的社会学家、历史学家、政治学家、经济学家和哲学家,被誉为现代西方最具影响力的思想家之一。韦伯被称为“行政组织理论之父”,代表著作为《社会组织与经济组织理论》一书,并且与卡尔·马克思和埃米尔·杜尔凯姆并称为社会学的三大奠基人。

马克斯·韦伯
——组织理论之父

1. 理想行政组织体系理论的影响

韦伯一生发表了许多著述,如《一般经济史》《社会与经济组织理论》《社会学论文集》《新教伦理与资本主义精神》等。他的社会学思想和方法论对后世产生了深远的影响,为社会科学的发展奠定了坚实的基础。

(1) 理想类型概念的提出

韦伯在其方法论中提出了“理想类型”的概念。他认为,在研究社会现象时,研究者需要构建一个理想类型的框架,以便对社会现象进行分类、分析和比较。这种理想类型并不是对现实社会的直接描述,而是一种抽象的概念工具,有助于揭示社会现象的内在逻辑和规律。

(2) 价值中立原则

韦伯强调社会科学研究的价值中立原则。他认为,社会科学研究应该追求客观分析和理性的理念,避免主观的价值判断对研究结论的影响。这一原则保证了社会科学研究的客观性和准确性,为社会科学的发展提供了方法论上的指导。

(3) 因果多元论

韦伯坚持因果多元论的观点。他认为,社会现象是由多种因素共同作用的结果,不存在单一的、普遍适用的因果关系。因此,社会科学研究需要深入探究各种可能的因果关系,以全面、准确地解释社会现象。

(4) 对职业和社会分层的研究

韦伯关注职业在社会中的地位和作用。他认为,职业是社会阶层和文化特征的重要体现,其社会分层研究揭示了社会不平等和权力关系的本质,为理解社会结构和变迁提供了重要的理论支持。

(5) 宗教社会学研究

韦伯在宗教社会学领域也取得了显著的成就。他深入探讨了宗教观念与社会经济行为之间的关系,特别是新教伦理与资本主义精神之间的联系。这些研究揭示了宗教信仰对社会经济发展的重要影响,为理解宗教与社会的关系提供了独特的视角。

2. 理想行政组织体系理论的内容

韦伯提出的理想行政组织体系,其中“理想”指的是现代社会最有效、最合理的组织形式。他认为,组织活动要通过职务或职位来进行管理,而不是个人或世袭地位,这是对传统管理体系的颠覆。理想行政组织体系是建立在理性基础之上的,而行政组织应该通过公职或职位来管理,并非个人或世袭地位。这种管理方式强调制度化和规范化,确保组织运作的公正性和稳定性。

在理想行政组织体系中,每个职位都有明确的职责和权力范围,形成明确的分工。同时,组织内部建立自上而下的等级系统,确保命令和决策能够迅速传达与执行。这种等级制度有助于维护组织的纪律性和效率。理想行政组织体系注重人员的专业素质和职业能力。人员的任用和晋升基于正式的考评和教育背景,而非个人关系或偏好。此外,组织提供职业发展的机会和路径,激励员工不断提升自己的能力和素质。理想行政组织体系要求员工严格遵守既定的规章制度和纪律要求。这些制度和纪律是组织运作的基础,确保工作的顺利进行和组织的稳定。同时,对于违反制度和纪律的行为,组织会采取相应的惩罚措施以维护组织的权威性和公正性。在理想行政组织体系中,人与人之间的关系完全以理性准则为指导,不受个人情感和喜好的影响。员工在执行任务时,应遵循客观、公正、合理的原则,确保工作的准确性和效率。这种理性化的行动准则有助于提高组织的公信力和社会认可度。

这种组织管理形式更加精确、更有纪律、更具有稳定性和可靠性,适用于大部分的行政管理工作。韦伯认为,理想行政组织是高度结构化的,能通过其正式性、非人格化来达到对组织的有效控制,能够在提高效率的同时促进组织实现目标。

第 3 节　人际关系学说和行为科学理论

20 世纪初,随着古典管理理论的提出和广泛应用,西方大工业时代取得了辉煌的成就,大规模、低成本、高效率的美国经济模式得以实现。在工业社会解决了生产与效率问题的背景下,企业中新的矛盾不断涌现出来,如劳资纠纷问题、工人积极性问题、管理文化问题、领导方式问题等,以梅奥为代表的一批管理学者将人类学、社会学、心理学引入企业管理工作中,进行了著名的霍桑实验,提出了以人际关系理论为代表的一系列管理理论,即行为科学管理理论。

一、梅奥与霍桑实验

1. 人际关系理论的创立与影响

乔治·埃尔顿·梅奥(George Elton Mayo,1880—1949)是澳大利亚的心理学家和工业组织心理学家。他是霍桑实验的领导者,也是人际关系理论的创始人。1924 年,梅奥通过霍桑实验向传统管理理论提出了挑战,并逐步创立了人际关系理论。他认为,人不仅仅是受经济刺激驱使的"经济人",而首先是"社会人",有社会和心理的需求。提高生产效率不仅要依靠工资报酬和工作条件,还要考虑工人的士气,而士气的高低主要取决于工人心理上对社会需要的满足程度。此外,梅奥还认为,根据组织目标设计的正式组织并不是达到最高效率的唯一保证。他强调,硬性的从属关系和制度、组织的正规化都与人的本性不相容。相反,在共同劳动和相互交往过程中自然形成的非正式组织,人们相互信任,自觉遵守行为惯例和准则。正式组织应该与这些因各种需要而形成的非正式组织相互结合,互相补充,以提高效率。

梅奥的人际关系理论在 20 世纪 30—40 年代对西方管理理论的发展产生了重大影响,并促成了 40 年代末行为科学的正式诞生。他的代表作有《工业文明的人类问题》和《工业文明的社会问题》等。

2. 霍桑实验

霍桑实验是梅奥在芝加哥郊外的西方电器公司霍桑工厂所进行的一系列实验,实验试图通过改善工人工作的外在环境来提高劳动生产率。1924—1932 年,研究人员先后进行了四项实验研究,包括照明实验、继电器装配工小组实验、大规模访谈计划实验和电话线圈装配工实验。

(1) 照明实验和继电器装配工人小组实验(1924—1928)

在此期间,许多管理人员和管理学家认为,工作环境、工人的健康和生产率之间存在着明确的因果关系。在这一阶段,研究人员先后进行了照明实验、工资报酬实验以及工间休息、日工作时间长度与周工作天数的实验,结果发现:工人的生产率一直在提高,而无论实验条件如何变化。梅奥等人认为,参加实验的工人产量提高的原因在于工人的精神方面发生了巨大变化,参加实验的工人成为一个社会单位,受到更多的关注并形成一种参与实验计划的感觉,因而情绪高昂。同时,工人具备了社会属性,他们的行为需要从社会的角度进行激励和控制,生产率提高主要来自工人之间关系的改善以及工人社会条件的改善。

(2) 大规模访谈计划实验(1928—1931)

在此期间,共对 2 万名左右的员工进行了访问和交谈,了解和研究员工对公司领导、保险计划、升级、工资报酬等方面的意见和态度。意外的收获是,工人有了发泄心中不满的机会,从而引起了生产率的提高。访谈实验的结果是:企业管理当局认识到必须对工厂管理人员进行训练,使他们更好地了解工人的个人情绪和实际问题,多采取谈心的方式,少采取说教的方式。

(3) 电话线圈装配工实验(1931—1932)

这项实验是为了研究非正式组织的行为、规范及其奖惩对工人生产率的影响而设计出来的。研究表明,非正式团体不顾管理当局关于产量的规定而有意限制团体的产量;在非正式组织中形成一些不成文的规定,使团体成员必须依照"规定"行事。梅奥根据这个群体实验，认为在正式的组织中存在着自发形成的非正式群体（小圈子），这种群体有自己的特殊的行为规范，对人的行为起着调节和控制作用。

二、人际关系学说

霍桑实验说明了人际关系学说思想起源，梅奥在1933年出版的《工业文明中人的问题》一书中阐述了人际关系学说的内容。

1. 工人是“社会人”，而非“经济人”

这是梅奥人际关系学说的一个核心观点。传统的科学管理理论把工人看作只追求经济利益的“经济人”，而梅奥则认为，工人并不只是受经济利益驱动的，他们还有社会和心理方面的需求。人们的行为并不单纯出自追求金钱的动机，还有社会方面的、心理方面的需要，即追求人与人之间的友情、安全感、归属感和受人尊敬等，而后者更为重要，这些需求包括友情、归属感、受人尊重等，这些对工人的工作积极性和生产效率有着重要影响。因此，管理者不能只从物质条件和技术角度考虑问题，还需要从社会和心理角度去理解工人，满足他们的需求。

2. 企业中存在非正式组织

梅奥发现，在正式组织之外，工人之间会形成各种非正式组织。这种非正式组织的作用在于维护其成员的共同利益，使之免受内部个别成员的疏忽或外部人员的干涉所造成的损失。为此，非正式组织中有自己的核心人物和领袖，有大家共同遵循的观念、价值标准、行为准则和道德规范等。非正式组织对工人的工作态度和生产效率有着重要影响，非正式组织的存在是因为人们有社交的需求，需要在工作中建立人际关系，获得归属感和认同感。因此，管理者需要了解和尊重非正式组织的存在，要找到正式组织和非正式组织的平衡点，在效率和感情之间做好平衡，促进工人之间良好协作，也有利于管理者与工人之间建立良好关系。

3. 新的领导能力在于提高工人的满意度

梅奥认为，工人的满意度是决定生产效率的重要因素。工人的满意度越高，他们的工作积极性就越高，生产效率也就越高。因此，新的领导能力不再只是单纯地指挥和控制工人，而是需要关注工人的需求，要兼具经济技能和人际关系技能，提高工人的满意度。这包括提供良好的工作环境、公平的工资待遇、合理的休息时间等，同时也需要关注工人的心理需求，如尊重、认可、归属感等。

三、行为科学理论

行为科学是利用多学科知识研究人类行为产生、发展和变化规律，以预测、控制和引导人的行为，达到充分发挥人的作用、调动人积极性的目的。霍桑实验及其结论在当时并没有引起关注，直到20世纪30年代中期企业工会成立之后，管理者逐渐注意到霍桑实验结论，一些企业成立专门机构负责处理“工业关系”，一些大学也设立了相应的课程。1949年，在美国芝加哥的一次跨学科会议上，有学者提出“行为科学”的概念，随后美国《行为科学》杂志创刊。之后多年里，管理学家、社会学家、心理学家从不同维度研究行为的规律，逐渐形成了基于行为科学的现代管理理论流派。

1. 个体行为理论

个体行为理论是行为科学中的核心部分，主要研究个体在工作和生活中的行为模式。

它关注人的需求、动机、激励、态度、价值观、个性以及学习等因素如何影响人的行为。其中，需求层次理论、期望理论、公平理论和强化理论等都是个体行为理论的重要组成部分。这些理论不仅揭示了人们行为的内在动力，而且为组织提供了如何有效激励员工、提高工作满意度和生产效率的指导。

2. 团体行为理论

团体行为理论主要研究团队或小组内部成员之间的相互关系以及他们如何共同完成任务。它关注团队动力、信息交流、决策过程、冲突解决以及团队文化等方面。团队行为理论揭示了团队成员如何通过协作、沟通和共享知识来实现共同目标以及团队领导如何影响团队过程和结果。此外，该理论还关注团队多样性和跨文化团队的管理，以应对全球化带来的挑战。

3. 组织行为理论

组织行为理论主要研究整个组织层面的行为模式，包括组织结构、组织文化、组织变革以及员工在组织中的行为等。它关注如何通过有效的领导、组织设计和人力资源管理实践来提高组织绩效和员工福祉。组织行为理论揭示了组织内部各种因素如何相互作用以及组织如何适应外部环境的变化。此外，该理论还关注组织伦理和社会责任，以确保组织的可持续发展和社会福祉。

行为科学理论通过深入研究个体、团体和组织三个层面的行为模式，为我们提供了全面而深入地理解人类行为的方法。这些理论揭示了人类行为的内在规律和动力，也为实际工作提供了有益的指导，帮助我们更好地管理个人、团队和组织，实现更高的效率和更好的结果。

第 4 节　管理理论丛林

第二次世界大战后，越来越多的社会学家、心理学家、人类学家、经济学家、哲学家、历史学家、数学家等从各自研究领域出发，用不同方法对管理问题进行探究。“百花齐放，百家争鸣”，形成了多个管理理论学派，美国管理学家哈罗德·孔茨(Harold Koontz)将这种现象描述为“管理理论丛林”。

一、管理过程学派

管理过程学派的主要代表人物是哈罗德·孔茨、西里尔·奥唐奈(Cyril O’Donnell)等人。该学派特点是把管理学说与管理人员职能工作过程联系起来。学派观点认为，不论组织是什么性质，无论处于何种环境，管理人员的职能都是相同的。孔茨和奥唐奈将管理解释为“通过别人使事情做成的职能”。

管理过程学派创始人法约尔以管理的职能及其发挥作用的过程为研究对象，认为管理是通过别人或同别人一起完成工作的过程，强调管理的普遍性和职能的重要性。管理职能具有普遍性，即各级管理人员都执行着管理职能，只是侧重点不同。它致力于研究和阐述“管理人员应该做些什么以及如何做好这些工作”，尤其侧重于管理工作的实务方面。

二、社会系统学派

社会系统学派是从社会学的角度研究组织的一种学派，其创始人是美国管理学家切斯特·欧文·巴纳德(Chester I. Barnard)。该学派认为,社会的各级组织都是一个协作的系统,进而把企业组织中人们的相互关系看作一种协作系统。巴纳德认为,组织是两个或两个以上的人有意识协调活动和效力的系统,并且这个协作系统由三个基本要素构成:协作的意愿、共同的目标和信息交流。

协作的意愿是组织成员对组织目标作出贡献的自觉自愿的努力。这种意愿的强度在不同组织成员之间以及同一成员在不同时期可能会有所不同。共同的目标是协作意愿的必要前提。只有当组织成员明确知道他们的工作将如何为实现组织目标作出贡献时,他们才会有协作的意愿。同时,共同的目标也为组织成员提供了明确的方向和行动指南。信息交流是协作系统的另一个关键要素。良好的信息交流可以确保组织成员之间的沟通顺畅,从而促进协作活动的顺利进行。通过信息交流,组织成员可以了解彼此的工作进展、存在的问题以及需要提供的支持和帮助。在巴纳德看来,组织作为一个协作系统,其内部结构和运行机制都是为了实现组织目标而设计的。他强调组织中的协作和沟通的重要性,认为这些是组织能够有效运行和实现目标的关键因素。同时,他也认识到组织是一个动态的系统,需要与外部环境进行持续的交互和调整,以适应不断变化的环境需求。

三、经验管理学派

经验管理学派又称为案例管理学派。这一学派的代表人物有彼得·德鲁克(Peter F. Drucker)、欧内斯特·戴尔(Ernest Dale)、威廉·纽曼(William Newman)、艾尔弗雷德·斯隆(Alfred Sloan)等。

该学派认为,古典管理理论和行为科学理论都有轻实践的倾向,由于脱离企业实际比较明显,因而不能完全适应企业发展的需要。他们坚持从企业的实际出发,将企业真实的运行状况作为研究对象。因此,该学派收集大量企业管理的案例,分析企业成功或者失败的经验和教训,找到共同点,加以提炼并进行系统化、理论化的阐述,根据研究所得向企业管理者提供咨询建议和具体的解决问题的方法。该学派的研究者对某些问题的看法也存在差异和分歧,但是都将管理经验作为主要研究对象,统称为经验管理学派。

四、决策理论学派

决策理论学派是以社会系统论为基础,吸收行为科学和系统论的观点,运用计算机技术和运筹学的方法而发展起来的一种理论学派。该学派突出了组织与环境作用过程中的决策管理价值,主要代表人物是诺贝尔经济学奖获得者赫伯特·西蒙(Herbert A. Simon)和詹姆士·马奇(James G. March)。决策理论学派的主要观点包括以下方面。

1. 管理就是决策

决策贯穿于管理的全过程,管理就是决策。决策不仅是一个理性的逻辑过程,而且是包括感情和情绪在内的心理过程。决策不一定追求最优方案,而是追求在现实条件下令人满意的方案。组织决策过程包括四个阶段:情报活动、设计活动、选择活动和实施活动。这四个阶段构成了决策过程的一个完整周期。

2. 决策是满意准则

决策理论学派还强调了决策的重要性,认为决策是管理的核心。它分析了决策过程中的组织影响,强调发挥组织在决策过程中的作用。同时,决策理论学派也提出了决策的准则,主张用“令人满意”准则取代最优化标准。在管理决策中,由于各种因素的复杂性和不确定性，寻求最优解往往是不现实的，因而更合理、更可行的是采取满意准则，即选择一个能够满足组织需求和目标的、在现实条件下令人满意的方案。这一准则强调了决策的可行性和实用性，有助于指导管理者在复杂的现实环境中做出有效的决策。决策理论归纳了决策的类型，把决策分为程序化决策和非程序化决策。西蒙还使用心理学、运筹学等方法，对非程序化决策进行研究，对企业管理人员处理非例行活动和流程外决策提供重要参考。

五、系统管理学派

系统管理理论产生于20世纪60年代初，主要代表人物是弗里蒙特·卡斯特(Fremont E. Kast)和詹姆斯·罗森茨韦克(James E. Rosenzweig)，两人的代表作为《组织与管理：系统方法与权变方法》。它运用系统论、信息论、控制论的原理和方法，把管理视为一个由人、物质、机器和其他资源在一定目标下组成的、开放的社会技术系统。社会是一个大系统，企业是社会系统中的子系统，而管理就是为了实现系统的目标，对系统进行计划、组织、指挥、协调和控制的活动。

系统管理学派用系统的观点来考察和分析企业及其管理活动。他们认为，企业是一个由许多相互联系、相互作用的子系统所组成的开放系统，它不断地与外部环境进行物质、能量和信息的交换。因此，企业管理必须从整体出发，综合考虑各个子系统的功能和相互关系，以达到整体最优的效果。管理决策必须建立在系统分析的基础上，对系统的各个主要方面进行定性和定量的分析，为决策者提供直接判断和决定最优方案所需信息和资料的方法。通过系统分析，管理者可以更加全面地了解企业的现状和问题，制定更加科学、合理的管理决策。

系统管理学派在实际应用中也取得了显著的成果。例如，在企业管理中，系统管理学派的方法可以帮助企业更加全面地了解自身的现状和问题，制定更加科学、合理的管理决策。同时，它也可以帮助企业更好地应对外部环境的变化和挑战，提高企业的竞争力和适应能力。

六、权变理论学派

权变理论学派又称为形势理论学派或权变管理学派，是20世纪60年代末70年代初在美国经验主义学派基础上进一步发展起来的一种管理理论，主要代表有约翰·莫尔斯(John J. Morse)和杰伊·洛希(Jay W. Lorsch)的“超Y理论”、威廉·大内(William Ouchi)的“Z理论”以及卡曼(Karman)的“领导生命周期理论”等。权变理论学派认为，企业外部环境瞬息万变，内部环境也不断变化，企业要随机应变，不能依靠“万金油”式的管理一劳永逸。该学派将实际企业作为研究对象，寻找管理思想、技术和方法与企业内外部环境之间的关系，归纳出管理类型。

按照权变理论观点，管理思想、技术和方法与企业内外部环境之间的函数关系，通俗理解为“如果……那么……”。也就是说，企业为了应对复杂多变的环境，需要灵活调整其管理策略和实践，以适应不同的情境。因此，权变理论学派提出了一种灵活性和适应性的管理方式，以帮助组织更好地应对变化。为此，权变理论要求企业在实际管理过程中，必须具体问题具体分析，因地制宜地处理管理问题，提高管理工作的针对性和准确性，管理者必须密切关注企业内外部环境的变化，及时调整管理策略，以确保企业的生存和发展。企业管理需要具备一定的弹性和灵活性，要求管理者在实际管理中善于运用多种方法和手段，以应对各种可能的情况，提高管理效率和效果。在权变理论的指导下，企业应关注员工的需求和动机，通过调整管理方式和激励机制，激发员工的工作积极性和创造力。例如，如果企业员工大多数是拥有专业技术的人才，那么管理者的风格就要更加开放，要增加员工的参与度，而不能苛责、专权。

七、数量管理学派

数量管理学派也被称为管理科学学派或数量学派，是泰勒科学管理理论的继续和发展，主要代表人物兰彻斯特(F. W. Lanchester)和希尔(A. V. Hill)。该学派认为，管理是一种定量分析活动，运用数学或统计模型以及电子计算机技术来制定管理决策，依据科学的原理、方法和工具制定出用于管理决策的数学和统计模型，再把这些模型应用到管理活动中。其主要目标是追求经济、有效地使用人力、物力和财力等资源，并制定最优规划和决策。

数量管理学派的理论基础包括运筹学、系统分析和决策科学化。运筹学是一种分析、实验和定量的方法，专门研究在既定物质条件下，如何最经济、最有效地使用资源。系统分析则强调从全局出发，分析和研究管理问题，以制定正确的决策。决策科学化要求以充足的事实为依据，运用数学方法和科学程序进行逻辑推理，从而做出正确决策。数量管理学派在应用中也存在一些局限性，通常只研究生产的物质过程，强调管理中应用的先进工具和科学方法，而相对忽视管理中人的作用。

第 5 节　当代管理理论

20 世纪 90 年代以来，世界政治、经济、科技等发生了深刻的变化：苏联解体和中国的崛起政治影响深远；经济全球化方兴未艾，全球产业链集成分工日渐清晰完善，知识创造已经成为企业盈利的关键来源；互联网出现并普及，成为大多数人生活和工作中不可或缺的部分，大数据、人工智能也越来越深刻地影响着社会生活的方方面面。在这样的大背景下，新型管理理论也不断涌现。代表性的有企业文化与跨文化管理理论、学习型组织理论、蓝海战略理论、颠覆式创新理论、流程再造理论、战略联盟理论、人力资源三支柱理论、核心竞争力理论、互联网思维等。

一、学习型组织理论

1. 学习型组织的基本含义

从企业的管理控制方式来看，大致可以将企业分为等级权力控制型和非等级权力控制型。等级权力控制型的管理在工业经济的前期发挥了重要作用；到了工业经济后期，这种管理模式越来越不能适应经济的发展，学习型组织理论就此诞生。

学习型组织理论是一种企业组织理论，由美国学者彼得·圣吉(Peter M. Senge)在《第五项修炼》一书中提出。它指的是通过培养弥漫于整个组织的学习气氛、充分发挥员工的创造性思维能力而建立起来的一种有机的、高度柔性的、扁平的、符合人性的、能持续发展的组织。这种组织具有持续学习的能力，具有高于个人绩效总和的综合绩效。

2. 学习型组织的五项修炼

学习型组织具有五项修炼，即自我超越、改善心智模式、建立共同愿景、团队学习和系统思考。其中，系统思考是核心要素，它强调以系统的观点来看待组织的发展和管理问题。学习型组织的建立需要经历一个长期的过程，需要组织及其成员不断地学习、实践和反思，从而不断提升组织的学习能力和创新能力。

(1) 自我超越

这是学习型组织的精神基础，鼓励组织成员不断扩展自己的能力，追求更高的目标，并实现内心深处最想实现的愿望。通过自我超越的修炼，人们可以不断澄清和加深个人的真正愿望，集中精力，培养耐心，并客观地观察现实。

(2) 改善心智模式

一个人的心智模式是在长期的生活实践中日积月累形成的，它会潜移默化地影响个人的思维方式和行为方式。心智模式是影响我们如何认知周围世界以及如何采取行动的许多假设、成见或图像。改善心智模式的修炼涉及检视和反思我们的心智模式，并创造出更适合我们的新心智模式。这有助于我们更准确地理解世界，并做出更有效的决策。

(3) 建立共同愿景

共同愿景是组织成员共同持有的未来景象或目标，为组织学习提供焦点和能量，并激发组织成员的热情和承诺。如果没有共同愿景，就没有学习型组织，共同愿景将组织中的每个人紧密结合在一起，形成一个有效的团队。

(4) 团队学习

团队学习是发展团队成员整体合作与实现共同目标能力的过程。“众人拾柴火焰高”，一般情况下，团队智慧高于个人智慧，团队成员之间通过互相学习、交流和协作，以实现团队的整体进步。团队学习一般采用“深度会谈”“外部培训”“分享会”“小组讨论”等多种学习方式。

(5) 系统思考

企业作为一个系统，其局部问题可能对整体产生重大影响，局部问题的根源可能受到系统的要素之间、与外部环境之间复杂关系的影响。“只见树木、不见森林”只能解决局部问题，而通过系统思考的修炼，人们可以更好地理解复杂问题的本质，并找到更有效的解决方案。系统思考也有助于人们从更广阔的视角看待问题，避免陷入局部优化的陷阱。

3. 学习型组织的创建

(1) 个体学习的促进

个体学习的核心是激发每个人的内在学习动力。这需要组织创造一个积极的学习环境，使个体感到学习的必要性和紧迫性，并认识到学习是实现个人价值和职业发展的关键。组织可以通过制定明确的学习目标和奖励机制，提供学习资源和支持，鼓励个体主动参与学习活动并分享学习成果；不同的个体有不同的学习需求和偏好，组织应该了解每个成员的学习风格和兴趣，提供个性化的学习机会。这可以通过定制化的培训计划、在线学习平台、自主学习资源和职业发展路径等方式实现。个性化学习能够帮助个体充分发挥自身优势，提高学习效果和工作绩效；学习型组织鼓励个体成为自主学习者，具备良好的自我管理能力。组织可以通过培训、指导和反馈等方式，帮助个体建立合理的学习计划和目标，掌握有效的学习方法和技巧，并自我评估学习进度和成果。自我管理能力的培养有助于个体在学习过程中保持积极性和自主性，持续提升自身能力；个体学习不仅是个人的事

学习型安全组织

情，更需要团队成员之间的相互支持和合作。组织可以通过定期组织知识分享会、工作坊、团队讨论等形式，促进个体之间的交流和合作，共享学习成果和经验。

（2）学习型团队的创建

在创建学习型团队之前，首先需要明确团队的目标和愿景。这些目标和愿景应该与团队的业务需求和发展战略相一致，并为团队成员提供一个清晰的学习方向。通过明确的目标和愿景，可以激发团队成员的学习热情和动力，促进团队的协作和发展。营造一个积极的学习氛围，使团队成员愿意主动学习、分享知识和经验。为了实现这一点，团队领导者可以采取多种措施，如定期组织团队学习活动、鼓励成员间的知识分享与讨论、设立学习榜样等。此外，建立一个开放、包容、鼓励创新的团队文化也非常重要，这有助于激发团队成员的创造力和探索精神。学习型团队需要建立有效的学习机制，以确保团队成员能够持续学习并不断提升自己的能力。这些学习机制可以包括定期的培训课程、在线学习平台、外部专家讲座等。此外，团队还可以采用一些创新的学习方法，如实践学习、项目式学习等，以更好地满足团队成员的学习需求。学习型团队的创建需要团队成员的积极参与和支持。因此，团队领导者应该鼓励团队成员提出自己的想法和建议，让他们参与学习型团队的创建过程。此外，设立一些奖励机制也可以激发团队成员的积极性和参与度，如对于在学习和分享方面表现突出的成员给予一定的奖励和认可。

（3）学习型领导的培养

学习型领导必须认识到学习的重要性，并有持续学习的愿望。组织可以通过提供培训、学习资源等方式，激发领导者的学习热情，并帮助他们建立终身学习的观念。学习型领导不仅要掌握本领域的专业知识，还要具备跨学科的知识和技能。组织可以为领导者提供全面的培训课程，包括管理、沟通、决策、创新等方面的内容，以提升他们的综合素质。此外，鼓励领导者参与实践活动，如项目管理、团队合作等，以提升他们的实际操作能力和问题解决能力。学习型领导要具备团队协作能力，能够与团队成员建立良好的关系，共同完成任务。组织可以通过团队训练、团队拓展等方式，提升领导者的团队协作能力。此外，鼓励领导者与团队成员保持密切沟通，了解他们的需求和想法，以便更好地进行指导和支持。学习型领导虽然拥有企业决策权，但他们采取了会使决策结果更能体现群众智慧的管理方式，领导是群众智慧的收集者、总结者和升华者。

二、蓝海战略理论

首先应该了解概念“红海”和“蓝海”。有学者认为，市场由红色海洋（即“红海”）和蓝色海洋（即“蓝海”）两种海洋组成，红海代表已经存在的所有产业，蓝海代表当今还不存在的行业。

欧洲工商管理学院的 W. 钱·金（W. Chan Kim）和勒妮·莫博涅（Renée Mauborgne）的合著《蓝海战略》一书中首次提出“蓝海战略”和“红海战略”的概念。“蓝海战略”主要强调企业通过创新来开辟新的无人争抢的市场空间，从而摆脱与竞争对手在红海（已知市场）中的激烈竞争，实现盈利和增长。“红海战略”是在现有市场空间中竞争，通过降价来实现份额的增加，但降价往往引发“杀敌一千，自损八百”的痛苦局面。“红海战略”象征企业在需求增长缓慢甚至萎缩的传统市场空间采取白热化竞争行为，“蓝海战略”则是跳出传统市场，不局限于已有的产业边界，开辟新市场。

“蓝海战略”的核心思想是价值创新，即企业通过重新构建买方价值元素和重新设立产业边界来创造新的价值曲线，进而超越现有产业竞争，开创全新市场。这种创新不仅是产品或技术的创新，还包括商业模式、服务、品牌等多个方面的创新。实施“蓝海战略”需要企业具备以下几个关键要素：第一，买方价值元素的重新构建。企业需要深入了解消费者的需求和偏好，通过重新组合或创造新的价值元素，提供能够满足消费者需求的新产品或服务。第二，产业边界的重新设立。企业需要打破传统产业的边界限制，通过跨产业合作或整合不同产业的资源，创造全新的市场空间。第三，战略执行的挑战。实施“蓝海战略”需要企业克服组织内部的惯性思维和资源限制，建立相应的组织结构和文化来支持战略的执行。第四，战略持续性和更新性。“蓝海战略”不是一次性的行动，而是需要企业持续进行价值创新和市场开拓，以保持领先地位并应对潜在竞争者的挑战。

三、核心竞争力理论

核心竞争力理论是企业战略管理中的重要理论之一，主要探讨企业如何在市场竞争中获得优势并保持领先地位。核心竞争力是企业所具备的、独特的、难以被竞争对手模仿或替代的能力或资源组合，是企业长期成功的关键因素，如何提升企业或个人的“不可替代性”是核心竞争力的内核。

1. 核心竞争力的含义

核心竞争力是企业在长期经营过程中形成的、独特的、动态的能力和知识体系，具有价值性、独特性、不可复制性和可持续性等特征。核心竞争力能够满足顾客的核心需求，使企业在市场竞争中获得优势，并为顾客创造更大的价值。

2. 核心竞争力的来源

核心竞争力的来源主要包括企业内部的员工、组织、管理系统、制度和文化等方面，以及企业外部的环境因素，如市场需求、技术进步、政策法规等。这些因素相互作用，形成了企业的核心竞争力。具体来说，核心竞争力的来源可以包括以下几个方面。

① 资源和能力。企业所拥有的独特资源和能力，如专利技术、品牌知名度、渠道优势等，可以形成核心竞争力。

② 知识和经验。企业在长期经营过程中积累的知识和经验，包括技术知识、管理知识、市场知识等，也是核心竞争力的来源之一。

③ 组织和文化。企业的组织结构、管理制度、企业文化等，可以影响企业的运营效率和创新能力，进而形成核心竞争力。

④ 外部环境因素。市场需求、技术进步、政策法规等外部环境因素的变化，也会对企业的核心竞争力产生影响。

3. 核心竞争力的培育和提升

核心竞争力的培育和提升是一个系统性、持续性的过程，涉及企业内部的多个层面和要素。以下几方面建议可帮助企业进行核心竞争力的培育和提升。

① 明确核心竞争力定位。首先，企业需要明确自身的核心竞争力定位，即确定企业在市场中的独特优势和价值所在；其次，需要对企业的资源、能力、技术、品牌等方面进行深入分析，找出与竞争对手相比具备优势的领域。

② 制订核心竞争力提升计划。在明确核心竞争力定位的基础上，企业需要制订具体的提升计划，包括确定提升目标、制定实施策略、明确时间表和责任人等。计划应具有可操作性和可衡量性，以确保提升行动的有效实施。

③ 加强技术研发和创新。技术研发和创新是提升核心竞争力的关键途径。企业应加

大研发投入，引进和培养高端人才，加强与科研机构、高校等的合作，推动技术创新和成果转化。同时，企业还应关注行业技术发展趋势，及时调整研发方向，保持技术领先地位。

④ 优化组织结构和管理流程。高效的组织结构和管理流程有助于提升企业的运营效率和响应速度。企业应优化组织结构，减少管理层级，提高决策效率。同时，完善管理流程，推动业务流程再造，降低运营成本，提高客户满意度。

⑤ 加强品牌建设和营销推广。品牌是企业核心竞争力的重要组成部分。企业应注重品牌建设，提升品牌知名度和美誉度，通过有效的营销推广策略，扩大市场份额，提高客户忠诚度和满意度。此外，企业还应关注客户需求变化，及时调整产品和服务策略，满足客户的个性化需求。

⑥ 培养人才和团队。人才是企业发展的核心资源。企业应重视人才培养和团队建设，建立完善的人才管理体系。通过招聘、培训、激励等方式，吸引和留住优秀人才。同时，加强团队建设，提高团队协作能力和执行力。

⑦ 关注外部环境变化并灵活应对。企业应密切关注市场需求、技术进步、政策法规等外部环境因素的变化。通过市场调研、竞争情报收集等方式，及时获取行业信息，为决策提供依据。同时，企业需要保持灵活性和敏捷性，及时调整战略和业务模式以适应外部环境的变化。

四、互联网思维

当今，全球已进入信息化时代，其标志之一就是“互联网＋”的兴起和应用。网络时代下人们的生活方式和企业生产方式发生革命性变化，传统的企业管理模式已经不能适应企业进一步发展的需求。当今，数字经济和互联网经济已成为重组全球要素资源、重塑全球经济结构、改变全球竞争格局的关键力量。随着以人工智能、大数据、量子信息、移动通信、物联网、云计算、区块链为代表的新一代信息技术加速突破应用，数字经济日益融入经济社会发展各领域全过程，发展速度之快、辐射范围之广、影响程度之深前所未有。当前，在新质生产力的推动下，企业正实现技术革命性突破、生产要素创新性配置和产业深度转型升级，企业要想在红海中可持续发展，就必须融入“互联网＋”时代。

互联网思维下的管理思想主要体现在以下几个方面。

1. 用户至上思维

在互联网时代，用户是企业生存和发展的基础。因此，管理思维需要从传统的以企业为中心转变为以用户为中心，将用户的需求和体验放在首位。企业需要深入了解用户的真实需求，通过数据分析、用户调研等方式，获取用户的反馈和建议，不断优化产品和服务，提升用户体验。管理者需要具备平台化思维，将自身打造成为一个开放、共享的平台，吸引更多的合作伙伴和资源，共同创造价值。这种思维有助于企业实现资源的优化配置和高效利用，提高整体竞争力。

2. 平台化思维

互联网平台为企业提供了更广阔的市场和更多的合作机会。管理者需要具备平台化思维，将自身打造成为一个开放、共享的平台，吸引更多的合作伙伴和资源，共同创造价值。这种思维有助于企业实现资源的优化配置和高效利用，提高整体竞争力。通过平台化思维，企业可以实现资源的优化配置和高效利用，提高整体竞争力。

3. 跨界融合思维

互联网时代打破了传统行业的边界和限制，促进了不同行业之间的融合与创新。在管理思维上，企业需要具备跨界融合的思维，敢于突破行业惯例和规则，寻求与其他行业的合作与创新。通过跨界融合，企业可以开拓新的市场领域、创造新的商业模式和竞争优势。当前，大数据、云计算、人工智能等的发展为互联网与其他行业的跨界融合打破技术壁垒，将互联网与传统产业结合，用"互联网＋"的技术优势助推企业转型升级。智能健康手环就是跨界融合典型例子，智能健康手环通常配备了多种传感器，如心率监测器、步数计数器、睡眠监测器等，可以实时收集用户的健康数据。这些数据通过内置的算法进行处理和分析，然后通过手机 App(应用软件)或手环本身的显示屏呈现给用户。它将智能穿戴设备的便捷性、实时性与医疗健康领域的专业性、需求性相结合，创造出了全新的产品和服务。

4. 平台化思维

互联网思维的本质是平等、开放、参与、互动，企业要注重用户体验、口碑效应、生态系统等。依靠创新、创意驱动，同时要跨界融合、推进协同，就要做好平台互动。在管理思维上，企业需要具备平台化思维，将自身打造成为一个开放、共享的平台，吸引更多的合作伙伴和资源，共同创造价值。通过平台化思维，企业可以实现资源的优化配置和高效利用，提高整体竞争力。互联网时代创造出网状结构关系，任何企业都处于其中，通过互联互通形成有机生态圈，有机生态圈内各机体相互影响、相互依存。

5. 迭代思维

迭代思维是一种不断用变量的旧值递推新值的过程，相对应的是一次性解决问题的瀑布式或直接法。在人类实践活动中，源自计算机软件领域的迭代思想已经由一种算法逐步升级发展为一种方法、理念和思维模式。"互联网＋"产品的特点是快速迭代、持续优化。在管理思维上，企业需要摒弃传统的一步到位、完美主义的做法，而是采取快速试错、持续优化的迭代思维。通过不断收集用户反馈、分析市场需求，及时调整产品策略和功能设计，以满足用户不断变化的需求。在产品设计领域，设计师也常常会运用迭代思维。他们可能会先设计出一个初步的产品原型，然后通过用户测试、市场调研等方式，收集关于产品设计的反馈和建议。接着，设计师会根据这些反馈对原型进行修改和完善，设计出新的产品原型，再次进行测试和反馈收集。这个过程同样会不断重复，直到产品设计达到最优状态。

第 6 节　中西方管理理论比较

由于地理环境、社会性质、历史文化、政治背景和发展模式等存在显著差异，中国文化和西方文化是两种截然不同的文化形态。从古至今，中西方文化既相互影响、相互渗透，又存在冲突和对立，从管理理论角度看，中西方也呈现出不同特点。

一、中国管理思想

1. 自我管理

(1) 君子慎独

"君子慎独"最早出自《礼记·中庸》，即"莫见乎隐，莫显乎微，故君子慎其独也"。意思是：君子在独处时，即使别人看不见、听不见，也要谨慎不苟，不做违反道德法律之事，不负自由复制之责。这句话强调了君子在独处时也要保持高度的道德自觉和自律，不因为无人监督而放纵自己。慎独是儒家思想中一个重要的概念，也是中国传统文化中强调个人道德修养的一种方式。它要求人们在独处时也能保持清醒的头脑和正确的行为准则，不做出违背良心和道德的事情。这种自我约束和自我管理的能力，是君子所必须具备的品质之一。慎独要求组织中个体不管是否有外部监督和约束，都要注重自身行为和工作态度，不能在独处时或无人监督时放松自己。

(2) 反求诸己

"反求诸己"最早出自战国时期的《孟子》，即"行有不得者，皆反求诸己，其身正而天下归之"。意思是：凡是行为得不到预期的效果，都应该反过来检查自己，自身行为端正了，天下的人自然就会归服。他认为，人应该具备自我反省的能力，通过审视自己的行为和态度，找到自己的不足和错误，并努力加以改正。这种自我完善的过程既有助于个人的成长和发展，也能够促进社会的和谐与进步。反求诸己的自我管理思想强调个体在面对问题或挑战时，首先要从自身出发，进行自我反省和审视，寻找自身的不足和错误，进而进行改正和提升。这种思想认为，有效的自我管理不是简单地对外界环境或他人进行指责或抱怨，而是将焦点放在自身的行为和态度上，通过自我调整和改进来实现更好的自我管理和个人发展。

(3) 自胜者强

"自胜者强"是指能够战胜自我的人是真正的强者，出自《道德经》，即"知人者智，自知者明；胜人者有力，自胜者强"。其中，"自胜者强"强调战胜自己的重要性，意味着真正的强者不是那些能够战胜别人的人，而是那些能够战胜自己的人。这种战胜不仅体现在身体上，更体现在精神、意志、情感等方面的自我超越和掌控上。在现实生活中，自胜者强的观念鼓励人们不断挑战自己、超越自我，通过自我管理和自我提升来实现个人的成长和进步。这种观念不仅有助于个人的成功，而且有助于社会的和谐与发展。同时，自胜者强也提醒人们要保持一种谦逊和开放的态度，勇于面对自己的不足和错误，并努力加以改正。

(4) 厚德载物

"厚德载物"是指道德高尚者能承担重大任务，出自先秦《易经·坤卦》，即"地势坤，君子以厚德载物"。管理者要做到对社会的厚德载物，在获取企业利益的同时兼顾服务社会的慈善精神。

2. 人际关系管理

(1) 己所不欲，勿施于人

"己所不欲，勿施于人"是一句来自中国古代思想家教育家孔子的名言，意思是：自己不喜欢或者不愿意承受的事情，也不要强加给别人。这句话揭示了处理人际关系的重要原则，即尊重他人、平等相待。孔子教导我们在与人相处时，应该将心比心，以自己的感受去体会别人的感受，不要以自己的意愿去强求别人。这也是一种做人的基本修养和道德准则。

(2)己欲立而立人，己欲达而达人

"己欲立而立人，己欲达而达人"出自《论语·雍也》。意思是：自己要站稳，也要让别人站稳，自己要腾达，也要让别人腾达。

管理者在处理人际关系时，要秉持着真诚、善良、宽容和互助的原则，尊重下属的权利和尊严，关注下属的需要和利益，以建立和谐、稳定的人际关系。管理者在追求自己的成功和幸福的同时，也要关注下属的成功和幸福，实现共同发展和进步。

(3) 益者三友，损者三友

"益者三友，损者三友"出自《论语·季氏篇》。意思是：有益的朋友有三种，有害的朋友也有三种。孔子用这句话告诫人们如何选择和结交朋友，提醒人们要慎重交友，以免受到不良影响。

管理者要慎重选择合作伙伴和朋友，与正直、诚信、有知识的人为友，远离那些谄媚、虚伪、花言巧语的人。这样才能在人生道路上走得更稳健、更长远。

3. 团队管理

《孙子兵法·谋攻篇》："故知胜有五：知可以战与不可以战者胜；识众寡之用者胜；上下同欲者胜；以虞待不虞者胜；将能而君不御者胜。"其中，"上下同欲者胜"的意思是：只要官兵上下有着共同的愿望和目标，齐心合力，就能取得胜利。团队建设中最重要的是有统一、明确和具体的目标和愿景，只要团队成员有着共同的目标和愿景，相互信任、协作配合，就能够克服困难，取得成功。

军事家孙膑提出"莫贵于人"，强调以人为本的理念，把人放在最重要的位置上，尊重人的尊严和价值，关注人的生存和发展。"莫贵于人"提醒团队管理者要尊重每一个团队成员的尊严和价值。管理者应该关注团队成员的成长和发展，为他们提供必要的支持和帮助，使每个团队成员都能够充分发挥自己的潜力。同时，团队中人际关系的好坏直接影响团队的凝聚力和执行力。管理者应该注重与团队成员的沟通交流，倾听他们的意见和建议，及时解决团队内部的问题和矛盾，营造和谐、积极的团队氛围。管理者应该公正、公平地对待每一个团队成员，确保团队的利益能够最大化地实现。西方管理学者戴尔·卡耐基、亚伯拉罕·马斯洛和道格拉斯·麦格雷戈等都强调雇员满意的重要性，这与孙膑的理念不谋而合。

《道德经》中"无为而治"的治国理念也是高明的管理手段。在团队中，"无为而治"要求管理者不做过多的干预，让下属充分发挥自己的创造力。在组织中，"可为"与"不可为"的评判标准是该行为对组织发展是否有积极作用。在管理者所不擅长的领域里，则应该学会"放权"和"授权"，放手让成员自己去干，充分发挥成员的积极性和创新性。

4. 权变管理

《韩非子·五蠹》中"事异则备变"就体现了权变思想，即不同情况下所采取的措施应有相应变化。权变理论认为不存在一成不变的管理方法，在现代管理中，管理者应该在不同情境中采取不同的管理策略，应当准确判断所处的工作状况。事异则备变体现了未雨绸缪的人道智慧和哲学思想，也体现了政策变动的主要原因是政策环境的变化。因此，人们需要保持敏锐的洞察力和灵活性，只有不断学习和适应新的情况，才能在不断变化的世界中立于不败之地。

"悬权而动"出自《孙子兵法·军争篇》，是孙子军事思想的精髓。悬权而动在当今飞速变化和发展的环境下尤为重要，如果说事异则备变是依据变化而做出的有效调整，那么悬权而动则具有更高的要求，它要求管理者时刻保持柔性，并做出适宜的对策。

荀子强调"权不可预设，变不可先图，与时迁移，随物变化"，也就是今天我们所说的"与时俱进"，这是在"事异则备变"和"悬权而动"的基础上做的综合和概述，并将之提到一个更加通用的高度。在前文讲述的人际管理和团队管理中，与时俱进的内涵也始终贯穿其中。

5. 战略管理

中国传统文化中有非常丰富的战略管理思想。其中，《孙子兵法》作为举世公认的兵学经典，蕴含着独具特色的现代企业战略管理思想。《孙子兵法·势篇》中写道："故善战者，求之于势，不责于人，故能择人而任势。"在战争中，"势"一是利用优势，制造机变；二是战术实施要取决于临战的实际发挥，特别是随环境变化的动态调整。如果将这一理论应用于现代企业的战略管理中，则可以将"任势"这一要点分为三个阶段。第一阶段是要能做到识势，洞悉事物发展的态势,明晰时代发展的趋势和特点;第二阶段是顺势,即顺势而为,而非逆势而动;第三阶段是造势,不再是被动顺应时势,而是在自身条件成熟的情况下,化被动为主动,创造出一种对自己有利的态势。

《孙子兵法·计篇》:“攻其无备,出其不意。”这是中国传统文化里另一个特别强调的出奇制胜的策略。“攻其无备”要求企业要对市场进行深入的调研和分析,了解竞争对手的情况和市场趋势,从而找到对手的薄弱环节,进行有针对性的攻击。同时,企业还需要不断提升自身的实力和能力,以便在受到攻击时能够迅速反应并取得成功。“出其不意”则要求企业要善于运用创新思维和非常规手段,采取出人意料的行动,打乱竞争对手的节奏和计划,从而获得市场先机。这需要企业具备灵活性和快速反应能力,能够在市场变化中及时调整战略和策略。《孙子兵法·谋攻篇》写道:“是故百战百胜,非善之善者也;不战而屈人之兵,善之善者也。”强调的是不战而获得全胜。《孙子兵法》中这两句话意味着企业要在竞争对手没有预料到的情况下采取行动,从而获得竞争优势。这种战略管理思想强调企业要有创新意识和敏锐的市场洞察力,能够及时发现市场机会和竞争对手的弱点,并采取相应的措施进行攻击。

二、中西方管理理论比较

中国管理理论更多侧重基本规律和原则层面,西方管理理论侧重战术和操作应用。西方管理理论倾向于采用科学的方法和工具进行决策,强调数据分析和逻辑推理的重要性。中国管理理论则更注重决策过程中的共识和集体智慧,倾向于通过协商和讨论来达成共识并做出决策。中国管理更偏向德治,强调道德教化,关注组织中的人际关系;西方管理更偏向法治,契约精神和管理的科学性。西方管理理论倾向于强调领导者的个人能力和决策能力,鼓励领导者在组织中发挥核心作用。中国管理理论则更注重领导者的品德修养和与员工的互动,强调领导者的榜样作用和集体决策的重要性。中国管理理论较为模棱两可,西方管理理论较为精确。西方管理理论主要基于科学、理性和逻辑,强调客观性和可证伪性,同时倾向于通过实证研究和数据分析来验证管理理论的有效性。中国管理理论则更多地受到哲学、文化和历史的影响,强调人与人之间的关系、和谐与平衡,更注重实践经验和直觉判断,而非严格的科学验证。

随着信息技术的发展,世界各国的联系越来越紧密,世界逐渐成为一个整体,经济全球化的趋势越来越强,各国企业的发展也不仅限于自己的国家,越来越多的跨国公司的建立也推动着东西方管理思想的融合。在学习西方管理理论的同时,更要注重中国传统文化思想的学习,应该有文化自信,将中西方管理思想融合起来。

复习思考题

1. 思考泰勒、法约尔、韦伯的管理理论有何异同点,并指出其创新和不足之处。
2. 论述东西方管理思想的差异。
3. 思考经典管理理论对安全管理工作的启示。
4. 管理新理论对安全管理研究和实践具有哪些影响?

安全文化点滴

第 2 篇

安全计划

❀ 开篇导语

在安全使命、愿景清晰的基础上，一个组织进行安全计划的首要工作就是确立好安全目标与战略，“一张蓝图绘到底”讲的就是目标和战略的问题。安全管理者要有安全目标和安全战略思维意识，企业中安全计划的重要性体现在多个方面，包括保障员工生命安全与身体健康、维护企业财产安全、提高企业运营效率、增强企业社会声誉与竞争力以及符合法律法规要求。安全管理者要用安全计划来管理变化，实现动态管控。本篇包括三部分内容：一是阐述安全目标和安全目标管理的概念、程序和方法；二是如何有效实施安全战略管理，包括战略管理理论发展、安全战略管理定义、安全组织内外部分析和安全组织战略类型等；三是如何制订安全计划的内容，包括安全计划管理概述、制订安全计划的方法、安全计划管理指标体系和安全计划管理编制四方面内容。

❀ 学习目标

了解安全目标管理的概念。

理解安全目标管理的内容。

掌握在管理过程中如何科学地制定安全目标。

理解企业安全战略计划的特点。

掌握制订安全计划的方法。

学会进行个人目标与计划管理，提高时间管理效率。

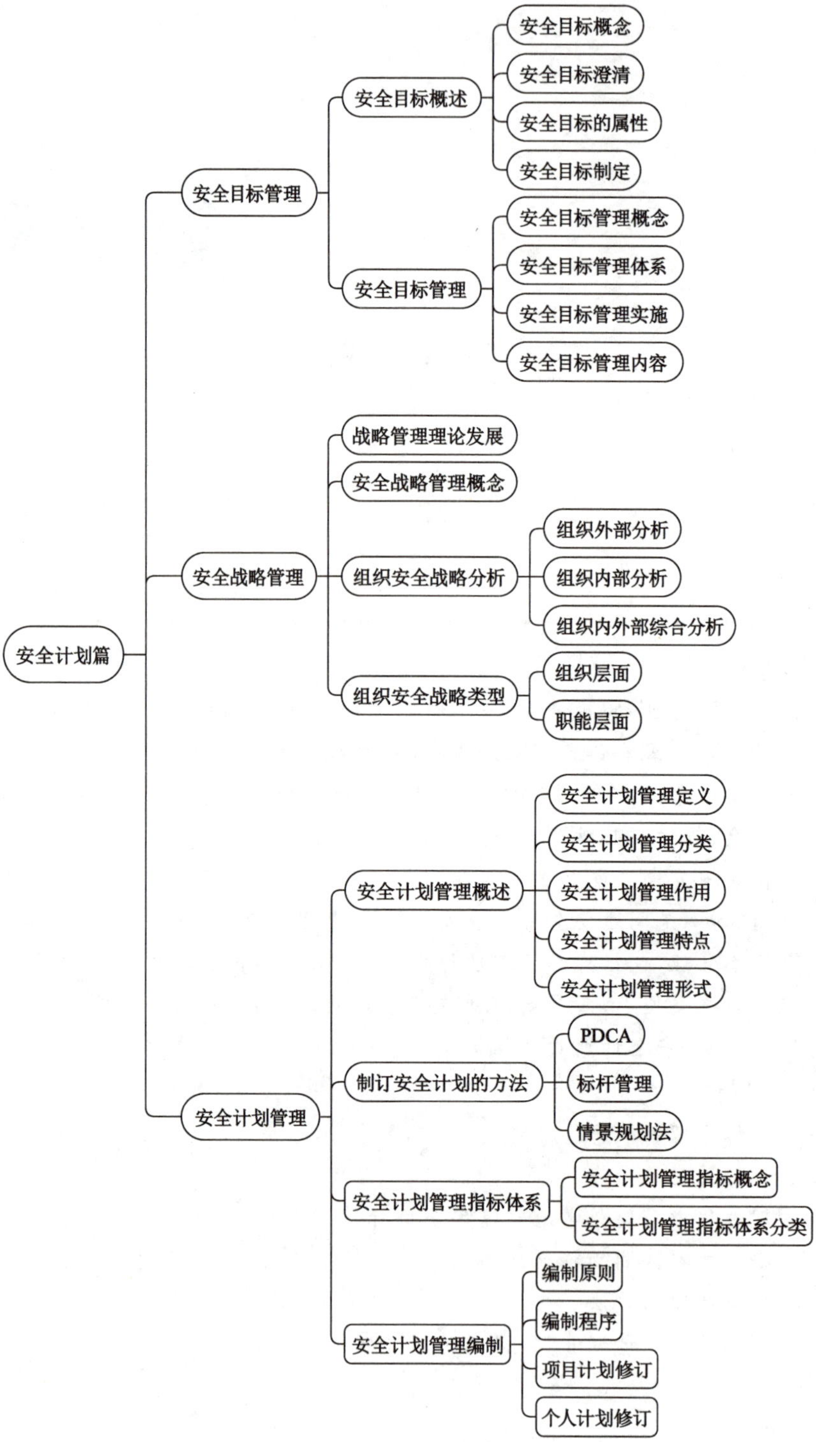
安全计划篇
安全目标管理
安全目标概述
安全目标概念
安全目标澄清
安全目标的属性
安全目标制定
安全目标管理
安全目标管理概念
安全目标管理体系
安全目标管理实施
安全目标管理内容
安全战略管理
战略管理理论发展
安全战略管理概念
组织安全战略分析
组织外部分析
组织内部分析
组织内外部综合分析
组织安全战略类型
组织层面
职能层面
安全计划管理
安全计划管理概述
安全计划管理定义
安全计划管理分类
安全计划管理作用
安全计划管理特点
安全计划管理形式
制订安全计划的方法
PDCA
标杆管理
情景规划法
安全计划管理指标体系
安全计划管理指标概念
安全计划管理指标体系分类
安全计划管理编制
编制原则
编制程序
项目计划修订
个人计划修订

思维导图

第 3 章　安全目标管理

第 1 节　安全目标概述

一、安全目标概念

安全目标管理-百科

安全目标管理是目标管理在安全管理方面的应用。其中，安全目标是安全管理的首要环节，是指在特定的环境和条件下，为保护人身安全财产安全以及环境安全制定的旨在预防和控制安全风险的指标、任务和结果。它是组织、企业和个人进行安全管理和风险控制的基础，对于保障人们的生命财产安全、提高生产效率、维护社会稳定具有重要的意义。

安全目标应明确具体并具有可操作性，便于实施与监督考核。同时，应根据实际需要适当调整确定范围和程度要求，以确保目标的适宜性和有效性。在表达上，安全目标宜采用定量描述的方式，必要时也可采用定性的方法。例如，在生产经营活动中，安全目标可能是为避免造成人身伤害和财产损失而采取相应的预防和控制措施，使生产过程在规定的条件下进行，以确保员工的人身安全和健康、设备与设施不受损坏、环境不受破坏，同时保障生产经营活动的顺利进行。此外，安全目标还可以是为实现企业的安全使命而确定的安全绩效标准，该标准决定了必须采取的行动计划。例如，某企业的安全目标可能是“一年控制事故总量，两年杜绝死亡事故，三年实现零伤害”。

安全目标可以是定量化目标，也可以是定性目标。例如，某制造业企业设定了如下安全目标：在未来一年内，实现工伤事故率下降 20%；确保所有员工接受至少一次的安全培训；对所有生产设备进行定期安全检查和维护，确保设备的安全性能。安全目标可以是宏观目标，也可以是微观目标。例如，某化工企业的宏观目标：构建全面覆盖、预防为主、持续改进的化工企业安全管理体系，确保生产过程的安全、环保与稳定，实现零事故、零污染、零伤害；微观目标：加强环境保护工作，确保废水、废气、废渣等排放物达到国家环保标准；降低生产过程中的事故发生率，确保年度内重大事故为零，一般事故发生率下降 10%等。

二、安全目标澄清

安全管理者在制定目标时应该遵循一定目标制定原则（SMARTAC 工具），在制定详细可行的安全目标后，如何使企业成员完全理解并清晰知晓目标要求，则需要一些工作技巧。

实际工作中，安全领导或管理者未必能把安全工作目标交代清楚，下属接受任务后，首先要澄清目标，在安全目标上要和安全总监等人达成一致，不要盲目执行工作。此外，安全管理者在布置工作时应该把目标说清楚，而不是模棱两可地让下属去猜，更不能抱着“这件事我不想说两遍”的想法，万不可高估自己的表达能力和下属的理解能力。企业的安全工作只有“零”和“无穷大”两种，发生事故一切都是“零”，此时再返工思考目标的执行就为时已晚了。目前，管理界流行的“布置工作五遍法”值得在安全目标管理中应用，具体如下：

第一遍：麻烦你做个什么事。

第二遍：请你重复一遍我让你做的事情。

第三遍：请你说一下我让你做这件事情的目的。

第四遍：请你想想在做这件事的时候会不会出现什么意外，你怎么应对？

第五遍：你自己做这个事，有什么想法和建议？

采用该工作法的好处是接受任务者不再是被动地、稀里糊涂地接受任务，而是在接受任务时能够充分澄清任务的目标，并对目标实现的路径进行了思考，从而大大提高目标完成的成功率。肯·布兰查德(Ken Blanchard)认为，在相当多的企业里，员工其实并不知道经理或者企业对自己的期望，所以在工作时经常出现“职业偏好病”，即做了过多经理没有期望他们做的事，而在经理期望他们有成绩的领域里却没有建树。造成这样的情况完全是由于经理没有为员工做好目标设定，或者没有把目标设定清晰地传递给员工。

在很多情况下，员工其实并不知道自己的目标是什么，更多的是按部就班地执行操作，有时在安全操作流程(SOP)里会融入安全目标，这体现出安全目标管理的低级和不足。管理者要时刻掌握所有人对安全目标的理解情况，以便根据“五遍工作法”进行澄清。

三、安全目标的属性

彼得·德鲁克认为，并不是有了工作才有目标，而是相反，有了目标才能确定每个人的工作。因此，企业的使命和任务必须转化为目标，如果一个领域没有目标，那么这个领域的工作必然被忽视。目标是组织根据自身发展使命和任务提出的在未来一定时期内经过努力达到的成果或状态。

1. 安全使命、愿景和价值观

安全目标应该从“我们为什么要关注安全？我们希望未来的安全状况是怎样的？我们如何看待和处理安全问题？”这三个问题的答案中得到。目前，有些企业很好地保持了“安全战略定力”，“有所为，有所不为”的关键在于企业的安全使命、安全愿景和安全价值观是否清晰。安全使命、愿景和价值观是安全目标产生的源泉，安全使命、愿景和价值观共同构成了组织安全工作的基石和指导体系，为企业制定具体的安全目标提供了方向、动力和价值判断标准。因此，在组织的安全管理工作中，应高度重视对这三者的明确、传播和践行。

安全使命是组织对安全工作的根本承诺和责任，它回答了“我们为什么要关注安全”这一基本问题。安全使命通常简洁而有力，能够激发组织内外人员的共鸣和行动。它不仅是组织安全文化的核心，也是制定具体安全目标和策略的基础；安全愿景是对组织未来安全状态的期望和描绘，回答了“我们希望未来的安全状况是怎样的”这一问题。安全愿景具有激励性和引导性，能够为组织的安全工作提供长期目标和方向；安全价值观是组织对安全工作的基本信念和原则，回答了“我们如何看待和处理安全问题”这一根本问题。安全价值观是组织安全文化的灵魂，影响着组织内人员的思维方式和行为模式。

2. 安全目标应该超越现状

安全目标应该超越现状，因为安全工作的本质就是不断追求更高的安全标准和更好的安全绩效。如果安全目标停留在维持现状的水平上，那么组织的安全管理将无法取得实质性的进步和提升。目标是组织发展的动力来源。组织的安全现状和安全目标有一定差距，而实现组织安全目标的过程就是消除这一差距的过程。组织面临的安全风险是不断变化的，新的威胁和挑战随时可能出现。如果安全目标仅仅局限于应对现有的风险，那么当新的风险出现时，组织可能会措手不及。安全目标应该成为组织安全管理工作持续改进的动力，通过设定超越现状的安全目标，组织可以激发员工的创新意识和积极性，推动他们在安全工作上不断寻求新的突破和进步。其中，设定超越现状的安全目标并努力实现这些目标有助于提升组织的形象和声誉。当组织的安全绩效得到显著提升时，外部利益相关者(客户、合作伙伴、监管机构等)会对组织产生更多的信任和认可。随着法律法规和标准的不断更新和升级，组织需要不断提升自身的安全管理水平以满足这些要求。通过设定超越现状的安全目标，组织可以确保自身的安全管理工作始终与法规和标准保持同步甚至领先地位，避免因不符合要求而面临的法律风险和合规问题。

3. 安全目标要具备可操作性

安全目标要具备可操作性，这意味着所设定的目标应当是具体、明确、可衡量和可实现的，以便相关人员能够清楚地了解他们需要做什么以及如何做才能达到这些目标。安全目标需要具体描述所期望的安全成果或状态，不要让安全目标成为“水中月，镜中花”。制定安全目标时避免使用模糊、笼统的语言，而应尽可能量化或具体化。例如，与其设定“提高安全意识”这样的目标，不如设定“在接下来的一年内，通过培训使90%的员工通过安全意识测试”。要真正做到安全目标澄清，还要通过可以量化或可以通过具体标准来评估安全指标来衡量。

4. 安全目标是其他工作的基础

企业在安全管理中应该要明确要开展哪些工作，开展工作有哪些要求等，这些问题的前提就是企业已经有了明确具体的安全目标。“凡事预则立，不预则废”，安全目标不清，各项管理就会陷入混乱。在制订战略计划、分配资源、设计新产品或服务时，组织必须考虑如何实现其安全目标。这些目标确保了安全，始终是决策的核心考虑因素，从而帮助组织规避潜在风险并保障其长期成功。通过明确传达组织对安全的期望和承诺，安全目标激励员工采取安全行为，并增强他们对安全重要性的认识。通过定期监测和比较实际绩效与安全目标之间的差距，组织可以识别需要改进的领域，并采取相应措施来提高其安全水平。在组织中，各个部门通常有不同的职责和目标。然而，共同的安全目标可以成为促进跨部门合作的纽带。当所有部门都致力于实现相同的安全目标时，它们更有可能共享信息、资源和最佳实践，从而共同提升组织的安全状况。安全目标有助于组织更有效地分配其有限的资源。通过明确安全工作的优先事项和重点领域，组织可以确保将资源投入到最能提升安全水平的活动中。

四、安全目标制定

1. 安全目标制定内容

(1) 企业安全状况的调查分析

调查分析企业的安全状况是制定安全目标的基础。这就需要应用系统安全分析与危险性评价的原理和方法，全面调查、分析和评价企业的安全状况，包括技术装备的安全程度、人员的素质、主要的危险因素及其危险程度、安全管理的薄弱环节、曾经发生过的重大事故情况以及对事故的原因分析和统计分析等。

(2) 确定需要重点控制的对象

重点控制的对象包括易产生不安全行为而造成危险的人员、现实危险源(可能发生事故的生产现场)和危害点(尘、毒、噪声等物理化学有害因素严重的场所)，以及危险作业和对本人、他人及周围设施的安全有重大危害的特殊作业。

(3) 确定关键安全指标

关键安全指标包括事故率、伤亡率、火灾发生率、财产损失等。通过分析这些指标的历史数据和趋势，可以找出企业安全管理中的薄弱环节和存在的问题，从而有针对性地制定安全目标。

(4) 参考相关法规和标准

企业的安全目标必须符合国家法律法规和行业标准的要求。因此，在制定安全目标时，需要参考相关的法规和标准，并将其纳入安全目标的制定中。

(5) 制定切实可行的安全目标

在确定了关键安全指标并参考了相关法规和标准后，需要制定具体的、可衡量的、可实现的安全目标。这些目标应具备可操作性和可衡量性，即能够通过具体的指标和数据进行评估和监控。

(6) 目标的评审与优化

制定出的安全目标需要进行评审和优化，以确保目标的合理性和可行性。这可以通过组织专家评审、征求员工意见等方式进行。

(7) 目标的发布与实施

经过评审和优化的安全目标需要正式发布，并传达给所有相关部门和员工。然后，需要制订实施计划，明确各项具体指标和实施步骤，开始实施安全目标。

(8) 目标的监控与评估

在实施安全目标的过程中，需要定期对目标的实施情况进行监控和评估，及时发现问题并采取相应的调整措施。这可以通过定期的安全检查、安全绩效评估等方式进行。

(9) 目标的考核与改进

结合监控和评估结果，对安全目标的实施情况进行考核。根据考核结果和实际情况，对安全目标进行必要的改进和调整，以持续提升企业的安全管理水平。

2. 安全目标制定工具

安全目标制定应该遵循 SMARTAC 原则。具体而言，安全目标应该是具体明确的(specific)；安全目标必须是可衡量的(measurable)；安全目标必须是可实现的(attainable)；安全目标必须和其他目标具有相关性(relevant)；安全目标必须具有明确的时限性(time-based)；安全目标必须做到随机应变(adaptable)；安全目标必须做到全员认同(collaborative)。这七项原则在安全目标制定与澄清方面有着重要作用。

(1) 明确性

安全目标必须清晰明确，能够具体描述要达到的安全状态或要解决的安全问题。避免使用模糊、笼统的语言，确保每个相关人员都能准确理解目标的含义和要求。明确性原则要求安全目标能够明确描述要达到的安全状态或要解决的安全问题。这意味着安全目标不应该含糊不清或使用过于笼统的语言。相反,它们应该具体指出要实现的安全成果,如降低事故发生率、提高设备可靠性等。这样的目标能够使所有相关人员都清楚地知道他们需要努力的方向,从而达成共识并统一行动。为了实现明确性,安全目标还应该具备可衡量的标准或指标。这些指标可以是定量的,如具体的数值目标,也可以是定性的,如描述性的评估标准。此外,明确性原则还要求安全目标的制定应基于充分的风险评估。通过全面了解企业面临的安全风险和挑战,可以确定最关键的安全需求。最后,明确性原则贯穿于安全目标的整个制定和实施过程。

(2) 可衡量

可衡量性原则指的是安全目标应该具备明确、可量化的指标或标准,以便对目标的达成情况进行准确的衡量和评估,如事故发生率、安全隐患整改率等;也可以是定性的,如员工安全意识提升程度等。首先,可衡量性原则要求安全目标能够转化为具体的数值、比率或其他可量化的形式。例如,将"降低事故发生率"这一目标具体化为"将年度事故发生率降低至1%以下"。这样的量化指标使得安全目标的达成情况可以通过实际数据进行衡量,避免了主观臆断和模糊评估。其次,可衡量性原则有助于建立明确的安全绩效评估体系。通过设定可衡量的安全目标,企业可以制定相应的绩效评估指标,对安全工作的成果进行客观、准确的评价。此外,可衡量性原则还有助于实现安全目标的持续改进。通过对可衡量的安全目标进行定期监控和评估,企业可以及时了解安全工作的进展情况,发现存在的问题并采取相应措施进行改进。最后,在制定可衡量的安全目标时,企业应充分考虑实际情况和资源限制,确保目标是具体、可行且具有挑战性的;同时,企业还应建立有效的数据收集、分析和报告机制,以便对安全目标的达成情况进行全面、准确的衡量和评估。

(3) 可实现

可实现性原则是指制定的安全目标应该基于企业现有的资源、技术条件和管理水平,确保目标是实际可达成的,避免设定过高或过低的目标。安全目标的设定应基于企业现有的资源、技术和管理水平,确保目标是可实现的。避免设定过高或过低的目标,以免失去挑战性或可行性。首先,可实现性原则要求企业在制定安全目标时进行全面的自我评估。这包括评估企业当前的安全状况、存在的风险隐患、可用的安全资源和技术手段以及员工的安全意识和技能水平等。通过全面了解企业自身的实际情况,可以确保制定的安全目标是符合企业当前能力和发展需求的。其次,可实现性原则强调安全目标应具有可行性和可操作性。这意味着安全目标不仅应该明确具体,还应该能够在实际工作中得到有效执行。为了实现这一目标,企业需要确保所制定的安全目标与现有的安全管理体系和业务流程相契合,能够顺利融入企业的日常运营中。再次,可实现性原则还要求企业在制定安全目标时考虑时间因素。安全目标的达成通常需要一定的时间,故企业需要根据实际情况设定合理的时间表,确保目标在规定的时间内能够达成;同时,还需要对目标的实施过程进行持续的监控和评估,以便及时发现问题并采取相应的调整措施。最后,可实现性原则并不意味着安全目标应该是容易达成的。相反,它鼓励企业在制定安全目标时设定具有一定挑战性的目标,以激发员工的安全意识和积极性。然而,这些目标仍然需要基于企业的实际情况和能力来设定,以确保它们是实际可达成的。

(4) 相关性

安全目标应与企业的整体战略目标、业务目标和其他相关目标保持一致性。确保安全目标的实现有助于推动企业的整体发展和提升竞争力。相关性原则指的是安全目标的设定应与企业的整体战略目标、业务目标以及其他相关管理体系保持一致性和相互关联。

相关性原则的具体要求如下：

① 与整体战略目标的一致性。安全目标作为企业管理体系的一部分，必须与企业整体战略目标保持一致性。这意味着安全目标的制定应考虑企业战略发展的方向和长远规划，确保安全管理与企业战略目标的同步推进。例如，如果企业的整体战略是提升产品质量和客户满意度，那么安全目标就应当关注于通过提高生产过程的安全性和稳定性来保障产品质量，从而提升客户满意度。

② 与业务目标的相互关联。业务目标是企业实现盈利和增长的关键，而安全是业务顺利进行的基础保障。因此，安全目标的设定需要与企业的业务目标相互关联。具体来说，安全目标应当关注于识别和管理那些可能对业务产生负面影响的安全风险，确保业务在安全的环境中进行。例如，在制造业中，安全目标可能会关注于减少生产事故和设备故障，以提高生产效率和产品质量。

③ 与其他管理体系的协调性。企业管理是一个多体系协同工作的过程，安全管理体系只是其中的一部分。因此，安全目标的设定还需要考虑到与其他管理体系（如质量管理体系、环境管理体系等）的协调性。这意味着安全目标应当与其他管理体系的目标相互补充和支持，共同推动企业的整体发展。例如，在环境管理体系中，安全目标可能会关注于减少环境污染和废弃物排放，这既有助于保护环境也有助于提升企业的社会形象和市场竞争力。

④ 促进综合风险管理。相关性原则还强调安全目标在促进企业综合风险管理方面的作用。通过设定与业务和其他管理体系相关联的安全目标，企业可以更好地识别、评估和管理各种风险，包括安全风险、市场风险、技术风险等。这种综合风险管理的方法有助于企业更全面地了解自身的风险状况并制定相应的应对措施，从而确保企业的持续稳健发展。

(5) 时限性

时限性指的是在设定安全目标时，必须为其规定明确的时间限制或完成期限。这一原则对于确保安全工作的及时性和有效性至关重要。要求安全目标应设定明确的时间限制，规定在何时达成目标，这有助于增强目标的紧迫感和责任感，推动相关人员积极采取行动。安全环境和企业需求是不断变化的，因此安全目标也需要随之调整。时限性原则要求企业在设定安全目标时，考虑到这些变化因素，为目标的调整和更新预留一定的时间。此外，设定时间限制还有助于企业对安全目标的进度和成果进行衡量。通过对比实际完成情况与预定时间限制，企业可以清晰地了解安全工作的进展情况，及时发现存在的问题并采取相应措施进行改进。最后，时限性原则还鼓励企业在实现一个安全目标后，及时设定新的目标以继续推动安全工作的改进。通过为每个目标设定合理的完成期限，企业可以确保安全工作始终保持在持续改进的轨道上，不断提升企业的安全管理水平和整体绩效。

(6) 灵活性

安全目标的灵活性原则指的是在制定和实施安全目标时，应保持一定的灵活性和可调整性，以适应变化的环境、技术、法律法规和业务需求。这一原则对于确保安全目标与实际情况的契合度以及持续的安全改进至关重要。企业所处的内外部环境是不断变化的，包括市场趋势、技术进步、法规政策以及业务需求等。这些变化都可能对安全目标产生影响，要求企业能够及时调整安全策略和目标。灵活性原则要求企业在制定安全目标时，不仅要考虑已知的风险和挑战，还要对未知因素保持警惕。这意味着安全目标应该具有一定的弹性和可扩展性，以便在面临新的安全问题时能够迅速做出反应和调整。通过保持安全目标的灵活性，企业可以更加容易地尝试新的安全策略、技术和方法，以寻求更有效的安全管理方案。同时，这也有助于激发员工的创新意识和积极性，推动企业在安全管理上不断取得新的突破和进步。灵活性原则要求企业在制定和实施安全目标时，避免陷入僵化和教条的思维模式，而是要保持开放和灵活的态度，根据实际情况对安全目标进行必要的调整和优化。灵活性原则还要求企业在制定安全目标时平衡短期和长期的需求。短期目标可能更加具体和紧迫，需要快速采取行动；而长期目标则可能更加宏大和战略化，需要持续地努力和投入。通过保持安全目标的灵活性，企业可以更好地平衡这些不同期限的目标，确保在追求短期成果的同时不忽视长期的发展需求。

（7）参与性

安全目标的制定过程应广泛征求相关人员的意见和建议，确保目标的制定是基于共识和合作的。这有助于增强员工对目标的认同感和归属感，提高目标的可执行性。当员工参与到目标制定过程中时，他们能更好地理解目标的意义、重要性和紧迫性。这有助于增强员工的责任感和使命感，促使他们更加积极地投入到安全工作中去。同时，通过参与制定过程，员工还可以更好地掌握实现目标所需的知识和技能，从而提高安全管理的整体效果。在安全目标制定过程中，鼓励员工积极参与、发表意见和建议，可以营造一种开放、包容和互助的工作氛围。这种氛围有助于促进员工之间的沟通和交流，增进彼此的了解和信任。当员工感到自己是一个团队中不可或缺的一部分时，他们更有可能团结一致、共同努力实现安全目标。最后，通过参与安全目标的制定过程，员工可以更加深入地了解企业面临的安全挑战和改进方向。这有助于激发员工的创新意识和持续改进意识，促使他们不断寻求更好的安全管理方法和策略。同时，当员工看到自己的工作成果对安全目标的实现产生积极影响时，他们会更加珍惜自己的工作成果并继续努力改进。

第 2 节 安全目标管理

一、安全目标管理的概念

1. 安全目标管理的内涵

根据彼得·德鲁克提出目标管理的方法，结合安全管理实践可以提出安全目标管理(safety manage by objective，SMBO)的现代安全管理方法。德鲁克认为，组织在得到任务和使命后，应该将其转化为系统的目标，在这个过程中，企业的管理者与下级都参与目标的制定。最后组织以工作成果来衡量考核组织中的成员。目标管理使个人劳动价值最大化，同时使组织取得最好绩效。概括起来，安全目标管理是以安全目标为导向，以人为中心，以成果为标准，而使组织和个人取得优秀安全绩效的现代安全管理方法，一般安全目标管理的逻辑结构如图 3-1 所示。

安全目标管理需要完成四个关键管理要点：如何让安全目标更加清晰化？如何进行安全目标实现过程的有效任务分解？如何给出清晰的安全目标标准定义？如何做好安全目标实现过程中的跟踪与检核工作？为了解答这四个问题，安全目标管理大致遵循以下四个步骤来进行：一要清晰，也就是安全目标的澄清，做到对安全目标进行清晰描述；二要分解，安全目标实现的过程是一个完成诸多任务集合的过程，需要对整体安全目标进行有效分解，只有这样才能保证实现安全目标的可行性；三要标准，即对安全目标的具体标准给出更加准确的定义，这个定义不仅是安全目标制定者的自我定义，更是安全目标实现过程中所有参与者的执行标准；四要跟踪，在安全目标实现的过程中，需要设定过程中的关键时间节点并进行检查，只有这样才能保证安全目标的实现不会出现偏差。

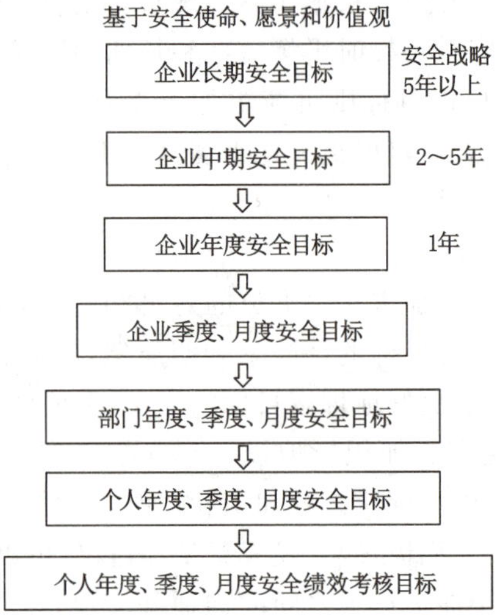

图 3-1　安全目标管理的逻辑结构

安全目标管理是指在一定时期内，根据企业经营管理的总目标，从上至下确定安全工作目标，并为达到这一目标制定一系列对策和措施，开展一系列的计划、组织、领导和控制等活动的过程。制定安全目标内容一般在年初进行，企业的安全部门在高层管理者的领导下，根据企业经营管理的总目标，制定安全管理的总目标，然后经过协商，自上而下层层分解，制定各级、各部门直到每个职工的安全目标和为达到目标的对策、措施。在制定和分解目标时，要把安全目标和经济发展指标捆在一起同时制定和分解，还要把责、权、利逐级分解，做到目标与责、权、利的统一。要通过开展一系列计划、组织、领导和控制活动，依靠全体职工自下而上努力，保证各自目标的实现，最终保证企业总的安全目标实现。到年末，再对实现安全目标的情况进行考核，给予相应的奖惩，并在此基础上进行总结分析，再制定新的安全目标，进入下一年度的循环。

2. 安全目标管理的特点

(1) 安全目标管理是重视人、激励人、调动人积极性的管理

安全目标管理是一种管理方法，旨在确保组织在追求其目标的过程中始终保持对安全的关注和重视。这种方法强调设定明确、可衡量的安全目标，制订实现这些目标的计划并行动。在这个过程中，重视人、激励人和调动人的积极性是安全目标管理的核心要素。

重视人是安全目标管理的基础。这意味着组织需要关注员工的安全和健康，确保他们了解并遵守安全规定和程序。为了实现这一目标，组织需要提供必要的安全培训和教育，使员工充分认识到安全的重要性，并知道如何在工作中保持安全。此外，组织还需要定期与员

工沟通，了解他们的安全需求和关切，并积极解决这些问题。

激励人在安全目标管理中发挥着重要作用。激励可以激发员工的内在动力，使他们更加积极地参与安全工作。组织可以通过各种方式激励员工：建立安全奖励制度，表彰在安全工作中表现突出的员工；提供晋升机会，让那些对安全有贡献的员工获得更多职业发展机会；提供其他形式的奖励和支持，如奖金、培训机会等。

调动人的积极性是安全目标管理的关键。这意味着组织需要创造一个积极的工作环境，使员工愿意主动参与安全工作，提出改进建议并相互监督和支持。为了实现这一点，组织需要建立开放、透明的沟通渠道，鼓励员工提出问题和建议。同时，还需要培养一种积极的安全文化，使员工将安全视为一种共同的责任和价值观。

重视人、激励人和调动人的积极性是安全目标管理的核心要素。通过关注员工的需求和关切、提供必要的激励和支持以及创造一个积极的工作环境，组织可以确保员工在追求目标的过程中始终保持对安全的关注和重视。这将有助于降低事故风险、提高生产效率并最终实现组织的长期可持续发展。

(2) 安全目标管理是系统、动态的管理

安全目标管理被理解为系统和动态的管理，主要基于以下几个方面的考虑。

① 安全目标管理是系统的管理。这意味着它将企业视为一个完整的系统，各层级、各部门和各员工都是这个系统的一部分。安全目标不仅关注单个部门或个人的安全绩效，还注重整个企业安全水平的整体提升。因此，在制定和实现安全目标的过程中，需要协调各部分之间的关系，确保各个部门和员工之间的合作与配合，从而实现整体安全水平的提高。

② 安全目标管理是动态地管理。这意味着它不是一成不变的，而是需要根据企业的实际情况和外部环境的变化进行动态调整和优化。企业需要不断地收集和分析数据，评估目标的实现情况，并根据实际情况进行动态的调整和优化。这种动态性不仅体现在对安全目标的定期评估和修订上，还体现在对安全管理策略和措施的持续改进上。

③ 安全目标管理的系统性和动态性还体现在它与其他管理体系的相互作用和整合上。例如，安全目标管理需要与企业的质量管理体系、环境管理体系等相互协调，共同推动企业的整体绩效提升。

安全目标管理是一种系统和动态的管理方法，它强调整体观念、持续改进和与其他管理体系的整合。通过实施安全目标管理，企业可以全面提升自身的安全管理水平，确保生产经营活动的安全、稳定和高效运行。

二、安全目标管理体系

1. 安全目标管理分类

(1) 按照安全目标的性质分类

① 事故预防目标：这是安全管理的首要目标，旨在通过建立科学、合理的安全管理体系，制定并执行安全操作规程以及实施预防性维护计划，从而减少事故和安全隐患的风险。

② 人员安全保障目标：这是安全管理目标的核心，主要关注保障人员的生命安全和身体健康。

③ 设备安全保护目标：安全管理也需要关注设备的安全运行和保护，防止设备故障或损坏导致的事故。

④ 环境安全保障目标：确保工作环境的安全，防止环境污染和破坏，也是安全管理的目

标之一。

(2) 按安全管理的领域分类

① 安全技术管理目标:主要关注技术层面的安全问题,如设备安全、工艺安全等。这类目标通常涉及技术标准的制定、技术措施的落实以及技术创新的推进等。

② 安全教育管理目标:侧重于提高员工的安全意识和技能,包括新员工的安全教育、特种作业人员的安全培训以及定期的安全知识更新等。

③ 安全检查管理目标:旨在通过定期或不定期的安全检查,发现并纠正潜在的安全隐患,确保生产过程的顺利进行。

④ 安全活动管理目标:通过组织各种安全活动,如安全月、安全竞赛等,提高员工对安全的参与度和认同感。

⑤ 安全文化管理目标:致力于构建企业的安全文化,使安全成为企业核心价值观的一部分,从而从根本上提高企业的安全管理水平。

(3) 按安全管理的职能分类

① 安全决策目标:涉及企业高层对安全问题的决策,如制定安全政策、确定安全投入等。这些决策对企业的安全管理方向具有决定性作用。

② 安全计划目标:根据企业的实际情况和外部环境,制定具体的安全管理计划和行动方案。这些计划需要明确、可行,并具有一定的灵活性以适应变化。

③ 安全组织目标:关注安全管理的组织架构和人员配置,确保企业有足够的资源和能力来执行安全管理任务。

⑤ 安全协调目标:在各部门和员工之间建立有效的沟通机制,协调各方面的安全管理工作,形成合力以实现企业的整体安全目标。

⑥ 安全监督目标:对安全管理工作的执行情况进行监督和检查,确保各项措施得到有效落实,并及时发现和纠正问题。

⑦ 安全控制目标:通过风险评估、事故预防等手段,对企业的安全风险进行有效控制,降低事故发生的可能性及其影响程度。

(4) 按照安全目标的实施阶段分类

① 安全目标设定阶段:在这一阶段,企业需要分析现有的安全状况,确定需要改进的领域,并设定明确、可衡量的安全目标。

② 安全目标实施阶段:在这一阶段,企业需要制定并实施具体的安全管理措施和计划,以确保安全目标的实现。

③ 安全目标评估与改进阶段:在这一阶段,企业需要对安全目标的实施效果进行评估,并根据评估结果对安全管理措施进行持续改进和优化。

(5) 按安全管理的层次分类

① 高层安全管理目标:由企业高层制定的战略性安全目标,通常与企业的整体战略和业务目标相一致。这些目标具有宏观性和指导性,为企业的安全管理指明方向。

② 中层安全管理目标:中层管理人员根据高层的安全战略制定的具体执行目标和计划。这些目标需要细化到各个部门或团队,并明确责任人和完成时间等要素。

③ 基层安全管理目标:基层员工在日常工作中需要达到的安全标准和要求。这些目标通常与员工的岗位职责和工作流程密切相关,需要员工自觉遵守并执行。

2. 安全目标管理优势

(1) 形成激励

安全目标激励可以使组织中的个体从相互竞争的状态转变为自我激励。个体通过高质量与高效率的努力来实现企业的安全目标和愿景,同时也可以满足个体的某些需要,这种情况下员工更容易产生工作的动机。当安全目标未完成时,组织中的员工内心会产生压力和紧张的情绪,从而激发个体的内驱力,转化为继续工作的动力;当安全目标完成时,组织中的员工内心会产生一种强烈的满足感和放松的舒适感,这对进一步完成新安全目标也有促进作用。

(2) 有效管理

安全目标管理可以显著提高组织的管理效率。首先,安全目标管理可以促进上下级之间的双向沟通。在制定安全目标时,员工与上级共同商讨,以确保安全目标的合理性和有效性。同时,及时的交流与沟通使上下级之间相互理解,从而增加组织的协调性,使得组织的工作在彼此接受的基础上进行。其次,安全目标管理以工作成果衡量工作质量,是一种倾向于结果的管理方式,这种管理方式使组织各个部门和层次的员工都倾向于高质量完成指定的安全目标,这就有效地提升了组织管理的效率。最后,安全目标管理可以有效地促进自主管理,它给予每个人完成任务和保证安全行为的责任感,这种责任感体现在自我监督、自我控制等方面。

(3) 明确任务

安全目标管理使组织各层次成员明确自己的安全目标。在此种管理模式下,组织由管理者到成员自上而下地制定安全目标,所以组织的每一层都清晰地了解企业的安全战略总目标,这有利于成员在大方向下制定自己具体的任务安全目标。这些任务的明确:一方面,使管理者明确每一层级的下属都具有自己的职责,相应地也应该有一定的权利和空间来完成各自的安全目标;另一方面,管理者明确自己优化组织结构的安全目标,可以从实施安全目标管理的其他组织中吸取经验教训,用于改善自己组织的缺点与不足,这种做法有利于组织的持续进步。

(4) 控制有效

首先,安全目标管理使制定目标的过程得到有效控制,安全目标管理强调自上而下地制定安全目标,所以从组织的管理层到各个层面的员工制定的安全目标将形成一套完整的体系,是自上而下对上一级目标的清晰分解。也就是说,每个安全目标都有上一级作为基础和指导,保证了整个组织的安全目标都有相同的战略方向,防止成员盲目工作,保证了组织成员工作的有效性。其次,安全目标管理实施过程得到有效控制。在安全目标实施的过程中,组织管理者可以通过检查审核职工的工作安全目标来把握任务的完成进度,同时通过安全目标和职员工作效率的横向比对,在任务完成的进度中不断调整安全目标,不断提高工作质量。

三、安全目标管理实施

安全目标管理的实施分三个阶段:第一阶段为设置安全目标;第二阶段为实现安全目标过程的管理;第三阶段为总结和评估。

1. 设定安全目标的原则

设定安全目标的原则包括明确性与可衡量性、合理性与可行性、全员参与和持续改进以及综合保障与突出重点。这些原则共同构成了设定有效安全目标的基础框架,有助于指导组织在安全管理方面的实践工作。

① 明确性与可衡量性。安全目标必须明确具体，能够清晰地传达给所有相关人员。目标应该具有可衡量性，即可以通过具体的指标或数据来评估目标的完成情况。这样有助于确保每个人对安全目标的理解保持一致，也便于对安全目标的实现情况进行监控和评估。

② 合理性与可行性。安全目标的设定必须基于实际情况和可行性。目标应该是合理的、可行的，并考虑到组织的资源、技术、人员等方面的限制。避免设定过高或过低的目标，以免无法实现或安全问题得不到有效解决。同时，安全目标应该具有灵活性，能够适应内外部环境的变化和组织的发展需求。

③ 全员参与和持续改进。安全目标的设定应该充分考虑到全员参与的原则。安全工作是每个人的责任，需要全员共同参与和努力。通过广泛征求员工的意见和建议，可以确保安全目标更加符合实际需求和期望。此外，安全目标应该具有持续改进的原则，不断总结经验教训，识别新的安全风险和挑战，并调整安全管理策略和措施，以确保安全目标的长期有效性。

④ 综合保障与突出重点。安全目标的设定应该综合考虑人员、设备、环境等多个方面，以提供全面的安全保障。同时，根据组织的实际情况和风险特点，突出重点领域和关键环节的安全目标。这样有助于确保安全管理工作更加有针对性和有效性，提高整体的安全管理水平。

2. 设置安全目标

设置安全目标是安全目标管理的第一步，也是最基础的阶段，可以按照以下五个步骤进行。

第一步，暂时设定一个安全目标，这是一个未来可以改变的安全目标预案。这个安全目标预案既可以由上级提出，再同下级讨论；也可以由下级提出，报上级批准。无论采用哪种方式，都必须由上下级共同商量决定。在设定安全目标时，组织成员尤其是高层领导者必须对组织的现有的安全状况进行优势、劣势、机遇和挑战分析（SWOT），对组织应该完成、能够完成的安全目标做到心中有数。

第二步，重新审议组织结构和职责分工。组织安全目标的实现最终靠的是组织中的各个成员，也就是要将安全目标分解到具体的责任主体。因此，在预定安全目标之后，需要重新审查现有组织结构，如果有必要，可以根据安全目标的分解来适当调整组织结构，明确各安全目标责任者之间的协调关系。

第三步，确立下级的安全目标。上级在明确了组织安全目标的前提下，就可以通过与下级进行沟通的方式来确立下级的安全目标。在沟通中，上级要做到尊重下级，认真倾听下级的意见，帮助下级在组织安全目标的大框架下确定自己的安全目标。分目标要具体量化，便于考核，既要有挑战性，又要有实现可能。每个员工和部门的分安全目标应当是组织整体安全目标的有机组成部分，而且各个部分应该相互协调、方向一致，共同支持组织整体安全目标的实现。

第四步，在下级安全目标明确之后，上级和下级对实现安全目标所需要的支持条件、资源以及安全目标达成后的奖惩等事宜达成协议，这个协议最好形成书面文件。

第五步，基于各个责任主体的分安全目标、各项安全目标完成的时间节点、安全目标实现过程中的关键事件等，绘制出安全目标图，制作安全目标记录卡片等。

3. 实现安全目标过程的管理

安全目标管理直接指向项目实施的结果，组织成员为了实现各自的安全目标、集体的安全目标而行动，这不等于管理者可以不关注实施过程而只等待安全目标。相反地，安全目标实施的每一个环节都可能对结果产生影响，因此管理者应在过程中发挥作用，保证工作过程不偏离目标轨道。

在进行过程管理时，要遵循适时性和重要性两个重要原则。遵循适时性才能确保管理者及时发现安全目标实现过程中的偏差或问题，并及时采取措施防止问题变得更加复杂。所谓重要性，一是重点关注对工作安全目标实现起到决定性作用的关键任务，二是重点关注任务责任人在能力和工作经验上的差距，这些潜在差距是需要管理者进行跟踪和帮助的。

在实际操作中，需要建立过程监控机制。这包括定期收集和分析数据，以了解安全目标的实现进度和存在的问题。通过监控关键绩效指标（KPIs），可以及时发现偏差并采取纠正措施。还要确保为实现安全目标分配了足够的资源，包括人力、物力和财力。资源的分配应根据安全管理计划进行，并考虑到实际需求和优先级。定期评估安全目标的实现过程，识别改进的机会也是很必要的，可以通过内部审计、外部评估或员工反馈等方式进行。根据评估结果，对安全管理策略和措施进行调整和优化，以提高过程管理的有效性。

4. 总结和评估

安全目标完成后，下级需要进行自评，形成书面报告提交给上级管理者。上级需要根据预定标准考核安全目标的完成情况，同时讨论下一阶段的安全目标，开始新循环。具体来看，首先，收集与安全目标相关的所有数据，包括事故率、违规次数、安全培训参与率等。对这些数据进行详细的分析，以了解哪些目标已经达成，哪些目标尚未达成，以及达成或未达成的原因。其次，根据收集的数据，评估每个安全目标的实现情况。对于已经达成的目标，分析成功的因素，并考虑是否可以将这些因素应用于其他安全管理领域。对于未达成的目标，深入分析原因，并识别改进的机会。在整个过程中，总结经验和教训是至关重要的。分析在实现安全目标过程中遇到的问题和挑战，以及采取的解决方案和措施。这些经验和教训可以为未来的安全管理工作提供宝贵的参考。再次，在总结和评估过程中，识别改进的机会。这可能包括：改进安全管理制度、加强安全培训、提高员工安全意识、优化资源配置等方面；确保这些改进机会得到充分的讨论和考虑，并制订具体的改进计划。基于总结和评估的结果制订持续改进计划；明确改进的目标、时间表、责任人和所需资源；确保计划具有可衡量性和可行性，并定期对其进行审查和更新。最后，将总结和评估的结果以及改进计划与相关人员进行分享和沟通，确保所有人对安全管理的现状和未来方向有一个清晰的认识，并促进形成全员参与和持续改进的文化。

5. 安全目标管理的难点

(1) 员工层面

员工的安全意识是实现安全目标管理的基础。然而，在实际工作中，很多员工可能缺乏足够的安全意识，对潜在的安全风险和威胁认识不足，忽视安全规定和操作规程。这种安全意识的不足可能会导致安全事故的发生，从而危及整个组织的安全目标。安全目标管理要求员工具备一定的安全技能和知识。然而，并非所有员工都接受过系统的安全培训，因此在面对具体的安全任务时可能会感到无所适从。这种技能和知识的欠缺不仅会影响员工个人的工作效率，还可能对整个组织的安全目标造成负面影响。员工在长期工作中形成的工作习惯可能难以改变，这些习惯中有些可能是不安全的，甚至可能违反了安全规定。改变员工的工作习惯需要时间和持续的努力，而员工可能会对此产生抵触情绪，从而增加安全目标管理的难度。安全目标管理需要员工的积极参与和投入。然而，在实际工作中，员工可能因工作压力、个人目标冲突等原因而对安全目标管理缺乏热情。这种消极态度可能会影响到整个团队的工作氛围和士气，从而影响安全目标的顺利实现。有效的沟通和反馈是实现安全目标管理的重要环节。然而，员工可能在沟通和反馈方面存在障碍，如担心受到惩罚、不知道如何提出有效反馈等。这些障碍可能会导致信息传递不畅，管理层无法及时了解一线员工的安全状况和需求，从而增加了安全目标管理的难度。

（2）管理者层面

管理者在设定安全目标时，需要确保目标是具体、可衡量和可实现的。然而，由于安全领域的复杂性和抽象性，将高级别的安全愿景转化为具体、可操作的目标可能是一项挑战。目标不明确或过于笼统可能导致员工对安全要求的理解不足，从而影响目标的达成。管理者需要合理分配资源以支持安全目标的实现，包括人力、资金、时间和技术等。然而，在资源有限的情况下，安全目标可能与其他业务目标存在竞争关系，导致资源分配上的冲突。管理者需要在确保业务运行的同时，平衡对安全的投入，这是一项具有挑战性的任务。管理者需要建立有效的监控机制来跟踪安全目标的进展情况，并定期进行评估。然而，由于安全问题的复杂性和隐蔽性，准确评估安全状况可能是一项困难的任务。此外，监控和评估过程中可能存在数据收集不全、分析不准确或报告不及时等问题，从而影响管理者对安全状况的判断和决策。安全目标管理涉及多个部门和团队之间的协作与沟通。管理者需要确保各部门对安全目标的理解一致，并协调各方行动以实现共同目标。然而，不同部门之间可能存在利益冲突、沟通障碍或协作困难等问题，导致安全目标在跨部门执行过程中受到阻碍。安全环境是不断变化的，新的威胁和风险可能随时出现。管理者需要具备灵活应对变化的能力，及时调整安全管理策略和措施以确保目标的顺利实现。然而，这种灵活性和应变能力可能对管理者的知识、经验和决策能力提出高要求，尤其是在面对突发事件或紧急情况时。管理者需要设计合理的激励机制来鼓励员工积极参与安全目标管理，并建立问责机制来确保责任得到落实。然而，如何平衡激励与问责是一个具有挑战性的任务。过度激励可能导致员工忽视安全规定而追求个人利益，问责过严则可能抑制员工的积极性和创新精神。因此，管理者需要在激励与问责之间找到恰当的平衡点。

（3）组织层面

组织需要建立一种强调安全、预防风险的文化，并确保所有成员都认同这一文化。然而，安全文化的建立是一个长期且复杂的过程，需要持续的努力和投入。同时，维护安全文化也需要组织不断地进行宣传、教育和培训，以确保员工始终保持对安全的关注和重视。组织在运营过程中必须遵守各种与安全相关的法律法规。这些法规和标准可能因行业、地区或国家的不同而存在差异，且可能不断更新变化。因此，组织需要密切关注法规和标准的发展动态，并及时调整自身的安全管理策略和措施，以确保合规性。这一过程可能涉及复杂的法律解读、合规性审查和风险评估等工作，给组织带来一定的挑战。大型组织往往拥有多个部门和业务单元，每个部门都有自己的安全目标和策略。确保这些目标和策略与组织整体的安全目标相一致，并促进跨部门协同工作，是一项复杂的管理任务。组织需要建立有效的沟通机制和协作平台，以促进各部门之间的信息共享、资源整合和协同行动。同时，还需要解决可能出现的利益冲突、责任推诿和沟通障碍等问题，以确保跨部门安全管理的顺畅和高效。因此，组织需要建立一种持续改进和创新的安全管理机制，以适应不断变化的外部环境。这要求组织具备敏锐的市场洞察能力、强大的技术研发实力和灵活的组织结构，以便及时应对新的挑战和机遇。然而，这种持续改进和创新的能力并不是一蹴而就的，需要组织在长期的安全管理实践中不断积累和提升。在追求业务发展的同时，组织需要确保安全目标的实现。然而，在实际工作中，业务发展往往与安全存在一定的冲突。例如，为了快速占领市场或降低成本，组织可能会采取一些可能增加安全风险的决策。因此，组织需要在业务发展和安全之间找到恰当的平衡点，既要确保业务的持续增长，又要有效控制安全风险。这要求组织具备全面的风险管理能力和前瞻性的战略规划能力，以实现长期可持续的发展。

四、安全目标管理内容

1. 企业安全目标方针

企业安全目标方针即用简明扼要、激励人心的文字、数字对企业安全目标进行高度概括。它反映了企业安全工作的奋斗方向和行动纲领。企业安全目标方针应根据上级的要求和企业的主客观条件，经过科学分析和充分论证后加以确定。如某厂某年制定的安全目标方针是："守护安全，预防风险，责任至上，持续改进。"

2. 总体目标

总体目标是目标方针的具体化，它具体规定了为实现目标方针在各主要方面应达到的要求和水平。只有目标方针而没有总体目标，目标方针就成了一句空话；只有根据目标方针确定总体目标，总体目标才有正确的方向，才能保证目标方针的实现。目标方针与总体目标是紧密联系、不可分割的。

总体目标是由若干目标项目组成的，这些目标项目应既能全面反映安全工作在各个方面的要求，又能适用于国家和企业的实际情况。每一个目标项目都应规定达到的标准，而且达到的标准必须数值化，即一定要有定量的目标值。因为只有这样才能使职工的行动方向明确具体，在实施过程中便于检查控制，在考核评比时有准确的依据。一般来说，目标项目可以包括下列几个方面：

① 各类工伤事故指标。根据《企业职工伤亡事故分类》(GB/T 6441—86)，主要工伤事故指标有千人死亡率、千人重伤率、伤害频率、伤害严重率。根据行业特点，也可选用按产品、产量计算的死亡率，如百万吨死亡率、万米木材死亡率。

② 工伤事故造成的经济损失指标。根据《企业职工伤亡事故经济损失统计标准》(GB/T 6721—86)，这类指标有千人经济损失率和百万元产值经济损失率。根据企业的实际情况，为了便于统计计算，也可以只考虑直接经济损失，即以直接经济损失率作为控制目标。

③ 粉尘、毒气、噪声等职业危害作业点合格率。

④ 日常安全管理工作指标。对于安全管理的组织机构、安全生产责任制、安全生产规章制度、安全技术措施计划、安全教育、安全检查、文明生产、隐患整改、安全档案、班组安全建设、经济承包中的安全保障以及"三同时""五同时"等日常安全管理工作的各个方面，均应设定目标并确定目标值。

实际工作中应该根据党和国家的安全生产方针、政策，上级部门的要求，本系统、本企业安全生产的中长期规划、工伤事故和职业病统计数据、企业长远规划、安全工作的现状和企业的经济技术条件等进行安全目标内容设定。

3. 安全目标的考核

(1) 安全目标考评方法

根据安全目标的具体内容，将其分解成若干可衡量的指标。这些指标应能够全面反映安全管理的各个方面，如安全设施完善程度、安全制度和培训执行情况、安全责任落实情况等。为每个考核指标设定一定的权重，以反映其在安全目标中的重要程度。权重的设定可以根据实际情况进行调整，一般采用专家咨询、讨论或实际案例分析等方式进行确定。例如，将完成全部目标定为100分，工伤事故指标∶经济损失指标∶日常安全管理指标＝4∶3∶3；达标程度∶目标复杂程度∶达标过程努力程度＝5∶3∶2；目标项目得分＝达标程度得分×50％＋目标复杂程度得分×30％＋达标过程努力程度得分×20％。比例的分配是人工设定的，可根据需要适当加以调整。譬如，当强调要求下级发挥能力时，则可把达标过程努力程度得分的比例提高。

为每个考核指标制定具体的评分标准，明确不同表现水平所对应的得分。评分标准应具有客观性和可操作性，可以采用文字描述、程度描述或具体要求等方式进行表达。根据评分标准，对每个考核指标进行实际评估，并给出相应的得分。打分过程中应遵循公正、客观的原则，确保评分的准确性和一致性。将各个考核指标的得分加权求和，得到安全目标考核的总分。总分可以作为评估安全管理绩效的依据，用于比较不同时间或不同部门之间的安全管理水平。根据打分结果，分析安全管理工作中存在的问题和不足，提出改进措施和建议。同时，将考核结果及时反馈给相关部门和人员，作为改进和提升安全管理的依据和动力。

复习思考题

1. 简述安全目标概念及属性。
2. 试述安全目标管理的分类、内涵与优势。
3. 简述设置安全目标的步骤。
4. 简述安全目标管理的实施步骤。
5. 列举常用的安全目标考核方法。

安全文艺点滴

第 4 章 安全战略管理

随着经济社会的快速发展和时代更替，社会技术系统越来越复杂，AI 时代下的风险因素越来越多元，这些给企业的安全发展和持续生存提出了越来越多的挑战。企业在复杂多变的环境中发展需要有安全战略支撑，作为安全领导和管理者应该思考企业当前及未来面对风险挑战时应该制定何种安全发展战略。中国的安全学者很少会思考企业安全管理背后的筹划、谋略与构思问题，长期缺乏深谋远虑和富有远见卓识的安全战略导致企业面对复杂环境总是缺乏长期性、方向性和战略性决策。“战略(strategy)”一词源自希腊的军事术语“strategos”，指的是在一场战争背后所隐含的谋略。公元 579 年，罗马皇帝毛莱斯用拉丁文写了一本名为 *Stratajicon* 的军事著作，被认为是西方第一本战略学著作。“战略”一词在中国最早可追溯至春秋时期孙武的《孙子兵法》，该书被认为是中国最早对战略进行全局筹划的著作。在中国古代，有许多体现战略思想的说法和理念，这些理念不仅在军事战争中得到应用，也渗透到政治、经济和社会生活的各个方面，如“庙算”“上兵伐谋”“合纵连横”“不战而屈人之兵”等。现代意义上的“战略”一词已经超越了军事领域，广泛应用于政治、经济、商业等各个领域。在企业管理中，战略是指企业为实现长期目标而制定的全局性、长远性的规划和决策，也是企业发展的根本指导方针。

第 1 节 战略管理理论发展

20 世纪初，法约尔提出管理五大职能中的计划职能就是最早出现的企业战略管理思想体现。20 世纪 30 年代，美国经济学家切斯特・巴纳德(Chester I. Barnard)在《经理人员的职能》一书中首次使用了战略概念，认为管理工作的重点在于创造组织的效率，并应使企业组织与环境相适应。1962 年，美国管理学家艾尔弗雷德・钱德勒(Alfred D. Chandler，Jr.)出版了《战略与结构》一书，第一次从大型企业成长史的角度研究了企业战略与结构的相互关系，开启了企业战略问题的研究。伊戈尔・安索夫(Igor Ansoff)提出成功战略的范式和安索夫矩阵。海因茨・韦里克(Heinz Weihrich)在 20 世纪 80 年代提出并论述了 SWOT 分析法。20 世纪 70 年代，布鲁斯・亨德森(Bruce Henderson)为战略咨询领域提出了波士顿矩阵。迈克尔・波特(Michael E. Porter)提出五力模型和三种竞争战略思想。日本学者大前研一通过研究日本式竞争特点，提出了“战略三角”的概念(战略 3C)。20 世纪末出现了核心能力理论等，与以往理论的研究不同在于，该理论开始从企业内部研究，代表人物是普拉哈拉德(C. K. Prahalad)和加里・哈默尔(Gary Hamel)。他们提出竞争优势的真正源泉在于企业核心能力，战略管理主要是培植企业对自身拥有的战略资源的独特运用能力，提高不可替代性。战略管理经历了从重视战略制定到重视战略本身,从重视组织外部环境到重视组织内部优势,从被动适应环境到主动培育组织核心竞争力的转变。

战略管理既包括外部竞争策略,又包括内部管理优化。战略为企业选择进入何种产业、提供何种服务提供了答案,对企业内部而言,能够选择并实施最优经营管理。

第2节　安全战略管理概念

安全战略管理是企业确定其安全使命,根据组织外部环境和内部条件设定企业的安全战略目标,为保证安全目标的正确落实进行谋划,依靠企业内部能力将这种谋划和决策付诸实施,并且在实施过程中进行控制的一个动态管理过程。

安全战略管理是保障企业的生产经营活动各环节和领域安全运行的整体管理,也是企业关于制定安全战略、实施安全战略的一系列管理决策与行为。其关键在于使企业找准自身安全定位、适应内外部要求,在行业中得到长期生存与发展。具体而言,安全战略管理过程包括安全战略分析、安全战略制定、安全战略实施、安全战略评估和控制等几个步骤。

一、安全战略分析

安全战略分析(safety strategy analysis)是指通过资料的收集和整理来分析组织的内外部环境,主要包括组织诊断和环境分析两个部分。其目的是确定企业的安全使命和安全目标、了解企业所处的环境变化以及分析这些变化将带来机会还是威胁。根据定义,安全战略分析主要进行外部安全分析和内部安全分析。外部安全分析(external safety analysis)是指考察组织的安全环境,分析企业所面临的各种风险隐患以及所受到的各种威胁。一般来说,对组织的外部环境进行分析时可以分为三个层次:总体环境、产业环境和竞争环境。而内部安全分析(internal safety analysis)的重点则在于组织的核心安全竞争力。这里,安全核心安全竞争力是指在企业或组织的整体竞争力中,以安全能力为基础和核心的一种独特能力。这种能力不仅关乎企业或组织的稳健运营,更是其在市场竞争中取得优势、实现可持续发展的关键。

二、安全战略制定

安全战略制定(safety strategy formulation)是利用战略分析的结果确定企业安全任务,认定企业的外部机会与威胁,明确企业内部优势与弱点,建立长期安全目标,制定可供选择的战略以及选择特定的实施战略,做出最终决策。同时,研究确定安全战略实施过程需要的政策、资源等保障。根据安全战略的不同层次,公司还需要在组织层面、事业层面和职能层面上分别建立相应的安全战略,各个安全战略共同组成整体安全战略。

三、安全战略实施

安全战略实施(safety strategy implementation)是安全战略管理的行动阶段,将安全战略制定阶段所确定的意图性战略转化为具体的组织行动,以保障安全战略实现预定的安全目标。安全战略制定的关键在于其正确性,而安全战略实施的关键在于其有效性,只有有效的安全战略实施才能完成安全战略目标的实现。安全战略实施的过程中,要将实施安全战略必需的组织、资金、人员、技术等资源及与之相匹配的各项管理功能充分调动起来。需要指出的是,安全战略制定和安全战略实施两个阶段并不一定是制定在先、实施在后,也可能是相互交融的，因为安全战略管理过程往往是信息和决策之间的持续循环。

四、安全战略评估和控制

如前所述，安全战略实施是安全战略管理的行动阶段，其有效性直接决定着安全战略目标的实现，安全战略的制定和实施是否正确、有效需要进行验证，这就是安全战略的评估和控制。在安全战略实施过程中进行安全战略评估和控制（safety strategy evaluation and control）能够进一步验证安全战略分析的正确性以及所确定的安全战略实施途径和实施手段是否有效等，从而发现问题和差距、分析产生偏差的原因，适时对组织安全战略进行适当调整，并在必要时采取矫正性措施。

第 3 节　组织安全战略分析

一、组织外部分析

1. PEST 分析法

安全战略管理的第一步是安全战略分析，安全战略分析主要包括外部分析和内部分析两部分，而 PEST 分析模型是常用的外部分析法。PEST 分析从政治环境、经济环境、社会文化环境和技术环境四个角度分析宏观环境，并评价这些因素对企业战略目标以及战略制定的影响，辨识企业长期的变化驱动力及外部各环节要素对企业的不同作用，从而确定关键环境因素、制定企业战略和调整组织结构，使企业与环境相适应，如图 4-1 所示。

PEST 分析模型

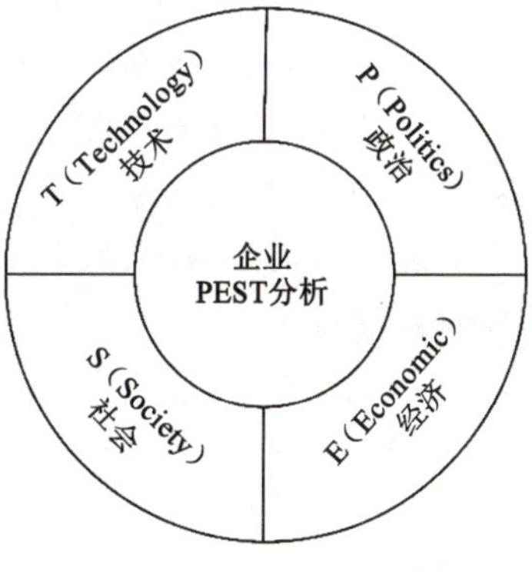

图 4-1　PEST 分析法模型

（1）政治环境

安全是指人们在生活和工作中不受到威胁、危险或伤害的状态。安全问题直接关系人们的生命财产安全，被认为是最大的政治。要牢固树立安全发展的理念，这是我们党“立党为公、执政为民”执政理念的重要体现，安全生产关乎人民群众的生命财产安全，也关乎领导干部的政治生命。安全法律体系的存在为企业安全战略提供了基础性的指导和规范。企业必须遵守国家制定的各项安全生产法律法规，这是企业开展安全生产活动的前提和底线。因此，在制定企业安全战略时，必须充分考虑法律法规的要求，确保企业的各项安全措施和制度符合国家法律标准。通过对安全法律体系的研究和分析，企业可以更加深入地了解安全生产的重要性和必要性。这有助于提高企业全员的安全意识，形成积极向上的安全文化氛围，从而为企业安全战略的顺利实施创造良好的外部环境。

政治环境是指会对企业生产安全活动产生影响的政治环境、政治力量以及相关的安全法律和安全法规等因素。一个国家或地区的政治制度、体制、安全方针政策、安全法律法规等因素常常制约、影响着企业的安全行为，但这些因素通常是不可预测的。此外，政治环境的影响是直接且不可逆转的，当政治制度与体制、政府对组织安全业务的态度发生变化时，或者当政府发布了对企业安全具有约束力的法律法规时，企业的安全战略也必须随之做出调整。企业必须重视和研究政府关于安全方面的法律法规、政策和思路，如国家的安全生产法、劳动保护法以及各类安全条例等，同时应了解与企业相关的一些安全生产责任制、双重预防体系、安全生产标准化考评等，这些相关的安全法律和政策往往能够对行业的运作产生影响。

(2) 经济环境

经济环境是指影响企业或行业的各种经济因素和条件的总概况，包括国际和国内经济形势及发展趋势以及企业所面临的产业环境和竞争环境等。构成经济环境的关键要素包括GDP的变化发展趋势、利率水平、通货膨胀率、就业率、居民可支配收入、汇率水平、社会经济结构、市场需求状况等。企业作为处在宏观大环境中的微观个体，其自身安全战略的制定受到经济环境影响，企业必须关注、监测和评估行业的经济状况。具体来看，经济增长率对安全生产有直接影响。在经济增长较快的时期，企业往往面临更多的市场机遇和扩张压力，这可能会导致对安全生产的投入相对不足。因此，企业需要在追求经济效益的同时，始终保持对安全生产的重视和投入，确保两者之间的平衡。通货膨胀率和利率的变化也会影响企业的安全生产，通货膨胀可能导致企业运营成本的上升，包括安全生产所需的设备、材料和人力成本。而利率的变动则可能影响企业的融资成本和投资决策，进而间接影响安全生产。因此，企业需要密切关注这些经济指标的变化，并采取相应的应对措施，以确保安全生产的稳定进行。汇率的波动变化可能影响企业原材料的采购成本以及产品的销售价格，进而对安全生产产生影响，如企业采购成本上升可能导致缩减安全投入。企业需要关注汇率变动对业务链的影响，并制定相应的风险管理策略。

(3) 社会文化环境

社会文化环境是指组织所在社会中一定时期整个社会发展的一般状况，主要包括内部成员的社会阶层、家庭结构、风俗习惯、文化传统、价值观念、宗教信仰、教育水平等因素。构成社会环境的要素主要包括人口规模、社会流动性、年龄结构、种族结构、收入分布、消费结构和水平等。每个社会都有其核心文化，这是一个国家或地区在较长历史时期内形成的一种社会习惯，常常具有高度的持续性和稳定性，企业发展必须能够与其所处的社会文化相适应。

① 人口规模方面。比如，员工的年龄结构、教育水平和国籍等都会影响他们对安全生产的认知和接受程度。不同年龄段的员工可能有不同的安全意识和操作习惯，受教育水平高的员工可能更容易理解和遵守安全规章制度。因此，企业在制定安全生产策略时，需要充分考虑员工的人口特征，提供有针对性的安全培训和教育。

② 社会流动性方面。社会阶层的变化和城镇化进程的加快，可能会带来员工队伍的不稳定性和流动性，这会给企业的安全生产管理带来难统一、难协调和难考核等挑战。企业需

要建立完善的安全管理制度，确保新员工在上岗前接受必要的安全培训，并迅速适应企业的安全生产文化。

③ 文化传统和价值观方面。不同的国家和地区有着独特的文化背景和价值观，这些差异可能会导致员工在安全生产方面的态度和行为有所不同。企业需要尊重员工的文化传统和价值观，通过沟通和引导使员工能够理解和接受企业的安全生产理念，并将其内化为自觉的行动。

④ 消费心理和生活方式方面。随着生活水平的提高和消费观念的转变，人们对产品的安全性和质量要求越来越高。企业需要密切关注市场需求的变化，不断改进生产工艺和产品质量，以满足消费者对安全性的需求。同时，企业也需要引导员工树立正确的消费观念和生活方式，提高员工的安全意识和自我保护能力。

(4) 技术环境

技术环境是指社会技术总水平及变化趋势，包括技术变迁、技术突破对企业的影响以及技术对政治、经济、社会环境之间的相互作用的表现等。技术环境对战略管理有很多影响，比如：基本技术的进步使企业能对市场及客户进行更有效的分析；出现新技术使得顾客对某个行业产品或服务的需求增加；技术进步可创造竞争优势；技术进步可能会导致某个行业或其产品、服务被淘汰，也可能缩短产品的生命周期等。

① 提升安全管理效率。随着技术的不断进步，企业可以引进更先进的安全管理系统和设备，从而提高安全管理的效率和准确性。例如，物联网技术的应用使得企业可以实时监控生产现场的安全状况，及时发现并处理安全隐患。

② 促进安全文化建设。技术变迁推动了信息传播方式的变革，企业可以利用互联网、移动应用等新媒体平台，更广泛地宣传安全知识和安全文化，提高员工的安全意识和技能水平。

③ 推动安全管理制度创新。技术的不断发展要求企业不断更新和完善安全管理制度，以适应新的技术环境。例如，随着大数据和人工智能技术的应用，企业可以建立更加智能化的安全风险评估和预警机制，提高安全管理的预防能力。

企业对外部技术环境的分析，有助于企业突破传统安全技术瓶颈，为企业解决长期存在的安全生产难题提供新的解决方案。例如，新材料技术的突破可以为企业提供更安全、环保的生产材料，降低生产过程中的安全风险。技术突破往往带来新的安全管理理念和方法，推动企业进行安全管理创新。例如，人工智能技术的突破使得企业可以实现安全管理的智能化和自动化，减少人为因素的干扰，提高安全管理的稳定性和可靠性。技术突破也可以为企业带来独特的安全生产优势，从而提升企业的核心竞争力。例如，拥有先进的安全生产技术的企业可以在市场竞争中占据有利地位，吸引更多的客户和合作伙伴。

当今世界已经高度全球化和一体化，企业面临的外部环境变化比以往任何时候都要复杂，企业面临的解决安全问题的手段比以往任何时候都要多元，自然环境、道德环境、安全氛围、舆论环境等也逐渐被扩展引入外部环境的评估框架中。企业在制定安全战略前，必须对外部环境的各种因素进行分析，确保组织能够制定出外部适用及内部匹配的安全战略。

2. 波特五力模型

哈佛大学商学院教授迈克尔·波特(Michael E. Porter)在 1979 年提出战略分析的五力模型，构建标准化和规范化的分析框架，如图 4-2 所示。波特认为，在企业经营的外部环境中，有五种力量影响着企业的战略选择，即现有企业间的竞争、潜在替代产品的开发、潜在新进入者的出现、供应商的议价能力和购买者的议价能力。

将波特五力模型应用到安全领域，可以构造出安全五力模型：现有企业间的竞争力、潜在替代产品的开发、潜在新隐患的出现、供应商的风险偏好和消费者的风险回避。下面分别阐述这五种力量对企业安全战略分析的作用。

波特五力模型

（1）现有企业间的竞争力

同一个行业的企业之间往往存在各式各样的竞争关系，但也是利益相关的，只有获得相对于竞争对手的优势，才能在市场竞争中获得胜利。从生产安全角度来看，企业在进行安全战略制定时，首先必须考虑现有同行的安全竞争力，对业内竞争者进行分析，关注其安全架构、安全管理和安全文化。在对竞争各方进行比较时，需要考虑企业的安全投入、安全管理特色、安全技术壁垒等，这些因素会影响企业竞争强度。企业所采取的安全措施和安全管理能力将直接影响员工和合作伙伴对企业的信任度，企业确保生产出安全和高质量的产品，也就具备了竞争优势。消费者更愿意购买具有良好安全记录的企业的产品，相比竞争者，企业的竞争力就会更强。

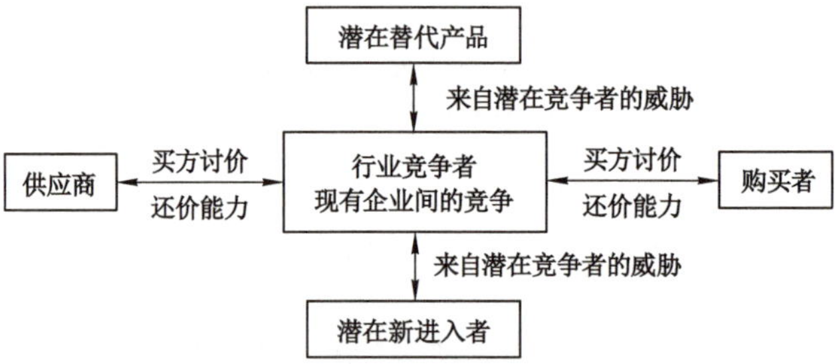

图 4-2　波特五力模型

（2）潜在替代产品的开发

企业生产的产品往往互为替代品，替代品的存在为消费者提供了更多选择，替代品安全性越高、价格越低，则用户转换成本越低。在替代品开发过程中，应预先考虑可能出现的安全问题，并采取相应的措施避免或减轻这些风险，同时要挖掘现有竞品中存在的隐患或设计缺陷，在替代品中加以迭代更新。随着市场环境的变化和技术的进步，开发者需要保持敏锐的市场洞察力，及时发现并解决安全问题，确保替代产品能够持续满足消费者的需求并保持领先地位。从短期来看，一种安全产品的出现可能将另一种产品挤出市场，甚至导致新行业的兴起和旧行业的消失。例如，随着智能交通技术的发展，智能交通管理系统逐渐崭露头角。这些系统利用先进的传感器、摄像头、大数据分析和人工智能等技术，实现了对交通流量的实时监测、预测和优化，大大提高了交通效率和安全性。随着智能交通技术的不断发展和普及，这个新兴行业逐渐取代了传统的交通信号灯控制系统行业，不仅改变了城市交通管理的模式和效率，也为人们的生活带来了更多的便利和安全。

（3）潜在新隐患的出现

行业的发展离不开技术发展，新技术催生新产业也带来新隐患。潜在新隐患的出现是指在某个系统、流程、产品或环境中，由于各种因素（技术变革、环境变化、操作方式的调整等）导致新的、未被识别的或未被充分评估的安全风险或隐患逐渐显现。这些隐患可能在初期并不明显，但随着时间的推移和条件的变化，它们有可能逐渐暴露出来，对安全构成潜在威胁。任何系统或产品都处在一个不断变化的外部环境中，而这些变化可能包括技术进步、法规更新、市场需求变化等，从而引发新的隐患。安全防护措施往往是在识别到威胁后才进行部署的，这就意味着在新的威胁出现并被识别和采取措施之间存在一个时间差。在这个时间差内，新的隐患就有可能对系统造成损害。在复杂的系统中，各个组件之间可能存在着复杂的相互作用，有可能导致一些在单独组件中不存在的安全隐患在整体系统中出现。在企业安全战略分析时，应该具备超前思维，设想企业未来可能面对的新隐患以及应对措施。

（4）供应商的风险偏好

企业生产过程的所有环节都需要供应商的支持，其中涉及原料、半成品、生产机器和物流等要素。企业在选择合适供应商时也会考虑风险规避的问题，在性价比和安全性之间做出最优决策，供应的原材料可能存在有毒、有害或易燃、易爆等特性，雇主企业应该考虑使用无毒甚至完全无危险的原料。作为供应商在考虑要素价格和收益时，往往会有风险偏好型决策，降低单位价值从而牺牲安全性（以次充好），以换取高回报收益，这会导致行业中现有企业的安全收益与产品竞争力削弱，企业有时不得不选择所谓的物美价廉的原料来生产。供应商的风险偏好力量强弱主要取决于供应商所属行业的集中度（垄断型供应商容易发生风险偏好，规模效应下的供应商则存在竞争优势）、供应产品的不可替代性、供应产品在企业经营中的重要性等。

（5）消费者的风险回避

风险回避能力主要指的是消费者在面对潜在的产品安全风险时，能够识别、评估并采取措施以避免或减少这些风险的能力。消费者购买企业提供的产品或服务，企业从中获得收益。购买者提出价格和安全需求，或者要求企业提供较高的安全产品，都会影响行业中现有企业的盈利能力。在面对多个选择时，消费者往往会倾向于选择那些他们认为更安全、更可靠的产品。这种倾向性不仅受到产品本身安全性能的影响，还受到品牌形象、口碑传播以及第三方认证等因素的影响。例如，一些消费者可能会更愿意购买那些经过权威机构认证或获得良好评价的产品，以降低潜在的安全风险。如果消费者总数较少，每个消费者购买量较大，消费者的风险回避能力就越强。消费者的风险回避能力受到知识水平、信息获取和处理能力、过往的经验和教训等多种因素的影响。通过提高知识水平、关注产品信息、做出明智的购买决策以及依靠政府和监管机构的支持，消费者可以更好地识别和避免潜在的产品安全风险。

二、组织内部分析

1. 核心能力分析

核心能力分析是进行企业内部分析的一种方法。这里，核心能力是指公司的主要能力，即公司在竞争中处于优势地位的强项，是其他对手很难达到或者无法具备的一种能力。企业核心能力关乎各种技术和对应组织之间的协调与配合，可以给企业带来长期的竞争优势和超额利润。核心竞争力是企业的根本所在，企业的战略也围绕着核心竞争力展开，核心竞争力能带来安全所需的关键利益，也可以为企业创造超过同行业安全水平的超值效益。

从安全管理的角度来看，核心能力分析主要关注企业在确保安全生产、防范风险以及应对突发事件等方面所具备的关键能力和优势。这些核心能力对于企业的稳定运营、保障员工生命安全以及维护企业声誉具有重要意义。

(1) 风险识别与控制能力

风险识别与控制能力是安全管理中的核心能力之一，企业应具备敏锐的风险识别能力，能够及时发现生产过程中存在的潜在安全隐患。同时，企业要有完善的风险控制机制，确保在风险发生前采取有效措施进行防范，降低事故发生的概率。这种能力体现了企业在预防安全事故方面的前瞻性和主动性。

风险识别是风险管理的第一步，也是确保企业安全的基础。它要求企业能够全面、系统地识别出可能对业务产生不利影响的风险因素。这包括但不限于技术风险、市场风险、操作风险、法律风险等，要求建立专业的风险管理团队，收集与分析信息，利用风险评估工具进行评估。风险控制是在风险识别的基础上，采取有效措施来降低风险发生概率或减轻风险影响的过程。企业需要制定完善的风险控制策略、建立风险监控机制以及培育全员的风险管理意识。

(2) 安全法规遵守与合规能力

该能力体现了企业在经营活动中对国家和地方安全法规、标准、规范及要求的遵循程度。企业必须严格遵守国家和地方的安全生产法规，确保所有生产活动都在法律允许的范围内进行。合规能力不仅要求企业了解并遵循相关法规，还要求企业能够根据法规变化及时调整自身的安全管理策略。这体现了企业在法律意识和规范操作方面的严谨性。合规能力体现在企业能够将法规要求转化为具体的操作指南和流程。企业不仅需要制定完善的安全管理制度，还需要确保这些制度能够在日常工作中得到有效执行。这要求企业具备将抽象的法规条款转化为具体、可操作的工作指令的能力，以便员工能够明确知道在何种情况下应该如何行动。

(3) 应急管理与响应能力

应急管理与响应能力是企业或组织在应对突发事件时，所展现出的快速、有效、协调的应对能力。面对突发事件，企业应具备快速、有效的应急管理和响应能力。这包括制定完善的应急预案、定期组织演练、确保应急资源的充足以及建立高效的应急指挥系统等。这种能力反映了企业在应对危机时的组织协调能力和资源调配能力。应急管理与响应能力体现在组织对突发事件的预警和预测以及快速反应与决策能力上，还包括组织对突发事件后的恢复和重建能力。

(4) 安全管理体系建设能力

安全管理体系建设能力是企业或组织在构建、实施和维护一套系统化、规范化的安全管理体系方面所展现出的综合能力。企业应建立健全的安全管理体系，确保各项安全管理制度和措施得到有效执行。这要求企业具备完善的安全管理制度、明确的安全管理职责以及高效的安全管理流程。通过体系化的管理，企业可以全面提升安全管理水平，确保生产活动顺利进行。安全管理体系建设能力主要体现在以下方面：对安全管理体系的深入理解和全面规划上；安全管理制度的制定和执行方面；对安全技术的选用和整合能力；对安全管理体系的持续改进和优化上。

(5) 安全培训与文化建设能力

企业应重视员工的安全培训，提高员工的安全意识和操作技能。同时，企业还需要营造良好的安全文化氛围，让员工充分认识到安全的重要性并自觉遵守安全规定。这种能力体现了企业在提升员工安全素养和塑造企业文化方面的投入和成果。

从安全管理角度出发的核心能力分析主要关注企业在风险识别与控制、安全法规遵守与合规、应急管理与响应、安全管理体系建设以及安全培训与文化建设等方面的能力和优势。这些核心能力共同构成了企业保障安全生产、防范风险以及应对突发事件的坚实基础。

2. 波特价值链分析

波特提出价值链分析法，将企业价值增加的活动分为基本活动和支持活动，基本活动包括企业进料、生产、销售、发货、后勤、售后服务，支持活动涉及基础设施、人力资源管理、技术与开发、计划、采购、财务、安保等，基本活动和支持性活动共同构成了企业的价值链。并不是每个生产环节都能为企业创造价值，只有某些特定的活动才能创造价值，这些活动就是价值链上的“战略环节”。在运用价值链分析法确定核心竞争力时，要求企业密切关注组织的资源状态，在价值链的关键环节上获得重要的核心竞争力，以核心竞争力来创造和保持企业的竞争优势。安全管理也可以决定企业经营成败和效益，安全管理活动就是价值链上的“战略环节”。

安全管理的战略地位和价值意味着安全管理不再是一项辅助性或支持性的工作，而是直接关系企业核心竞争力和长期发展的关键因素。安全管理活动对于防止事故、减少损失、保护员工健康和安全至关重要，这些都是企业持续运营和稳定发展的基础。安全管理活动能够提升企业的品牌形象和市场信誉，从而增强顾客忠诚度和市场竞争力。在日益关注企业社会责任和可持续发展的背景下，良好的安全管理绩效成为企业赢得市场认可的重要因素。安全管理通过优化资源配置、提高生产效率、降低运营成本等方式，为企业创造直接和间接的经济效益。例如，通过实施有效的安全管理措施，企业可以减少因事故导致的生产中断和设备损坏，从而降低维修成本和停工损失。

3. 内部因素评价矩阵法

内部因素评价矩阵法(简称 IFE 矩阵)是一种对内部因素进行分析的工具。其做法是，从优势和劣势两个方面找出影响企业未来发展的关键因素，根据各个因素影响程度的大小确定权数，再按企业对各关键因素的有效反应程度对各关键因素进行评分，最后算出企业的总加权分数。具体来说，IFE 矩阵可以按以下五个步骤建立。

① 列出在内部分析过程中确定的关键因素。采用 10～20 个内部因素，包括优势和弱点两方面的。首先列出优势，然后列出弱点。要尽可能具体，采用百分比、比率和比较数字。

② 给每个因素以权重，其数值范围由 0(不重要)到 1.0(非常重要)。权重标志着各因素对于企业在产业中成败的影响的相对大小。无论关键因素是内部优势还是弱点，对企业绩效有较大影响的因素就应当得到较高的权重。所有权重之和等于 1.0。

③ 为各因素进行评分。1 分代表重要弱点；2 分代表次要弱点；3 分代表次要优势；4 分代表重要优势。值得注意的是，优势的评分必须为 4 或 3，弱点的评分必须为 1 或 2。评分以公司为基准，而权重则以产业为基准。

④ 用每个因素的权重乘以它的评分，即得到每个因素的加权分数。

⑤ 将所有因素的加权分数相加，得到企业的总加权分数。无论 IFE 矩阵包含多少因素，总加权分数的范围都是从最低的 1.0 到最高的 4.0，平均分为 2.5。总加权分数大大低于 2.5 的企业的内部状况处于弱势，而总加权分数大大高于 2.5 的企业的内部状况则处于

强势。

在安全战略分析中，IFE 矩阵是一种对组织内部安全管理相关因素进行系统分析和评价的方法。通过 IFE 矩阵，组织可以识别并评估其内部的优势和劣势，这些优势和劣势与安全管理的各个方面紧密相关，如安全文化、安全制度、安全设施、安全培训等。

在构建 IFE 矩阵时，组织首先需要明确哪些内部因素对其安全管理至关重要。这些因素可能包括组织的安全管理体系的完善程度、安全投入的充足性、员工的安全意识和行为等。随后，组织需要对这些因素进行逐一评估，确定它们对安全管理的影响程度，并赋予相应的权重。在评估过程中，组织可以采用定量和定性相结合的方法。例如，对于可以量化的因素，如安全投入的金额、安全培训的次数等，组织可以通过具体的数据来进行评估；对于难以量化的因素，如员工的安全意识、安全文化的氛围等，组织则可以通过问卷调查、专家评估等方式来进行主观评价。通过 IFE 矩阵的分析，组织可以清晰地认识到自身在安全管理方面的优势和劣势所在。这对于组织制定针对性的安全管理策略、优化资源配置、提升安全管理水平具有重要意义。同时，IFE 矩阵还可以作为组织持续改进安全管理工作的有力工具，帮助组织在动态变化的环境中不断完善和提升其安全管理能力。

三、组织内外部综合分析

在对组织进行外部和内部分析后，则要综合考虑企业外部环境存在的机会、威胁和内部环境中的优势、劣势等条件，对备选的安全战略方案做出系统评价，最终选择最具竞争力的安全战略，通常使用 SWOT 分析法进行综合分析。如图 4-3 所示，S 代表企业内部的优势、W 代表企业内部的劣势、O 代表企业外部环境中的机会、T 代表企业外部环境中的威胁。

SWOT 分析模型

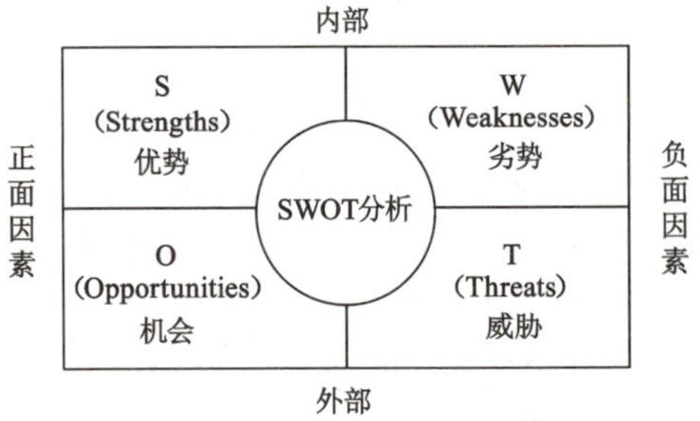

图 4-3　SWOT 模型

企业的优势和劣势是与竞争对手相比较来说的，一般表现在企业的资金、技术、员工、产品或服务、市场成就、安全管理技能等方面。判断企业内部的优势和劣势一般有两项标准。一是单项的优势和劣势。例如，企业安全智能化技术强大，则在技术上占优势；安全管理效果差，则在管理技能上占劣势。二是综合的优势和劣势。为了评估企业的综合优势和劣势，不能只关注某一个或几个方面，而应该确定一些重要的因素，对这些因素分别加以评价打分，然后根据重要性经过加权计算得到结果。企业的机会是从外部环境来说的，指的是那些对企业有利的因素，如市场需求增加、安全标准化奖励、特殊政策支持、原材料价格下降、安全投入降税等。企业的威胁也是从外部来看，是指市场环境中对企业不利的因素，如市场需求减少、潜在新隐患出现、强劲的竞争对手出现、原材料供应者风险偏好增加、购买者风险回避能力降低等，这些因素都会对企业当前以及未来的竞争地位产生影响。

SWOT 分析能够帮助企业确定战略能力，并在此基础上选择所要采取的安全战略，SWOT 两两组合产生的四种安全战略意义如下。

(1) SO 战略(优势-机会)

当企业拥有明显的内部优势，并且外部环境提供了有利的机会时，应该采取 SO 战略，这是最为理想的战略组合。在这种战略下，企业结合自身在安全领域的优势和外部环境中的机会，制定出积极主动的安全战略。企业可以利用其先进的安全技术或强大的安全团队，主动参与到行业安全标准的制定中，或者在市场上推出创新的安全产品或服务。这种战略有助于企业在安全领域树立领导地位，并获取更多的市场机会。

(2) ST 战略(优势-威胁)

面对外部的安全威胁，企业可以利用自身的优势进行有效的防御和应对。当企业面临网络攻击或数据泄露的风险时，可以利用其强大的技术实力或丰富的安全经验，及时检测和应对这些威胁，确保企业数据的安全性和业务的连续性。这种战略有助于企业在面对安全威胁时保持稳健的运营状态。

(3) WO 战略(劣势-机会)

当企业存在一些内部劣势，但外部环境提供了可以弥补这些劣势的机会时，应该采取 WO 战略。在这种战略下，企业需要识别并改善自身在安全领域的劣势，同时抓住外部环境中的机会来提升安全能力。当企业发现自身在某一安全领域存在技术短板时，可以积极寻求与行业领先者或专业安全机构的合作，共同研发或引进先进的安全技术，以弥补自身的不足。这种战略有助于企业在安全领域实现快速的技术进步和能力提升。

(4) WT 战略(劣势-威胁)

当企业既存在内部劣势又面临外部威胁时，需要采取防御性的 WT 战略。这是最具挑战性的战略组合，也是企业在安全领域面临最严峻挑战时的防御性战略，可同时应对内部的安全劣势和外部的安全威胁。当企业面临内部安全管理混乱和外部恶意攻击的双重困境时，可以优先加强内部的安全管理流程和制度建设，提高员工的安全意识和技能水平，以筑牢安全防线。同时，企业也需要加强外部的安全防护措施，如部署防火墙、入侵检测系统等以抵御外部的安全威胁。这种战略有助于企业在面临严峻安全挑战时保持稳健的运营状态，并逐步提升自身的安全能力。

第 4 节　组织安全战略类型

一、组织层面

组织层面的战略以组织为研究对象，研究企业生存与发展的基本问题。例如：公司的安全使命和安全愿景是什么？公司的总体经营目标是什么？公司应该采取什么安全战略态度？等等。

1. 总成本领先战略

总成本领先战略又称为低成本战略，是企业通过有效途径降低成本，使企业的全部成本低于竞争对手的成本，甚至是在同行业中最低的成本，从而获取竞争优势的一种战略。这种战略的核心思想是，在保证产品质量和服务的前提下，通过精细化管理、技术创新、规模经济等手段，不断降低生产成本和运营成本，以获得更大的市场份额和利润空间。

实施总成本领先战略的关键在于企业要在成本控制上做出努力。首先，企业可以通过提高生产效率来降低生产成本。这包括优化生产流程、改进设备和技术、提高员工素质和培训等方式。其次，企业可以在采购成本控制上下功夫，与供应商建立长期合作关系，争取更有利的采购价格和条件；同时，通过采购策略的优化，如集中采购、合理库存管理等，进一步降低采购成本。最后，企业还可以在产品设计与研发阶段就考虑成本因素，寻找成本效益更高的设计和材料，以降低产品的整体成本。

实施总成本领先战略可以为企业带来多方面的优势。首先，低成本可以使企业在与竞争对手的价格战中占据有利地位，从而更好地抵御市场竞争的压力。其次，低成本可以提高企业的利润空间，使企业有更多的资源用于研发、营销和品牌建设等方面，从而增强企业的整体竞争力。最后，总成本领先战略还可以形成进入障碍，阻止潜在的新进入者进入市场，从而保护企业的市场份额和利润。

然而，实施总成本领先战略也存在一些挑战和风险。首先，过度追求低成本可能导致产品质量下降或服务质量受损，从而影响企业的声誉和客户满意度。其次，如果竞争对手也采取类似的低成本战略，可能导致价格战加剧，从而降低整个行业的盈利水平。最后，外部环境的变化也可能对企业的低成本战略产生影响，如原材料价格上涨、劳动力成本增加等。

在实施总成本领先战略时，企业需要综合考虑各种因素，制定合理的成本控制目标和策略。同时，企业还需要密切关注市场动态和竞争对手的变化，及时调整战略以适应不断变化的市场环境。

2. 差别化战略

差别化战略又称为差异化战略，是企业为使自身的产品、服务、企业形象等与竞争对手形成明显区别，以获得竞争优势而采取的一种战略。这种战略的核心是创造全行业和顾客都视为独特的产品和服务，从而满足消费者的特定需求，并在市场上建立独特的竞争优势。实施差别化战略的方式多种多样，包括但不限于产品差异化、服务差异化、形象差异化等。产品差异化可以通过设计创新、功能增强、品质提升等方式实现；服务差异化则可能涉及提供个性化服务、增强售前售后服务、快速响应客户需求等；形象差异化则注重塑造企业独特的品牌形象和企业文化。

实施差别化战略可以为企业带来多重优势。首先，它有助于形成强有力的产业进入障碍，因为新进入者难以迅速复制企业已建立的独特性和品牌形象。其次，差别化战略能够增强顾客对品牌的忠诚度，降低他们对价格的敏感度，从而使企业得以避开激烈的价格竞争。此外，这种战略还能增强企业在与供应商和购买者讨价还价时的主动性和灵活性。最后，差别化战略使企业在面对替代品威胁时更具抵御能力，因为顾客对独特产品或服务的忠诚度往往高于对普通产品的忠诚度。

然而差别化战略也面临一些挑战和风险。首先，实施这种战略可能需要较高的研发和营销投入，这可能会增加企业的成本负担。其次，如果企业过度追求差别化而忽视市场需求或成本控制，可能导致产品或服务价格过高而难以被市场接受。最后，随着竞争对手的模仿和创新，企业所建立的差异化优势可能会逐渐减弱甚至消失。

在实施差别化战略时，企业需要综合考虑市场需求、竞争环境、自身资源和能力等多方面因素。同时，企业还需要保持敏锐的市场洞察力和创新能力，以不断调整和强化自身的差异化优势。

3. 专一化战略

专一化战略又称为集中化战略、目标集中战略或目标聚集战略，是企业主攻某个特殊的顾客群、某产品线的一个细分区段或某一地区市场的一种战略。与总成本领先战略和差别化战略不同，专一化战略的核心是为某一特殊目标客户服务，企业的方针、政策、职能的制定都要首先考虑这一特殊目标客户的需求和特点。实施专一化战略的企业通过深入了解特定客户群的需求和偏好，或者针对某一产品线的细分区段进行专门研发和生产，能够在目标市场中建立独特的竞争优势。这种战略的优势在于企业能够更专注地服务于特定市场，从而更好地满足目标客户的需求，提高客户满意度和忠诚度。同时，由于企业在某一领域或市场内集中资源，因而可以更高效地利用资源，降低不必要的浪费，提高经营效率。专一化战略可以通过多种形式实现，如产品专门化、顾客专门化、地理区域专门化等。产品专门化是指企业集中生产一种或少数几种专门产品以满足特定客户的需求；顾客专门化则是企业专门针对某个或某几个特定的客户群提供产品和服务；地理区域专门化则是企业在某一特定地区或市场集中资源进行经营活动。

实施专一化战略也存在一定风险。首先，如果目标市场规模较小或需求不稳定，企业的生存和发展可能会受到限制。其次，如果竞争对手也采取相似的专一化战略进入同一目标市场，竞争可能会变得异常激烈。最后，随着市场环境的变化和客户需求的变化，企业可能需要不断调整其专一化战略以适应新的市场情况。在实施专一化战略时，企业需要综合考虑市场需求、竞争环境、自身资源和能力等多方面因素。同时，保持敏锐的市场洞察力和创新能力也是至关重要的，以便在必要时对战略进行调整和优化。

二、职能层面

职能层面的战略类型是企业战略体系中的重要组成部分，它们主要涉及企业内各个职能部门的运作和发展。这些战略类型旨在确保企业的总体战略和业务战略能够在各个职能领域得到有效实施和支持。

1. 市场营销战略

这是企业营销部门制定的战略，旨在确定目标市场、选择适当的市场营销策略组合，并有效实施和控制营销过程，以实现企业的营销目标。

2. 生产运营战略

这种战略关注企业生产运营系统的设计和管理，包括生产流程、设备选择、质量控制等方面的决策，以确保高效、低成本地生产出符合市场需求的产品。

3. 研发战略

研发战略涉及企业新产品或技术的开发和创新，旨在通过研发活动提升企业的技术水平和产品竞争力，从而获取市场优势。

4. 财务战略

财务战略关注企业的资金筹集、运用和管理，旨在确保企业资金的有效流动，支持企业的总体战略和业务战略，并降低财务风险。

5. 人力资源战略

人力资源战略涉及企业人力资源的规划、招聘、培训、激励和管理等方面，旨在确保企业拥有足够数量和质量的员工，以支持企业的战略发展。

6. 安全管理战略

企业安全管理战略是企业为了保障生产安全、防范风险、确保员工健康与安全而制定的一套系统性的管理方针和行动计划。企业安全管理战略是确保企业安全、稳定、可持续发展的重要保障。通过制定并实施这一战略，企业可以有效防范风险、保障员工安全与健康，同时也有助于提升企业的社会形象和市场竞争力。

这些职能层面的战略类型相互关联、相互影响，共同支持企业的总体战略和业务战略。在实施过程中，各职能部门需要密切协作，确保战略的一致性和协同性，以实现企业的整体目标。同时，随着市场环境和企业内部条件的变化，这些职能战略也需要进行适时的调整和优化。

复习思考题

1. 简述安全战略管理的过程。
2. 简述安全组织内外部分析一般工具。
3. 运用 SWOT 模型分析企业在安全管理中的现状。
4. 简述组织安全战略类型。

安全文化点滴

第5章　安全计划管理

第1节　安全计划管理概述

一、安全计划管理定义

“凡事预则立，不预则废”“运筹帷幄之中，决胜千里之外”都是计划的传统表达，安全生产活动作为人类改造自然的一种有目的的活动，在安全工作开始前就需要确定其目标。安全活动必须以一定的方式消耗一定数量的人力、物力和财力资源，这就要求在安全活动前对所需资源的数量和消耗方式做出相应的安排。企业安全活动本质上是一种社会协作活动，为了有效地进行协作，必须事先按需要安排好人力资源，将人们的行动协调起来，为实现共同的安全生产目标而努力工作。企业安全活动需要在一定的时间和空间展开，为了使之在时间和空间上协调，必须事先合理地安排各项安全活动的时间和空间。如果没有明确的安全计划管理，安全生产活动就没有方向，人力、财力、物力就不能合理组合，各种安全活动的进行就会出现混乱，活动结果的优劣也没有评价的标准。

根据以上分析，安全计划管理是指企业或组织为了保障员工和资产的安全，通过制定并实施一系列管理计划和措施，以预防、应对和降低各类安全风险的活动。这种管理旨在确保生产经营的正常进行，并最大限度地减少事故和伤害的发生，从而保护员工的生命安全和身体健康。

安全计划管理涉及多个层面，包括预防性管理、全面性管理、体系性管理和持续性管理。预防性管理强调通过制定安全政策、规章制度、培训教育和安全检查等措施，提前发现并解决潜在的安全隐患和风险。全面性管理要求对组织内各个环节和方面都进行全面的安全管理，包括物理环境、工作流程、设备设施和员工行为等。体系性管理是指建立完整的安全管理体系，包括安全责任制度、安全培训制度、安全审查制度和事故报告制度等。持续性管理强调安全管理的持续改进过程，通过定期检查和评估，及时调整和完善安全管理措施，以不断提高安全管理水平。

安全计划管理是企业或组织实现安全生产、降低安全风险、增强企业形象和提高市场竞争力的重要手段。通过实施有效的安全计划管理，可以保障员工的生命安全和身体健康，促进企业的可持续发展。

二、安全计划管理分类

1. 根据内容分类

① 基础工作类：制定安全规章制度、安全责任制度、安全培训计划、应急预案等，这些都

是确保组织安全的基础。

② 物理安全类:通过各种物理手段保障组织内部和外部的安全,如门禁管理、视频监控、安全巡查等。

③ 网络安全类:随着网络技术的发展而出现,主要关注黑客攻击防范、网络病毒传播预防、信息保护等。

2. 根据层级分类

① 长期计划:为组织的安全管理设定长期目标和愿景。

② 中期计划:根据长期计划,制定更为具体的、在一定时间段内实现的目标和策略。

③ 短期计划:近期需要实施的具体安全管理活动和措施。

3. 根据管理方式分类

① 计划型安全管理:侧重于事先规划和预防,通过制订详细的安全计划和策略来降低风险。

② 控制型安全管理:强调对安全过程的实时监控和调整,确保各项安全措施得到有效执行。

③ 应急型安全管理:主要针对突发事件,制定应急预案和响应机制,以快速有效地应对危机。

4. 根据对象分类

① 人身安全管理:主要关注员工和访客的人身安全,包括制定安全操作规程、提供个人防护装备等。

② 财产安全管理:旨在保护组织的资产免受损失,如防火、防盗、防破坏等措施。

③ 环境安全管理:关注组织运营对环境的影响,以及环境因素对组织安全的影响,如污染控制、灾害预防等。

5. 根据领域分类

① 交通安全计划管理:针对车辆和行人制定交通规则和安全措施。

② 食品安全计划管理:确保食品生产、加工、储存和销售过程中的安全卫生。

③ 工业安全计划管理:关注工业生产过程中的安全问题和事故预防。

安全计划管理的分类方式并非固定不变,可以根据组织的实际情况和需求进行灵活调整。重要的是,无论采用何种分类方式,都应确保安全计划管理的全面性和有效性,以最大限度地降低安全风险并保障组织的稳健运营。

三、安全计划管理作用

1. 保证安全决策目标实现

安全决策是企业或组织在面临安全风险时,为实现特定目标而制定的选择和实施方案的过程。安全计划管理则是确保这些决策有效实施并取得预期效果的关键环节。安全计划管理是为了具体实现安全决策目标,将整个安全目标进行分解,计算并筹划人力、财力、物力,拟订实施步骤、方法和制定相应的策略、政策等一系列安全管理活动。任何安全计划管理都是为了实现某一项安全决策目标而制定和执行的。安全计划管理能使安全决策目标具体化,能保证安全决策目标的实现。安全计划管理通过制订详细的安全计划和策略,为安全决策提供了具体的执行路径,同时,有助于合理分配资源,确保安全决策所需的人力、物力和财力得到及时有效的投入,强调对安全过程的实时监控和调整,并且注重员工的安全培训和教育。

2. 指导安全工作顺利实施

任何安全管理都是安全管理者为了达到一定的安全目标，而对管理对象实施的一系列的影响和控制活动，这些活动包括计划、组织、指挥、协调和控制等。安全计划管理是安全管理过程的重要职能，也是安全工作中一切实施活动的纲领。首先，安全计划管理为安全工作提供了明确的目标和方向。它通过对组织面临的安全风险进行全面分析和评估，制定出符合实际情况的安全目标和计划。这些目标和计划不仅明确了安全工作的重点，还为后续的安全工作实施提供了清晰的指引。其次，安全计划管理确保了安全工作的系统性和有序性。它要求组织在制定安全计划时，充分考虑各个环节和方面的安全需求，制定出全面、具体、可操作的安全措施。这些措施的实施需要遵循一定的步骤和程序，从而确保安全工作的有序进行。再次，安全计划管理还强调了安全工作的预防性和主动性。它要求组织在制定安全计划时，不仅要关注当前的安全问题，还要预测未来可能出现的安全风险，并提前采取相应的预防措施。这种预防性的管理方式，可以有效地减少安全事故的发生，提高组织的安全防范能力。最后，安全计划管理是安全工作的实施纲领，还体现在它对安全工作的监督和评估作用上。通过对安全计划的执行情况进行定期检查和评估，组织可以及时发现和解决安全工作中存在的问题和不足，从而不断完善和提高安全工作的水平。

3. 保障资源合理利用

当今，由于社会生产力的发展，各行各业以及它们内部的各个组成部分之间分工协作严密，生产呈现出高度社会化。每一项活动中任何一个环节如果出了问题，就可能要影响到整个系统的有效运行。因此，必须统筹安排、反复平衡、充分考虑相关因素和时限，而安全计划管理工作能够通过经济核算，合理地利用企业人力、物力和财力资源，有效地防止可能出现的盲目性和紊乱，使企业安全管理活动取得最佳的效益。

安全计划管理有助于组织对资源进行全面盘点和评估。在实施安全计划之前，组织需要对自身拥有的资源进行深入的了解，包括人力、物力、财力等各个方面。通过这一过程，组织可以更加清晰地认识自身资源的优势和不足，为后续的资源配置和利用提供重要参考。安全计划管理强调资源的合理配置和优化。在制订安全计划时，组织需要根据各项安全措施的重要性和紧急程度，对资源进行科学合理的分配。这不仅可以确保关键安全措施得到足够的资源支持，还可以避免资源的浪费和闲置。通过资源的合理配置和优化，组织可以更加高效地利用有限的资源，实现安全效益的最大化。安全计划管理还注重资源的动态调整和协同利用。在实施安全计划的过程中，组织需要密切关注实际情况的变化，及时发现和解决资源利用中的问题。同时，安全计划管理也强调不同部门之间的协同合作，促进资源的共享和互补，从而实现资源的整体优化和高效利用。安全计划管理通过提高资源利用效率和降低安全风险，为组织的可持续发展提供有力保障。资源的合理利用不仅可以减少浪费和成本支出，还可以提高组织的安全防范能力和市场竞争力。同时，降低安全风险有助于维护组织的声誉和形象，为组织的长期发展奠定坚实基础。

四、安全计划管理特点

1. 综合性

安全计划管理需要综合考虑企业的各个方面，包括生产设备、生产流程、员工素质等，以确保各项安全措施能够得到有效实施。它涉及多个部门和多种资源的协调与整合，要求全面分析安全风险并制定相应的防范措施。

2. 系统性

安全计划管理是一个系统性的过程，要求企业建立完善的安全管理体系，明确各级人员的安全职责和权限，确保各项安全管理工作能够有条不紊地进行。同时，它还需要与安全生产责任制度、安全生产培训等内容相互衔接，形成一个完整的管理网络。

3. 预防性

安全计划管理强调预防为主的原则，要求企业提前发现可能存在的安全隐患，并采取有效的措施加以预防。这包括制定应急预案、进行安全演练、加强安全巡查等，以提高员工的安全意识和应对突发事件的能力。

4. 可操作性

安全计划管理需要具有可操作性，即制定的安全管理措施和方法需要具体、明确，便于员工理解和执行。同时，它还需要考虑实际操作的可行性，确保各项安全管理措施能够得到有效落实。

5. 动态性

安全计划管理是一个动态的过程，需要随着企业内外部环境的变化而及时调整。这要求企业定期对安全管理工作进行评估和检查，及时发现问题并做出相应的改进和调整。同时，它还需要关注新的安全风险和隐患，确保安全管理工作的针对性和有效性。

6. 长期性

安全计划管理是一项长期性的工作，需要企业持续不断地投入和努力。这是因为安全风险和隐患是客观存在的，而且可能随着时间和条件的变化而发生变化。因此，企业需要长期坚持安全计划管理，确保员工的人身安全和企业的稳定发展。

五、安全计划管理形式

安全计划管理是企业或组织为确保生产、经营活动的安全而制定的一系列管理措施。它涉及多个层面和环节，从预防到应对，从制度建设到文化培育，都体现了安全计划管理的全面性和系统性。

1. 预防性安全计划

预防性安全计划是安全计划管理的核心，强调通过事前的预防和控制措施，降低事故发生的概率。这类计划通常包括以下几个方面：

(1) 风险评估与预防

企业或组织会定期进行全面的风险评估，识别出潜在的安全隐患和风险点，然后制定相应的预防措施。这些措施可能涉及技术改进、流程优化、员工培训等多个方面。

(2) 安全规章制度建设

制定和完善安全规章制度是预防性安全计划的重要组成部分。这些规章制度明确了员工在安全生产中的职责、权限和行为准则，为安全生产提供了制度保障。

(3) 安全培训与教育

通过定期的安全培训和教育活动，提高员工的安全意识和操作技能，使他们能够熟练掌握安全知识和应急处理方法。

2. 应对性安全计划

应对性安全计划主要是针对突发事件或事故而制定的紧急应对措施。这类计划强调在事故发生后能够迅速、有效地进行应对，减轻事故造成的损失。

(1) 应急预案制定

根据企业或组织可能面临的不同类型的事故或紧急情况，制定相应的应急预案。这些预案明确了应急组织、通信联络、现场处置、医疗救护、安全防护等方面的要求和措施。

(2) 应急演练与评估

定期组织应急演练活动，检验应急预案的可行性和有效性。通过演练可以发现预案中存在的问题和不足，及时进行修订和完善；同时，还可以提高员工在紧急情况下的应变能力和协作精神。

3. 综合性安全计划

综合性安全计划是将预防性和应对性措施相结合，形成一个完整、系统的安全管理体系。这类计划旨在从全局出发，综合考虑企业或组织的各个方面，确保安全管理的全面性和协调性。

(1) 安全目标设定与考核

根据企业或组织的实际情况和需求，设定明确的安全目标，并制定相应的考核指标体系。通过定期考核和评估，检查安全目标的完成情况，及时发现和解决问题。

(2) 安全文化建设

通过培育安全文化，使员工充分认识到安全的重要性，形成自觉遵守安全规章制度、积极参与安全管理的良好氛围。安全文化建设可以通过宣传教育、典型示范、激励机制等多种方式来实现。

(3) 安全投入与资源配置

确保足够的安全投入是实施综合性安全计划的基础。企业或组织需要根据安全管理的需要，合理配置人力、物力、财力等资源，为安全管理工作提供有力的支持。

4. 特殊性安全计划

针对某些特定领域或特殊情况，企业或组织还需要制订特殊性的安全计划。例如：在化工行业，需要制订针对有毒、有害物质泄漏的应急计划；在建筑行业，需要制定针对高空坠落、物体打击等常见事故的预防措施。这些特殊性安全计划需要根据具体情况进行制订，以满足特定的安全管理需求。安全计划管理的形式多种多样，既有预防性的措施，也有应对性的方案，还有综合性的体系和特殊性的安排。企业或组织应根据自身的实际情况和需求选择合适的安全计划管理形式，并不断完善和优化现有的安全管理体系，以确保员工的人身安全和企业的稳定发展。

第 2 节　制订安全计划的方法

一、PDCA 循环

如图 5-1 所示，PDCA 循环模式最早由“统计质量控制之父”沃特·阿曼德·休哈特(Walter A. Shewhart)提出，在威廉·爱德华·戴明(W. Edwards Deming)的普及下被广泛接受，又称为戴明环。其循环模式是，“Plan-Do-Check-Act”(计划—执行—检查—处理)的过程。早期 PDCA 被用在质量管理中，它通过模式化流程使人们的行为向预期目标靠拢。

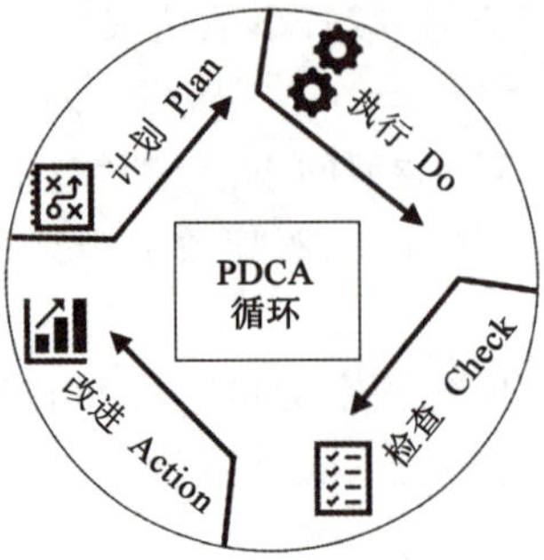

图 5-1　PDCA 循环模式

1. PDCA 循环的组成

PDCA 循环包括以下几个方面。

(1) Plan(计划)

确定目标、方针和预期的成果。设定符合 SMART 原则的目标;分析现状,识别问题和改进的机会;制订行动计划,包括明确的任务、责任人、时间表和所需资源。

(2) Do(执行)

这一阶段是根据前一阶段的规划进行具体的行动。记录执行过程中的数据和信息,以供后续分析使用。这需要上级辅导下级克服困难,逐步实现目标。

PDCA 循环

(3) Check(核查)

这一阶段重点是检查与纠偏,监控行动的执行情况,确保按计划进行;收集和分析数据,评估行动的效果;将实际结果与预期目标进行比较,识别偏差和问题。

(4) Action(改进)

这一阶段对核查的结果进行处理,起到承前启后的作用。对成功的经验进行标准化推广,对失败的教训进行总结,并将未解决的部分放入下一循环,形成新的行动。

PDCA 循环的核心理念是持续学习和改进,通过不断地寻找问题、分析问题、解决问题,推动组织不断提升自身的能力和绩效。PDCA 循环确保目标在一次次规整下向理想状态靠拢,绩效也会呈螺旋式上升,使得目标设立到实现目标的过程变为标准化的流程,促使安全管理活动从粗放走向精细,提高安全管理的成熟度。

2. PDCA 循环的缺点

PDCA 循环虽然是一个强大的管理工具,但也存在一些缺点或局限性。

(1) 耗时

PDCA 循环需要投入大量的时间和精力,尤其是在计划和检查阶段。这两个环节通常需要进行深入的分析、评估和数据收集工作,可能导致整个循环进度的拖延。

(2) 对人员素质要求较高

为了有效地实施 PDCA 循环,团队成员需要具备一定的管理知识和技能,以便能够准确地分析问题和制定有效的解决方案。如果团队成员的素质达不到要求,就可能影响 PDCA 循环的执行效果。

（3）可能产生形式主义

如果组织过于强调 PDCA 循环的形式，而忽略了其实质和效果，就可能导致形式主义的出现。在这种情况下，团队成员可能会为了应付循环而进行一些无意义的工作，从而浪费了资源并降低了管理效率。

（4）需要不断调整和优化

PDCA 循环是一个动态的过程，需要根据实际情况不断调整和优化。然而，这种调整和优化可能会增加额外的工作量和复杂性，特别是在面对快速变化的环境和需求时。此外，PDCA 循环还可能受到组织文化、团队合作和领导支持等因素的影响。例如，如果组织内部缺乏积极的文化改进和有效的沟通机制，那么 PDCA 循环的实施可能会遇到阻力。

二、标杆管理

1. 标杆管理的内涵

标杆管理就是寻找标杆进行对标、找出差距并自我改进的一种方法。1979 年，美国施乐公司最先提出“标杆”的概念，开始在公司内实施标杆管理工作。随后，摩托罗拉、IBM、杜邦等公司纷纷效仿，在全球范围内获得了竞争优势。标杆管理是通过衡量比较提升企业竞争地位的过程，强调的是以卓越的公司作为学习的对象，通过持续改善来强化本身的竞争优势。“标杆环”是标杆管理中的一个重要概念，由立标、对标、达标、创标四个环节构成，形成围绕“创建规则”和“标准本身”的不断超越、螺旋上升的良性循环。

（1）立标

立标有两层含义：一是选择业内外最佳的实践方法，以此作为基准、作为学习对象；二是在企业内部培养、塑造最佳学习样板，可以是具体方法、某个流程、某个管理模式，甚至是某个先进个人，成为企业内部其他部门或个人的榜样，即试点工作。

（2）对标

对标是指对照标杆测量分析，发现自身的短板、寻找差距，并分析与尝试自身的改进方法，探索达到或超越标杆水平的方法与途径。

（3）达标

达标是指改进落实，在实践中达到标杆水平或实现改进成效。

（4）创标

创标是指运用标杆四法创新并实施知识沉淀，超越最初选定的标杆对象，形成新的、更先进的实践方法，进入标杆环，直至成为行业标杆。

2. 标杆管理的步骤

（1）内部研究与初步竞争性分析

明确企业的战略定位以及自身在同行业中的水平，排出多个定标对象的顺序，画出相对应的流程图，区分主要内容和次要内容。审查团队中各个方面的优势和劣势，将各个标杆排入不同的生产或审查部门以及不同的生产时期中。规划企业未来的发展方向，分析企业未来可能需要进行的改革或是可能会面临的困难。

（2）组成标杆管理团队

标杆管理团队最不可缺少拥有良好的规划能力、前瞻性和统筹能力的成员，在成员们互相了解之后，还需要聘请专业的标杆管理团队直接进入团队内部进行指导，协助成员深入理解标杆管理的过程以及实施时的注意事项。

(3) 选定标杆管理伙伴

标杆管理伙伴指的是提供标杆管理调查相关信息的组织、选定标杆管理伙伴的过程,即选定一个标杆的高度以及制定方案的大致方向。例如,我国的大型企业可以以全球领先的企业为目标进行对标,中小型企业应以大型企业为标杆。如果一开始就将目标定在过于优秀的行业标杆性企业上,就容易造成目标与现实差距过大。这样,需要达到目标的时间过于冗长,无法得到准确具体的激励刺激,也很难让成员专注于目标,因而应该利用现有资源(时间、人力和资金),尝试收获等于甚至大于投入的回报。

(4) 收集及分析资讯

企业首先应该彻底了解自身,找出企业内部需要改进的地方,确定收集外界信息的大致方向,不应该将其他公司的所有工作流程都全盘照搬。采用问卷调查、访谈、网络资料收集等方式,有针对性地收集标杆企业的信息。在资料整理完毕后,寻找与标杆企业在关键问题上的差异,并分析得出提高本公司水平的可行方案,并拟订计划书,将其作为标杆管理改革行动的蓝图。

(5) 采取改革行动

按照行动蓝图落实改革任务,在进行完每一步改革之后,都应该及时对完成工作的过程进行总结和反思以及按照原定的绩效考核标准反复比对,必要时对方案进行及时的调整。

3. 标杆管理的优势

(1) 目标明确与具体

标杆管理通过设定行业内部或外部的最佳实践作为标杆,使得企业追求的目标更加明确、具体。这种管理有助于企业集中资源,从而有效地实现这些目标。同时,明确的标杆也为企业提供了清晰的参照,便于企业评估自身的差距并制定改进措施。

(2) 灵活性与适应性

与其他管理方法相比,标杆管理更加灵活。它可以根据企业的实际情况和需求,选择适合的标杆进行学习和借鉴。这种灵活性使得标杆管理能够适应不同行业和企业的特点,更好地满足企业的个性化需求。此外,标杆管理还鼓励企业在学习过程中进行创新,以适应不断变化的市场环境。

(3) 持续改善与追求卓越

标杆管理强调持续改善的观念,鼓励企业不断寻求改进和创新的机会,以实现更高的绩效水平。这种追求卓越的精神有助于激发企业的内在动力,推动企业不断进步和发展。同时,标杆管理还为企业提供了一种持续学习和改进的机制,使得企业能够在不断学习和实践中实现自我超越。

(4) 策略性定位与核心竞争力构建

通过标杆管理,企业可以更好地进行策略性定位,明确自身在市场中的位置和竞争优势。这有助于企业制订更有针对性的战略计划,更好地应对市场挑战和抓住发展机遇。同时,标杆管理还可以帮助企业塑造和强化自身的核心竞争力,提升企业在市场中的影响力和竞争力。

(5) 创建学习型组织

标杆管理的实施有助于企业建立学习型组织。在学习过程中,企业不仅可以发现自身的不足和需要改进的地方,还可以借鉴标杆企业的成功经验和做法。这种学习机制有助于培养企业的学习能力和创新精神,推动企业实现持续发展和进步。同时,学习型组织的建立也有助于提升员工的综合素质和业务能力，为企业的长远发展奠定坚实的基础。

4. 安全标杆管理实例

(1) 杜邦公司

杜邦公司成立于 1802 年，一直保持着骄人的安全纪录，超过 60% 的工厂实现了“0”伤害率，每年因此减少了数百万美元支出。成绩的背后是杜邦公司 200 多年来形成的安全文化、理念和管理体系。

杜邦公司明确了安全管理的标杆，即“零事故”目标。公司高层领导坚定地致力于实现这一目标，并将其作为企业文化的重要组成部分。为了实现这一目标，杜邦公司深入分析各种事故案例，找出导致事故发生的根本原因，并制定相应的预防措施。杜邦公司积极寻找并学习行业内外的安全管理最佳实践，与同行企业、行业协会以及安全专家保持密切联系，分享安全管理的经验和教训。通过以上方式，杜邦公司能够及时了解最新的安全管理理念和技术，并将其应用到自身的安全管理实践中。杜邦公司还注重员工的安全培训和教育，定期为员工提供安全培训课程，确保员工具备必要的安全意识和操作技能。同时，公司还鼓励员工提出安全改进建议，并积极参与安全管理的决策过程。这种全员参与的安全管理模式，使得杜邦公司能够及时发现并解决潜在的安全隐患，从而持续提升安全绩效。公司定期对自身的安全管理实践进行评估和总结，通过对比标杆企业和自身的安全绩效数据，找出差距和不足之处，并有针对性地制定改进措施。这种持续改进的精神使得杜邦公司能够在安全管理领域保持领先地位，并为其他企业提供了宝贵的经验和借鉴。

(2) 中石化河南石油分公司

中石化河南石油分公司作为中石化在河南省的重要分支机构，承担着该地区成品油供应的主要任务。由于石油化工行业的特殊性，因而安全管理一直是公司的重中之重。为了提升安全管理水平，河南石油分公司积极实施了安全标杆管理。

公司明确了安全管理的标杆，即实现“零事故、零伤害、零污染”的安全目标。为此，公司高层领导亲自挂帅，成立了专门的安全管理委员会，负责制定和执行安全管理策略。公司积极学习借鉴国内外同行业在安全管理方面的先进经验，与国内外知名的石油化工企业建立了安全管理交流机制，定期派遣人员参观学习，并将学到的先进理念和技术应用到自身的安全管理实践中。例如，公司引入了国际先进的 HSE(健康、安全和环境)管理体系，通过系统化的方法识别、评估和控制生产过程中的各种风险。公司还注重员工的安全培训和教育，定期为员工提供安全培训课程，确保员工掌握必要的安全知识和操作技能。同时，公司还开展了形式多样的安全文化活动，如安全知识竞赛、安全演练等，旨在提高员工的安全意识和应急处理能力。公司建立了完善的安全管理考核机制，定期对各部门和岗位的安全管理绩效进行评估和考核，对表现优秀的部门和个人给予表彰和奖励，对存在问题的部门和个人进行督促和整改。这种正向激励和负向约束相结合的管理机制，有效地推动了公司安全管理水平的持续提升。通过实施安全标杆管理，公司在安全管理方面取得了显著的成效。公司的事故率、伤害率和污染率均大幅下降，员工的安全意识和操作技能得到了显著提升，为公司的可持续发展奠定了坚实的基础。

三、情景规划法

1. 情景规划的内涵

情景规划法(scenario planning)是一种战略规划工具，旨在帮助组织或企业理清扑朔迷离的未来，通过设想多种可能的未来情景制定应对策略，以增强组织的适应性和灵活性。这种方法最初起源于军事规划，后来逐渐被应用到商业、社会、文化等多个领域。情景规划法的核心思想是预防，为未来可能发生的各种情况做好准备，以达到“处变不惊”的状态。它不仅是一种预测工具，而且是一种思考和决策的工具，能够帮助管理者在面临不确定性时做出更明智的决策。

情景规划法的优点在于它能够帮助组织更好地理解和应对未来的不确定性。通过提前预演可能的未来情景，组织可以在真实情况发生时更加从容地应对，减少决策失误和风险。同时，情景规划法还能够促进组织内部的沟通和协作，帮助成员之间达成共识并形成共同的行动方案。

2. 情景规划的实现过程

情景规划是一个螺旋上升的动态过程，需要通过信息的沟通和反馈不断对未来可能出现的情况进行判断、验证及修正。比尔·莱尔斯顿(Bill Ralston)等提出了情景规划的18步方法：设置情景模式；赢得高级管理层的理解、支持和参与；定义决策焦点；设计情景规划流程；选择主持人；搭建情景规划团队；收集可以得到的资料、观点以及构想；识别并评估关键的决策因素；识别关键力量和推动因素；开展专题研究；评估关键力量和推动因素的重要性、可预测性以及不确定性；识别关键的“不确定性的主轴”，以此作为情景规划的逻辑和结构；选择情景推理方式以应对“不确定区域”；设定情景的故事情节；用情景预演未来；征集决策建议；识别监控标志；向组织汇报结果。

第3节　安全计划管理体系

一、安全计划管理指标概念

安全计划管理指标是指具体的计划任务，也是计划任务的数字表现。安全计划管理指标是用于评估和衡量企业或组织在安全管理方面工作绩效的具体标准或参数，通常由指标名称和指标数值两部分组成，如企业产品产量、销售额等。计划指标的数字有绝对数和相对数之分。以绝对数表示的计划指标，要有计量单位；而以相对数表示的计划指标，通常用百分比等。这些指标可以从不同的维度和层面反映安全管理的效果，包括事故发生率、安全教育培训情况、安全设备状态、安全检查合格率以及应急管理能力等。由于社会现象和过程是一个有机的整体，因而表示计划任务的各项指标是相互联系、相互依存的，从而构成一个完整的指标体系。进行计划管理，搞好综合平衡，这些都要求有一个完整而又科学的计划指标体系。

二、安全计划管理指标体系分类

安全计划管理指标体系是由不同类型的指标构成的，而每一类指标又包括许多具体指标，将这些指标从不同的角度进行划分，大致可以分成以下几类。

1. 数量指标和质量指标

计划任务的实现既表现为数量的变化，又表现为质量的变化，计划指标按其反映的内容不同，可分为数量指标和质量指标。

(1) 数量指标

数量指标是以数量来表现计划任务，用以反映计划对象的发展水平和规模，一般用绝对数表示，如企业的总产量、安全生产总投入和劳动工资总额等。

(2) 质量指标

质量指标是以深度、程度来表现计划任务，用以反映计划对象的素质效率和效益，一般用相对数或平均数表示，如企业的劳动生产率、成本降低率、设备利用率和隐患整改率等。

2. 实物指标和价值指标

(1) 实物指标

实物指标是指用质量、容积、长度和件数等实物计量单位来表现使用价值的指标。运用实物指标，可以具体确定各生产单位的生产任务、确定各种实物产品的生产与安全的平衡关系。

(2) 价值指标

价值指标又称为价格指标或货币指标，它是以货币作为计量单位来表现产品价值和资金运动的指标。价值指标是进行综合平衡和考核的重要指标，能够将不同的产品和劳务加总起来，反映生产和安全管理的总成果，并对各种生产情况进行比较分析。在实际工作中，通常使用的价值指标有两种：一是按不变价格计算的，这可以消除价格变动的影响，反映不同时期商品产品量的变化；二是按现行价格计算的，可以大体反映商品价值量的变动，用于核算分析和综合平衡。

3. 考核指标和核算指标

(1) 考核指标

考核指标是考核安全计划管理任务执行情况的指标。例如，考核安全学习情况的指标是员工学习成绩及格率，考核安全检查质量的指标是隐患整改率。考核指标既可以是实物指标，又可以是价值指标；既可以是数量指标，又可以是质量指标。

(2) 核算指标

核算指标是指在编制安全计划管理过程中供分析研究用的指标，只作为计划的依据。例如，企业中安全生产装备及安全控制能力利用情况、安全生产投入的使用金额和安全生产产生的收益额等。

4. 指令性指标和指导性指标

指令性指标是企业用指令下达的执行单位必须完成的安全生产指标，具有权威性和强制性；指导性指标对企业安全工作只起指导作用，不带强制性。

5. 单项指标和综合指标

单项指标是指安全工作中单项任务完成情况的指标。例如，某台设备的检修安全任务完成情况指标、某项工程的安全控制情况指标等。

综合指标是反映安全计划管理任务综合情况的指标。例如，企业整体安全管理工作是各项具体安全工作任务指标综合而成的。

第 4 节　安全计划管理编制

一、编制原则

安全计划管理编制原则是指在制定和实施安全计划时所应遵循的基本准则和指导思想。这些原则为安全计划提供了科学性和实践性的基础，确保其能够有效地应对各种安全风险和挑战。

1. 科学性原则

科学性原则强调安全计划必须建立在科学的基础之上,符合安全生产的客观规律。在制定安全计划时,应深入调查研究,充分掌握相关数据和信息,确保计划的科学性和合理性。同时,安全计划还应与组织的实际情况相结合,具有可操作性和针对性。

2. 统筹兼顾原则

统筹兼顾原则要求在制订安全计划时,应全面考虑计划对象及其相关系统的关系,按照它们的必然联系进行统一筹划。这意味着在制定计划时,不仅要关注重点环节和关键领域,还要兼顾其他方面和细节,确保计划的全面性和协调性。此外,统筹兼顾原则还要求处理好各种利益关系,如国家、地方、企业和职工个人之间的关系以及安全生产与经济效益之间的关系等。

3. 预防为主原则

预防为主原则是安全计划管理的核心思想之一,强调通过采取预防性措施降低安全风险,减少事故发生的可能性。在制订安全计划时,应重点关注预防措施的制定和落实,包括加强安全教育培训、完善安全设施、建立安全管理制度等。通过预防措施的有效实施,可以最大限度地避免事故的发生,保障人员和财产的安全。

4. 持续改进原则

持续改进原则要求安全计划应适应不断变化的环境和需求,不断进行完善和优化。在制订安全计划时,应充分考虑未来可能出现的新情况和新问题,并制定相应的应对措施。同时,还应定期对安全计划进行评估和审查,及时发现问题并进行改进,确保计划的有效性和适应性。

5. 全员参与原则

全员参与原则强调安全计划管理不仅是管理层或安全部门的责任,而且是全体员工共同参与的过程。在制订和实施安全计划时,应广泛征求员工的意见和建议,提高员工的安全意识和参与度。通过全员参与,可以形成共同关注安全的良好氛围,提高组织整体的安全管理水平。

6. 合规性原则

合规性原则是指安全计划必须符合国家法律法规、行业标准以及企业内部规章制度的要求。在制订安全计划时,应确保各项措施和制度符合相关法规和政策的要求,避免因违规操作而带来的法律风险和经济损失。

除了上述提到的科学性原则、统筹兼顾原则、预防为主原则、持续改进原则、全员参与原则和合规性原则外,安全计划管理编制还可以考虑包含目标导向原则、风险优先原则、灵活性原则、协作与沟通原则、责任制原则。安全计划管理编制的原则是一个多维度、相互关联的体系,需要综合考虑科学性、统筹兼顾、预防为主、持续改进、全员参与、合规性以及其他相关原则,以确保安全计划的有效性和实施效果。

二、编制程序

1. 调查研究

在安全计划编制过程中,必须弄清楚计划对象的情况。在计划编制前,必须按照计划编制的目的要求,对计划对象的各个方面进行现状和历史调查,积累数据。从获取资料方式看，主要有亲自调查、委托调查、重点调查、典型调查、抽样调查和专项调查等。

2. 科学预测

科学预测是通过分析和总结某种安全生产现象的历史演变和现状，掌握客观过程发展变化的具体规律性，揭示和预见其未来发展趋势及数量表现。预测是安全计划管理的依据。因此，在调查研究的基础上，必须邀请有关安全专家参加，进行科学预测，得出科学可信的数据和资料。安全预测的内容十分丰富，主要有工艺状况预测、设备可靠性预测、隐患发展趋势预测和事故发生的可靠性预测等。

3. 拟订计划方案

经过充分的调查研究和科学的安全计划管理预测，计划机关或计划者掌握了形成安全计划管理所需足够的数据和资料，根据这些数据和资料，审慎地提出计划的安全发展战略目标、安全工作主要任务、有关安全生产指标和实施步骤的设想，并附上必要的说明。通常情况下，要拟订几种不同的方案以供决策者选择。

4. 论证和确定计划方案

该程序的主要工作可归纳如下：

① 通过各种形式和渠道，召集各方面安全专家，开展评议会，进行科学论证，同时也可召开员工座谈会，广泛听取意见。

② 修改补充计划草案，拟出修订稿，再次通过各种形式和渠道征集意见和建议。这项工作必要时可反复多次。

③ 比较各个可行方案的合理性与效益性，从中选择一个满意的安全计划管理方案，然后由企业权力机关批准实行。

三、项目计划修订

1. 内涵与分类

项目是为创造独特的产品、服务或成果而进行的临时性工作。组织的活动可以分成两大类：一类是持续的、周而复始的活动，称为运作；另一类是临时性的、有明确开始与结束时间的活动，称为项目。随着组织内外部环境中不确定因素的增多，组织中各类项目活动也越来越多，做好项目计划的意义也越来越突出。

项目计划根据项目全生命周期的管理活动，可以分为10类：整合管理计划；范围管理计划；进度管理计划；成本管理计划；质量管理计划；人力资源管理计划；安全管理计划；采购计划；沟通管理计划；关系人管理计划。

2. 基本作用

一个良好的项目计划在项目的实施中往往起着至关重要的作用。它使得项目运行过程是可控的，也能够使项目组成员少走弯路。对于项目组内成员来说，项目计划可以确定项目组成员工作的责任范围及相应的职权，以便按照既定要求去指导和控制项目的工作，减少项目运作过程中的各类风险。此外，项目计划能够促进项目组成员、项目委托人、管理部门等多方的交流和沟通，增加客户的满意度，并使得项目工作协调一致、稳步推进，不出现大的偏离。同时，项目计划使得项目组成员能够清楚地知道自己的目标和任务以及实现这个目标应该采取的方法和途径，并且确保在需要的时间内尽量用最低的成本、最少的资源消耗完成项目。对于项目的管理和控制来说，项目计划是进行项目实施过程分析、协调及记录的基础，也是预定时间、人员和经费的基础。这样，项目计划就为项目的进一步跟踪和控制过程提供了一条最基准的线，可以用它衡量进度、计算各种偏差及决定预防或修正措施，便于进行项目的动态管理。

3. 一般原则

(1) 目的性

项目都必须有明确的目标，可能是一个或者几个，这些目标的实现象征着项目完成，而任何项目计划的制订正是围绕着项目目标的实现而展开的。因此，项目计划具有较强的目的性。

(2) 系统性

项目计划是一个系统，由一系列支撑项目完成的子计划所组成，各个子计划在具有相对独立性的前提下，彼此紧密相关，相互制约，共同作用。任何一项子计划的变化都会影响其他计划的实施，进而最终影响到整个项目计划的执行和完成。因此，在制订项目计划时，需要考虑相关性和协调性，使得项目计划形成一个有机协调的整体。

(3) 动态性

项目实施的生命周期一般是比较长的，在这个过程中需要对项目进行动态管理，时刻注意项目的实施状况。在项目的生命周期内，内外部环境不是一成不变的，计划的实施往往很难同原先计划完全一致。在实际执行过程中，经常会出现偏离项目初始计划的情况。因此，项目计划也需要随着环境和条件的变化而不断进行调整和修改，适应不断变化的环境和各种约束条件，以保证完成项目目标。

(4) 完整性

项目计划必须是完整的，如果在项目实施过程中突然发现在制订项目计划时遗漏了某个工作，在进行重新安排时就可能造成极大的损失和风险。计划富有弹性，应留有一定的余地，从而能够从容应对各种突发事件，这对于项目计划来说是极其重要的。

(5) 相对稳定性

在实际情境中，当项目实际进展与计划存在偏差时，往往会修改项目计划，这是技术人员不懂得技术、管理人员不重视管理的一个表现；管理人员和技术人员没有进行良好的沟通，计划成了一纸空文，这是项目管理的失败。保证项目计划的相对稳定性，使得项目在项目计划的范围内运作和调整，这是项目管理的正确方向。

4. 时间进度编制

(1) 甘特图法

甘特图法又称为线条图法或进度表法，是一种用于安排和控制生产和工程进度的有效工具。它由美国管理专家亨利・劳伦斯・甘特(Henry Laurence Gantt)首创，并因其直观和一目了然而被广泛应用于计划管理工作中。如图 5-2 所示，甘特图是横道图，横轴代表项目实施的时间，纵轴代表项目任务，而线条则表示项目实施期间的计划和实际完成情况。甘特图呈现了项目任务、开始时间、当前完成进度，负责人可根据甘特图预估哪些任务可提前完成，哪些任务滞后或按计划进行，以便对项目整体进行有效管理。

(2) 网络计划技术

网络计划技术于 20 世纪 50 年代后期在美国产生和发展起来，通常用于工程项目，是一种以网络为基础制订计划和控制的管理技术，如关键路径法、计划评审技术、组合网络法等。网络计划技术的原理是将一项工作或项目分成各种作业，然后根据作业顺序进行排列，通过网络图对整个工作或项目进行统筹规划和控制，以使用最少的资源、用最快的速度完成工

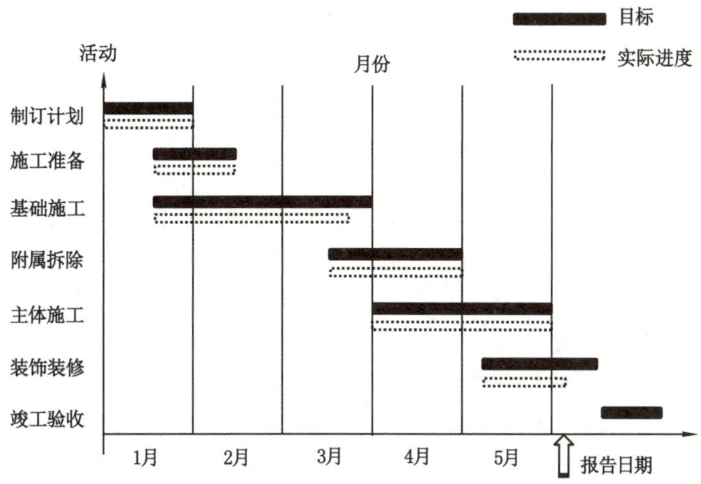

图 5-2　甘特图

作，如图 5-3 所示。在建设工程中，网络计划技术被广泛应用于编制建设工程施工企业的生产计划和工程施工的进度计划。该技术能够对计划进行优化、调整和控制，从而达到缩短工期、提高工效、降低成本、增加经济效益的目的。应注意的是，在应用网络计划技术时，可能会存在一些挑战，如监督、控制及跟踪调整方面的难度以及在某些情况下可能缺少行之有效的管理办法等。

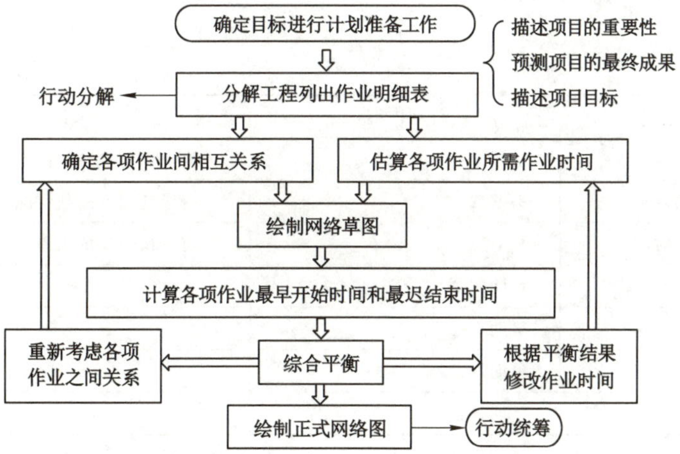

图 5-3　网络计划技术的基本步骤

四、个人计划修订

1. 个人目标管理的含义

个人目标管理指的是将目标与自身需求相结合的管理方法，在个体目标管理的体系中，强调通过目标与需求两者的协同，形成自身对目标的认同感，个体在达到目标的过程中获得了自我满足，从而形成强大的内驱力，进而促成目标的实现。迷茫的人缺乏明确的奋斗目标，可能会懒散、听天由命。成功的人能够围绕着一个比较长远的目标去努力，坚持做正确且有用的事情。目标就是鞭策和方向，失去方向的人难以成功。

2. 个人目标设定的原则

(1) 按照时间周期设定目标

深入了解自己的兴趣、才能、价值观以及潜在能力，思考自己希望在未来 10 年或更长时间内达到的成就和状态。长期目标如同人生方向的指南针，必须有中期和短期目标作为支撑。

① 长期目标。这个目标要求设定一个宏大的、激励人心的，能代表着最终想要成为的人或想要达成的长期愿景，如个人的人生追求、未来要过什么样的生活、要坚持的价值观和准则、要走什么样的路等。个人制定长期目标要考虑国家和社会发展要求，要善于分析国家发展形势和行业趋势，做到顺势而为。

② 中期目标。中期目标是可分解、具体化的长期目标，一般是 1～5 年，要制订具体的行动计划和策略。中期目标相比长期更为清晰和具有可操作性，比如某同学的 5 年学习计划，每年阅读 30 本书，取得安全工程学位，考取职业相关领域专业资质证书(如注册安全工程师、注册安全评价师)等。

③ 短期目标。短期目标一般是进一步分解中期目标，可以是月(季)计划、周计划或日计划三种。表 5-1 是周计划的示例。制定短期目标要用好“SMART”和“PDCA”等工具，要考虑与中期目标的关联，突出主线，不断回顾和改进。在制作日计划时，往往需要配合制作备忘录，表 5-2 是工作备忘录的示例。将每日要做的一些工作事项先列出一份清单，排出优先次序，确认完成时间，突出工作重点。工作备忘录一般包括：特殊事项及干系人、行动计划中的工作、昨日未完成的事项、带班单不应该包括的内容、已形成惯例的一些日常事务性工作和立即要做的事。

表 5-1　周计划示例

周计划	计划内容	未计划的事项
· 部门有什么目标要实现	星期一：	· 有一次重要会议
· 个人工作内容的要求	星期二：	· 有可能出现的新情况
· 预留出重要会议时间	星期三：	· 有一次重要的出差
	星期四：	
	星期五：	
	星期六：	
	星期日：	

表 5-2　工作备忘录示例　　　　年　月　日

优先顺序	待办事项	完成人	干系人	完成确认
1				
2				
3				
4				
⋮				

（2）按照个人能力和条件设定目标

要实现这个目标，需要具备的能力和条件是什么，目前已经具备了哪方面的能力和基础条件，还需要提升哪方面的能力，还需要形成哪方面的基础条件，能力提升路径是否清晰，基础条件创造的过程是否可控，资源好不好整合等。比如，个人要考注册安全工程师证书，就要考虑通过国家考试的挑战有多大，个人能否具备学习时间、培训条件，不同的考试科目难度不同，学习方式也有较大差异，要结合自身条件进行评估。

① 对自己的能力、技能、兴趣、经验和资源进行全面评估。了解自己的优势和局限性以及在不同领域中的潜在成长空间。

② 根据自我评估的结果，设定与自身能力和条件相匹配的目标。确保目标是具体、可衡量的，并且既不过于超出能力范围，也不过于容易实现。

③ 在实现目标的过程中，不断关注自身能力和条件的变化。如果发现目标过于困难或过于容易，适时进行调整，以确保目标的适宜性。

④ 设定目标时，也要考虑外部环境、市场趋势、社会需求等因素。这些因素可能会影响目标的实现，需要提前进行预判和规划。

⑤ 设定一些具有挑战性的目标，以激发自己的潜能和动力。

这些目标应该稍高于你当前的能力水平，但又不至于遥不可及，所谓"凡事踮踮脚，够得着才是最好的"。

（3）考虑工作和家庭之间平衡

工作与家庭问题是大多数人必须考虑的问题，两者往往会相互影响，个人家庭中的问题可能会带到工作中，而工作中的问题也可能会影响家庭生活。工作与家庭冲突的产生，主要有以下两方面的原因。一是多重角色带来的冲突。目前社会中双职工家庭居多，大多数人至少承担着工作和家庭两种角色，而这两种角色往往造成时间上和精力上的相互争夺。二是在工作和家庭两种情境下的情绪体验会相互扩散。研究表明，男性更容易将工作中的消极情绪渗透到家庭中，而女性更容易将家庭中的不良情绪带到工作中。赡养老人、照顾小孩等家庭义务与责任，经常加班、经常出差等工作安排，是导致员工家庭与工作冲突的重要因素。人可以采用多种途径减少或消除工作与家庭冲突，比如通过请家政人员或者采用家务外包等方式减轻角色要求。或者从工作与家庭的边界管理入手，在业余时间将工作电话转移到语音信箱，以免家庭生活受到干扰。寻求相关的帮助也是一种很好的途径，当自己面临家庭角色的紧急要求时，可以请求上司批准暂时调整工作时间，或者请求同事帮助分担手头工作等。

3. 个人时间管理方法

（1）时间矩阵图

时间矩阵图是把时间按其时间紧迫性和重要性分为 1～4 象限，形成时间管理的矩阵，如图 5-4 所示。

个人任务可以分为重要紧急、重要不紧急、不重要不紧急和不重要紧急四类。一名优秀的时间管理者在重要紧急事件可控的情况下，将工作重心放在重要不紧急的事件上，提前做好规划，就可以提高工作完成的效率；而对于那些不重要不紧急，或者不重要紧急的事件，只需要分出很少的时间就可以完成。这是一套非常有效的时间管理工具，能够突出重点，合理安排时间和精力。

(2) 效能矩阵图

时间矩阵提出按照任务的紧急度和重要度来进行时间管理,但有时紧急度和重要度的决定权我们可能掌控不了,如工作日程经常会被上级和同事影响。在实际工作中,很多人工作多年还不善于说“不”,造成个人做了不少别人认为重要的、自己又不擅长的工作,既浪费了时间,又没什么绩效。

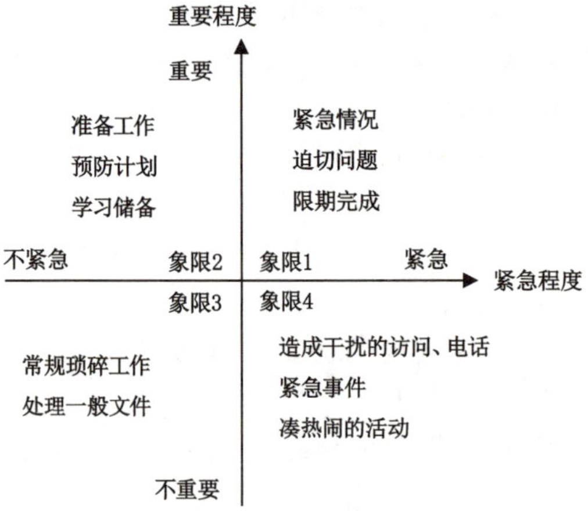

图 5-4　时间矩阵图

日本人力管理协会执行长松本利明提出,在决定工作的优先顺序时,可以用“胜任”和“能做出成果”作为判断主轴。他指出,“胜任”是指你能轻松、快速地完成某件事;“能做出成果”是指完成某个工作后,你能得到赏识或是达到预期效果。在松本利明看来,那些你既胜任又能做出成果的工作才是最该优先处理的。这类工作可以优先安排到工作日程里,如果是你擅长做的工作,那么你就能乐在其中还可以做出成果,接着别人会产生“这类工作果然要交给你来做才最有保障”的评价,之后便会有越来越多你擅长的工作找上你,形成一个良性循环。接下来需要优先去做的是你能胜任但做不出成果的工作。这类工作就是那些能够帮你提升工作技能,或者成为未来收入来源的工作。效能矩阵图如图 5-5 所示。

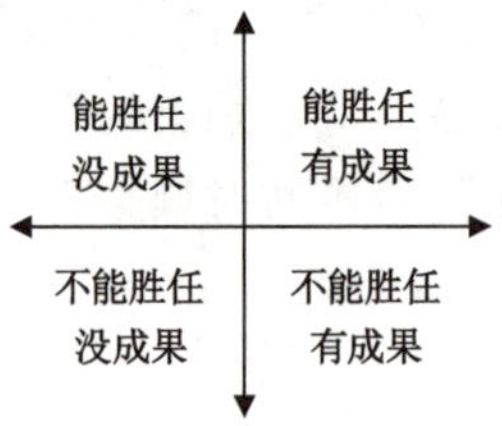

图 5-5　效能矩阵图

(3) 番茄工作法

番茄工作法是一种微观的时间管理方法,对于个体来说简单易行。使用番茄工作法时,首先选择一个待完成的任务,对这个任务设定一个番茄时间;然后要求在番茄时间内专注于这项任务,不做任何与该任务无关的事,坚持到番茄钟响起;接下来在纸上画一个记号,记录下来;最后设定一个休息时间,短暂休息一下可以提高效率。结束一天的工作后,根据记录对当日的工作学习情况进行复盘，同时可以对第二天的时间进行规划。番茄工作法遵循如下规则：

① 一个番茄时间共 30 分钟，包括 25 分钟的工作时间和 5 分钟的休息时间。

② 一个番茄时间是不可分割的。番茄工作法中，时间的最小单位是一个番茄时间。一个番茄时间不能被划分，不存在半个番茄时间或者一刻钟番茄时间。

③ 每四个番茄时间后，停止工作，进行一次较长时间(15～30 分钟)的休息。

④ 完成一个任务，划掉一个番茄。

复习思考题

1. 简述安全计划管理的作用。
2. 简述 PDCA 的实施过程。
3. 简述安全标杆管理的流程。
4. 简述安全计划管理编制的程序。
5. 举例说明个人时间管理的方法。

安全文化点滴

第 3 篇

安全组织

❀ 开篇导语

安全组织是由一群人按照既定的规则分工协作实现组织的安全目标的过程。它是安全管理工作的核心内容，也是安全管理的重要职能。在企业安全战略以及安全计划明确后，有效的组织工作就成为实现生产安全的关键。要开展有效的安全组织工作，既要从总体上把握安全组织的结构，也要具体关注“人”的配置、分工与授权。本篇内容包括三大部分：一是如何有效地进行安全组织管理，主要包括安全组织管理方法、安全组织设计、组织安全文化以及安全组织变革；二是介绍安全人员管理，包括人岗匹配、人员招募和安全人员培训、安全绩效管理等内容；三是讲述如何进行高效的安全团队管理，包括安全团队生命周期阶段管理、安全团队效能管理等。

❀ 学习目标

掌握安全组织的概念和特征、安全组织设计的原则和关键要素。

掌握安全组织结构的形式及其适用场景。

理解安全组织发展的生命周期。

了解组织安全文化的概念和功能。

理解安全人岗匹配的要求、原则和程序。

掌握安全胜任力模型。

掌握提升安全人员开发模型。

理解高效能安全团队的建立方法。

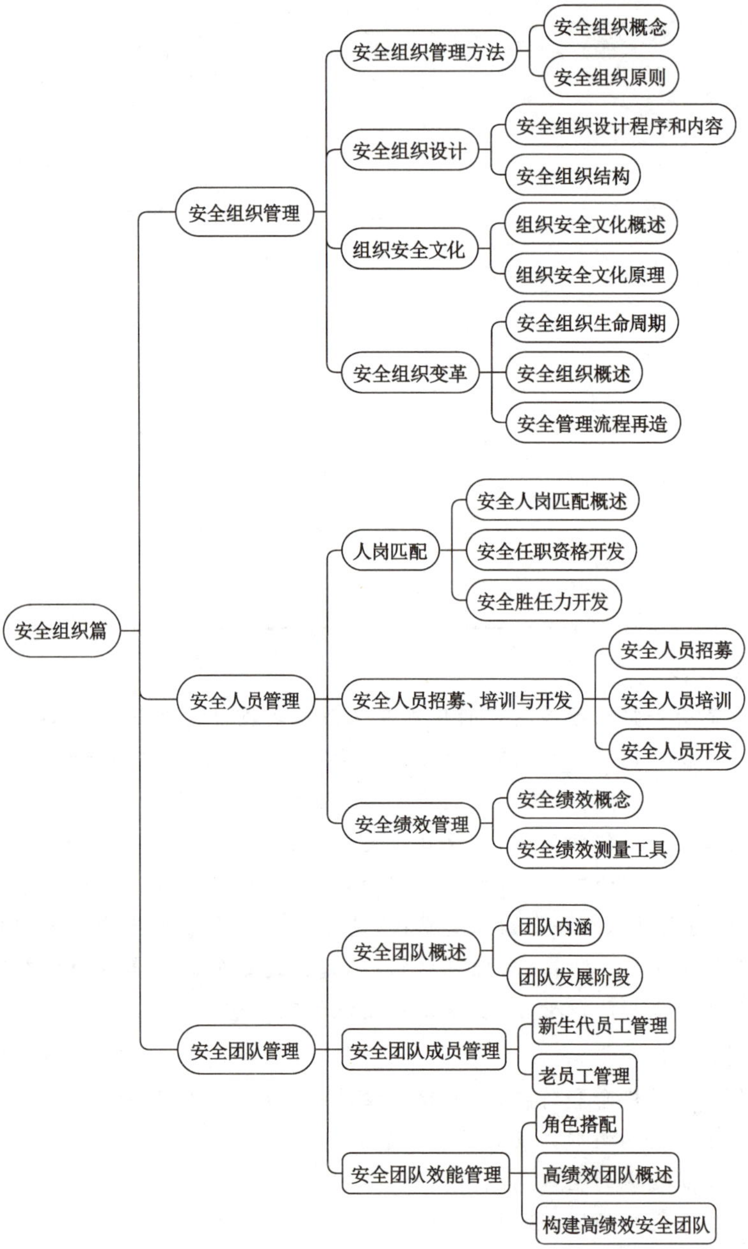
安全组织篇
安全组织管理
安全组织管理方法
安全组织概念
安全组织原则
安全组织设计
安全组织设计程序和内容
安全组织结构
组织安全文化
组织安全文化概述
组织安全文化原理
安全组织变革
安全组织生命周期
安全组织概述
安全管理流程再造
安全人员管理
人岗匹配
安全人岗匹配概述
安全任职资格开发
安全胜任力开发
安全人员招募、培训与开发
安全人员招募
安全人员培训
安全人员开发
安全绩效管理
安全绩效概念
安全绩效测量工具
安全团队管理
安全团队概述
团队内涵
团队发展阶段
安全团队成员管理
新生代员工管理
老员工管理
安全团队效能管理
角色搭配
高绩效团队概述
构建高绩效安全团队

思维导图

第 6 章　安全组织管理

第 1 节　安全组织管理方法

一、安全组织的概念

1. 组织与安全组织

切斯特・巴纳德

在管理学中，人们为某一个共同的目标，按照一定结构与秩序结合成具有特定功能的组织，切斯特・巴纳德（Chester I. Barnard）将组织定义为“两个或两个以上的人有意识地协调其活动和力量的系统”。组织工作是有目的、有计划、有分工地协作完成的，要求组织内部沟通协作，组织成员有共同目标，并为这个目标而做出自己的努力与贡献。理查德・霍尔（Richard Hall）在以往众多理论中对组织的含义加以总结延伸，他认为“组织是有相对明确边界、规范的秩序（规则）、权威级层（等级）、沟通系统及成员协调系统（程序）的集合体；这一集合体具有一定的连续性，它存在于环境之中，从事的活动往往与多个目标相关；活动对组织成员、组织本身及社会产生结果。”也就是说，组织需要有目标、有边界、有既定的规则和管理层级、有连贯性，组织成员之间有沟通协作，组织来源于一定的社会环境，受环境影响，同时又影响其外部环境。

组织是静态结构及动态运行的统一，有静态和动态两种含义。静态的组织是指依据一定的目标而建立起的集体；动态的组织则是指有目的、有秩序安排和设计工作任务，以实现一个既定的目标。其管理的四大职能之一，组织的实质是特殊的人际关系。它通过一定的秩序将拥有共同目标的人结合在一起，组织中的分工协作、管理分级和秩序规则等都是特殊人际关系的体现。

结合组织的定义，安全组织指的是为了实现共同的安全目标，将人员、资源、责任和权力等要素进行合理配置和协调，形成具有明确职责、有效运行和持续改进能力的有机整体。安全组织以实现共同的安全目标为导向，这意味着组织内的所有活动都是为了达到既定的安全目标，这些目标可能涉及减少事故、降低风险、提高员工安全意识等。为了实现安全目标，安全组织需要合理配置人员、资源、责任和权限等要素，包括分配专业的安全管理人员、提供必要的安全设备和设施、明确各级人员的安全职责和权限等。安全组织是一个有机整体，各部分之间相互关联、相互影响。组织内的各个部门、岗位和人员需要紧密合作，共同为实现安全目标而努力。安全组织需要建立一套完善的管理制度和运行机制，以确保组织的有效运行，包括制定安全规章制度、建立安全检查制度、开展安全培训等。安全组织应具备持续改进的能力，以适应不断变化的安全环境和需求。这意味着组织需要定期评估自身的安全状况，发现问题并及时采取措施进行改进。

2. 安全组织的特征

“现代管理理论之父”切斯特·巴纳德总结出组织的三个特征：既定目标和既定分工和既定秩序。这三个特征能保证安全组织运转并维系下去。

(1) 既定目标

安全组织的首要特征是拥有明确的安全目标。这些目标通常涉及预防事故、降低风险、保护人员健康、维护财产安全以及促进整体安全文化的形成。既定目标为组织提供了明确的方向和动力，是组织内所有成员共同努力的焦点。安全组织通过制定具体的安全指标、计划和策略以及持续监测和评估安全绩效，从而确保既定目标的实现。

(2) 既定分工

在安全组织中，分工是确保高效运作的关键。既定分工意味着根据组织成员的专长、技能和经验，将安全管理的各项任务合理分配给不同的人员或部门。这种分工有助于实现专业化，提高安全管理的效率和质量。既定分工还涉及明确各级人员的职责和权限，以确保各项安全工作得到有效执行。通过合理的分工，安全组织能够更好地应对复杂多变的安全挑战。

(3) 既定秩序

安全组织中的既定秩序是指通过规章制度、管理流程和组织文化等手段，确保组织内部各项活动的有序进行。既定秩序为组织成员提供了清晰的行为准则和决策框架，有助于减少混乱和冲突，提高工作效率。在安全组织中，既定秩序尤为重要，因为它直接关系到人员安全和组织的稳定运行。通过建立健全的安全管理制度、加强安全培训和文化建设，安全组织能够维护良好的秩序，为实现既定目标提供有力保障。

二、安全组织原则

1. 安全组织基本要求

企业中安全组织的基本要求涉及多个方面，这些都是为了确保企业能够在一个安全、健康的环境中稳定运营，同时保障员工、客户和企业的整体利益。

(1) 明确的安全目标和政策

企业安全组织首先需要制定明确的安全目标和政策。这些目标应该是可衡量的，并且与企业的整体战略相契合。安全政策则为企业内所有人员提供了行动的指南，阐述了企业对安全的承诺和基本要求。通过明确的安全目标和政策，企业能够确保安全工作有的放矢，形成统一的安全理念和行动准则。

(2) 合理的组织架构和分工

为了实现安全目标，企业必须建立一个合理的安全组织架构，并明确各级人员和部门的职责与分工。这个架构应该包括高层管理人员、安全专家团队、安全委员会以及具体的安全执行部门。每个层级和部门都应该有明确的职责和权力，以确保安全工作的顺利开展。此外，合理的分工还能提高安全管理的专业性和效率，减少工作重叠和资源浪费。

(3) 完善的安全管理制度和流程

企业安全组织需要建立一套完善的安全管理制度和流程，以规范日常的安全管理工作。

这些制度应该涵盖安全检查、隐患排查、事故报告与处理、应急预案等多个方面。同时，安全流程也需要清晰明确，包括安全事件的报告流程、处理流程以及后续的改进流程等。通过完善的安全管理制度和流程，企业能够确保各项安全工作有章可循，提高安全管理的规范性和有效性。

（4）持续的安全培训和文化建设

安全培训和文化建设是企业安全组织不可忽视的一部分。企业应该定期为员工提供安全培训，提高他们的安全意识和技能水平。同时，企业还需要营造一个积极的安全文化氛围，鼓励员工主动参与安全管理工作，提出安全改进建议。通过持续的安全培训和文化建设，企业能够培养出一支具备高度安全意识和能力的员工队伍，为企业的长远发展提供坚实保障。

（5）有效的安全风险评估和应对机制

企业安全组织需要具备有效的安全风险评估和应对机制。这意味着企业需要定期评估自身面临的安全风险，包括物理风险、技术风险和人员风险等，并制定应对措施。同时，企业还需要建立一套完善的应急预案体系，以应对可能发生的突发安全事件。通过有效的安全风险评估和应对机制，企业能够及时识别和应对潜在的安全威胁，确保企业的稳定运营和人员安全。企业安全组织的基本要求包括明确的安全目标和政策、合理的组织架构和分工、完善的安全管理制度和流程、持续的安全培训和文化建设以及有效的安全风险评估和应对机制。这些要求共同构成了企业安全管理的基石，为企业的稳定发展提供了有力保障。

2. 安全管理组织构成模式

为了实现安全生产，企业必须制订安全工作计划，确定安全工作目标，并组织企业员工为实现确定的安全工作目标而努力。因此，企业必须建立安全生产管理体系，而安全生产管理体系的一个基本要素就是安全管理组织。由于企业安全工作涉及面广，合理的安全管理组织应形成网络结构，其纵向要形成一个从上而下指挥自如的统一的安全生产指挥系统，横向要使企业的安全工作按专业部门分系统归口管理，层层展开，从而实现企业安全管理“纵向到底，横向到边，全员参加，全过程管理”。安全管理组织的构成模式如下。

① 合理的组织结构。为了形成“纵向到底，横向到边”的安全工作体系，要合理地设置横向安全管理部门，并且合理地划分纵向安全管理层次。

② 明确责任和权利。安全工作组织内各部门、各层次乃至各工作岗位都要明确安全工作责任以及上级授予的相应权利。

③ 人员选择与配备。根据安全工作组织内不同部门、不同层次和不同岗位的责任情况，选择和配备人员。特别是专业安全技术人员和专业安全管理人员，应该具备相应的专业知识和能力。

④ 制定和落实规章制度。制定和落实各种规章制度可以保证安全工作组织有效地运转。

⑤ 信息沟通。组织内部要建立有效的信息沟通模式，使信息沟通渠道畅通，保证安全信息及时、正确地传达。

⑥ 与外界协调。企业安全工作要受到外界环境的影响，要接受政府的指导和监督，矿山、金属冶炼、建筑施工、运输单位和危险物品的生产、经营、储存、装卸单位，应当设置安全生产管理机构或配备专职安全生产管理人员。

其他生产经营单位，从业人员超过100人的，应当设置安全生产管理机构或配备专职安全生产管理人员；从业人员在100人以下的，应当配备专职或者兼职的安全生产管理人员。

第2节　安全组织设计

一、安全组织设计的内容

1. 安全组织设计的含义

安全组织设计是对组织进行系统的设计，其核心在于安全组织结构的设计，良好的安全组织设计是组织管理职能有效发挥的重要前提。安全组织设计一方面侧重研究安全组织的职权结构、部门结构以及规章制度等，另一方面侧重研究安全组织结构设计完成后运行的各种问题，如协调、控制、信息联系、激励、安全文化、安全组织变革等。

2. 安全组织设计的原则

安全组织设计应该遵循一般组织设计原则，林德尔・厄威克(Lyndall F. Urwick)和哈罗德・孔茨(Harold Koontz)的观点具有代表性。林德尔・厄威克在其早年的著作中曾提出过适用于一切组织的八项管理原则：目标原则；相符原则；职责原则；组织阶层原则；控制幅度原则；专业化原则；协调原则；明确性原则。哈罗德・孔茨概括了十五条组织设计原则：目标一致原则；效率原则；管理幅度原则；分级原则；授权原则；职责的绝对性原则；职权和职责对等原则；统一指挥原则；职权等级原则；分工原则；职能明确原则；检查职务与业务部门分设的原则；平衡原则；灵活性原则；便于领导原则。综合各种理论观点，并结合当今企业管理的实际，可以归纳出安全组织设计的七项较重要的原则。

(1) 目标一致性原则

设计组织结构时首先要考虑何种结构形式更有利于实现组织目标，组织中每一个部分都应当和组织目标相联系，每一个部分都在组织目标实现中有特定的作用。组织设计完成后的调整也应该以能否促进目标实现为标准。设计时，应重点考虑企业战略对齐、明确的安全目标、跨部门协作、灵活的适应性以及绩效评估和持续改进等原则。这些原则共同构成了一个高效、灵活且与企业目标紧密一致的安全组织架构。

(2) 分工与协作原则

在实现组织目标的过程中，组织结构的每个部分各自发挥一部分作用。根据工作的性质、技能和需求，将整体任务细分为若干个子任务或工作单元，每个单元由具备相应专长或技能的人员或团队负责，确保所有工作单元和成员都明确并致力于实现组织的整体目标。这要求各个单元之间保持密切沟通，协调行动，以确保各自的工作能够相互支持，共同推动组织目标的实现。只有建立良好的分工与协作机制，才能保证达成目标。进行组织设计时，要根据需要和可能性，对管理层次、部门、职权都做好分工，并确定分工与协作的要求。组织安全管理层次应考虑工作性质、管理者能力、下属成熟度和组织环境等因素。

(3) 有效管理幅度原则

有效管理幅度原则的核心思想：一个管理者所能有效管理的下属人数是有限的。因为管理者的时间、技能和精力都是有限的，超出一定数量后，管理者可能无法对每个下属进行充分的指导、监督和协调，从而导致工作效率下降、沟通不畅和决策质量受损。在一个组织中，一名领导人能够有效领导的直属下级人数不是越多越好，适宜的数量才有利于发挥领导职能。因此，在进行组织设计时，要将领导人的管理幅度控制在一个合适水平。在一个组织中，管理幅度大小与管理层次多少成反比，管理幅度越大，则管理层次越少。

（4）权责对等原则

安全权责对等原则是指在安全管理过程中，相关主体所承担的安全责任应与其拥有的权力相匹配。在一个组织中，每个部门或个人的职权与职责必须对称，权责失衡会带来严重的组织管理问题。因此，在进行组织设计时，既要明确每一部门或个人的职责范围，又要对应地赋予其完成职责所必需的权力，两者必须协调一致、达到平衡。在安全权责对等原则下，每个主体都应被赋予与其职责相对应的权力。这意味着，如果一个主体承担了某项安全责任，那么他也应该拥有履行这一责任所需的足够权力。安全权责对等原则也要求主体在行使权力的过程中必须承担相应的责任，如果一个主体在安全管理中出现了失误或疏忽、导致安全事故的发生，那么他应该承担相应的法律责任和道德责任。例如，在企业安全管理中，高层管理人员应该承担制定和执行安全策略的责任，并拥有相应的决策权；而一线员工则应该承担遵守安全规程和操作规范的责任，并在发现安全隐患时及时报告。

（5）集权与分权相结合原则

在组织管理中，集权有利于实现统一的领导指挥，也能促进人力、物力、财力的合理分配使用。而分权有利于基层迅速、正确做出决策，解决问题，将上层领导从繁重的日常事务中解脱出来，集中精力抓大问题。由于集权和分权各有利弊、相辅相成，因而在组织设计时要做好权衡。集权是指决策权主要集中在组织的高层，由高层管理者负责决策和指挥，下层组织主要负责执行。这种方式的优点在于能够统一指挥、统一政策，避免出现多头领导和政策混乱的情况，从而提高管理效率。分权则是指将决策权分散到组织的各个层级和部门，让下层组织在规定的范围内拥有一定的自主决策权。这种方式的优点在于能够充分发挥下层组织的积极性和创造性，提高其对环境的适应能力和应变能力。过度分权也可能导致组织出现各自为政、政策不统一的问题，增加管理难度和协调成本。

（6）精干高效原则

为了在最低成本消耗的情况下达成组织目标，就要使组织结构精干、有力、高效。它强调在构建和运行组织时，应力求精简、高效，避免不必要的复杂性和冗余。这一原则的核心：在确保实现组织目标的前提下，尽可能地简化组织结构、减少管理层次，并充分发挥组织成员的积极性和才能，从而提高整个组织的工作效率和响应速度。因此，在组织设计以及在满足正常运行需要的前提下，应该尽量减少管理层次，精简管理机构和管理人员，充分激发各级各类人员的积极性，更好地为提升组织绩效服务。

（7）稳定性和适应性相结合原则

稳定性和适应性相结合原则是指在组织设计、系统构建或产品开发中，既要保证一定的稳定性，以确保在正常情况下能够可靠、持续地运行，又要具备一定的适应性，以应对外部环境、市场需求或技术变革等变化。这一原则强调在稳定性和适应性之间找到恰当的平衡点，以实现组织的长期发展和持续成功。在组织设计中，稳定性体现在组织结构的相对固定和组织运行的连贯性上。一个稳定的组织结构能够明确各成员的职责和权力关系，减少内部冲突和混乱，从而提高工作效率。然而，过度追求稳定性可能导致组织僵化，难以应对外部环境的变化。因此，适应性成为组织设计中不可或缺的一部分，体现在组织能够敏锐地感知外部环境的变化，并迅速做出反应和调整。

3. 安全组织设计的关键要素

安全组织结构设计涉及六方面关键要素：工作专门化、部门化、命令链、管理幅度、集权与分权、正规化。其中，管理幅度、集权与分权在组织设计的七项原则中有介绍，这里仅做些补充说明。

为了设计恰当的组织结构，管理者需要面对六个关键问题，如表 6-1 所列。

表 6-1　组织设计的六个关键问题

关键问题	由谁来回答
• 把任务分解成相互独立的工作单元时，应细化到什么程度	工作专门化
• 对工作单元进行合并和组合的基础是什么	部门化
• 员工个人和群体向谁汇报工作	命令链
• 一名管理者可以有效指导多少员工	管理幅度
• 决策权应放在哪一级	集权与分权
• 规章制度在多大程度上可以指导员工和管理者的具体行为	正规化

（1）工作专门化

亚当·斯密在 19 世纪末首次提出了劳动分工的思想，并指出分工有利于提高工作效率。分工就是将组织的整体功能按照一定原则划分为若干功能单位，每个功能单位分别由相应的人员专门从事一项或少数几项工作，分工能提高个人技能和组织绩效。在实践中，工作专门化是通过动作和时间研究，将一项整体的工作分解为若干个独立的单元，而这些单元应该具有标准化、专业化的操作内容与操作程序，以达到提高生产效率的目的。工作专门化的实质是将整项任务细分成若干个部分，每一个部分由单独的成员负责，而不是某个人承担着整项任务。换言之，个人专门从事的是活动的一部分，而不是全部活动。

工作专门化具备很多优点：通过专门化分工，安全组织成员对安全工作性质、自己所承担任务和职责，包括风险评估、隐患排查、应急响应和安全培训等，都有一个明确的认识。安全从业人员（安全员、安全主管、安全监督和安全总监）能够根据识别出的安全任务，将其划分为不同的职责领域，如安全管理、安全监督、安全执行等。安全人员在分工中从事程序性工作（SOP 操作、巡检、维护和考核等），清楚自己的责任和义务，不至于不知道应该干什么；从安全组织整体来看，通过工作专门化，可以提高安全人员的效率，降低安全培训和教育的成本。

通过实施工作专门化，能够提高企业的安全管理效率，但工作专门化也会带来一定的负面效应。“事多钱少责任大”的现状让很多人对从事安全员工作心生疑惧，主要体现在安全员产生厌烦感、焦虑感、疲劳感、压力感、无奈感、孤独感、迷茫感等消极情绪以及低质量、缺勤率和人员流失率上升等问题。为了降低这些负面效应，可以引入轮换工作制度，扩大和丰富工作形式等。

（2）部门化

部门化是将组织的管理系统进行分解，并把其中若干职位组合成一些相互依存的基本管理单位的过程。这些基本管理单位就是部门，一个部门是一个工作领域，也是一个权力领域。每一个组织都可以有其划定部门的独特方式，划分部门的方式通常是职能部门化。

在安全生产领域，往往通过安全业务活动和相似性划定部门，将与安全生产相关的业务或所需技能相似的目标活动划到一个部门，企业安全部门的建立依据主要包括国家法律法规、行业标准以及企业自身的实际情况和需求。在建立安全部门时，企业需要综合考虑这些因素，确保安全部门的设置既符合法律法规的要求，又能够满足企业实际生产的安全需求。比如安全环保部、生产部、设备维护部、质量控制部、人力资源部和应急管理部等部门，这些部门虽然业务上各有侧重，但都有《安全生产法》所要求的安全生产责任和职能。通过职能部门化，组织有相同专业的专家和人员集中在一起，有利于领域内部的协调和沟通，也有利于提高组织安全管理效率。安全职能部门工作较为集中在安全评估和风险识别，制定安全防范措施；组织安全教育和培训；开展定期和不定期的安全检查，及时发现并纠正安全隐患；负责事故的调查、分析和处理，提出改进措施等。久而久之，安全部门与其他部门（如生产部门、设备部门、人力资源部门等）的沟通就相对较少，在需要协调安全工作时可能会遇到障碍，这也是目前出现"不出事不想事，出了事就怕事"现象的原因所在。企业往往觉得安全是安全部门的事，出事就找安全部门，这种嫌麻烦的心态催生了职能化下的安全管理困境。

(3) 命令链

命令链是从组织高层向基层的一条持续的职权线，界定了谁向谁汇报和谁对谁负责的范畴。安全组织中也存在命令链。简单来说，安全组织中的命令链是指将安全组织内的所有人员联系在一起的、连续不断的权力链条，明确规定了人员之间的请示汇报关系和权责范围。这里有必要先搞清楚安全职权和职责的概念，前者是安全管理职位固有的制定、发布安全要求的权力，拥有直线职权的安全管理者有权利指挥其下属的工作，在做决策时不需要征得他人的同意。例如，安全主管可以直接向他负责的车间员工下达安全行为规范和安全操作指南，不需要征得基层员工的同意，基层员工的行为要对该安全主管负责。职责是职权应承担的相应责任，管理者应对其授权负最终责任而不管具体执行人是谁。法约尔指出，每个下属应该而且只能对一个上级主管直接负责。也就是说，一个下属只能接受一个上级的指挥，一个下属只能向一个上级汇报工作。

在安全工作实践中，统一命令原则能减少多头指挥、推诿扯皮的情况，保证安全管理工作的有效性，使安全部门协调各个方面、各个部门的力量共同实现安全生产的组织目标。企业安全生产的监督管理要求"党政同责、一岗双责、齐抓共管、失职追责"。可以看出，安全管理推崇命令链单一、职权对等、命令统一原则。随着安全工作"全员参与"理念的落实和现代信息技术发展，越来越多企业鼓励授权员工参与安全决策，"让听得到隆隆炮声的人来指挥炮火"，安全职权、安全职责和安全指挥等思想正在发生变革。

(4) 管理幅度

目前有两种组织结构形态：扁平结构和高耸结构。扁平结构是指管理层次少而管理幅度大的一种组织结构形态（一管多），高耸结构是指管理层次多而管理幅度小的一种组织结构形态（多管多）。

企业在安全组织架构中通常是高耸结构，高耸结构在安全组织架构中的体现主要包括以下几个方面：

① 策略制定与决策层：位于高耸结构的顶端，负责制定企业的整体安全战略和决策。这一层级通常由企业的高层领导组成，他们具有全局视野和战略眼光，能够确保安全策略与企业的业务目标相一致。

② 管理层与执行层:位于高耸结构的中部,负责具体的安全管理工作和执行安全策略。这一层级包括各部门的安全主管和业务骨干,他们根据策略制定层的指示,结合实际情况,制订详细的安全管理计划和措施,并负责组织实施。

③ 技术支持与操作层:位于高耸结构的底部,提供安全技术支持和具体操作。这一层级主要由安全技术人员和一线操作人员组成,他们负责安全系统的日常维护、监控和应急响应等工作,确保安全策略在实际操作中得到有效执行。

高耸结构的特点在于层次性和递进性。每个层级都有其明确的职责和分工,上下层级之间形成紧密的协作关系。同时,高耸结构还强调信息的纵向传递和横向共享,确保安全信息能够在各个层级之间及时、准确地传递和处理。但是,这种结构容易导致上级过多地参与下级工作,并且管理成本较高,基层员工和企业安全领导之间的距离过长,安全管理效率较低。

随着信息技术发展,越来越多组织倾向于扁平化的组织结构,这种结构通过破除公司自上而下的垂直高耸结构,裁减冗员,建立紧凑的横向组织,从而达到使组织变得灵活、敏捷,并富有柔性和创造性的目的。扁平化结构的主要特点包括:第一,权力下放。在扁平化结构中,安全管理和决策的权力被下放给更多的员工。这不仅能够增强员工的自主性和创造性,还能提高他们对安全工作的满意度和归属感。第二,信息共享。扁平化结构注重信息的横向共享和沟通。通过加强员工之间的合作与协作,提高整体效率。第三,职责明确。取消过多的中层管理人员后,每个员工的安全职责都变得更加明确。这有助于减少决策层面的重复和冲突,提高工作效率。第四,组织灵活。由于层级减少,扁平化结构使组织更加灵活,能够更快地适应企业内外部环境变化和安全政策需求。

(5) 集权与分权

集权与分权解决组织的决策权放在哪一层级的问题,集权是指决策权在组织系统中较高层级上一定程度的集中,分权是指决策权在组织系统中较低层级上一定程度的分散。在企业安全管理中,影响集权与分权的因素众多,这些因素往往相互交织,共同决定着企业安全管理权力分配的模式。

① 企业规模:企业规模是影响集权与分权的重要因素之一。一般来说,大型企业由于业务复杂、部门众多,更倾向于采用分权模式,以便更好地协调各部门之间的工作,提高管理效率。而小型企业则可能更倾向于集权模式,以便实现统一指挥和快速决策。

② 生产技术特点:企业的生产技术特点也会影响集权与分权的选择。如果企业的生产技术要求高度标准化和统一化,那么集权模式可能更为合适,以确保各生产环节的一致性。而如果企业的生产技术允许更多的灵活性和创新性,那么分权模式可能更有助于激发员工的创造力和创新精神。

③ 管理水平和干部素质:企业的管理水平和干部素质也是影响集权与分权的重要因素。如果企业拥有高素质的管理团队和干部队伍,那么他们可能更有能力承担更多的决策权和责任,从而倾向于分权模式。反之,如果企业的管理水平较低或干部队伍素质参差不齐,那么集权模式可能更有助于确保决策的正确性和执行的有效性。

④ 外部环境:企业所处的外部环境也会对集权与分权产生影响。在稳定的市场环境下,企业可能更倾向于集权模式,以便更好地控制风险和降低成本。而在快速变化的市场环境下,企业可能更需要分权模式来快速响应市场变化和抓住机遇。

⑤ 企业战略和目标：企业的战略和目标也会影响集权与分权的选择。如果企业追求的是规模扩张和市场份额的提升，那么分权模式可能更有助于调动各部门的积极性和创新性。然而，如果企业更注重风险控制和成本优化，那么集权模式可能更为合适。

(6) 正规化

略。

4. 安全组织设计程序

安全组织设计是一个动态过程，具体可按照以下程序。

(1) 确定基本方针和原则

进行安全组织设计时，首先要确定企业进行安全组织设计的基本思路、基本原则并确定几个重要的维度，主要依据企业的安全目标、内外部环境等来确定。例如，各部门分工是职能制还是事业部制？管理跨度是宽些，还是窄些？决策权应该放在组织的哪一层级上？正规化程度有多高以及如何保证？这些问题对于组织设计都非常重要，是组织设计的基本依据。

(2) 进行职能设计

安全组织的职能设计是企业安全管理体系中的关键环节，涉及如何确立安全组织在企业中的角色、职责以及与其他部门之间的协作关系。这一步骤重点在于分析和设计组织需要的各项职能，包括管理职能和业务职能。在确定组织总体职能的基础上，还要将其分解为各项具体的业务和工作。在具体工作确定后，需要初步设计一个合适的管理流程。例如，制定和执行企业的安全规章制度，负责组织安全教育和培训，组织安全检查和隐患排查，进行事故调查和处理等，都可以纳入不同职能内。

(3) 设计组织结构框架

在组织职能确定之后，需要设计承担这些职能的各个管理层次、部门岗位及其权责，搭建出组织结构的框架。这个过程可以采用自下而上的设计方法，也可以采用自上而下的方法。自下而上是指，首先确定各个岗位及其职务，然后按一定的要求和原则将某些岗位和职务组合成多个相应独立的管理部门，最后根据部门的管理幅度要求划分出各个管理层次。自上而下是指，首先确定企业的管理层次，然后确定各管理层次应设置的部门，最后将每一个部门应承担的工作分解成各个管理职务和岗位。

当设计一个企业的安全管理组织结构框架时，可以根据企业的规模、业务特点和安全风险等因素来确定具体的组织结构和职责划分，如图 6-1 所示。

该结构框架中，安全管理委员会/领导小组位于顶层，负责制定战略和政策；安全管理部门是核心执行层，负责具体的安全管理工作；支持与协作部门提供必要的支持和配合；基层安全管理组织则负责在车间/班组层面落实安全管理工作。这样的组织结构有助于形成层次分明、责任明确的安全管理体系，提升企业的整体安全管理效能。

(4) 设计组织联系方式

当组织结构框架确定后，需要设计一个组织的联系方式，即上下管理层次之间、同级管理部门之间如何协调和控制。组织的联系方式对于组织运行非常重要，只有通过完善且合理的联系方式，组织的各个部分才能形成一个整体，组织才能正常运作，组织的目标也才有可能实现。

在设计安全管理组织的联系方式时，需要确保各个层级和部门之间的沟通畅通，以便在

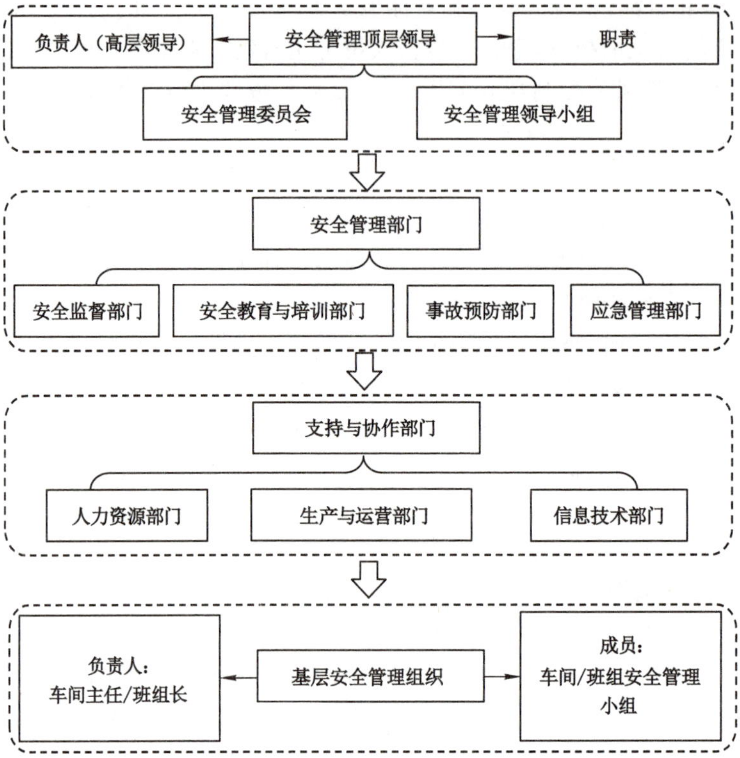

图 6-1　安全管理组织结构框架示例

紧急情况下能够迅速响应。以下示例展示了如何设计安全管理组织的联系方式。

① 顶层领导。安全管理委员会/领导小组联系电话：×××-××××-××××（紧急情况下可直接拨打），电子邮件：safetycommittee@example. com。

② 安全管理部门。安全监督部门联系电话：×××-××××-××××，电子邮件：safetysupervision@example. com；安全培训与教育部门联系电话：×××-××××-××××，电子邮件：safetytraining@example. com；事故预防与应急管理部门联系电话：×××-××××-××××（24 小时应急热线），电子邮件：emergencyresponse@example. com。

③ 支持与协作部门。人力资源部门联系电话：×××-××××-××××，电子邮件：hrdepartment@example. com；生产与运营部门联系电话：×××-××××-××××，电子邮件：productionops@example. com；信息技术部门联系电话：×××-××××-××××，电子邮件：itdepartment@example. com。

④ 基层安全管理组织。车间/班组联系电话列表（按车间/班组分列，确保每个车间/班组都有紧急联系电话），车间/班组电子邮件：workshopsafety@example. com（或根据具体车间/班组设置）。

⑤ 其他重要联系方式。企业内部安全举报热线：×××-××××-××××（用于员工报告安全隐患或违规行为），外部应急服务电话：如当地消防、急救等服务的紧急联系电话。

为了确保联系方式的实时更新和有效性，可以建立一个内部的安全管理通讯录或在线平台，其中包含各个层级和部门的最新联系方式。所有员工都应能够方便地访问这些信息，并在需要时迅速联系到相关人员。

（5）制定管理规范

在确定了组织结构的框架及联系方式的基础上，需要进一步确定各项管理业务的管理工作程序和标准、管理人员应采用的管理方法等，这些要素将成为组织的管理规范，并作为各管理层次、各部门和人员的行为规范。

（6）人员配备

在上述步骤完成后，组织本身的设计已经完成了，下一步就需要为组织配备人员，只有配备了人员的组织才能运作起来。一般来说，在组织设计的过程中，暂不考虑企业现有人员的具体情况，而是在设计实施时按设计要求的数量和质量配备各类人员。

（7）反馈和修正

完成人员配备后，一个可以进入运行的组织就建设完成了。但组织设计是个长期的、动态的过程。在组织运行过程中，会发现有不完善的地方，也会有新的情况出现，这就要求对组织进行必要调整。

二、安全组织结构

1. 直线型结构

直线型组织结构是最早使用的也是最为简单的一种结构，又称为单线型或军队式组织结构，如图 6-2 所示。直线型组织结构中不设专门的职能机构，从最高管理层到最基层，实行直线垂直领导的每一个人只能向一个直接上级报告。这种组织结构设置简单、权责分明、联系简洁、决策迅速，比较容易维护纪律和秩序。但直线型结构也有缺点，主要是缺乏横向的协调关系，管理者没有助手，在实践中容易产生混乱现象，尤其是在企业规模扩大时，管理工作逐渐变得复杂，领导者的经验、精力可能不足以处理那么多问题，难以进行有效的管理。

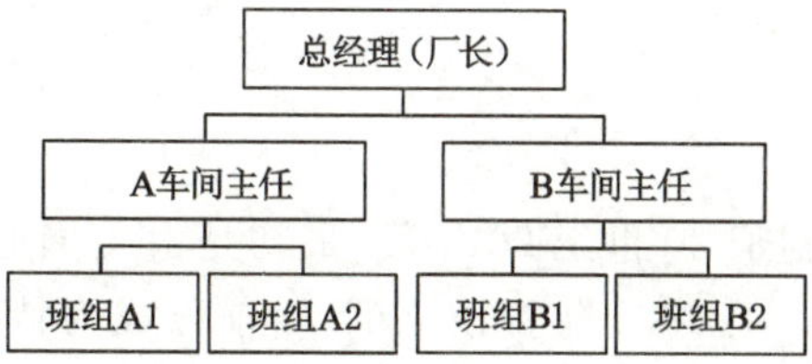

图 6-2　直线型组织结构

2. 职能型结构

职能型组织结构又称为多线型或 U 型组织结构，在组织内除了直线部门之外，还根据分工的要求设置了一系列职能部门。各职能部门都有权在各自的业务范围内向下级下达命令和指示。其优点是能够充分发挥职能机构的专业管理作用，并使直线经理人员摆脱琐碎的经济技术分析工作；缺陷是多头领导，不能实行统一指挥。从组织领导的角度来说，多个职能部门之间的分权与组织中必要的集中领导存在冲突，可能会妨碍统一指挥；从部门的角度来看，各个部门都可能存在更关注本部门工作的倾向，在需要与其他部门合作时可能协调成本较高，不利于组织整体目标的实现。职能型组织的结构如图 6-3 所示。

3. 直线职能型结构

直线职能型组织结构是一种综合直线制和职能制两种类型组织特点而形成的组织结构形式。这种组织形式既保持了直线制集中统一指挥的优点，又具有职能分工专业化的长处。

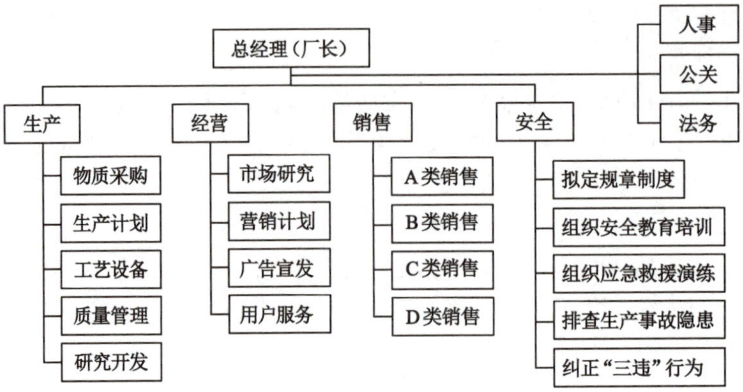

图 6-3　职能型组织结构

但这种类型的组织具有职能部门之间横向联系较差、信息传递路线较长、适应环境变化差的缺陷。直线职能型是一种普遍适用的组织形式，我国大多数企业和一些非营利组织均采用这种组织形式。直线职能型组织结构如图 6-4 所示。

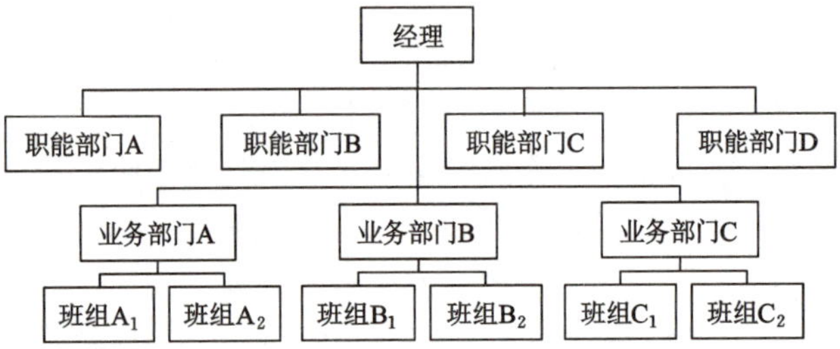

图 6-4　直线职能型组织结构

4. 事业部型结构

事业部型组织结构首创于 20 世纪 20 年代，最初是由美国通用汽车公司总裁艾尔弗雷德·斯隆(Alfred P. Sloan)于 1924 年提出来的，目前已成为特大型企业、跨国企业普遍采用的组织结构形式。它以产品或服务为中心，将相关的职能部门集中在同一个事业部门下，以实现业务的整合和优化。每个事业部门都拥有自己的管理团队和财务预算，具备独立的决策权和利润责任。企业根据产品或服务的特性来划分事业部，每个事业部负责一类或几类产品的生产、销售等全部经营活动，实现业务的专业化管理。每个事业部都拥有相对独立的决策权，可以根据市场情况和自身发展需要，制订并执行适合本事业部的战略和计划。事业部作为利润中心，需要承担一定的利润责任。这有助于激发事业部管理团队的工作积极性和创新精神，同时也便于企业衡量各事业部的经营绩效。设置事业部型组织结构需要具备以下条件：企业需要有多种产品，或者多个经营地点；企业的产品需要有独立的市场，这样事业部才能按照各自的产品或区域进行生产经营，以达到企业高层设置的利润指标；必须给事业部配备全面的管理人才。

事业部型组织的缺点在于容易导致各事业部“各自为政”，忽视企业整体利益，各事业部独立经营，人员互换困难。事业部经理需要具备全面的管理能力和战略眼光，否则可能导致事业部发展受阻。由于各事业部拥有相对独立的管理团队和财务预算，因而导致管理费用上升。事业部型组织结构如图 6-5 所示。

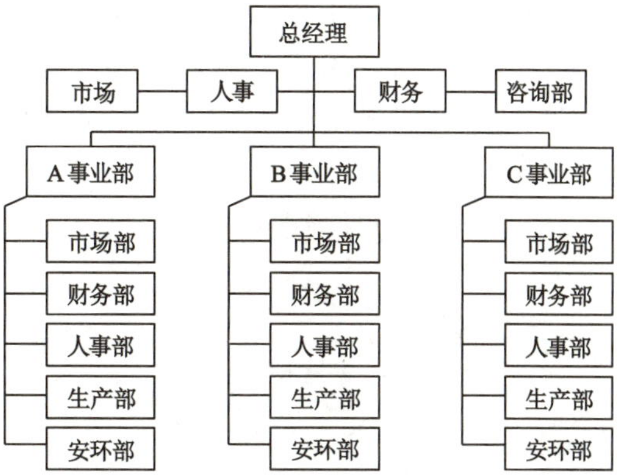

图 6-5　事业部型组织结构

5. 矩阵型结构

矩阵型组织结构的实质是在同一组织结构中把按照职能划分部门和按照产品划分部门结合起来。在矩阵型组织结构中，除设有负责职能工作的职能经理外，还同时设有若干个负责最终产品（项目）的项目经理，从而形成一个项目系统，如图 6-6 所示。项目系统是个临时组织，没有固定的工作人员，而是随着任务的进度，根据工作的需要，从各职能部门抽人参加，这些人员完成了与自己有关的工作后，仍回到原来的职能部门工作。矩阵型组织结构具有较大的弹性和适应性，可以根据工作的需要，集中各种专门的知识和技能，在短期内迅速完成重要的任务。由于一个项目小组的成员具有不同的专业背景，因而可以促进新的观点和设想的产生，同时来自不同职能部门的成员还可以促进部门之间的沟通和协调。但项目小组成员是根据工作的进展情况临时从各职能部门抽调的，其隶属关系不变，不仅可能使他们产生临时观念、影响工作责任心，而且职能经理与项目经理之间容易产生矛盾，因为他们要争夺有限的资源（资金、人力等），这也会导致小组成员接受双重领导。

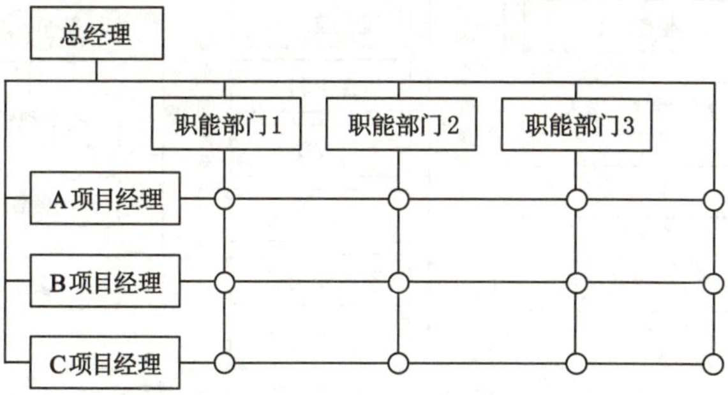

图 6-6　矩阵型组织结构

6. 网络型结构

网络型组织结构使管理对新技术或者来自海外的低成本竞争，能具有更大的适应性和应变能力，如图 6-7 所示。其优点是极大地促进了企业的经济效益实现质的飞跃，降低了管理成本，提高了管理效益，实现了企业全世界范围内供应链与销售环节的整合，简化了机构和管理层次，实现了企业充分授权式的管理。网络型组织结构具有更大的灵活性和柔性，以项目为中心的合作可以更好地结合市场需求来整合各项资源，而且容易操作，网络中的各个价值链部分也随时可以根据市场需求的变动情况进行调整或撤并；另外，这种组织结构简单、精练，由于组织中的大多数活动都实现了外包，因而这些活动更多地依靠电子商务协调处理，使得组织结构可以进一步扁平化，效率也更高了。

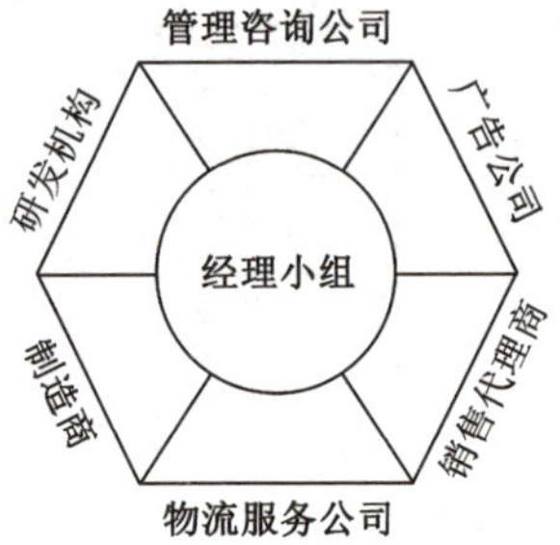

图 6-7　网络型组织结构

网络型组织结构适用于玩具和服装制造企业，因为它们需要相当大的灵活性以对时尚的变化做出迅速反应，也适用于制造活动需要低廉劳动力的公司。

三、安全管理组织模式

不同行业、不同规模的企业，安全管理组织形式也不完全相同，应根据安全工作组织要求，结合本企业的规模和性质，如图 6-8 所示，建立本企业的安全管理组织模式。一般企业安全管理组织的构成模式主要由三大系统构成：安全指挥系统、安全检查系统和安全监督系统。

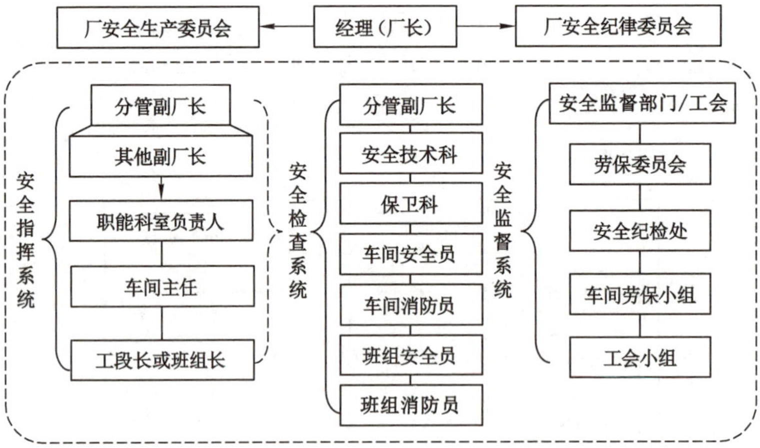

图 6-8　安全管理组织模式

1. 安全指挥系统

企业安全管理组织中的安全指挥系统是一个至关重要的组成部分，负责确保企业的安全生产和职业健康计划得到有效执行。这个系统通常由企业的高层领导，如厂长或经理委托一名副厂长或副经理来负责，并实行纵向领导，对职能科室负责人、车间主任、工段长或班组长等各级管理人员进行指挥和协调。安全指挥系统的主要职责包括：

（1）制定安全生产方针和政策

根据企业实际情况和国家法律法规，制定适合企业的安全生产方针和政策，明确安全生产的目标和原则。

（2）组织和协调安全生产工作

组织和协调企业内部各部门之间的安全生产工作，确保各项安全生产措施得到有效落实。

（3）监督和检查安全生产情况

定期对企业内部的安全生产情况进行监督和检查，及时发现和纠正存在的安全隐患和问题。

（4）应急指挥和处理

在发生安全事故或紧急情况时，迅速启动应急预案，组织救援和处理工作，最大限度地减少事故损失。

为了确保安全指挥系统的有效运行，企业需要采取一系列措施，如建立健全的安全生产规章制度、加强安全教育和培训、定期进行安全检查和评估等。同时，企业还需要根据实际情况不断优化和完善安全指挥系统，提高其灵活性和适应性，以便更好地应对各种复杂多变的安全生产环境。企业安全管理组织中的安全指挥系统是企业实现安全生产的重要保障，需要得到企业高层领导的高度重视和大力支持，也需要各级管理人员的积极参与和共同努力。

2. 安全检查系统

安全检查系统是具体负责实施职业安全卫生管理体系中“检查与纠正措施”环节各项任务的重要组织，该系统的主体由分管副厂长、安全技术科、保卫科、车间安全员、车间消防员、班组安全员和班组消防员组成。另外，安全指挥系统也兼有安全检查的职责。安全检查系统的主要职责和功能包括：

（1）制订安全检查计划

根据企业的实际情况和安全风险等级，制订全面的安全检查计划，明确检查的目标、范围、时间和频率。

（2）实施安全检查

安全检查团队按照计划对企业各个区域、设施、设备以及员工的安全操作行为进行检查，确保各项安全措施得到落实。

（3）识别和评估安全风险

在检查过程中，识别和评估潜在的安全风险，包括设备故障、人为操作失误、环境因素等以及它们可能对企业安全造成的影响。

（4）提出改进建议

针对检查中发现的问题，向相关部门或人员提出具体的改进建议和措施，以消除或降低安全风险。

（5）跟踪和验证整改情况

对提出的改进建议进行跟踪，确保相关部门或人员按照要求进行整改，并对整改效果进行验证。

(6) 记录和报告

详细记录每次安全检查的情况，包括检查时间、地点、参与人员、发现的问题以及整改情况等，并定期向上级领导或安全管理部门报告。为了确保安全检查系统的有效性，企业需要给予足够的支持和资源投入，包括提供专业的安全检查人员、必要的检查设备和工具等。同时，企业还需要定期对安全检查系统进行评估和改进，以适应企业不断变化的安全需求和外部环境。

3. 安全监督系统

该系统主要由安全监督部门和工会构成，安全监督部门需要对企业内部各项安全制度和政策的执行情况进行定期或不定期的检查，确保各部门和员工严格遵守安全规定，杜绝违章操作。通过深入现场、查阅记录、与员工交流等方式，发现可能存在的安全隐患，并及时向相关部门或人员提出整改意见和要求。当企业发生安全事故时，安全监督部门需要迅速介入，参与事故的调查和分析工作，查明事故原因和责任，并提出防止类似事故再次发生的措施和建议。工会成员一般包括普通员工及安全监督部门人员，对安全生产进行监督、协商或工伤起诉等。

第 3 节　组织安全文化

一、组织安全文化概述

1. 安全文化的含义

企业文化概念源自 20 世纪 80 年代的日本企业，文化的不同对企业管理效能和业绩具有重要影响，佩蒂格鲁(Pettigrew)在 1979 年的《关于组织文化研究》中首次提出"组织文化"(organizational culture)的概念。组织文化是大概念体系，由群体规范、主导价值观、游戏规则和思维习惯等形成定义基础。一般认为，企业组织文化由理念层、制度层、行为层和物质层构成"洋葱"模型，其中组织安全文化属于组织文化的典型代表。

安全文化 慕课链接

谈到组织安全文化，过去人们常常把安全文化等同于安全宣教活动，这是需要纠正的一种片面观点。虽然安全教育和安全宣传是建设安全文化的重要方面，但是它们只是安全文化的一个部分，安全文化的核心内容不在这里。安全文化是社会在长期生产和生存活动中，凝结起来的一种文化氛围，是人们的安全观念、安全意识、安全态度。提高全民安全文化素质是预防和减少事故的最深刻、最根本的方法和途径。很多安全设施的作用只能管一时，但安全文化的作用是长期有效的。只有从安全文化的层面来提高人们的安全素质，才能实现可持续发展。因此，要有计划、分阶段、按层次、有目标和系统地传播安全文化。

安全文化源于安全氛围，1986 年国际原子能机构(IAEA)首次正式提出这一概念，相关文献表明，安全文化是近 30 年内安全科学领域内的研究热点。遗憾的是，至今学术界对安全文化尚未达成共识。目前，国内外有关安全文化定义的具有代表性的定义角度有以下四种：

第一，基于安全文化的存在形式进行定义。安全文化因其无形而无处不在，是融入人们工作和生活中,影响着人们工作和生活,让人们自觉感受与遵守的一种环境和文化氛围。

第二,从安全文化的主要作用的角度进行定义。安全文化是一种巨大的精神力量,在这种力量感召下,能激发人们注意安全、关心他人、珍爱生命的安全理念,从而达到控制管理者和操作者不安全行为的目的。

第三,从安全文化的功能的角度进行定义。安全文化是人类文化的组成部分,是在人类生产生活过程中调适人与人、人与社会、人与自然之间的关系,达到防止事故、抵御灾害、维护健康的目的。

第四,从安全文化的分类的角度进行定义。从安全科学来说,安全文化应从外到里由功能不同、相互制约、相互渗透的物质文化、制度文化、观念文化、行为文化构成其四要素,并起着基础、载体和主导作用。

吴超教授指出,安全文化是人类在存在过程中为维护人类安全(包括健康)地生存和发展所创造出来的关于人与自然、人与社会、人与人之间的各种关系的有形无形的安全成果。对安全文化的定义可做以下具体解释:

第一,安全文化是由人类这一主体创造并享用的,这是限定主体类型的定义方式的体现。此定义强调人类这一主体,离开人类这一主体,一切都没有了意义。此外,有文献指出,文化是人类在地球上生存期间创造的。此定义用“人类在存在过程中”这样的修饰语进行限定,是非常必要的。需指出的是,该定义中的“人类”包括“个体与群体”,由此该定义就同时涵盖了个体安全文化与群体安全文化,同时这也与目前学界的主流观点相吻合。

第二,人类创造安全文化是为了人类自身的安全(包括健康)生存和发展,这是最为重要的。若人类与其他动物一样,只是限于本能的生存,而不是“安全(包括健康)地生存和发展”,那么人类与其他动物也就没有了区别。因此,安全文化是人类有目的的创造。

第三,安全文化的涉及面极其宽广,是无法用描述性的方式叙述穷尽的。究其根本,无非是关于人与自然、人与社会、人与人之间各种物质与非物质的安全器物、行为、制度、思想、观念、道德等关系而已。

第四,从理论角度而言,安全文化的定义总是根据人们的安全成果去界定,而此定义强调的就是安全文化形成过程中所取得的所有安全成果。安全文化既有历史的(但目前不再适用或已消失的),也包括目前还存在的或正在服务于人类的安全成果。另外,此定义强调的安全成果可能是多种多样的,不限定于某种具体形式,如有形的安全器物,无形的安全理念、安全制度与安全民俗等,它们都是人类的安全文化成果。

2. 安全文化的功能

组织安全文化的最终目的是使人形成理性的安全认识,引导完善人的安全性,提高人的安全素质,增强人的安全意识与安全意愿等。组织安全文化的功能具有双重性,既能为组织带来正面效应,也会有负面影响。组织安全文化的八项主要正功能:满足安全需要的功能、认知与教育功能、导向与认同功能、规范与调控功能、情感与凝聚功能、融合与守望功能、辐射与增益功能、激发与跃迁功能。由图6-9可知,安全文化的主要功能由基本功能(头部)、直接功能(双腿与双臂)与深层外延功能(心腹)三个不同层次的功能构成,各功能彼此影响、相互促进,共同决定安全文化的效能(效用)。其中,基本功能是安全文化的最基础功能,可为其他功能的发挥提供基础和保障;直接功能是安全文化的表层效用,可为其他功能的发挥起到支撑作用;深层外延功能是对安全文化效用的扩大与升华,可为改善组织安全状况或突破组织安全水平提供助力与动力。

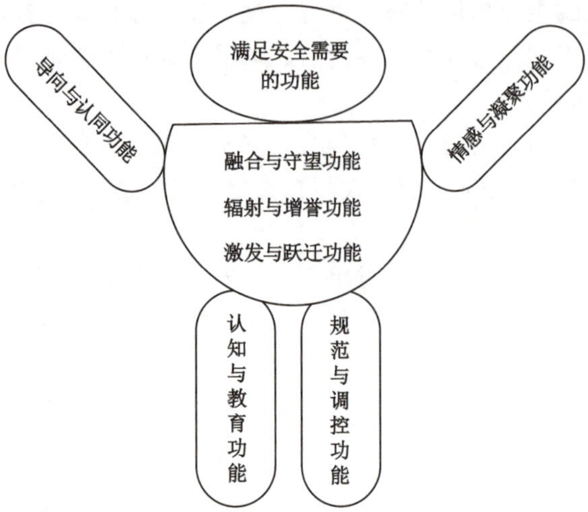

图 6-9　组织安全文化功能结构模型

(1) 安全需要功能

马斯洛指出,安全需要(身体与生活的安全保障,生产与生活的稳定感与秩序感等需要)是人的第二层基本需要,若人的安全需要得不到满足,就会使人产生不同层次与程度的痛苦、焦虑与不安,而依赖于安全文化就可有效解决这一问题。显然,人的安全需要是人创造安全文化的根本内驱力,而安全文化的基本功能就是满足人的安全需要。

(2) 认知与教育功能

安全文化行为是一种个体后天习得的行为,具有启迪人的安全思维、增强人的安全知识、拓宽人的安全视野、提升人对安全的认识与保障能力等独特作用。安全文化的认知功能是借助安全教育功能实现的,这是因为安全文化内容包含大量安全教育成分。

(3) 导向与认同功能

导向功能:首先,安全文化集中体现某一组织的安全理念与目标等,其对组织安全行为方向有显示、诱导与指向作用;其次,安全文化行为是个体经后天观察、模仿、选择与塑造而来,因此,安全文化对个体后天的安全文化行为塑造有导向作用。认同功能:安全文化可促使人对安全本身及其保障条件或要素价值的认同。

(4) 规范与调控功能

规范功能:安全文化可按一定安全行为准则对人的行为具有规定、约束与模塑作用。调控功能:与规范功能类似,但侧重点不同,强调安全文化对人的干预与调节作用,如调控生产、效益与安全的关系;个体与群体的关系;个体自身的安全需要与其他需要的平衡。

(5) 情感与凝聚功能

情感功能:使人在情感上对安全产生归属感与依赖感,即从心理层面开始喜爱安全,并热爱与支持安全工作。凝聚功能:使人们在观念上达成安全共识,从而使群体的安全行为与习惯趋于一致,进而增强群体的内聚力。

(6) 融合与守望功能

融合功能:融合不同利益群体或组织内部的不同群体使之成为一个共同体,使他们具有共同的安全理念与安全目标，共同为保障群体或组织安全而努力；能够将带有异质安全文化倾向的个体同化为本群体或组织的个体。守望功能：又称为防守(屏蔽)功能，安全文化可保持自身安全理念与价值观等的纯洁性与一贯性，防止外部消极或异质安全文化对其的干扰或渗透。

(7) 辐射与增誉功能

辐射功能：同化内部小的异质安全文化；可向外部扩散，影响其他群体或组织，以至整个社会的安全文化，从而扩大组织或群体的安全文化影响力。增誉功能：优秀的组织安全文化可为组织塑造良好的整体安全形象，特别是对于企业和国家尤为重要，它可增强企业与国家的国际市场竞争力。

(8) 激发与跃迁功能

激发功能：安全文化对强化人的安全行为动机，激发人重视与保障安全的主动性、积极性与创造性均具有显著作用。跃迁功能：安全文化可鼓励人主动挖掘自身潜力，勇于创新，努力突破自我，鼓励人努力保障个体与群体或组织的安全，最大限度地发挥个体的自主保安价值，这是群体或组织安全水平实现突破与跃迁的动力来源。

(9) 组织安全文化负功能

组织安全文化也存在一定负功能，可能成为组织变革和发展的潜在障碍。主要表现在以下两个方面：

① 变革创新的障碍。组织安全文化往往需要经过多年的建设和沉淀才能形成，一旦形成，组织安全文化便具有长期的稳定性。当组织面对的环境比较稳定时，组织安全文化便会成为一种资本；而当组织面对动态的环境时(新技术赋能安全管理或劳动密集型转变为技术密集型)，组织共享的安全观就可能会与进一步提高安全管理效率的要求发生冲突，从而成为组织发展的束缚。而面对变革和调整时，组织内部根深蒂固的文化就可能变成一种可怕的惯性，束缚组织的手脚和成员的思想，使其不敢或不愿变革与创新。

② 多样化的障碍。组织安全文化正面效应得到有效发挥的前提是组织成员高度认同这些文化，但成员可能同时会感受到来自组织强文化的压力，他们必须在组织文化限定的价值观和行为准则下开展工作。在组织运行中，管理者希望通过聘用各具特色、存在差异的员工，为组织发展增加活力，获得多元化的优势，促进企业的创新和发展。然而，一旦新成员试图融入强文化之中，这些多元化的行为和优势就可能丧失。因此，当组织安全文化特别是强安全文化大大削弱了来自不同背景的人带给组织的独特优势时，它就成了组织发展的障碍。

二、组织安全文化原理

1. 组织安全文化发展阶段

不同组织的安全文化建设水平不同，随着组织从不成熟到成熟，组织内的安全文化也相应地发展、演化直至成熟。根据邢以群教授提出的组织文化发展模型，组织安全文化发展可以分为以下四个阶段：

(1) 不成熟阶段

组织对各方面的认识有限，组织经营管理经验也不足，既提不出明确的价值主张，也不知道安全文化建设的重要性。群体间有模糊的共同目标，行动上也只是本能地保持相互间的配合。不成熟阶段的组织安全文化往往缺乏明确的安全价值观和目标导向。组织成员对于安全的认识和重视程度可能存在差异，尚未形成统一的安全意识和行为习惯。由于尚未建立起完善的安全管理体系和规章制度，然而组织在应对安全风险和挑战时显得力不从心。此外，由于员工的安全意识和技能水平参差不齐，然而组织需要通过定期的安全培训和教育活动，以提高员工对于安全的认知和理解，培养他们的安全行为习惯和自主防范能力。领导层在组织安全文化建设中起着至关重要的作用，他们的言行举止和决策行为都会对员工产生示范和影响，即“企业文化就是一把手文化”。因此，在这一阶段，领导层需要以身作则，积极践行安全文化，推动组织安全文化的不断发展和成熟。

(2) 初步成熟阶段

随着领导对安全的重视和建设，组织的经验积累和认识水平不断提升，组织会在物质层进行结构设计，形成安全部门和确定流程，但组织意识不到安全文化建设的重要性，“不管黑猫白猫，抓住老鼠就是好猫”的片面认识导致企业安全文化处于分散状态。初步成熟阶段的组织安全文化意味着安全价值观已经深入人心。在这一阶段，组织成员普遍认同并接受组织的安全理念，这些理念不仅被明确地表述在组织的规章制度中。更重要的是，安全理念已经成为员工日常工作中的一部分，被自觉地践行和传承。组织不仅建立了全面的安全管理体系，而且各项安全制度和措施都能得到有效执行。组织通过持续的安全培训和教育，使得员工具备了较强的安全意识和风险防范能力。领导层不仅是安全文化的倡导者，是安全文化的践行者和推动者。

(3) 较成熟阶段

企业通过模仿或借助外力，提炼出组织的安全愿景、使命和价值观，并在组织内进行落实。该阶段的组织安全文化往往注重形式，如安全标语、安全宣传栏、安全竞赛活动、风险排查比赛等。在较成熟阶段，组织的安全价值观不仅仅停留在口号或规章制度的层面，已经进入组织成员的内心，成为他们共同的信仰和行动准则。安全管理制度已经与组织的日常运营紧密相连。通过长期的安全培训和教育，组织成员已经具备了丰富的安全知识和实践经验，能够熟练地应对各种安全风险和挑战。在这一阶段，每个人都将安全视为己任，不仅关注自身的安全，而且关心他人的安全。组织成员之间相互监督、相互提醒，共同营造一个安全、和谐的工作环境。

(4) 成熟阶段

首先，组织的安全管理制度不仅全面覆盖各个环节，而且能够根据实际情况进行灵活调整和优化；各项安全措施得到有效执行，安全隐患得到及时识别和消除，从而确保组织的稳定运营。其次，组织成员的安全素养达到极高水平。通过长期的安全培训和实践锻炼，组织成员已经具备了丰富的安全知识和应对风险的能力，能够在复杂多变的环境中迅速做出正确判断，有效应对各种安全挑战。最后，组织在成熟阶段形成了开放、包容且持续改进的安全文化氛围。在这种氛围中，每个成员都敢于直面安全问题，积极提出改进建议，并乐于分享自己的安全经验和知识。组织鼓励成员之间的相互学习和协作共同推动着安全文化的不断完善和发展。在邢以群教授提出的组织文化发展阶段模型中，成熟阶段的组织安全文化以安全的核心价值观、完善高效的安全管理制度、极高的成员安全素养以及开放包容的安全文化氛围为主要特征。

杜邦布莱德利曲线

组织安全文化发展演化过程需要一把手强力持续推进，"一把手工程"往往是组织安全文化走向成熟的保证。上述文化发展阶段与杜邦布莱德利曲线具有异曲同工之处，如图 6-10 所示。

杜邦公司将安全文化分为四个阶段：自然本能、严格监督、自主管理和团队合作。

① 自然本能阶段的特点是依靠人的本能，以服从为目标，将职责委派给安全经理，缺少管理层的参与，员工不对安全负责。他们认为，安全更多地在于运气而不是管理，况且"事故总会发生"。往后，事故就真的发生了。

② 严格监督阶段强调管理层的安全承诺，遵守规则和纪律，控制所有人并进行安全培训。员工认为安全就是遵守他人制定的规则。事故率下降了，管理层相信"只要员工遵守这些规则"，安全便可以进行管理。

③ 自主管理阶段需要依靠个人的安全知识和承诺，遵循操作标准；强调个人实践和价值，承认个人习惯；每个人都对自己负责。员工认为安全是个人问题，可以通过自己的行动来做出改变。这进一步减少了事故的数量。

④ 团队合作阶段特点是帮助别人遵守规则，留心他人团队贡献并关注他人集体荣誉。员工团队觉得安全是自己的事情，即对自己负责，也对他人负责。员工不接受低标准和冒险。他们积极地与他人交谈，了解其观点。他们认为，只有作为一个整体才能真正实现改进，而且零伤害是一个可以达到的目标。

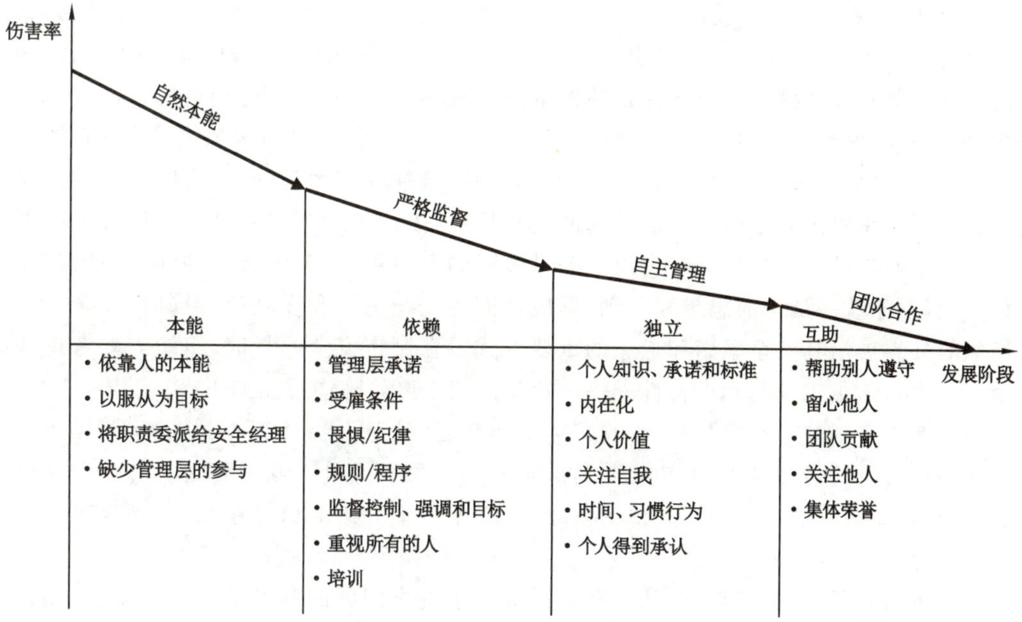

图 6-10　杜邦布莱德利曲线

2. 组织安全文化原理的内涵

组织安全文化原理是理解组织内关于安全问题的价值观、信仰、行为准则以及与之相关的实践活动的关键。这一原理强调了安全文化在组织中的重要性，不仅是预防事故和保障员工健康的有效手段，也是提升组织整体绩效和可持续发展的关键因素。组织安全文化原理的核心在于将安全视为组织的核心价值之一，通过制定明确的安全政策、建立完善的安全管理体系、提供必要的安全培训和教育以及营造积极的安全氛围，确保员工在工作中的安全与健康。这种文化理念认为，只有当安全成为每个员工的自觉行为和思维方式时，组织才能真正实现长治久安。具体来说，组织安全文化原理包括以下几个方面的内涵：

① 价值观与信仰：组织应树立“安全第一、预防为主”的价值观，坚信所有事故都是可以预防的，并鼓励员工积极参与安全管理和风险控制活动。

② 行为准则：组织应制定明确的安全规章制度和操作规程，要求员工严格遵守，并通过奖励和惩罚机制来强化安全行为。

③ 实践活动：组织应定期开展安全培训、应急演练等实践活动，提高员工的安全意识和应对风险的能力，鼓励员工提出安全改进建议，不断完善和优化安全管理流程。

④ 领导层的作用：领导层在组织安全文化建设中起着至关重要的作用。他们应以身作则，积极践行安全理念，为员工树立榜样，提供必要的资源和支持，推动安全文化的深入发展。

组织安全文化原理强调了安全在组织中的核心地位，要求组织从价值观、信仰、行为准则和实践活动等多个方面入手，构建完善的安全文化体系。这不仅有助于保障员工的生命安全和身体健康，也能为组织的稳定发展和持续创新提供有力保障。

3. 组织安全文化建设重点

(1) 组织安全文化建设

安全使命、愿景和价值观的澄清是组织安全文化建设的前提。彼得·德鲁克认为，管理就是界定企业的使命，并激励和组织人力资源去实现这个使命。安全使命回答了“组织为什么需要安全”的问题，描绘了企业存在的根本意义和价值，指明了企业前进的方向。使命可以鼓舞人心，激发员工的内在动力，使企业长久不衰。安全愿景是组织描绘的未来蓝图。相对于使命，愿景更加清晰明确易懂，愿景所勾勒的图景往往是生动的，饱含吸引力的。安全愿景是一个组织对于安全所持有的长远期望和目标，描述了组织在安全方面所追求的理想状态。一个明确的安全愿景能够为组织提供清晰的方向指引，激励员工共同努力实现安全目标，这有助于统一员工的思想和行动，形成共同的安全意识和责任感。同时，安全愿景也是组织对外界展示其安全承诺和形象的重要方式。在制定安全愿景时，组织需要考虑核心价值、长远目标、员工参与和可行性。一个典型的安全愿景陈述可能如下：

我们致力于创建一个零事故、零伤害的工作环境，让每一位员工都能在安全、健康的状态下充分发挥自己的才能，共同为组织的繁荣和发展贡献力量。我们将通过持续的安全培训、完善的安全管理制度和全员参与的安全文化，不断提升组织的安全绩效，确保每一位员工的安全福祉。

安全价值观是组织内部共同认同和遵循的关于安全问题的基本信念和原则，深刻地影响着组织的安全文化、管理策略以及员工的行为和态度。主要的价值观体现在以下方面：

第一，人的安全至上。这一原则强调，无论在何种情况下，人的生命安全与健康始终是组织最关心的。组织在制定政策、分配资源以及日常运营中，始终把保障员工和相关方的安全放在首要位置。这意味着，在面临安全与生产、效率之间的冲突时，安全始终是优先考虑的。

第二，预防为主。预防原则认为，与其在事故发生后花费大量资源和时间去处理，不如在事前投入努力来预防事故的发生。这包括定期进行风险评估，识别潜在的安全隐患，并采取必要的措施消除或降低这些风险。此外，组织还会提供安全培训和教育，增强员工的安全意识和应急处理能力。

第三,全员参与。全员参与是安全价值观的重要组成部分。这意味着安全不仅仅是管理层或专门安全部门的责任,而且是每个员工的共同责任。每个员工都有义务遵守安全规定,积极参与安全活动,如安全检查、隐患报告等,并相互监督,共同维护一个安全的工作环境。

第四,持续改进。持续改进原则认识到安全是一个动态的过程,需要不断地审视和更新。随着工作环境、技术、法规等的变化,组织需要定期评估其安全管理的有效性,并根据实际情况进行调整和改进。这包括更新安全政策、引入新的安全技术或工具、提高安全培训的质量等。

第五,合规与责任。合规性是指组织必须遵守所有适用的安全法规和标准。这不仅是法律要求,也是组织对社会负责的表现。同时,组织还承担对员工、客户和社会公众的安全责任。这要求组织建立清晰的责任体系,确保每个层级和每个部门都明确自己的安全职责,并在事故发生时能够及时、透明地应对。

安全价值观是组织文化的基石之一,塑造着员工对安全的认知和态度,并指导着组织在安全管理方面的决策和行动。一个强有力的安全价值观不仅能够提升组织的安全绩效,还能够增强员工的归属感和忠诚度,为组织的长期发展奠定坚实的基础。

(2) 组织安全文化落地

建立有效的考核机制才能保证组织安全文化真正落地,正所谓“员工只会做你检查的,不会做你期望的”。华为公司认为,考核就是将企业文化明确化、具体化和制度化,使全体员工在考核过程中共同提高认识,强化对文化的理解和认同。

实施企业的安全价值观考核是一个关键过程,有助于确保安全文化在企业内部深入人心并得到有效的执行。企业必须明确其安全价值观,包括确定企业对于安全的核心理念、原则和期望的行为标准。安全价值观应该被清晰地阐述,并能够为员工所理解和认同。基于企业的安全价值观,制定具体的考核标准。这些标准应该涵盖员工在安全方面的行为、态度和绩效,以及与安全相关的制度和流程的执行情况。考核标准需要具有可衡量性,以便能够客观地评估员工的表现。例如,对于安全制度要素,可以制定考核指标如“员工对安全制度的知晓率”“安全制度执行的合规性”等。根据企业的实际情况,选择适合的考核方式。考核方式可以包括问卷调查、面试、现场观察、安全知识测试等。确保考核方式能够全面、客观地评估员工在安全价值观方面的表现,并收集到准确的数据和信息。按照考核计划和标准对员工进行安全价值观考核,确保考核过程公正、透明,并遵循既定的程序和要求。同时,鼓励员工积极参与考核过程,提供反馈和建议。对收集到的考核数据进行深入分析,识别员工在安全价值观方面的强项和弱项。针对存在的问题和不足,制定具体的改进措施,并明确改进的目标和时间表。将考核结果及时反馈给员工,并与员工进行面对面的沟通和辅导。肯定员工在安全价值观方面的积极表现,并指出需要改进的地方。提供具体的建议和支持,帮助员工提升在安全价值观方面的认知和行为。

第4节 安全组织变革

一、安全组织生命周期

葛瑞纳(Larry E. Greiner)最早提出了企业生命周期理论。他认为,企业成长类似于生物成长,要经过诞生、成长和衰退几个过程。企业的安全组织也会经历新陈代谢的过程,也存在发展阶段。罗伯特·奎因(Robart E. Quinn)和金·卡梅隆(Kim S. Gameron)把组织的生命周期细分为四个阶段:创业阶段、集合阶段、正规化阶段和精细化阶段。他们认为,企业的成长是一个由非正式到正式、由低级到高级、由简单到复杂、由幼稚到成熟的阶段性发展过程。这四个阶段中的每一个阶段都由两个时期组成:一是组织的稳态发展时期,组织在这个时期的结构与活动都比较稳定,内外条件较为吻合;二是组织的变革时期,即当组织进一步发展时,就会从内部产生一些新的矛盾和问题,使组织结构与活动不相适应,此时必须通过变革使结构适应内外环境的变化,使组织保持适应性。组织就是在如此循环往复的过程中不断得以发展、成长的。

1. 创业阶段

在创业阶段,组织的规模还比较小,呈现非官僚制、非正规化的特点。高层管理者制定组织结构框架并控制着整个组织的运行,组织的精力集中于单一产品的生产及服务上。随着组织不断成长,组织规模扩大,组织需要及时调整产品的结构,这就必然会给高层管理者带来压力。

2. 集合阶段

集合阶段是组织发展的成长期。一般情况下,随着调换高层管理者,组织会明确新的目标和方向,此时便进入迅速成长期。在这个阶段,权力层次、劳动分工逐渐确立,组织成立部门,尝试开展程序化工作,但结构可能不一定是正规和合理的。员工受到不断激励之后也开始与组织的使命保持一致,但沟通和控制未达到较高水平。这个时期容易出现的一个突出矛盾是高层主管不愿意放权,倾向于集权化管理,组织面临着从集权到分权的过渡,必须创造良好的环境使得基层管理者能更好地开展工作,在放权之后协调和控制好各部门的工作。

3. 正规化阶段

组织进入正规化阶段主要体现在规章制度、工作流程、控制系统的规范化。在这一阶段,组织可能会大量增加人员,构建清晰的组织架构和明确的劳动分工,高层管理者主要关注组织的战略计划,而将其他管理工作交给中层管理者。组织的主要目标是提高内部的稳定性和扩大市场,往往会通过建立独立的研究和开发部门来实现创新。

4. 精细化阶段

当组织进入精细化阶段时,往往规模很大,并且可能有严重的官僚化问题,如果不加以控制,继续演化可能会步入僵化的衰退期。这时,组织亟待提高效率,阻止进一步的官僚化,可以通过跨越部门界限组建团队等形式来推动组织变革。如果绩效改善仍不明显,必须考虑更换高层管理者并进行组织重构以重塑组织的形象;否则,组织的发展将会受到很大的限制。

二、安全组织变革动力

组织变革是指组织根据外部环境变化和内部情况变化,及时调整和改善自身的结构与功能,以提高其适应环境、求得生存的应变能力。组织变革并不是不得已的选择,而是发展过程中的必由路径。组织变革是多种因素共同作用的结果,其基本动力可以分为外部动力和内部动力两大方面。

1. 外部动力

(1) 经济的力量

经济环境的变化,如通货膨胀、汇率变动、经济周期、经济增长等宏观经济因素的变化会对安全组织变革产生影响。在经济衰退时期，企业可能会面临资金紧张、成本上升等问题，因此需要调整安全策略，优化资源配置，以确保组织的安全运营。这种调整可能包括缩减安全预算、裁减人员、重新评估风险等。

(2) 社会和政治变革

政府的政策变化，如安全法规的修改或新政策的出台，可能会直接影响安全组织的运营。此外，政治环境的稳定性也会对组织的安全性产生影响，从而可能引发组织变革。政府出台的新的法律法规，特别是与安全相关的法规，可能会要求安全组织进行相应的调整以适应新的法律环境。例如，数据保护法律的更新可能要求组织加强数据安全措施。

(3) 技术进步的动力

技术的进步和发展对安全组织具有显著影响。新技术的出现可能会改变安全组织的经营模式，如云计算、物联网和人工智能等技术的普及使得安全组织需要更新其技术基础设施和安全管理策略。本质安全化水平随着技术的发展将更加容易实现，智慧车间和智能风险预警体系也会使得安全组织发生变化，技术密集型生产势必导致管理者幅度的增加，管理层次的减少，组织向扁平化发展，安全组织的结构变得简洁高效。

(4) 就业人口结构的改变

目前，由于高等教育的普及，员工受教育的机会增多，高学历员工比例增加，新生代员工与老一辈员工相比，其工作态度、工作伦理观、工作价值观也发生了很大的改变。原来粗放型、强制型、命令式、惩罚式的安全管理方式已不适用于新生代员工。因此，安全组织内的人力资源结构发生了较大的变化，原来的所谓“潜规则”已经不再适用于“00后”，他们“整顿职场”要求安全组织产生相适应的变革。

2. 内部动力

(1) 组织目标的选择

随着组织的发展和市场环境的变化，组织目标可能需要进行调整。新的目标要求组织在结构、流程和管理方式上进行相应的变革，以确保目标的实现。当组织确定了新的安全愿景或使命时，就需要对安全目标进行相应的调整，以确保它们能够支持并推动组织实现这些更宏大的愿景。安全组织结构的调整、人员变动或资源分配的变化，都可能要求安全组织重新设定其目标，以确保它们仍然具有可行性和指导意义。

(2) 组织结构的变革

随着组织的发展和市场环境的变化，组织安全目标可能需要进行调整。随着规模的扩大，组织可能需要增加新的部门或职位，或者调整部门的职责和权限。组织需要充分考虑员工的角色和职责变化，确保新的结构能够促进员工的协作和创新能力。

(3) 组织内部的矛盾

安全部门扩大、人员增多、业务量增加、目标不一致等，会引起组织内部矛盾增加、人际关系复杂、群体冲突不断。一方面，会对组织的运行产生不利影响；另一方面，会促使组织调整结构，改变沟通方式以缓解矛盾、理顺关系，从而实现组织的有效运行。

三、安全管理流程再造

1. 一般原则

组织安全管理流程再造的原则是指在重新设计和优化安全管理流程时所应遵循的基本准则。这些原则对于确保流程再造的成功实施和达成预期目标具有重要意义。

(1) 以客户为中心

安全管理流程的首要原则是以客户为中心。这里的客户不仅指外部客户,也包括内部员工和其他利益相关者。流程再造应着眼于提升客户满意度,确保安全管理服务能够满足客户的实际需求。通过深入了解客户的需求和期望,企业可以更有针对性地改进和优化安全管理流程。

(2) 从目标和战略出发

安全管理流程的再造应以企业的整体目标和战略为出发点。企业应明确自身的安全愿景和使命,并将流程再造作为实现这些目标和战略的重要手段。通过对现有流程的全面梳理和分析,找出与目标和战略不相符的环节,进而提出优化和改进方案。

(3) 关注价值链

在安全管理流程再造过程中,企业应关注整个价值链上的活动。这包括从原材料采购到产品销售和服务的全过程。通过识别价值链中的关键环节和潜在风险点,企业可以更加精准地定位安全管理流程中的优化重点,从而提升整体运营效率和降低成本。

(4) 倡导创新和变革

安全管理流程再造不仅是对现有流程的改进和优化,更是一个推动企业创新和变革的过程。企业应鼓励员工积极提出新思路、新方法,勇于尝试和追求卓越。通过引入新技术、新理念和新模式,打破传统思维的束缚,推动企业安全管理水平的不断提升。

(5) 强调效率和效益

在安全管理流程再造过程中,企业应注重提高效率和效益,通过合理配置资源、优化流程设计、减少不必要的环节和浪费,实现安全管理流程的简化、高效和透明化。这不仅可以提高企业的整体运营效率,还可以降低运营成本,增强企业的市场竞争力。

(6) 注重团队合作

安全管理再造是一个涉及多个部门和业务流程的重大变革。因此,注重团队合作至关重要。企业应加强部门之间的沟通与协作,形成合力推进流程再造,通过建立跨部门协作机制、搭建信息共享平台等方式,促进团队之间的有效合作,确保流程再造项目的顺利实施。

(7) 重视技术和信息

现代安全管理流程再造离不开信息技术的支持。企业应充分利用互联网、大数据、云计算等先进技术提升安全管理流程的智能化水平。通过引入安全管理系统、风险评估工具等信息化手段,实现对安全管理流程的数字化重构和再造。这不仅可以提高工作效率,还可以增强数据分析和决策支持的准确性。

2. 核心步骤

组织流程再造可分为七个核心步骤,即明确组织战略、确定标杆、诊断、重新设计、实施、效果评估和持续改善,如图 6-11 所示。

(1) 明确组织战略

战略是组织发展方向的指南针,决定着组织的行动目标和组织的价值链。战略回答组织做什么事,而流程就是研究怎么做。在进行流程再造时,首先要对组织的价值链和商业模式进行全面的分析,系统性地进行组织流程体系的规划。除此之外,在这个阶段,获得高层领导们的支持对流程再造的成功也是至关重要的。

(2) 确定标杆

标杆管理的先驱是施乐公司的罗伯特·开普(Robert Camp),他将标杆管理活动分为五个阶段:第一,确定标杆管理的流程范围、标杆公司以及资料收集。第二,分析现有做法和最优做法之间的绩效差异,拟订未来绩效水准。第三,与各管理层级沟通并确认标杆管理过程中的发现,确立部门目标。第四,制订并实施行动计划,监测进展。第五,完成标杆管理,整合各种活动,重新校验标杆。

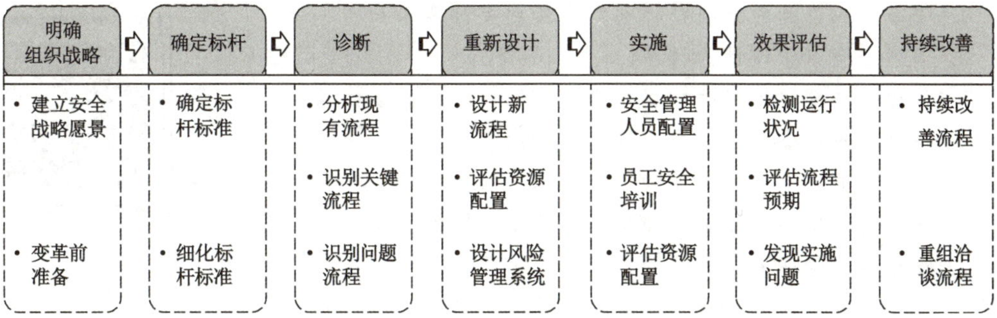

图 6-11 安全管理流程再造的核心步骤

(3) 诊断

首先,组织需先描述现有流程,通过收集流程图资料、与流程负责人访谈、案例调查分析、问卷调查等方式对流程的现状进行梳理和客观性描述。其次,在流程现状描述清楚后,通过多种问题分析模型对现有流程进行“望闻问切”的诊断,找到关键问题流程。

(4) 重新设计

首先,在系统诊断的基础上,参照标杆企业流程再造的经验做法,以新的运营模式为中心重新设计企业流程和推进流程再造的实施方案。其次,建立流程配套设计。流程的变革会影响组织的管理优化,如基于流程的 KPI、流程的管理制度体系、基于流程的信息化建设等。最后,重新设计的流程和配套体系需与相关部门进行研讨和沟通,根据其实际的操作经验判断再造流程和配套体系是否具有合理性和可行性。

(5) 实施

流程再造所涉及的业务范围广、影响大,可采取局部试点的方式推进。通常情况下,会选择非核心流程进行试验,此类流程不会对组织的正常运营造成致命影响。首先,观察试点流程运行适应性的情况,逐步将核心流程推广到更大范围和整个组织中实施,从而降低流程再造实施的风险性。其次,新旧流程需要同步切换。当流程再造稳步向前推进之后,一旦时机成熟,就可以完成新旧流程的同步切换。对于过渡期的设置,由于新旧流程相互可能会有冲突,不建议保留太长时间。最后,在实施过程中,需要与组织各部门建立沟通渠道以加强交流,从而获得大多数员工的支持与理解。例如,组织员工进行分层培训和宣传教育,让员工明白改革的目标和意义、如何去做、对自己的影响是什么等重要问题。

(6) 效果评估

评估与诊断流程再造的成果是否达成了所期望的目标。面对不断变化的组织外部环境、市场中的客户需求、竞争情况,组织需要不断审视自己的商业模式和战略规划。同时,也要对业务流程随时进行诊断,查找问题,提供改进意见,供决策参考。

(7) 持续改善

流程再造并不是一劳永逸、一成不变的,而是一个循环往复、逐级递进的过程。企业要根据实时监测诊断的情况,对流程进行反复完善,不断改进。

复习思考题

1. 安全组织设计的原则是什么?有哪些关键要素?
2. 简述安全组织设计的程序。
3. 简述安全管理组织的构成模式。
4. 论述企业安全文化对企业安全生产的影响。
5. 简述企业安全文化建设的重点内容。
6. 思考安全组织的发展会经历怎样的生命周期。
7. 简述安全管理流程再造的步骤。

安全文化点滴

第 7 章　安全人员管理

第 1 节　人岗匹配

一、安全人岗匹配概述

1. 基本要求

“人岗匹配”的字面解释是人和岗位之间的对应关系，也称为“人员配备”，即组织通过对工作要求和人员素质的分析，为每一个岗位配备合适的人员以完成组织目标所开展的各项工作过程。人岗匹配从组织需要的角度和员工需要的角度两个方面进行考察。

(1) 组织需要的角度

第一，组织中每个岗位都要有合适的人员，在开展各项安全工作时，所在岗位的人员能够胜任其岗位要求。安全员要懂风险辨识和隐患排除方法，要能在现场及时发现并制止不安全行为，如果安全员岗位空缺或人员失职，安全组织就不能有效运转。

第二，组织内部要提供转岗、轮岗及岗位升级的机会。安全从业人员往往不是安全专业科班出身，他们更多是其他技术岗位转岗而来，这种具备现场技术细节和管理能力的非安全人才在安全岗位上能更好地履行岗位职责。反之，安全工程专业毕业的学生从事安全岗位，需要的岗位能力是不够的，需要组织提供轮岗、转岗或岗位升级的机会，让安全人员能够掌握除安全专业知识外的其他专业知识和操作技能。

第三，重视安全管理人员的培养与储备。除了根据组织发展需求和安全法规设立相关岗位和配备人员，企业还要考虑未来组织中安全机构变化的需要，为将来的组织发展提供可使用、能匹配、愿意干的安全管理储备干部。安全管理人员需要长时间培养，一般安全管理人员的晋升路径如下：普通安全员→安全工程师→安全主管→安全部部长→安全总监→安全经理→安全区域/集团经理，成为安全总监后可以转做安全咨询师、专家和自媒体，一部分安全领导创业做老板等。企业要重视培养那些愿意成为管理干部且有上进心的安全人员，为以后组织的安全结构变革做准备。

(2) 员工需要的角度

第一，从员工和个体的角度看，要帮助员工实现自我价值，人尽其才。企业在设定安全目标和任务时要考虑其是否与员工能力相符，员工的能力影响着组织的安全绩效和个体积极性。人尽其才意味着在招聘和选拔过程中，组织应充分识别并评估应聘者的能力、经验和潜力，确保他们与所应聘的岗位高度契合。这不仅有助于提升员工的工作效率，还能降低因能力不匹配而引发的安全风险。在安全组织内部，人尽其才要求管理者深入了解员工的特点和优势，为他们提供与其能力相符的工作机会。例如，对于擅长技术分析的员工，可以安排他们从事安全系统的设计和维护工作；而对于善于沟通协作的员工，则可以让他们负责安全培训和团队协作等任务。这样的安排能够充分发挥员工的特长，提高他们的工作满意度和成就感。安全组织应为员工提供充足的培训资源和发展机会，帮助他们不断提升专业技能和综合素质，以适应不断变化的安全环境。这不仅有助于员工实现个人价值，还能为组织培养更多的后备人才。

第二，能够使每个安全员的能力和素质得到提高。安全人员在所属岗位各尽其责，能力和素质得以最大限度发挥并且不断提升，尤其是安全人员的安全意识、安全技能和风险管理的能力不断提高。提升安全业务能力不仅是满足员工自我价值实现的前提，也是员工职位得以晋升的基础。企业应明确安全人员的角色和职责，确保他们充分了解自己在安全生产中的责任。通过制定详细的安全管理制度和流程，安全管理人员能够清晰地了解自己的工作任务和预期目标。加强安全教育和培训是提高安全管理人员素质的重要途径。企业应定期组织安全管理人员参加专业的安全培训课程，如安全法规、安全技术、应急管理等，以更新他们的安全知识和提升专业技能。同时，还可以邀请行业专家或资深安全管理人员进行内部培训，分享实际工作经验和案例，提升安全管理人员的实践能力。企业应建立激励机制，鼓励安全管理人员积极履行职责并不断提升自己。例如，可以设立安全奖励制度，对在安全生产工作中表现突出的安全管理人员给予表彰和奖励；提供晋升机会和职业发展路径，让安全管理人员看到自己在企业中的未来和发展空间。最后，企业应通过定期的绩效评估、员工反馈等方式，了解安全管理人员的工作表现、存在的问题和不足之处，并有针对性的提供改进意见和建议。同时，鼓励安全管理人员进行自我反思和学习提升，不断追求进步和发展。

2. 人岗匹配的原则

(1) 因事择人

在人岗匹配的过程中，要根据组织制定的安全目标选择所需人员，所匹配的人员无论是工作技能方面还是思想品质方面都要符合组织的用人标准。选择安全人员要以发展的眼光看问题，不能只满足当下需求，要做好人力资源储备。当需要安全岗位人员承接更具挑战性工作任务时，所匹配人员应有能力胜任。

企业需要明确各个安全岗位的具体需求和职责，包括对每个岗位的工作内容、技能要求、工作经验和资质认证等进行详细的分析和描述。只有明确了岗位需求，企业才能有针对性地选择合适的人员来填充这些岗位。在招聘和选拔过程中，企业应注重考察应聘者的实际能力和潜力，而不仅是学历或工作经验。通过面试、笔试、实际操作测试等多种方式，全面评估应聘者的专业技能、安全意识、团队协作能力和解决问题的能力。同时，还可以考虑引入心理测试等辅助手段，以更好地了解应聘者的性格特点和适合从事的工作类型。安全工作是一个不断发展和变化的领域，企业需要为员工提供持续的培训和发展机会。这不仅可以确保员工具备最新的安全知识和技能，还可以根据他们的个人特点和兴趣，为他们提供更具挑战性的工作任务和晋升机会。通过培训和发展，员工可以更好地适应企业不断变化的安全需求，实现个人和企业的共同发展。为了激励员工更好地履行安全职责，企业应建立有效的激励机制。这可以包括设立安全奖励制度，对在安全工作中表现突出的员工进行表彰和奖励；也可以将安全绩效与员工的晋升、薪酬等挂钩，以增强员工对安全工作的重视和投入。在日常安全工作中，企业应建立良好的沟通机制，确保安全信息能够在各部门之间及时、准确地传递，还应加强部门之间的协作与配合，形成合力，共同推进安全工作的落实。通过加强团队沟通与协作，企业可以更好地发挥每个员工的优势，实现因事择人的最佳效果。

(2) 因人择岗

因人择岗就要求组织针对人员的能力素质、性格特征、兴趣爱好等，将其分配到合适的岗位中，以便于发挥更大价值。同样，在组织内工作过一段时间的员工也是如此，应实时注意员工和岗位是否匹配，并及时进行调整。这也是对组织人力资源利用的最大化。

企业需要对员工进行全面的能力评估，包括他们的专业技能、知识储备、工作经验和潜在能力。同时，了解员工的个人兴趣和职业发展规划也是非常重要的。这些信息可以通过面试、绩效评估、员工反馈以及定期的职业发展谈话等方式收集。针对每个安全岗位，企业应建立明确的能力模型，包括必备的技能、知识和经验要求。这样，当企业需要考虑岗位匹配时，可以参照这些能力模型来找到最合适的员工。因人择岗是一个持续的过程，需要定期进行评估和调整。企业应建立有效的反馈机制，收集员工对岗位匹配的看法和建议。当发现岗位与员工能力不匹配时，应及时进行调整，以确保人岗相适。

(3) 人岗平衡

岗位人员的工作技能、知识水平等会随着组织的发展和自身的学习不断提升，组织对成员的能力素质认知也是不断变化和完善的。因此，人和岗位的匹配也要随之调整。应当使具有更高能力的员工承担更加复杂且困难的工作。面对能力一般、无法胜任其岗位职责的员工，通过转岗或培训，分配适合其能力的工作。随着组织发展的需要，组织要找到适合的人员填补组织内空缺的岗位，或者根据组织发展要求解聘员工。

为了满足人岗动态平衡的需求，企业可能需要实施更为灵活的工作安排，如轮岗制度、项目制工作等。这些安排允许员工在不同岗位之间流动，从而找到最适合自己的岗位，也有助于提升员工的职业技能和适应能力。当员工被分配到新的岗位时，企业应提供必要的培训和支持，确保他们能够迅速适应新环境并发挥出自己的潜力。

3. 人岗匹配的程序

(1) 确定岗位类型和人员数量

在人岗匹配过程中，首先要明确组织内部的安全岗位职务类型和安全岗位职务数量。安全岗位职务类型可以分为安全管理者和一线安全人员；安全管理者又分为安全高层、中层、基层；不同层级的安全管理者根据组织需要设定相应的数量。由于组织是不断发展的，因而组织中安全岗位类型以及安全岗位职务数量也会随之发生改变。发生改变时则需对安全岗位职务类型进行重新设计，对安全岗位人员进行重新调整和匹配，根据组织内部情况，再决定人员是由内部员工转岗还是组织外部招聘。

(2) 选聘合适人员

进行组织内部岗位职务类型的设计时，先确定组织需要具备哪些素质的人员，为保证每个岗位的人员都能胜任其工作任务，必须对人员进行筛选。待选聘人员可能来自组织内部，也可能来自组织外部。组织选聘内外部员工各有优劣，内部人员比较熟悉，但是存在积极性不足的问题。外聘人员充满工作热情，但是可能因为不了解导致任务分配不合理。选聘过程可以以面试、技能测试和背景调查为方向开展。

(3) 制订员工培训计划

要想使安全人员的能力素质跟得上组织的发展，就必须对组织内部的安全人员进行培训。尤其是很多第三方和乙方公司人员，要通过培训让他们遵守本组织的安全制度和行为要求，认同企业的安全文化。安全培训能够增强员工对潜在危险的认识，使他们更加警惕并采取预防措施。员工也可以学习如何正确、安全地使用工作设备和机器，减少因操作不当导致的事故。提供全面的安全培训可以被视为企业对员工福利的一种投资，有助于增强员工对企业的忠诚度和归属感。同时，企业也可以在员工中建立一种“安全第一”的共识和价值观。

二、安全任职资格开发

1. 认知资格模型

任职资格的定义尚未统一。有学者认为，任职资格是指从事某一种职位功能的任职者所具备的知识、技能、经验与成果和行为的总和；还有的学者认为，任职资格是某个职位对任职者在学历、专业、工作经验等方面的要求。在企业招人用人的过程中，任职资格体系不断积累，人力资源管理中形成了 KSAO 模型，如图 7-1 所示。具体解释如下：

K(knowledge)：胜任某项工作任务所必须具备的专业知识、岗位知识和其他知识。

S(skill)：在工作中所需的技能包括技术技能、人际技能、概念技能以及基于工作任务和工作目标所需具备的其他技能。

A(ability)：个人的基本能力，比如学习能力、逻辑思维能力、观察能力、沟通能力、表达能力、解决问题的能力等。

O(others)：完成某一项工作所具备的其他特质，包括组织对员工的具体要求、工作态度、工作成果以及其他能够胜任工作岗位的要求。

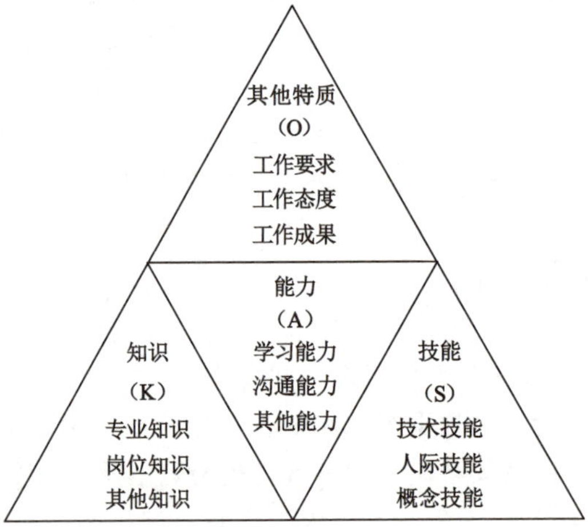

图 7-1　KSAO 模型

任职资格开发是实现“人岗匹配”的重要前提，而组织是一个动态的系统，为了实现组织战略目标，需要不断完善组织的内部机构。职位作为组织内部机构的重要组成单元，有承载组织目标分解的重要作用。任职资格是组织在发展过程中进行人员配备的基本要求。

2. 开发步骤

(1) 职位分析

职位分析就是收集、分析整理与职位相关的信息，对职位进行准确描述的过程。职位分析的内容包括基本信息、职位目的、工作汇报关系、职位范围、主要工作职责以及任职要求等。值得注意的是，职位分析分析的是职位而不是任职者，其关注的应该是职位本身，而非任职者的个性、风格等其他个人因素。例如，安全总监的核心职责是确保公司的生产、运营环境安全，并严格遵守相关的法律法规。为了胜任安全总监的职位，候选人需要具备以下技能：

① 专业知识：深入了解与安全生产相关的法律法规、标准和规范，以及行业动态和技术发展趋势。

② 风险评估与管理能力：能够识别和评估企业面临的各种安全风险，并制定相应的风险管理策略和措施。

③ 沟通与协调能力：能够与企业内部各部门以及外部的监管机构、合作伙伴等进行有效的沟通和协调。

④ 领导力和团队管理能力：能够带领团队高效地完成各项任务，激发团队成员的积极性和创新能力。

（2）职族、职类的划分

职位分析完成以后，将工作性质和主要职责相似的职位划分到一起，形成若干大职位的集合，就是“职族”。

① 安全管理族：掌握一定的安全管理知识，运用计划、组织、领导、控制等手段，带领团队成员达成组织安全目标的职族。

② 技术族：要求具备专业的技术知识，有研发、设计等工作职责的职族。

③ 操作族：根据工作指南，从事工作内容重复性高的职族。

职类就是在职族划分基础上，进行进一步的细分。例如，安全管理族包含安全策略与规划职类、安全运营与管理职类、安全技术与工程职类、安全培训与宣传职类、安全合规与审计职类、应急与危机管理职类等。

（3）职级、职等的划分

职级、职等是在同一职类划分下，按照任职者的知识技能、行为标准、职责大小的差异对职位再次细分。员工的任职能力是有阶段性的，要通过职级的划分，区分员工所处的不同阶段。

（4）建立员工职业发展通道

员工职业发展通道是员工在组织内的职业发展路径。一般情况下，员工发展通道分为纵向路径和横向路径两个路径。例如，一个员工工作几年后各方面表现都比较出色，符合晋升标准，就可以成为基层管理者，基层管理者工作一段时间后又晋升到中层管理者，然后到高层管理者，这就是纵向路径的“管理路线”。一部分员工的能力或意愿不满足纵向路线的需求，可以往横向路径发展，如岗位专家、行业专家等。

（5）设计任职资格标准

所谓设计任职资格标准，就是将每一个职级所需要的知识、技能、经验与行为标准规定明确。主要包括以下环节：

① 资料收集：在进行任职资格设计之前，必须先收集各类职级的资料，包括行业资料、企业的制度和流程等。收集方式包括问卷调查、访谈等。

② 业务分析：业务分析的主要内容是对组织机构设置、主要业务流程、关键工作步骤以及主要工作职责进行梳理和分析。业务分析是任职资格标准的基础，也是实施任职资格体

系的关键和难点。

③ 标准设计:标准设计简单来说就是如何确定任职者的任职资格,以什么作为参考。在任职资格标准设计中,通过对同一岗位不同绩效人员进行访谈,总结归纳出该岗位应该具备的知识技能和能力素质。如果访谈的岗位只有一人,则可对本人、上下级、同级等进行多维度访谈。

三、安全胜任力开发

1. 胜任力概述

“胜任力”一词由英文 competence(competency)翻译而来,同时也被翻译为能力、资格、胜任素质。有学者认为,胜任力的观念萌发于古罗马时代,当时人们曾通过描绘“胜任力轮廓图”来说明“一名好的罗马战士”的特征。麦克利兰(McClelland)教授认为,智力并不是决定个人工作绩效好坏的唯一因素,胜任力才是影响工作绩效的关键因素。他指出,胜任力能区分在特定工作岗位、角色或者情境中绩效水平的个人潜在的特性。国内学者对“胜任力”的定义中,比较有代表性的有:时勘等人认为,胜任特征是能将某一工作(或组织、文化)中有卓越成就者与表现平平者区分开来的个人的潜在特征;王重鸣等人认为,胜任力特征是导致高管理绩效的知识、技能、能力以及价值观、个性、动机等特征,即管理胜任力。根据上述关于胜任力的定义,我们可以总结出胜任力的两个方面的表现:一方面,胜任力是员工高绩效的表现,胜任力是职位中表现优异者的体现;另一方面,胜任力具有潜在持久性的特征,任职资格是客观的标准,胜任力是衡量员工达到优秀水平的标准。

2. 胜任力模型

胜任力模型常见的有两种,这两种模型都可以对员工素质进行全面分析,可以将其应用到安全人员管理中,全面分析安全从业人员的综合素质,更好地实行“因人择岗”,提高安全人员的管理水平和组织效率。

冰山模型

模型之一是麦克利兰教授提出的冰山模型,如图 7-2 所示。

他认为,胜任力主要包括知识和技能、社会角色、自我概念、特质和动机这几部分。其中,知识和技能是能够被人们看到的部分,

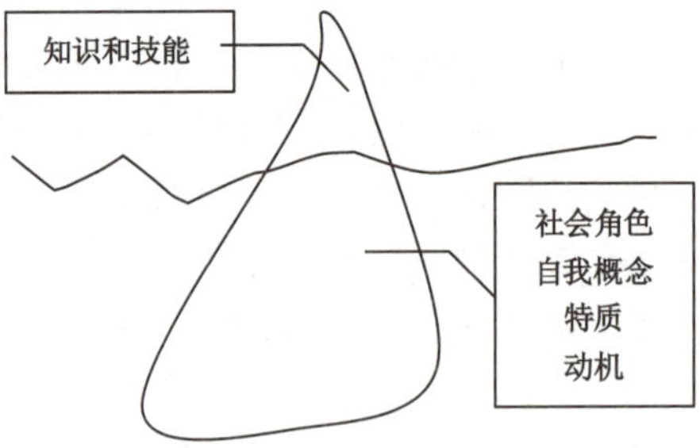

图 7-2 冰山模型

也是最易于学习和模仿的,是“冰山模型”里显露在水面上的冰山,组织通过考察资质证书、考试、面谈、简历等方式,可以相对容易地测量这些素质。而社会角色、自我概念、特质和动机,是人们不能看到的部分,就像人们看不到水面下的冰山一样。这些素质不太容易通过外

界的影响而改变，但对于预测个人在长期无人监督下的工作状态尤为重要。

另一种模型是美国学者理查德·博亚特兹(Richard Boyiatzis)在冰山模型的基础上提出的洋葱模型，如图 7-3 所示。

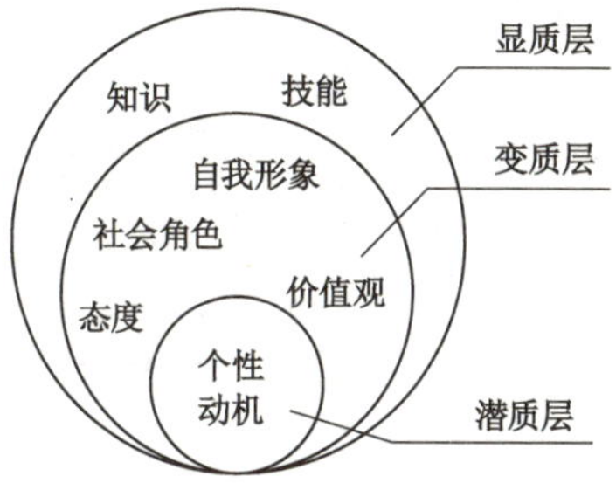

图 7-3　洋葱模型

他把胜任力体系描述成洋葱状，分为三层，由外到内分别为显质层、变质层和潜质层。其中，显质层包括知识和技能，是最容易被看到和评价的。变质层包括自我形象、价值观、社会角色和态度，变质层的胜任力特征是可以学习和培养的。最内的一层是潜质层，包含个性(个人独特的心理特征和行为模式)和动机(个人内在的驱动力)，也是胜任力里最难培养和模仿的特征。

冰山模型和洋葱模型本质上是一样的，都是将人的胜任特征分为显性和隐性、可模仿和难模仿、可衡量和难衡量。研究者将胜任力总结为以上模型，旨在全面分析组织内人员的综合特征。胜任力模型的构建对人力资源最直接的作用就是进行人岗匹配，并依据胜任力模型将员工分配到适合的位置。也就是说，通过胜任力模型可以有效地配置组织的人力资源，对组织的人才招聘、人员培训、绩效薪酬体系建设都有非常重要的作用。

第 2 节　安全人员招募、培训与开发

一、安全人员招募

1. 人员招募的基本程序

(1) 分析职位空缺，制定招募计划

进行人员招募时，首先要对现有的岗位进行工作分析，根据工作分析的结果来确定各岗位的职位空缺，并在此基础上做招募需求的决策。决策内容包括：哪些安全岗位需要招募人员？需要招募人员的数量是多少？招募的人员需要符合什么条件？人员招募的区域？招募起止的时间？人员招募工作的预算？招募工作各阶段如何安排？人员测试的方法和内容如何制定？何时发布招募信息？通过何种渠道发布？是组织内部来招募还是依托外部招聘机构？当这些决策内容都确定后，就可以进行下一步人员招募的工作。

(2) 选定招募责任小组，发布招募信息

对于小规模组织而言，人员招募的数量不多，工作量不大，一般由人事部门来完成安全类人员的招募工作。对于大型组织而言，需要招募的人员数量大，招募过程比较烦琐，而且人员招募工作可能会涉及多个部门。这种情况下会临时成立招募责任小组，专门负责人员

招募工作的相关事宜。责任小组一般由人力部的领导、从事招聘工作的人力专员以及职位空缺部门的相关人员组成，以确保人员招募工作能够顺利进行。

发布人员招募信息时，应尽量向所需人群能接收到的信息平台传播，所以选择适当的传播途径也非常重要。常用的人员招募途径有：招聘网站、中介机构、学校、人才市场、电视、报纸、员工推荐等。在人员招募时应遵循以下原则：

① 覆盖面广：覆盖面越广招募到合适求职者的概率越大。

② 发布及时：招募信息发布越及时，人员招募周期就越短，人员招募工作的效率就越高。

③ 需求明确：对招募人员的需求越明确，任职资格越清晰，人员招募的成功率也就越高。

(3) 结果反馈与过程评估

人员招募工作结束后，对面试的求职者要给出相应的结果反馈。获得录用资格的求职者确定录用后，双方应协商薪资等相关事宜，在双方达成协议的前提下签订劳动合同。对于没有录用的求职者，人事部门要通知到个人，并说明没有录用的理由。切记不能做出批评或指责，并要留有余地，为日后的招募工作做准备。

2. 人员招募的测试方法

(1) 理论测试

知识测试考查的是应聘者对岗位知识的了解程度，这种测试可以对所有应聘者同时进行，成本低、效率高、客观公正。知识测试往往考验的只是应聘者的记忆能力，对应聘者的工作能力和人际关系能力等考察不到。在进行知识测试时，通常会跟其他测试方法同时进行。

第一，测试方式。笔试：这是最常用的方式，可以设计包含选择题、填空题、计算题、案例分析题等多种题型的试卷。笔试的优点是标准化程度高，易于组织和评分。在线测试：随着技术的发展，越来越多的企业采用在线测试的方式。应聘者可以在规定的时间内，通过企业提供的在线平台完成测试。这种方式便于远程操作，节省时间和成本。面试中的口头测试：在面试过程中，面试官可以针对安全工程的专业知识提出相关问题，要求应聘者现场回答。这种方式可以考察应聘者的应变能力和口头表达能力。

第二，测试内容。基础理论知识：安全原理、安全管理体系、职业健康安全，以检验应聘者对安全工程基本理论的掌握情况。专业技术知识：针对安全工程的专业技术领域进行测试，如机械安全、电气安全、化学安全等方面的知识，以评估应聘者在专业领域的技术水平。法律法规和标准：考察应聘者对安全生产相关法律法规、标准的了解和掌握程度，这是安全工程人员必备的基本素质。案例分析：提供实际的安全工程案例，要求应聘者进行分析和解答，以检验其运用理论知识解决实际问题的能力。安全管理和应急处理：测试应聘者在安全管理和应急处理方面的知识和能力，包括制订安全计划、进行风险评估、应对突发事件等。企业对安全工程毕业生进行理论知识测试时，应根据实际情况选择合适的测试方式，并设计全面、有针对性的测试内容，以确保选拔到具备专业能力和素质的人才。

(2) 面试

面试是面试者与应聘者面对面进行交流，面试可以分为几种类型。

① 按照面试的结构化来区分。面试可以分为结构化面试、半结构化面试和非结构化面试。结构化面试是按照设计好的问题对应聘者进行提问，可以根据企业的需求，针对性地设

计有倾向性的问题。其不足之处就是结构化面试灵活性较低、比较刻板。非结构化面试事先不设计问题，根据应聘者的信息和表现进行追问，是完全开放的场景。这种面试方式灵活，能够深入了解应聘者，但这种面试形式人工成本和花费的精力较高。半结构化面试是以上两种面试形式的结合，既有设计好的问题，又有开放的问题，也是现在企业较为青睐的面试形式。

安全工程专业毕业生的结构化面试通常按照七个方面的内容进行。一是自我介绍：请简要介绍一下自己的教育背景、专业方向以及在校期间参与的相关项目或实习经历。二是专业知识与技能：阐述你在安全工程领域学习的核心课程和专业技能。描述一次你运用所学知识解决实际安全问题的经历。谈谈你对当前安全工程领域新技术或发展趋势的了解。三是项目经验：如果你参与过安全相关的项目，请详细描述项目的目标、你的角色、所采用的方法以及项目成果。在项目中遇到的最大挑战是什么，你是如何克服的？四是安全与风险管理：讲述你如何评估和管理安全风险，包括识别潜在威胁和制定相应的缓解措施。分享一个你参与过的风险评估案例，并解释你是如何确定风险优先级的。五是沟通与团队协作：描述一次你与安全团队或其他部门协作解决复杂安全问题的经历。在团队合作中，你通常扮演什么角色，如何确保有效沟通？六是问题解决与决策能力：提供一个你面对突发安全问题时，如何快速作出决策并有效应对的例子。谈谈你在处理复杂安全问题时采用的逻辑思维和分析方法。七是职业规划与发展：谈谈你对未来职业发展的规划，包括希望获得哪些专业技能认证或进一步提升的能力。你如何看待终身学习在安全工程领域的重要性？你有什么问题要问我们吗？这是一个展示你对公司和职位兴趣的机会。结构化面试的目的是通过一系列预设的问题，全面而深入地了解应聘者的专业能力、个人素质、工作经验以及职业态度等，从而评估其是否适合所应聘的安全工程岗位。

② 按照面试的程序来区分。面试可以分为一次性面试和多次面试。一次性面试通常是人事部门在通过资料筛选出应聘人员后，由职位空缺部门负责人直接面试，一次面试就可以确定是否录用。多次面试通常是应聘者要进行几轮的面试环节，都通过后方可被企业录用。不同的面试形式跟职位和企业都有关系。

③ 按照面试人员的数量来区分。面试可以分为一位应聘者同时面临几位面试者的情况和一位或者多位面试者同时面试多位应聘者的情况。前者面试者数量通常为单数，避免出现意见平均的情况，这种面试形式有助于对应聘者综合考察，但人工成本大；后者虽然可以节约大量时间和成本，但也有照顾不到所有应聘者的现象。

(3) 人格心理测试

人格是指个体情感模式、思维模式和行为模式的独特组合，这些模式通常会影响一个人如何应对各种状况以及如何与他人互动。人格心理测试主要是为了测试应聘者对生活中的人和事、外在环境以及自身的了解和反应。比较著名的人格测试是MBTI人格模型和大五人格模型。MBTI人格共有4个维度，每个维度有2个方向，共计8个方面，分别是外向(E)和内向(I)、感觉(S)和直觉(N)、思考(T)和情感(F)、判断(J)和知觉(P)。4个维度两两组合，共有16种类型。五大人格模型将人分为5项人格特质，分别是外倾性、随和性、尽责性、情绪稳定性和开放性。企业可以根据所需人员的不同要求采用不同形式的人格心理测试工具。

安全人员进行人格测试时应明确企业安全工作的核心要求和特点，如对规章制度的遵守、对潜在风险的敏锐洞察、在紧急情况下的冷静应对等。选择合适的人格心理测试方法，可以考虑的方法包括 MBTI 法、项目性测试法和生理指标测试法等。项目性测试法通过让被测试者完成特定任务或反应来推断其人格特点，可以模拟安全场景来测试应聘者的反应。生理指标测试法通过测量被测试者的生理指标来评估其心理状态，适用于需要高度精确和客观的测试场合。

二、安全人员培训

1. 培训的目的

员工培训是指组织为获得或改进员工的知识技能、价值观、工作态度和工作行为，使其能在现在或将来的岗位上表现出达到组织要求的一切有计划、有组织的努力。

(1) 提升组织竞争力

在当今这个日新月异的商业环境中，企业的竞争力不再局限于产品或服务的质量，而更多地体现在企业内部的综合管理能力，特别是在工作场所安全管理方面的表现。组织通过系统性的安全培训，不仅能够显著提高员工对于工作安全的认知和应对能力，而且能够在激烈的市场竞争中占据有利地位。安全培训能够大幅减少工作场所的事故率，提高工作效率。一个安全的工作环境会激发员工的工作热情，减少因事故导致的生产停顿，保证生产流程的连续性，进而提升整体生产力。当企业的事故率降低、生产效率提高时，这无疑会增强企业在市场上的竞争力。在当今社会，企业的社会责任感和可持续发展战略越来越受到重视。一个注重员工安全、积极防范工作风险的企业，往往能够获得消费者和合作伙伴更多的信任与支持。这种正面的品牌形象无疑会转化为市场竞争中的优势。通过安全培训，企业能够培养出一支具备高度安全意识和应急处理能力的员工队伍。这样的团队在面对突发事件时能够迅速有效地应对，减少潜在的经济损失，保证企业的稳定运营。这种快速响应和恢复能力，也是企业竞争力的重要组成部分。此外，安全培训能够促进企业内部的知识更新和技术进步。随着安全法规的不断更新和安全技术的快速发展，企业需要不断学习新的知识和技能来应对这些变化。通过定期的安全培训，企业可以确保员工始终掌握最前沿的安全知识和技能，从而保持企业在行业内的技术领先地位。

(2) 实现员工自身发展需要

安全培训不仅对企业整体竞争力有显著提升，同时也满足了员工自身发展的需要。在现代职场中，员工越来越注重个人的职业发展和能力提升。安全培训为员工提供了一个学习和成长的平台，有助于他们实现自我价值。安全培训能够增强员工的安全意识和自我保护能力。在工作中，员工需要面对各种各样的安全风险，具备足够的安全意识和自我保护能力至关重要。通过安全培训，员工可以学会如何识别潜在的安全隐患，掌握正确的安全操作方法，从而在保护自身安全的同时，也为企业减少了潜在的安全风险。在掌握安全知识的过程中，员工也在不断地提升自己的专业素养和综合能力。这些能力的提升不仅有助于员工更好地完成本职工作，也为他们未来的职业发展奠定了坚实的基础。此外，安全培训还能够增强员工的责任感和归属感。当员工意识到自己在企业安全文化中的重要作用，并参与到安全管理的实践中时，他们会更加珍惜自己的工作，更加积极地投入到企业的各项活动中。这种责任感和归属感不仅能够提升员工的工作满意度，也有助于形成更加积极向上的企业文化。

(3) 加强企业安全文化的建设

企业安全文化是企业文化的重要组成部分，体现了企业对员工生命安全和健康的重视程度。通过安全培训，企业可以进一步加强安全文化的建设，营造出一个更加安全、健康、和谐的工作环境。安全培训有助于普及安全知识，提高全员安全意识。当员工普遍具备较高的安全意识时，他们在工作中的行为会更加规范，从而减少安全事故的发生。这种全员参与的安全文化氛围，能够显著提升企业的整体安全管理水平。通过安全培训，企业可以建立起一套完善的安全管理制度和操作规程。这些制度和规程不仅规范了员工的行为，也为企业的安全管理提供了有力的制度保障。当员工都能够自觉遵守这些制度和规程时，企业的安全文化也就得到了真正的落实。此外，安全培训还能够促进企业内部的安全交流与合作。在安全培训的过程中，员工之间可以互相交流安全经验和心得，共同提高安全意识。这种交流与合作不仅能够加强员工之间的联系和信任，也有助于形成共同的安全价值观和目标。

安全培训在提升组织竞争力、实现员工自身发展需要和加强企业安全文化方面发挥着重要作用。因此，企业应该高度重视安全培训工作，定期组织员工进行培训和学习，确保员工的安全意识和技能水平始终与企业的安全需求相匹配。同时，企业也应该不断完善安全管理制度和操作规程，加强安全文化的建设，为员工的生命安全和健康提供坚实的保障。

2. 培训需求分析

(1) 组织层面需求

在组织层面，安全培训的需求分析主要涉及企业战略目标、行业规范与安全标准、企业安全记录以及潜在的法律责任等多个方面。培训分析要先从组织层面入手，既要着眼于组织当前所面临的问题，又要基于组织未来的发展，制订培训计划。首先，要全员达成共识，使管理层和基层员工都能够认同培训的重要性。其次，要从组织战略层面了解各岗位的发展现状，高层领导者务必向各部门管理人员传达培训需求分析的重要性，以保证各部门提交的培训需求计划能满足组织战略目标的需要。

(2) 员工层面需求

员工层面的培训需求分析就是将员工的个人安全绩效与组织安全要求的绩效进行对比，找出两者之间的差距，从而分析员工在工作中的短板，针对性地提供培训，也可称之为基于任职资格的培训分析。一般人事部在进行员工需求分析时，会采用观察法、访谈法、问卷调查法、差距预测法、关键事件法等对培训需求进行分析和信息的收集，尽可能提高培训的效果。在员工层面，安全培训的需求分析主要关注员工的安全意识水平、安全技能掌握情况、岗位变动以及个人发展需求等方面。

3. 制订培训计划

在培训需求明确后，需要制订培训计划。培训计划按月度、季度等阶段划分，明确都是哪些人员培训，具体培训哪方面的内容，采取何种培训形式，年度的培训预算是多少，这些因素都要列于培训计划中。在制订培训计划的同时，还要根据各岗位的培训需求，确定相应的培训目标。培训结束后根据培训目标做培训效果的评估以及提出改进计划。培训效果评估主要是了解培训，员工的知识技能等是否有相应的提高，员工参与培训的程度如何以及培训计划的安排是否合理。培训效果评估与培训需求分析同样重要，这些项目结合在一起，相当于将培训工作作为一个闭环。只有培训前有分析、培训后有总结，才能让培训工作真正地发挥作用。

4. 培训的方法

（1）培训的形式

① 岗前培训。一般针对新员工，在新员工入职前，对他们进行公司规章制度或工作技能等方面的相关培训。岗前培训的内容应该全面而具体。一般来说，岗前培训会涵盖安全法规、安全管理制度、安全生产技术知识等方面。此外，针对安全员工作的特殊性，还应该包括应急救援、事故处理以及职业卫生等方面的知识和技能。通过这样的培训，安全员能够全面提升自己的专业素养，更好地应对工作中的各种挑战。在培训方法上，可以采用多种形式相结合的方式进行。例如，培训老师可以通过理论讲解、案例分析、模拟演练等方式，使安全员更加深入地理解和掌握相关知识和技能。同时，还可以利用现代化教学手段，如多媒体教学、网络教学等，提高教学效果和学习兴趣。另外，对于岗前培训的成果，应该进行严格的考核和评估。这不仅可以检验安全员的学习成果，还可以为后续的工作提供有力的保障。考核内容应该围绕培训内容进行设计，包括理论知识测试、实际操作考核等多个方面。只有通过严格的考核和评估，才能确保安全员具备足够的专业素养和技能水平。

② 在岗培训。在岗培训发生在员工的真实工作场景中，由培训老师对员工进行手把手教授。安全人员的在岗培训是提升安全员专业技能和知识水平的关键环节，有助于他们更好地履行职责，确保工作场所的安全。培训方法上，可以结合多种教学手段，如讲座、研讨会、现场演练等。特别是现场演练，能够让安全员在实际操作中加深对安全知识和技能的理解。定期在岗培训还可以为安全员提供一个交流和学习的平台，他们可以分享各自在工作中的经验和教训，共同探讨如何更好地履行职责，提升整个团队的安全管理水平。

③ 脱产培训。被培训员工暂时脱离工作岗位，集中到指定地点进行短期专题培训，一般是以理论知识为主，培训对象多为管理人员和专业技术人员。脱产培训的内容通常涵盖多个方面，以适应安全人员在不同场景下的需求。一般来说，培训会包括安全法规、安全管理制度的学习，以提升安全人员的法律意识和规范操作能力。同时，培训还会涉及安全生产技术知识的传授，让安全人员了解并掌握各种安全生产工艺和设备的使用方法。此外，应急救援、事故处理以及职业卫生等方面的知识和技能也是培训的重要内容。在脱产培训中，还可以采用多种教学方法，如理论讲解、案例分析、模拟演练等，以提高教学效果。特别是模拟演练，通过模拟真实的安全事故场景，安全人员可以在实践中学习如何应对和处理各种紧急情况，提升应变能力和实操技能。脱产培训的时间和地点可以根据实际情况进行灵活安排。一般来说，培训可以在企业内部进行，也可以委托专业的培训机构进行。培训时间通常取决于培训内容的深度和广度，可能持续数天或数周。

（2）培训的方法

① 课堂讲授法。课堂讲授法是最传统也是最常见的培训方式。这种培训方式易于组织和操作，培训师能够全程控制培训过程。不足之处在于互动性不强，被培训者单方面接受信息，不利于讨论和交流。这种培训方式常用于理论知识方面的培训。

② 案例分析法。案例分析法在安全人员培训中是一种非常有效的教学方法。这种方法通过让学员分析真实的安全事故案例，使他们深入了解事故发生的经过、原因和后果，并从中吸取教训，提升安全意识和应对能力。例如，某化工厂发生了一起化学品泄漏事故，导致多名员工受伤。在事故发生后，企业迅速组织了安全人员培训，并采用了案例分析法。在培训中，教师首先向学员们介绍了事故的基本情况和经过，包括事故发生的时间、地点、涉及

的人员和设备等。然后，教师引导学员们分析事故发生的原因，探讨如何避免类似事故的发生。通过分析，学员们认识到事故是由于操作不当和设备维护不足导致的。他们进一步讨论了如何加强操作规程的培训、提高员工的安全意识和操作技能，以及如何加强设备的维护和检查、确保设备的正常运行等。最后，教师总结了学员们的讨论，并强调了安全管理的重要性和每个人的责任。通过这次培训，学员们不仅深入了解了事故的原因和后果，还提高了自己的安全意识和应对能力。

通过案例分析法，学员们可以更加直观地了解安全事故的严重性和复杂性，并从中吸取教训，提升自己的专业素养和技能水平。同时，案例分析法还可以促进学员之间的交流与合作，共同提高企业的安全管理水平。

③ 讨论交流法。一般是专题讲座和小组讨论两种形式。在安全人员培训中，讨论交流法通常包括选定讨论主题、分组与准备、开展讨论、引导与反馈、总结与分享等步骤。专题讲座一般在讲座中或讲座后，给被培训者与讲授者沟通交流的机会，有利于信息的传递。小组讨论是依据被培训者按照职务、部门等因素，将被培训者分成若干小组进行讨论。为了保证培训数量，小组人员和整体人数不宜太多，最好保证培训讲师能照顾到每个小组。

④ 师带徒法。师带徒法即由入职时间早或者工作经验多的老员工，指导新入职的员工。师带徒的形式能帮助学员在工作技能、人际关系、企业文化等多方面提升。这种形式在企业中也非常多见，给“师傅”相应的激励政策非常关键。选择经验丰富、技能高超的安全专家作为师傅，这些师傅不仅具备深厚的安全管理知识和技能，还能够传授实际工作中的经验和技巧。随后，制订详细的培训计划，明确培训目标和时间安排。师傅通过现场示范、讲解和纠正等方式，指导徒弟进行实际操作。这种一对一的指导方式能够让徒弟快速掌握关键技能，并在实际工作中加以应用。除了技能操作，师傅还会向徒弟传授自己的工作经验、处理复杂情况的方法和应对突发事件的策略，这些经验对于徒弟的成长至关重要。

⑤ 角色扮演法。角色扮演法是培训讲师给学员设定与工作情景相关的角色，要求学员处理与角色相关的问题，观察学员的反应，并给出反馈和指导。角色扮演法的趣味性强，学员参与程度高，并且能够站在角色的立场上考虑问题，有助于学员改善思考问题的方式。这种培训方法常用于面试、竞争上岗等场景。在角色扮演法中，培训者会设计一个或多个与安全相关的场景，如火灾逃生、化学品泄漏应急处理等。学员则被赋予不同的角色，如安全主管、操作员、救援人员等，要求他们按照角色的设定去行动和思考。通过这种方式，学员可以亲身体验和模拟在紧急情况下的应对过程，这不仅能提升他们的安全意识和应急处理能力，还能加强团队协作和沟通能力。同时，角色扮演法也使得学员能够在一个相对安全的环境中试错，并从中学习和成长。在实施角色扮演法时，培训者需要确保场景设计的真实性和针对性，以便学员能够充分投入并从中受益。此外，培训者还应在角色扮演结束后进行及时的反馈和总结，帮助学员认识到自己的不足，并鼓励他们在实际工作中应用所学的知识和技能。

⑥ 网络培训法。网络培训法主要通过在线课程、网络研讨会、虚拟教室等形式进行。这种方法允许安全人员在任何时间、任何地点通过网络进行学习，大大提高了培训的灵活性和便捷性。同时，网络培训法还可以利用多媒体技术，如视频、音频、动画等，使培训内容更加生动、形象，提高学员的学习兴趣和理解能力。在实施网络培训时，可以结合线上测试和模拟考试等手段，对学员的学习成果进行检测和巩固。此外，还可以利用在线论坛、社交媒

体等渠道，为学员提供一个交流和分享的平台，促进学员之间的互动和学习。网络培训法的优势在于灵活和高效。学员可以根据自己的时间安排进行学习，不受时间和地点的限制。同时，网络培训可以快速地更新培训内容，及时反映最新的安全法规和技术发展。

三、安全人员开发

1. 安全人员管理问题

在企业经营中，最重要的因素是人才，尤其是保障企业安全运行的安全人员。通用汽车前总裁史龙亚佛德说过："你可以拿走我全部的资产，但是你只要把我的组织人员留给我，五年内我就能把所有失去的资产赚回来。"可以看出，人员开发对于组织可持续发展至关重要。科学、健全的安全人员开发体系，有利于企业进行合理的人岗匹配，将合适的人放在适当的岗位，为企业创造更大的安全业绩。目前，普遍存在的安全人员管理问题集中体现在三个方面。

(1) 安全人才资源短缺

从各种数据报道中不难发现，当下越来越多的企业都面临安全人才资源短缺的问题，特别是缺失掌握安全技术和管理的复合型安全专业人才。不少企业存在优化年龄较长员工的现象，良好的企业发展呈现"橄榄球"形状，只有中层安全管理人才足够，才能使企业需要安全人员时有人手和选择。

① 数量不足。人才短缺最直观的问题是安全管理人才的数量不足。随着规模的扩大和生产经营活动的增加，企业对安全管理人才的需求也在不断增长。然而，目前市场上可供选择的安全管理人才相对较少，难以满足企业的需求。

② 结构不合理。除了数量上的不足，现有的安全管理人才队伍在结构上也可能存在问题。例如，很多企业的安全管理人员是从其他专业转岗而来的，他们虽然具备一定的安全管理知识，但可能缺乏系统的安全管理体系培训和实践经验。

③ 高素质人才稀缺。在安全管理领域，具备高级专业知识和实践经验的高素质人才尤为稀缺。这些人才不仅需要掌握丰富的安全管理理论知识，还需要具备解决实际问题的能力和敏锐的市场洞察力。

④ 人才流失严重。由于种种原因，如薪资待遇、工作环境、职业发展前景等，一些优秀的安全管理人才可能会选择离开企业，这无疑加剧了人才短缺的问题。部分企业可能由于资源限制或重视程度不够，难以为安全管理人才提供充分的培训和发展机会，这也影响了人才的吸引和留存。

(2) 绩效考核的问题

很多企业对安全人员的绩效考核只是走形式，没有真正重视绩效考核对人员开发和组织发展的作用。合理的绩效考核能够规范安全员的工作态度，而流于形式的绩效考核往往害怕得罪员工，或者只关注业绩，导致安全员消极应付。

现有的考核指标往往只关注安全管理的某一方面，不能全面反映安全管理工作的整体绩效。过于笼统，缺乏具体、明确衡量标准的考核指标可能导致一些重要但不易量化的方面被忽视，从而影响绩效考核的准确性和公正性。现有的考核方法往往受主观因素的影响较大，如个人偏好、情感等，绩效考核中缺乏定量考核，不能准确地衡量安全管理工作的质量和效果。由于考核方法不科学或存在人为干扰，某些安全管理人才的考核结果可能存在偏见和歧视。

（3）企业缺乏对安全人员开发的重视

当今企业发展中，仍有很多企业缺乏现代化的管理思想和能力，这在传统高危行业尤为明显。有些企业花大钱引进新技术，但安全管理者认为没有必要在员工身上投入资金进行安全培训，这就是安全管理者缺乏安全人员开发的体现。技术、设备等需要更新，安全人员的能力、知识等也需要进步。一个典型问题就是，如果企业不重视安全人员的开发和培训，那么安全人员可能无法及时掌握最新的安全知识和技能，这将导致他们在日常工作中难以有效识别和处理安全隐患，从而增加事故发生的风险。如果企业不重视这些安全人才的专业发展和福利待遇，那么很难吸引和留住这些关键人才，从而导致安全管理团队的整体素质下降。

2. 安全人员的职责

《安全生产法》明确规定生产经营单位应当具备本法和有关法律、行政法规和国家标准或者行业标准规定的安全生产条件；不具备安全生产条件的，不得从事生产经营活动。其中，生产经营单位的主要负责人对本单位安全生产工作负有下列职责：

建立健全并落实本单位全员安全生产责任制，加强安全生产标准化建设；组织制定并实施本单位安全生产规章制度和操作规程；组织制定并实施本单位安全生产教育和培训计划；保证本单位安全生产投入的有效实施；组织建立并落实安全风险分级管控和隐患排查治理双重预防工作机制，督促、检查本单位的安全生产工作，及时消除生产安全事故隐患；组织制定并实施本单位的生产安全事故应急救援预案；及时、如实报告生产安全事故。

此外，《安全生产法》第二十五条规定生产经营单位的安全生产管理机构以及安全生产管理人员应该履行下列职责：

组织或者参与拟订本单位安全生产规章制度、操作规程和生产安全事故应急救援预案；组织或者参与本单位安全生产教育和培训，如实记录安全生产教育和培训情况；组织开展危险源辨识和评估，督促落实本单位重大危险源的安全管理措施；组织或者参与本单位应急救援演练；检查本单位的安全生产状况，及时排查生产安全事故隐患，提出改进安全生产管理的建议；制止和纠正违章指挥、强令冒险作业、违反操作规程的行为；督促落实本单位安全生产整改措施。

3. 提升安全人员开发的措施

（1）完善人员开发体系

首先，要根据企业的战略安全目标和安全发展规划制定科学、合理的安全人员开发体系，并且能够为接下来的安全人员开发工作给予人力和物力上的支持，让安全人员开发工作在企业中真正发挥作用。其次，对于安全人员开发工作来说，人才资源的储备是第一生产力，具备了一定的人才储备量才能保证企业在选人、用人时有资源可用。这就要求企业不仅要在人才招募的环节把好第一道关，还应为企业招募人才进行全方位考虑，包括人员的工作经验、工作能力以及沟通能力和人际技能等，要用发展的眼光招募人才。最后，重视对安全人才的培养和能力的传承，争取做到每一名新入职的安全员都有老员工进行指导，接受指导后的员工能够继续指导新员工，将“老带新”作为企业文化接力，保持团队的持续稳定和竞争力。

（2）建立完善的培训制度

人员开发工作在企业发展中的作用不言而喻，而人员培训工作开展得如何则是人员开发工作的重要保障。企业在开展安全培训活动时，对员工进行的知识、业务、技能等方面的培训，可以使员工跟上组织的发展步伐，快速适应组织的每一个发展阶段，满足组织的需要，这也正是组织人员开发工作的目标。只有这两方面相互促进，才能为组织的长远发展夯实基础。培训制度的完善是顺利开展培训工作的前提，能够大大提高企业培训的效果；培训制度的完善能够促进培训的规范化、标准化，为人员开发工作打下坚实的基础。要肯定人员培训在人员开发中的作用，也要正视人员开发是人员培训的前提。一个员工只有在人员开发和教育培训的共同促进下，才能更好地发挥自身潜能。

(3) 建立完善的绩效激励体系

需要为安全管理人员设定明确、具体的绩效考核目标，这些目标应与企业的安全战略相一致。目标可以包括降低安全事故率、提高安全隐患排查和整改效率、增强员工安全意识等。在此基础上，根据绩效考核目标，制定合理的考核指标，如安全事故率、安全隐患整改率、员工安全培训参与度等。这些指标应具有可衡量性、可达成性、相关性和时限性。建立以物质激励、精神激励和发展激励为主的公平、公正、公开的多维度激励方式。随着企业发展和市场环境的变化，需要定期评估激励体系的有效性和适应性，并根据实际情况进行调整。这可以确保激励体系始终与企业的安全战略和目标保持一致。最后，企业要建立良好的沟通与反馈机制，让员工能够及时了解自己的绩效表现，并获得上级的指导和支持。

第3节　安全绩效管理

一、安全绩效的概念

1. 绩效的内涵

绩效指的是活动的结果和效率水平。从管理实践来看，人们对于绩效的认识是不断发展的。例如，从单纯地强调数量到强调质量再到强调满足客户需求，从强调“即期绩效”发展到强调“未来绩效”，等等。不论是对于组织还是个人来说，都应该以系统和发展的眼光来认识和理解绩效的概念。一个组织内部往往根据若干组织原则分为若干层次和数量的群体，群体由具体的员工组成，每个群体的目标和任务之间存在差异，因此每个群体都有不同层面的绩效。广义的绩效概念中包括了组织绩效、群体绩效和员工个人绩效3个层次。组织绩效是组织的整体绩效，指的是组织任务在数量、质量及效率等方面完成的情况。群体绩效是组织中以团队或部门为单位的绩效，是群体任务在数量、质量及效率等方面完成的情况。员工个人绩效是组织成员在工作过程中能够被评价的工作行为以及工作的结果。

安全绩效研究框架

2. 安全绩效管理概述

(1) 安全绩效管理的含义

安全绩效是指企业安全生产管理工作在实际生产中的总体表现。具体来说，安全绩效管理是指各级安全管理者和安全员工制定绩效目标并收集绩效相关信息，对员工的安全目标完成情况做出评价和反馈，以持续提升员工个人、部门和组织整体安全绩效的制度化过程。格里芬(Griffin)教授将安全绩效定义为关于组织安全的个人工作行为，同时提出一个安全绩效模型，将安全绩效划分为安全服从和安全参与两个维度，得到学者们的普遍认同，并逐渐引起学术界和企业对安全绩效的深入研究。与工作绩效相比，安全绩效更需要使用实时的绩效数据对安全生产状况进行监控，将事故隐患遏制在萌芽状态。安全绩效管理是类似 PDCA 循环管理的过程，包含传统的安全绩效测量，是一种“以人为本”的过程安全管理理念，通过提高员工对安全生产的承诺度，持续提升个人、部门或组织的安全绩效。

（2）安全绩效发展进程

当前，安全绩效研究主要集中于安全绩效影响因素与安全绩效测量框架两个方面。有学者将安全绩效发展划分为四个阶段，分别是安全绩效 1.0～4.0。

① 安全绩效 1.0 发展于 18 世纪 60 年代至 19 世纪 70 年代，尤其以欧洲三大工人运动为代表。此时，安全绩效侧重于减少人员伤亡、改善工人工作条件。安全绩效评估主要依赖于管理人员的生产经验，尚未形成完整的安全绩效理论与体系。

② 安全绩效 2.0 发展于 19 世纪 70 年代至 20 世纪 50 年代，尤其以海因里希（Heinrich）于 1931 年提出的事故三角形模型（1∶29∶300 理论）为代表。该模型首次应用数学统计方法揭示事故预防原理，即伤害控制重在事前预防。由于该阶段处于工业安全事故高峰期，为减缓事故发展趋势，安全绩效应加入一些生产规模指标，如煤矿百万吨煤死亡率，进而可对比不同规模企业之间的安全状况。

③ 安全绩效 3.0 发展于 20 世纪 50 年代至 21 世纪初。一方面，工业生产自动化水平的提升使得传统生产事故风险概率大为降低，且各类事故致因模型蓬勃发展，为组织安全生产管理提供理论支撑。另一方面，随着城市化的快速发展，复杂巨系统的公共安全问题不断显现。例如，洛杉矶光化学烟雾事件、伦敦烟雾事件、莱茵河污染事件等环境安全问题。为评估城市、行业等复杂巨系统的安全状况，传统微观或中观层面的安全绩效研究已逐渐扩展到宏观层面。安全绩效测量方法也与时俱进，包括复杂的线性与非线性规划方法，以测量微观、中观和宏观层面的安全状况。

④ 安全绩效 4.0 发展于 21 世纪初。随着大数据、云计算、物联网、互联网等信息技术的大规模应用，安全数据的种类与数量呈几何级增长，实时自动化收集、存储处理与可视化安全数据已逐渐成为现实，这为测量经济、文化、社会、科技、信息、生态、资源等复杂巨系统的安全状况提供一种新的思路与方法，即数据驱动的安全绩效评估模式，打破基于抽样统计和信息不对称情况下的安全绩效评估模式。此外，信息技术对绩效的影响是当前学界研究的热点，各种数据驱动的绩效管理体系框架孕育而生。相对于管理科学领域，信息视域下安全科学领域的绩效管理还处于初级发展阶段。

工业 4.0 于 2011 年提出，目前仍处于初始阶段。此外，工业 5.0 的概念还处于争论阶段。因此，现有安全绩效研究模式主要处于安全绩效 3.0 阶段，且逐渐向安全绩效 4.0 演变。图 7-4 所示为安全绩效发展进程。

（3）安全绩效管理流程

安全绩效管理是在安全绩效评估基础上逐渐发展与形成的，是一个相对独立的管理系统。具体而言，安全绩效管理分为安全绩效目标与计划的制订、安全绩效辅导与沟通的实施、安全绩效的定期评估、安全绩效结果应用四个过程，如图 7-5 所示。以企业层面为研究对象，安全绩效管理过程进行解释如下：

① 安全绩效目标与计划。企业应将安全目标与战略目标相匹配，确定各工种岗位具体的安全生产目标与安全操作行为，为员工安全绩效评估提供依据。绩效评估应涵盖安全生产管理全过程（安全投入与产出），且安全目标的制定最好让员工参与，以获得员工对安全绩效的承诺。

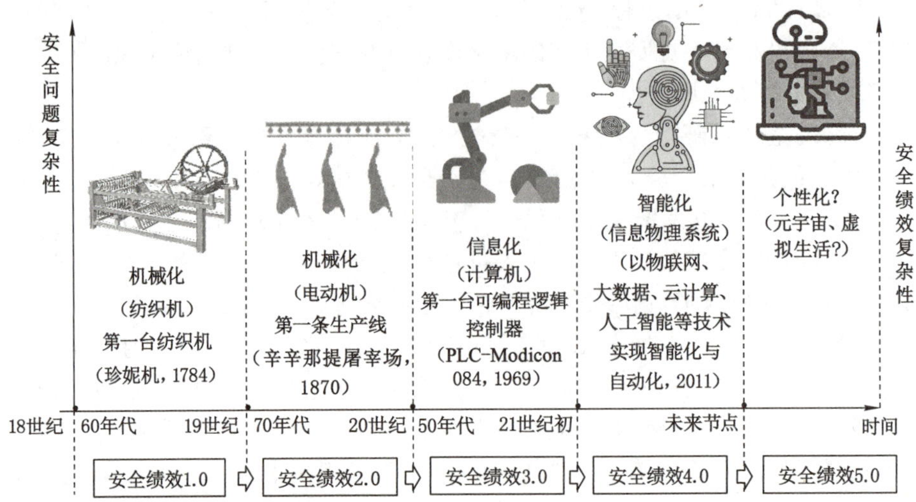

绩效评估特点	经验化	方法化	计算化	智能化
绩效指标类型	单因素伤害指标	多因素定性化	多因素耦合定量化	安全生产全要素指标
绩效评估范围	企业安全生产领域		公共安全或安全生产	经济、社会、科技、生态等宏观层面安全
绩效评估目的	减少伤亡、经济损失	控制人员伤害	促进安全生产率	提高安全经济效益
绩效评估方式	人工评估为主		半人工、半自动评估	数据驱动评估为主
绩效评估方法	对比法	简单线性回归	线性或非线性规划方法	实时评估、可视化
绩效评估动力	被动型，政府强制		半被动、半主动	自动评估

图 7-4　安全绩效发展进程

② 安全绩效辅导与沟通。企业管理者在观察员工安全生产行为时，对员工遇到的困难、困惑应及时加以反馈与解决，调整不合理的安全绩效计划，激发员工的安全生产积极性。对于长期的、默认的“三违”现象应及时加以纠正，以营造良好的安全文化氛围，进而使员工自觉完成安全绩效任务。

③ 安全绩效定期评估。安全绩效评估是安全绩效管理研究的核心与难点。企业在确定统筹兼顾的安全指标之后，根据实践需求选择定性或定量的安全绩效测量方法。测量方法的选择决定着企业安全绩效考核任务量，也检验着安全管理的成效。

④ 安全绩效评估结果应用。企业根据安全绩效评估结果发现安全管理系统的薄弱点，为安全绩效管理的持续提升提供依据。例如，根据评估结果判断安全工程技术、安全教育、安全规章制度是否存在缺陷，现有安全教育培训内容是否过时等。

根据企业实际情况，安全绩效管理方式分为激励型安全绩效管理与管控型安全绩效管理。激励型安全绩效管理侧重于激发员工的安全责任心，充分调动员工的安全生产积极性。管控型安全绩效管理侧重于使用安全生产规章制度规范人的安全操作行为，培养员工的安全习惯。基于不同的生产情境可使用相适应的安全绩效管理方式，以帮助员工高效完成安全绩效考核。

(4) 安全绩效管理存在问题

安全绩效管理是激励和帮助企业员工进行安全生产的重要管理方法,但当前企业安全绩效管理仍存在以下不足。

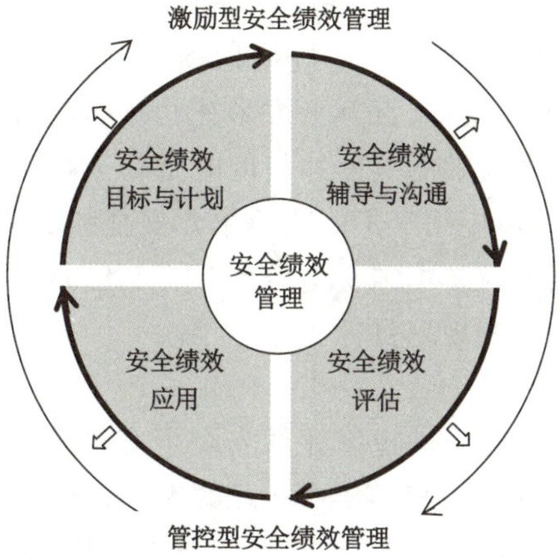

图 7-5　安全绩效管理流程

① 安全绩效考核内容狭窄。高危行业企业对安全绩效考核相对重视,既有事故发生率、伤亡率、职业病人数等安全结果绩效指标,也有安全教育、现场管理、隐患治理等安全行为绩效指标。但对非高危行业企业,安全绩效考核内容缺乏相应指导标准,尤其是如何与奖励、晋升等职业内容挂钩。此外,相对于管理科学,安全科学领域的安全绩效管理无论是理论基础还是应用实践均落后于工作绩效管理。

② 安全绩效结果挖掘不深入。企业决策者对信息系统数据库的其他数据关联程度不足,易陷入"头痛医头,脚痛医脚"的情景,导致企业安全管理工作陷入事倍功半的境况,也造成企业安全资源分配失衡。此外,一些看似不相关的数据,经过整合分析,可能更适合解释现阶段员工的安全绩效情况,进而有助于决策者改进安全生产管理方法。

③ 安全绩效管理内容难以人工量化。由于安全涉及的岗位与部门繁多,安全生产的责任与义务难以在绩效考核中公平体现,各项安全管理制度、安全操作规程的落实难以在绩效考评中体现。此外,管理人员数量受限导致难以及时监督或纠正现场的"三违"现象,造成绩效考评结果的适用性降低。

二、安全绩效测量工具

1. 绩效测量方法

随着安全生产管理模式的转变,即政府监管型逐渐转向企业自主负责型,这要求企业通过绩效评估及时掌握自身安全生产状况,避免被错误信息所"蒙蔽",进而错失最佳的风险管控时期。关键绩效指标法(KPI)、平衡计分卡(BSC)、目标与关键成果法(OKR)、360 度考核法等传统绩效评估模式不一定完全适用当前安全绩效管理要求。根据应用需求,安全绩效测量视角存在差异性,大致分为事故结果、生产率和目标导向三个视角。

(1) 从事故结果视角分析

安全绩效是指事故发生的情况与后果,其本质是量化事故伤害等非期望产出的影响。

基于此，国内安全绩效常用事故发生起数、死亡人数、受伤人数、直接经济损失四个指标，国外安全绩效常用 OSHA 可记录发病率和经验修正率(EMR)两个指标。安全绩效研究通常以安全综述形式分析国家或地区层面工业安全状况。例如，很多学者对中国道路交通、化工、建筑、煤矿等事故起数与死亡人数进行统计进而分析该行业领域的安全生产状况。此外，非期望产出可结合行业特色，纳入一些规模指标加以修正，组成新的单因素指标体系。例如，建筑行业的百亿元产值死亡率、百万平方米死亡率、煤矿的煤矿百万吨死亡率。尽管用伤害等非期望产出衡量安全绩效的效度和信度时常令人质疑，但由于该类指标易理解与比较并且数据容易收集，大规模应用于不同决策单元安全绩效的简单对比，在把控安全生产形势方面显得尤为重要。例如，在《中国安全生产“十三五”规划》中，事故起数、死亡人数等九个单因素指标被列为安全生产规划目标。

(2) 从生产率视角分析

安全绩效通过安全投入与产出的比率评估安全生产管理的成效。基于此，安全投入可从人(P)-机(M)-环(E)系统或人-机-物-法-环的安全管理五要素考虑。安全产出包含安全经济效益等期望产出(DO)与事故伤亡等非期望产出(UO)，进而扩展安全绩效的研究广度，且用公式表示：$F(DO,UO)=f(P,M,E)$。据此，安全绩效测量时面临规模报酬递减(DRS)、规模报酬不变(CRS)、规模报酬递增(IRS)三种生产规模效应情景。根据实际应用条件，选择相应类型的安全生产规模效应。一般而言，低投入、高期望产出、低非期望产出的决策单元绩效得分较高。例如，基于规模报酬不变情景，有学者以居住人口、机动车数量、机动车行驶距离三个指标为投入，以死亡人数为产出，基于 DEA 方法分析欧盟的 26 个成员国 1 年静态道路安全绩效与 10 年动态道路安全绩效。

(3) 从目标导向视角分析

安全绩效是指组织基于安全生产的方针、目标、指标，控制其作业场所风险因素所取得的可测量的管理体系。该绩效评估的核心是多目标决策，即通过安全目标的分级或分层，再赋予一定权重，进而测量绩效得分，且可用公式表示：$F=w_1x_1+w_2x_2+\cdots+w_ix_i$。式中，$w_i$，$x_i$分别为取得可测量的安全指标及其权重。多目标决策方法广泛应用于绩效评估领域。例如，可以通过 7 个一级指标和 15 二级指标，应用改良的 TOPSIS-RSR 方法评估中国省级道路安全绩效。有学者通过 6 个一级指标和 24 个二级指标，应用遗传算法、网络层次分析法等方法评估建筑企业与建筑施工现场的安全绩效。当前，三类安全绩效测量视角具有相应的特点，见表 7-1。

表 7-1　安全绩效测量工具

视角	研究内涵	指标类型	方法	优点	缺点
事故结果	衡量事故伤害等非期望产出	单因素指标	比较法、简单线性规划法等	易理解、数据已收集、应用广泛	忽略了安全生产过程中的风险暴露量
生产率	测量安全产出与投入的比率	多因素指标	DEA、MPI 等方法	考虑了安全生产的全要素过程及规模效应	选择具有代表性的安全投入与产出指标较为困难
目标导向	多指标赋予权重进行决策	多因素指标	AHP、TOPSIS 等方法	灵活性较大、考虑较为全面	安全措施、政策、环境等指标难以量化

2. 影响绩效测量的因素

(1) 安全氛围

安全氛围是一个用于描述组织或工作场所的安全行为准则的概念，反映员工对安全的信念，对员工的安全行为方式具有预测作用。此外，安全氛围是组织氛围的一个特定方面，专注于组织政策、程序和做法的共同感知，是衡量员工安全和健康的重要指标，良好的安全氛围能够有效降低事故发生率。安全氛围对安全绩效具有重要的影响作用，作用机理如下。

① 安全氛围-安全知识、安全动机-安全绩效。格里芬等人通过开展两项子研究，探讨安全氛围对安全绩效的影响机理。子研究结果 1 表明：在安全氛围对安全遵从的影响过程中，安全知识具有部分中介的作用；在安全氛围对安全参与的影响过程中，安全知识不具有中介的作用。子研究结果 2 表明：在安全氛围对安全绩效的影响过程中，遵从动机、安全知识和参与动机具有完全中介的作用。此外，尼尔等人发现，在安全氛围对企业安全绩效的影响过程中，安全知识和安全动机起到部分中介的作用。

② 安全氛围-心理压力-安全绩效。科学家通过研究安全氛围（安全态度和沟通）、心理压力（心理困扰和工作满意度）和安全绩效（事故发生率和职业伤害）之间的关系发现，安全态度对职业伤害具有预测作用，心理困扰对事故发生率具有预测作用，心理困扰在安全态度对事故发生率的影响过程中具有部分中介作用。

③ 安全氛围的调节作用。在其他变量对安全绩效的影响过程中，安全氛围具有调节作用。基于培训的历史数据，结合 133 位从事危险废物收集工作工人的安全绩效的评价数据，克罗（Crowe）等探讨了安全培训的组织氛围在安全知识和安全绩效之间的调节作用，结果发现：在较高的安全氛围水平下，安全知识对安全绩效的影响作用较强。有学者研究了单位安全氛围、感知同事的安全知识/行为（PCSK/B）、安全行为（安全遵从和安全参与）与安全绩效（伤害和未遂）之间的关系，结果表明：单位安全氛围和 PCSK/B 对安全行为具有显著的交互影响作用，即安全氛围的水平越高，PCSK/B 对安全行为的影响效果越大，且 PCSK/B 对伤害的影响是通过安全行为产生的。

(2) 安全文化

安全文化可以被界定为信仰、规范、社会和技术实践等，主要目的是减少员工、管理者、客户和公众对危险或有害条件的暴露程度。因此，安全文化对安全绩效具有一定的预测作用。袁玥选取建筑行业作为研究对象，发现建筑企业的安全文化通过安全制度文化、安全观念文化对安全遵守与安全参与产生影响，安全遵守正向影响安全结果，安全参与通过安全遵守对安全结果产生影响。安全文化与百万吨煤炭死亡率存在显著的负相关关系，对安全业绩具有预测作用。

(3) 安全领导力

安全领导力是领导者对追随者施加影响，在组织和个体因素背景下，实现组织安全目标的过程。研究发现，高水平的领导力有助于提高安全绩效；同时，在安全领导力对安全绩效的影响过程中，安全氛围有中介作用。此外，授权行为、领导风格等对安全绩效具有影响作用。权变奖励型领导行为和变革型领导行为与安全遵从和安全参与存在显著的正相关关系；领导者的授权行为会促进成员采取安全遵从行为和安全参与行为，降低危险行为。

复习思考题

1. 简述安全人岗匹配的程序和原则。
2. 简述安全人员任职资格开发的流程。
3. 论述安全人员招募的基本程序。
4. 根据《安全生产法》，简述安全人员的职责。
5. 论述安全绩效管理的方法及优缺点。
6. 简述影响安全绩效测量的因素。

安全文化点滴

第8章 安全团队管理

第1节 安全团队概述

一、团队内涵

1. 团队的含义

组织内很多工作兼具分工协作性和复杂系统性的特点，仅仅依靠个人的力量是根本无法完成的，只有依赖团队中每个人的能力与特长，团队成员同心协力才能完成。因此，需要让组织中的员工组成团队，在团队中互相合作，不仅发挥个人专长及工作潜能，也能与其他员工愉快合作。安全团队更应该内部团结、精诚合作、分工协调，保证组织生产的安全和高效。

斯蒂芬·P.罗宾斯(Stephen P. Robbins)认为，团队是由两个或两个以上相互作用、相互依赖的个体，为了特定目标而按照一定规则结合在一起的组织。刘易斯(Lewis)认为，团队是一群认同并致力于去达成共同的结果而努力的组织。该定义强调团队的共同目标、愉快相处和高效结果三个要素。盖兹贝克(Katezenbach)和史密斯(Smith)。他们认为，团队是由少数具有技能互补的人组成的，他们认同于一个共同目标和一个能使他们彼此担负责任的程序。方邦郑认为，团队是指一种为了实现某种目标而由相互协作的个体组成的正式群体。陈春华认为，团队是一群为数不多的、具有相互补充技能的人组成的一个群体。本书将安全团队定义为一个专门负责实现某组织安全目标而相互协作的个体组成的专业群体，其主要任务是提高企业整体生产安全能力，确保组织的可持续、低风险和稳定性。这个团队会对正在发生或已经发生的安全事件做出及时响应处理，并协助恢复系统的正常运行。

2. 团队的类型

组织内考虑建立安全团队时，应该考虑建立什么类型的安全团队，根据安全团队成员的来源、拥有自主权的大小以及安全团队存在的目标不同，将安全团队分为五种类型。

(1) 问题解决型团队

该团队是将主要精力集中于他们责任范围内的特殊问题，针对这些问题提出解决方案。团队成员一般来自同一个部门，按照一定的频率定期聚会，在讨论中就如何改进工作程序和工作方法等问题相互交换意见或提供建议，团队内部没有权力单方面采取具体行动。

企业的安全教育与培训团队就是典型的问题解决型团队，该团队通常由经验丰富的安全专家、培训师和教育者组成。他们具备深厚的安全知识和实践经验，能够为员工提供专业的安全培训和教育，培训内容涵盖工作场所的安全规章制度、操作规程、应急处理措施等。

此外，还可能包括特定行业的安全知识，如化工行业的安全防护、机械操作的安全流程等。通常采用多种方式进行培训，如课堂教学、模拟演练、案例分析等。目前，除了安全教育与培训团队以外，企业里应用最广的是质量圈团队，该团队最初由日本质量管理专家石川馨于20世纪50年代末期提出，也有其他名称如质量控制圈、解决问题组或质量组。质量圈的目标是通过团队成员的共同努力来提高产品质量。成员由8～10名职责相同的员工和主管组成，成员定期聚会讨论工作中面临的质量问题，调查原因并提出解决问题的建议。现在很多企业也在实现团队管理，其中安全生产团队可称为安全圈，大多数是临时性团队。

(2) 自我管理型团队

自我管理型团队起源于20世纪50年代的英国和瑞典，如今很多企业都开始建立类似的团队，在保留团队基本特征的同时，团队进行高度的自我管理、自我领导、自我负责。团队成员一般由10～16人组成，这些成员每天必须一起工作以生产一种产品或提供一种完整服务。他们承担团队成立以前自己的上司所承担的一些责任，主要包括控制工作节奏、决定工作任务的分配、安排工作休息、设立关键目标、编制预算等。自我管理型团队有利于减少管理层次和成本，形成扁平化的组织结构，提高满意度和信任感。

组织应该建立自我管理型安全团队，该团队是一个专注于安全管理的自主性工作团队。这类团队通常由具备安全管理经验和专业知识的成员组成，他们不仅负责监控和评估工作环境的安全性，还负责规划和执行安全措施，以确保员工、设备和组织资产的安全。自我管理型安全团队具有自主性、责任感、协作性和专业性等特点。

(3) 多功能型团队

多功能型团队由来自同一等级、不同工作领域、具有不同工作技能的员工组成，目的是通过识别和解决跨部门、跨领域和多功能的问题来完成特定任务。多功能型团队能使组织内或组织之间不同领域的员工交换信息，激发新的观点，解决面临的问题，协调复杂的项目。多功能型团队的优势在于团队成员来自不同的专业背景，他们各自拥有独特的知识和技能。在多功能型团队中，这些知识和资源可以得到有效的整合和共享，从而丰富团队的整体知识储备，提升解决问题的能力。此外，由于团队成员具有多样化的视角和经验，他们能够从多个角度审视问题，提供更为全面的解决方案。这种多角度思考有助于发现潜在的风险和机会，增强决策的质量和创新性。

HAZOP分析团队就是一个由多学科专家组成的多功能型团队，该团队负责进行危险与可操作性分析(HAZOP分析)。这个团队的主要目标是识别、分析和评价工程项目或生产装置中潜在的危险，同时提出改进意见和建议，以提高生产工艺过程的安全性和可操作性。HAZOP分析团队通常由以下成员组成：

① 团队领导人/协调人：负责召集相关专家和利益相关方，制订分析计划和时间表，并确保HAZOP分析按照规定的程序和方法进行。他们还需要整合和分析团队提出的问题和建议，形成最终的HAZOP分析报告。

② 工艺工程师：对工艺流程有深入的了解，能够提供关于工艺流程的详细信息，并协助识别可能存在的危险和操作问题。

③ 仪表/电气工程师：负责检查控制系统和电气设备的安全性和可靠性，以及它们可能对工艺过程产生的影响。

④ 安全工程师：负责评估潜在的安全风险，并提供相应的安全建议和措施。

⑤ 其他专家：根据项目的具体需要，可能还需要包括设计工程师、机械工程师、环境工程师等其他相关领域的专家。

在 HAZOP 分析过程中，团队成员需要共同讨论并识别出生产装置设计及操作和维修程序中的潜在问题。他们通过使用一系列引导词（如“过多”“过少”“过快”等）来系统地分析每个工艺参数和操作步骤，从而发现可能存在的危险。

(4) 虚拟团队

虚拟团队是一种新型的工作组织形式，由不同地域、空间的个人通过信息技术进行合作。这种团队的成员可能来自同一个组织，也可能来自多个组织，他们可能从未面对面见过。虚拟团队利用现代通信技术，如电话、网络、传真或可视图文等工具来沟通、协调，甚至共同讨论和交换文档，从而协同完成一份事先拟订好的工作。虚拟团队的优势包括以下几点：

① 人才优势：虚拟团队可以跨地域、跨组织地集聚人才，从而拓宽组织的人才来源渠道。这使得组织能够动态地利用世界各地的人才资源，为招聘到具有专业技能的人才创造了条件，并减少了关键人才的流失。

② 信息优势：虚拟团队成员来源的广泛性使他们能够充分获取各地的技术、知识和产品信息，为保持产品的先进性奠定了基础。同时，成员还可以采集各地顾客的信息，反映顾客的需求，及时解决客户的相关问题，有利于组织尽快设计和开发出满足顾客需求的产品和服务。

③ 效率优势：虚拟团队利用最新的网络、邮件、移动电话、可视电话会议等技术实现基本的沟通，从而缩短了信息沟通和交流所用的时间，确保团队能够及时做出相对正确的决策。

④ 成本优势：虚拟团队打破了组织的界限，使得组织可以大量利用外部人力资源条件，减轻了组织内部人工成本压力。此外，虚拟团队柔性的工作模式也降低了成员的办公费用和旅行费用等管理成本。

然而，虚拟团队也面临一些挑战，如团队成员之间的沟通和协调问题、时区差异、文化差异以及团队信任的建立等。为了克服这些挑战，虚拟团队需要建立良好的沟通机制、明确的任务分工和合作方式，以及培养团队成员之间的信任和合作精神。

(5) 知识型团队

知识经济时代引发了人类社会形态的巨大变革，由来自不同知识领域的人组成团队进行工作越来越普遍，知识型团队的概念应运而生。根据美国知识团队管理专家卡尔-爱瑞克·斯威比(Karl-Erik Sveiby)的定义，知识团队是指运用高智力资本从事创新型工作的群体。而综合目前的研究成果，知识团队是团队概念的延伸，主要特征表现为：承担超常规创新性复杂任务、成员拥有独特的专业技术，团队知识需要进行共享、整合和重组。

3. 团队的特征

(1) 有限的团队规模

一般来说，人员规模应当为 2～25 人，最好为 8～12 人。限制人员规模是确保所有成员之间都能够充分了解并且互相产生影响，同时也保证了团队结构的简单化和组织目标的纯正。团队人员规模大就不可避免地会出现分化、等级，最后出现“目标替代”，使团队的目标被上层精英的个人目标所替代。

(2) 成员能力有互补

团队成员具有不同的技能、知识或经验,每个队员都能对这个团队做出不同的贡献。队员能了解彼此的角色、特长及重要性,他们在团队中分工合作、分享信息、交换信息,并相互接纳,能够认识到每个队员缺一不可,少了任何一个队员,团队的目标将无法顺利达成。

(3) 队员责任的分担

团队队员的责任分担可以从两个层面来加以分析:一是团队队员在平常的团队运作过程中或团队会议中共同分担团队的工作,如团队的领导角色或团队的各项任务指派。二是针对团队的最后成果而言。团队的存在都有其特定任务,能否达成此任务便有成败责任归属问题,而团队的特色之一在于顺利完成团队的目标时,全体队员将分享此成果,共同接受组织的激励与奖励。同样,当团体无法顺利完成特定任务时,全体团队队员将共同承担失败的责任,而非团队的领导者或管理者单独承担失败的责任。

(4) 具有共同任务目标

当人们为了共同的目标工作在一起时,信任和承诺会随之而来。因此,拥有强烈集体使命感的团队必将作为一个集体,为了团队的业绩表现共同承担责任。这种集体责任感常常可以产生丰厚的集体成果作为激励,组织的工作成果又反馈强化了这种集体责任感。从另一方面看,单纯为了改进工作交流、组织效率而组建的集团很难成为高效率的团队。只有当设定了适当的目标以及实现目标的方式之后,或者在团队成员一起共同承担责任之后,才有可能建成一支高效的团队。

二、团队发展阶段

团队的发展一般可以分成四个阶段:形成阶段、震荡阶段、规范阶段和高效阶段。每个阶段的团队工作效率和团队凝聚力都不同,每个阶段团队管理的重点也相应不同。在每个阶段中,安全团队都需要根据企业的实际情况和安全需求进行调整和优化,以确保能够有效地保护企业的信息安全和资产安全。同时,企业也需要给予安全团队足够的支持和资源投入,以促进团队的持续发展和进步。

1. 形成阶段

形成阶段又称为团队的初创阶段,这个阶段团队具有高度的不稳定性,团队没有统一的愿景,缺乏运作规范,通常也没有明确的领导职责。在这一阶段,企业可能刚刚意识到生产安全的重要性,开始组建安全团队,团队成员技能水平也可能参差不齐。新形成的团队缺少组织文化,团队成员也缺少对团队的认同,因此成员只是名义上为团队工作。团队成员在初创期通常是谨慎的,往往通过对照和评价其他成员的态度和能力,来决定自己的行为选择,他们对团队的归属感还比较弱,是暂时性的。由于成员们需要时间相互适应,这一阶段工作效率通常很低,团队的主要工作可能是应对基础的安全事件,如安全检查、事故处理、设备隐患消除等。这一时期团队领导的工作重点是尽快形成团队开展工作的基本规则,为团队开展工作整合更多的外部资源,告知团队成员的工作目标,激发大家对团队工作的信心。在这一阶段,团队士气不是团队发展各阶段中最低的,因为团队成员决定参加团队工作本身就表明他们对团队工作有基本的信心。

2. 震荡阶段

随着团队工作的进展,现实的不如意可能会让团队成员最初对安全工作的憧憬破灭。另外,在团队协作过程中,成员之间彼此性格与行为风格的差异、对任务理解的差异,工作边界的不清晰等会造成各种冲突与矛盾的显露，这个阶段的团队是非常脆弱的，士气也是低落的，部分团队会在这一阶段无法克服困难而宣告解散。

在这一阶段，团队领导要耐心做好团队管理工作，多组织团队熔炼活动，让团队成员在各种团队交流活动中彼此熟悉对方的性格与行为风格，并形成对团队目标任务的一致理解。经过一段时间的磨合，团队成员间逐渐相互适应，团队协作意识逐渐增强，对目标和任务的理解逐渐一致，这时团队才顺利渡过了震荡阶段。随着企业业务的增长和安全需求的提升，安全团队开始逐渐壮大。在这一阶段，团队会开始建立更完善的安全管理制度和流程，进行更全面的安全风险评估，并提供针对性的安全措施。

3. 规范阶段

随着组建团队时间的增长，成员间建立起了较明确的协作意识，并且对团队运作规则和组织原则都已经熟悉并接受，这时团队就进入了工作效能逐渐提升的规范阶段。与前两个阶段的明显区别在于，这一时期成员会逐渐意识到，无论是在运作程序中还是在完成任务方面，合作都比竞争显得更为重要。虽然成员间在一些问题上仍然不可避免地存在分歧，但大家都能认为是不同观点的体现，并通过有效的沟通达成一致。在这一阶段，团队领导要强化团队成员对共同愿景、目的的认识，在团队文化氛围建设方面多做工作，鼓励团队成员敢于面对问题，推动团队成员在具体工作上表现出主动性和创造性。同时要系统管理团队工作中的业务流程和工作标准，提升管理成熟度。这个阶段还要鼓励团队成员多进行工作总结与复盘，形成持续改进的工作氛围。

当安全团队发展到这个规模后，会开始向更加专业化的方向发展。团队成员会分工明确，各自负责不同的安全领域，如行为安全、设备安全、制度安全等。此时，团队会具备较强的安全技术研发能力，能够自主研发一些安全工具或平台，以提高企业的安全防护能力。

4. 高效阶段

当团队发展到成熟期时，团队意识和团队文化已经深深扎根于成员心中。因此，成员间能实现紧密的合作，团队能够将时间和精力用于解决一些重要的实质问题上，工作效率显著提高。这时，团队发展就进入了高效阶段。在这一阶段，团队领导要给予更多授权，给团队成员更好发展、自主创造的空间，多鼓励，多表扬，做好服务工作。另外，团队领导要多总结提炼团队的工作经验，适当进行外部展示，提升团队的知名度和美誉度。同时要重点培养团队中的备选管理干部，做好人才梯队建设。在高效阶段的基础上，安全团队可能会进一步探索新的安全技术，引领行业的安全发展趋势。团队会积极参与安全行业的研究和交流，不断提升自身的技术水平和影响力。

第2节　安全团队成员管理

一、新生代员工管理

1. 新生代员工的特点

新生代员工通常指价值观、职业个性与生活方式和上一代或以往员工有明显群体差异，并对组织、市场、商业和社会文化产生广泛影响的一代员工。“整顿职场”一词频频成为新生代员工的行为标签，侧面说明了新生代员工不搞歪门邪道，不顺从让人无语的企业文化，及时止损，不搞小团体，不委屈自己，认为所有一切的不舒适还是需要靠自己进步来改变。

① 价值观方面:新生代员工崇尚“自由、平等、多元化”的价值观。

② 职业个性方面:愿意表现自己,渴望被认可,他们追求自我价值实现,更注重工作的意义和价值,而非仅仅为了赚钱而工作。他们期望在工作中找到成就感,并追求个人的理想与抱负。新生代员工普遍文化水平高,学习能力强;兼有积极与消极的工作态度;职场抗压能力较弱,不善于沟通表达;强调工作自主和表现力,崇尚民主不惧权威。由于新生代员工成长于数字化时代,他们熟练掌握各种技术应用,这成为他们在工作中的一大优势。年轻安全员的工作特点主要体现在责任心强、学习能力强、善于沟通协作、勇于创新、乐于挑战以及技术熟练等方面。

③ 生活方式方面:个体自我意识强;重视工作与生活的平衡;现实需求满足胜于远期期待;忠实于自己的生活方式,而不是自己的工作;有激情,有活力,厌倦单调的生活。他们希望在工作中得到满足,同时也能够有足够的时间和精力去追求生活中的其他方面,如社交、娱乐和个人兴趣等。新生代员工追求个性化和多样化的管理方式。他们不愿意接受传统的管理模式和方式,更期望企业能够提供多元化的成长和发展机会,以满足他们个性化的需求。

2. 新生代员工管理方法

(1) 制度建设

① 明确职责与目标:为新生代安全员设定清晰的职责范围和工作目标,确保他们了解自己的工作内容和预期成果。要设置清晰的岗位职责,建立适应新生代员工特征的岗位考核制度,采用个性化的考核方式。

② 提供持续培训:由于新生代安全员可能缺乏丰富的经验,为他们提供持续的培训和教育是至关重要的,也是使员工长期保持工作热情的必要举措。这可以包括安全知识、风险评估、应急管理等方面的专业培训。

③ 强化人性化管理:新生代员工往往对工作富有热情,管理者可以通过给予他们具有挑战性的任务和项目,来保持他们的工作兴趣和动力。要做到岗位设置内容丰富,激励性强;设计合理的工作休息制度,工作时间可以允许一定的弹性;细分管理,量才而用,用员工的长处弥补短处,使每个人都能发挥所长。关爱员工成长,为员工解决各种实际问题,打造“家庭式”企业文化,通过人性化的举措激发员工的工作积极性、创造性。

④ 提供职业发展机会:为新生代安全员规划职业发展路径,让企业与员工共同成长和发展,明确员工晋升的通道,根据员工的不同特点进行分流和指导,让他们看到自己在企业中的未来,从而更加投入工作。

⑤ 建立良好的沟通机制:与新生代安全员保持定期沟通,了解他们的工作进展、困难和需求,及时给予指导和支持。鼓励新生代安全员与资深安全员进行交流和合作,促进经验分享和知识传承。对新生代安全员的工作给予及时反馈和认可,增强他们的工作满足感和成就感。

(2) 领导者自身

① 沟通方式方面:充分尊重新生代员工的言行,宽容和善,正视代沟,学会软化冲突。领导与员工沟通时避免使用复杂的行业术语或模糊的指令,要简洁、清晰,沟通方式灵活多变。新生代员工通常习惯于使用数字化工具进行沟通。领导可以利用电子邮件、即时通信软件、企业内部社交平台等多种方式与员工保持联系,提高沟通的及时性和效率。不要只是

单向地传达指令和要求，而要鼓励员工提出问题、分享想法和建议。这种双向沟通有助于建立信任，并促进组织的创新和发展。

② 领导方式方面：切忌高高在上地发号施令，领导可以采取教练式的方式，指导他们发展技能，鼓励他们独立思考，同时给予反馈和支持。多鼓励新生代员工参与团队决策的过程，这样做不仅可以提高他们的参与度，还能利用他们的创新思维和独特视角。新生代员工对于认可和激励非常敏感，领导应该及时发现并表扬他们的优秀表现，通过正面的反馈来增强他们的工作动力。考虑到新生代员工对于工作与生活平衡的重视，领导可以提供更灵活的工作时间和远程工作的机会，以增加员工的工作满意度和效率。

二、老员工管理

1. 老员工的特点

根据国内外相关研究，新老员工的划分界定方式主要有年龄、工龄和司龄三种。按照工龄划分，10 年工龄以上的员工为老员工。本书采用工龄的划分方式，即探讨在一个企业有相对较长工作时间的员工管理问题。

老安全人员的特点主要是经验丰富，老安全人员在安全领域工作多年，积累了丰富的实践经验和安全知识。他们对于安全规章制度、操作流程以及潜在的风险点都有深入的了解。同时，稳重谨慎也是他们的优势。在长期的工作中，老安全人员形成了稳重谨慎的工作风格。他们在处理安全问题时，往往会深思熟虑，考虑周全，确保每一个细节都得到妥善处理。较高的专业素养使得他们对于安全管理的理论知识和实际操作都有深入的掌握，能够为企业提供专业的安全指导。在人际沟通方面，老安全人员在长期的工作中，与各部门、各层级的人员都有过深入的沟通和协作。他们善于协调各方资源，确保安全工作的顺利进行。尽管老安全人员可能在新技术接受方面稍逊于年轻安全员，但他们的适应性强，能够迅速学习和掌握新的安全知识和技能，以适应不断变化的工作环境。老安全人员往往乐于将自己的经验和知识传授给年轻一代，起到传承和帮带的作用。这就是安全人员的“师带徒”传统，他们善于指导新人，帮助他们快速融入团队，提升整个团队的安全管理水平。

但是老安全人员也会有一定的劣势，职业倦怠感就是其一，工作方式和思维模式固化，容易守旧，不能接受新鲜的事物，缺乏创新力；自认为他们为公司创造了高价值，与新员工相比熟悉企业内情况且人缘好，不服从管理，爱摆架子，等等。

2. 老员工管理策略

对于老员工，实施多途径激励可以提高他们的工作积极性、满意度和忠诚度。

(1) 提供发展机会

为老员工提供职业发展规划，根据他们的个人目标和发展意愿，制定个性化的职业发展规划。提供培训和学习机会，如参加行业研讨会、培训课程等，帮助他们更新知识和技能。鼓励老员工参与跨部门项目合作，以增加工作乐趣和成就感。设置一些老员工能胜任的岗位，如企业安全内训师、安全督导等。

(2) 给予奖励和认可

根据老员工的工作表现和贡献，提供适当的薪酬激励，如绩效奖金、晋升加薪等。设立特别的奖励计划，如员工月度优秀奖、年度最佳员工奖，以表彰他们的杰出表现。树立老员工中的榜样人物，表彰他们的成就和贡献，以此激励其他老员工。

(3) 营造积极的工作环境

加强公司文化建设，营造积极向上、团结友好的工作氛围，让老员工感受到归属和认同。鼓励老员工分享经验和知识，通过内部培训、讲座等形式，使他们成为公司的宝贵资源。

(4) 建立良好的沟通渠道

定期与老员工进行沟通会议，了解他们的想法和需求，及时解决他们的问题。建立反馈机制，鼓励他们提出意见和建议，增加他们参与决策的机会。组织团队活动，增强老员工之间的团队凝聚力。明确团队目标，并与老员工共享，让他们感受到自己工作的重要性和价值。

(5) 关注员工福利

提供弹性工作制度，帮助老员工更好地平衡工作和生活。在特殊日子给予老员工特别的关怀和祝福，增强他们对公司的归属感。给为企业服务到一定年龄的老安全人员颁发荣誉称号，既代表着单位对员工个人工作的一种肯定，也是企业对员工长期服务的感谢。

第3节　安全团队效能管理

一、角色搭配

1. 三类九种团队角色

建立组织的安全团队要考虑的重要前提是根据不同的团队角色匹配相应的成员，在团队中，每个成员同时承担着业务职能和沟通职能。梅雷迪思·贝尔宾在《团队角色：在工作中的应用》一书中提出了三类、九种团队角色，这对于企业安全事务的团队建设至关重要。

安全团队管理

(1) 思考谋划相关的团队角色

① 智多星(PL)。智多星拥有高度的创造力，思路开阔，观念新，富有想象力，是“点子王”，口头禅通常是“碰到令人困惑的问题，不妨从侧面去想”。通常在一个项目刚刚启动或陷入困境时，智多星显得非常重要。他们拥有丰富的安全知识和经验，并且能够快速准确地识别和解决安全问题，“智多星”擅长识别和评估潜在的安全风险，他们能够从不同角度审视安全问题，提出新颖的解决方案，并帮助团队应对复杂多变的安全挑战。

② 审议者(ME)。审议者冷静、理性，做决定时思前想后，综合考虑各方面因素谨慎决策，善于分析和评价，善于权衡利弊来选择方案，口头禅通常是“宁可慢慢做正确的决定，也不要仓促做错误决定”。审议者通常扮演着批判性思考者的角色，他们以其严谨的分析和冷静的判断，为团队带来稳健和明智的决策。审议者在安全风险评估方面发挥着关键作用，他们能够识别出可能被忽视的安全隐患，并就如何降低风险提出合理化建议。当团队面临复杂或高风险的安全问题时，审议者能够提供稳健、务实的建议，帮助团队保持冷静并做出明智的选择。

③ 专家(SP)。他们致力于维护专业标准，陶醉在自己的专业中，口头禅通常是“选择你喜欢的工作，那么对你而言生活将不再有‘工作’”。由于他们在专业领域知道得比任何人都多，因而他们经常要求别人服从和支持。组织里的安全专家会根据组织的业务需求和安全状况，制定和调整安全策略和标准。确保安全策略与行业标准、法律法规以及组织的整体战略相一致。

(2) 任务或执行相关的团队角色

① 鞭策者(SH)。说干就干，办事效率高，目的明确，有高度的工作热情和成就感；遇到

困难时，他们总能找到解决办法；行动的发起者，在团队中活力四射，尤其在压力下工作精力旺盛，口头禅通常是“我会让事情动起来”。鞭策者在推动团队进步的同时，也需要注意自己的方式和态度。过度的鞭策可能会给团队成员带来压力，甚至导致团队氛围紧张。因此，鞭策者需要在激发团队动力和保持团队成员积极性之间找到平衡。

② 执行者(IM)。执行者有很好的自控力和纪律性，非常务实，传统甚至有些保守，他们计划性强，工作高效可靠，能迅速把计划落地实施。执行者的口头禅通常是“一分行动胜过十分理论”。

③ 完成者(CF)。做事注重细节，追求完美；喜欢事必躬亲，不放心别人做，不愿授权；完成者的口头禅通常是“没有理由不追求完美”。

(3) 人际协调相关的团队角色

① 外交家(RI)。他们的强项是与人交往，RI 是天生的外交官，喜欢聚会与交友，调查团队外的意见、进展和资源并予以汇报；对外界环境十分敏感，最早感受到变化。外交家的口头禅通常是“在开拓资源上所花的时间很少是浪费的”。

在安全团队中，外交家的角色主要负责与外部实体进行交互和沟通。这个角色对于建立和维护与其他组织、合作伙伴、供应商以及政府机构的关系至关重要。外交家负责与外部组织建立联系，并确保这些关系的顺畅进行。外交家将团队内部的安全需求、政策和策略准确地传达给外部实体，并确保这些外部实体理解并遵循这些安全要求。在涉及多个组织或部门的复杂项目中，外交家起着协调者的作用，确保各方能够协同工作，共同解决问题。在发生安全事件或危机时，外交家负责与外部实体进行紧急沟通，协调资源，并确保信息及时、准确地传递，以减轻潜在的负面影响。

② 协调者(CO)。协调者能够引导一群具有不同技能和个性的人向着共同的目标努力。他们代表成熟、自信和信任；办事客观，不带个人偏见；除权威之外，更有一种个性的感召力。协调者的口头禅通常是“管理是一门艺术，其核心就是把所有工作都交给别人去做”。

③ 凝聚者(TW)。凝聚者认为团队的和谐至关重要，因此他们会发挥团队“黏合剂”的作用，使得团队成员协作得更好，团队士气更高。善于化解各种矛盾，善解人意，关心他人，处事灵活，对任何人都没有威胁。凝聚者的口头禅通常是“如果你没问题，我也没问题”。

2. 团队角色适配

九种团队角色无好坏或强弱之分，作为个人首先要识别自己的团队角色类型，哪一种是主要团队角色，哪一种是次要团队角色。在识别自身团队角色的基础上，要妥善处理角色与角色之间的关系，搭配好团队角色。在团队环境中，不同的角色间有可能是互补关系，也有可能是对立关系。

(1) 智多星+协调者+外交家/凝聚者

智多星能够和协调者、外交家和凝聚者这些善于人际交往的同事共事和睦相处。智多星与执行者共事最容易发生冲突，如果智多星是上级，执行者是下属的话，情况则不同，这种领导和被领导的关系往往是非常高效的。如果智多星的建议行得通，执行者就会动手干。同样，审议者做智多星的下属也会有比较好的局面出现。

(2) 审议者+协调者+执行者

审议者和协调者、执行者做同事，往往协作愉快，沟通障碍少。如果让审议者与完成者、鞭策者做同事，协作效能会比较差，他们有可能会因为微不足道的小事而争吵不休，导致事情久拖不决。如果上级是协调者,审议者能很好发挥自己的作用;如果上级是鞭策者,审议者能发挥的作用就很有限了。至于下属关系,如果让执行者做审议者的下属,效果最佳,但需要避免让其他审议者做其下属,特别是不能让智多星做其下属。

(3) 专家+执行者+凝聚者

专家和执行者、凝聚者做同事往往合得来,但跟智多星共事往往冲突不断。专家需要信任和重视其专业精神的上级,希望上级能够放松对其的约束。因此,专家会欢迎凝聚者和协调者做上级,而反感外交家和鞭策者做上级。在对待下属问题上,专家更喜欢那些尊重专业人才、标准一旦制定便坚决执行的下属。执行者和凝聚者都可以成为专家欢迎的下属。鞭策者往往欣赏那些充满活力的同事,与这样的人在一起才有可能针锋相对地争论。在这一点上,外交家正好符合条件。在鞭策者眼里,上级不应该插手具体事务,但必要时可以提建议。协调者作为上级往往能有效地驾驭鞭策者,审议者如果有足够的智慧去赢得鞭策者的尊重,也能把鞭策者打造成出色的下属,与其他角色类型的上级在一起,鞭策者就很容易出问题。就下属而言,凝聚者、完成者、执行者都可以成为合拍的下属,而协调者、审议者、智多星则不尽如人意了。执行者在同事关系上,容易和其他执行者或智多星发生争执或冲突,执行者喜欢那种对下属提出明确要求或建议的上级。

因此,鞭策者和智多星或者完成者都能够很好领导执行者,但上级如果也是执行者,协作起来不太理想;就下属而言,最对他们胃口的角色是凝聚者,最难应付的下属是智多星和外交家,因为这些人都是最不愿意尊重既定体制和权威的角色。完成者最欣赏的同事是执行者,最容易起冲突的同事是外交家;完成者给外交家、智多星和鞭策者打下手效果最佳,但如果给其他完成者打下手表现会最糟糕;完成者喜欢让为人可靠、做事有条理的执行者做自己的下属,完成者在外交家身上最找不到感觉。

(4) 外交家+完成者+专家

如果让外交家与完成者、专家做同事,则很难做到角色互补,但和执行者和凝聚者一起共事,效能往往很高。由于外交家都善于交际,同时又游刃有余,一般能够很好地应对鞭策者类型的上级。但外交家不喜欢那种看重精确性且对下属严加控制的上级,因此外交家应该避开完成者和专家类型的上级。至于下属,外交家应首选完成者,因为完成者会弥补外交家典型的缺陷,同时完成者不需要有人去监督,该办的事情自然会搞定。

协调者跟大多数团队角色都能和睦相处,除了鞭策者之外,无论是工作风格,还是看问题的侧重点,协调者和鞭策者都很容易产生分歧;同样,协调者由于其协调能力强,能够成为大多数团队角色的好下级,但协调者不太喜欢为凝聚者打下手,因为在这种情形下,协调者容易迷失方向;协调者往往是好上级,尤其是管理智多星,但最好避免给协调者匹配强势的鞭策者做下级。

凝聚者是最容易相处的人,他能够跟各种类型的角色共事,但他们跟其他凝聚者在一起工作,效果会更好,因为凝聚者之间可以相互支持,彼此都能从团队合作中受益。理想的情况是,凝聚者应该给强势的鞭策者打下手,同时应该避免给另一个凝聚者当下属。凝聚者喜欢积极主动型的下属,专家最符合条件,鞭策者又一次被排除在外。

二、高绩效团队概述

1. 团队效能的定义

团队效能由团队绩效(周边绩效)和组织绩效(任务绩效)共同构成。团队绩效是一种心理和社会关系的人际和意志行为，是一种有助于完成组织工作的活动，它侧重于测量组织成员在工作职责外具备的与工作绩效相关的某些品质特征，如帮助他人、团结协助等，这类行为也被称为组织公民行为、亲社会的组织行为等，都是指在组织中与他人合作和帮助他人的有益于组织的行为。组织绩效是指任务的完成情况，即职务说明书中所规定的绩效，它与组织的技术成分直接相关，是传统绩效评估的主要成分。

2. 高效能团队的特征

(1) 明确的目标与愿景

高效能的安全团队会有清晰、明确的目标，所有成员都了解并致力于实现这些目标。团队愿景明确，能够使成员团结一致，共同努力。目标需要明确到可以量化或具体描述的程度，比如“减少安全事件响应时间至24小时以内”或“提高安全培训覆盖率至100%”。团队应该能够用某种方式来衡量是否达到了目标，比如通过关键绩效指标(KPI)来衡量安全事件的响应时间和处理效率。

(2) 优秀的团队协作

团队成员之间协作默契，能够有效沟通并共同解决问题。他们相互信任，愿意分享知识和经验，从而提高整个团队的效能。团队成员之间能够流畅地交换意见和信息，无论是面对面的讨论、电话会议还是通过电子邮件和即时通信工具。在面对复杂或突发的问题时，优秀的团队协作要求成员能够灵活调整自己的工作计划，与其他成员协同解决问题。这种灵活性和协同能力使得团队能够快速应对各种挑战。

(3) 强大的技术能力

高效能的安全团队通常具备深厚的技术功底，能够熟练运用各种安全工具和技术来检测和防御威胁。他们不断学习新技术，以应对日益复杂的安全挑战。强大的技术能力是高效能安全团队不可或缺的重要特征。这种能力不仅体现在专业知识的掌握和实践经验的丰富上，还包括持续学习和创新的能力，以及团队协作和执行力的提升。只有具备了这些要素的安全团队，才能有效应对各种安全挑战、保护组织的生产安全。

(4) 持续学习与改进

团队成员注重自我提升，不断学习新知识、新技能，并关注行业动态。同时，他们能够从错误中吸取教训，持续改进工作流程和方法。他们通过阅读最新的安全研究、参加专业培训、订阅安全技术博客和论坛等方式，不断更新自己的知识库。

(5) 灵活适应与创新能力

面对不断变化的安全威胁，高效能的安全团队能够迅速调整策略、创新应对方法，且勇于尝试新的解决方案。安全领域的变化日新月异，新的威胁和隐患不断涌现。一个具备灵活适应能力的安全团队能够迅速识别这些变化，并调整策略以应对新的风险。无论是面对突发的安全事件还是长期的安全趋势，他们都能快速做出反应。

(6) 强烈的责任心和使命感

团队成员对保护组织资产和信息安全有着强烈的责任心和使命感。他们深知自己的工作对于整个组织的重要性，因此更加专注和投入。他们对于保护组织免受事故伤害的使命充满热忱，深知自己的每一个决策、每一次行动都直接关系到组织的安全和稳定。他们理解安全工作并非简单的技术操作，而是一项关乎组织生死存亡的重任。因此，团队成员始终以高度的警觉和专注对待每一个潜在的安全风险，确保系统的每个角落都得到妥善防护。这种强烈的责任心和使命感不仅驱动他们无私地贡献自己的专业技能和智慧，而且还让他们能够在关键时刻挺身而出，为组织的安全筑起一道坚实的屏障。

3. 创建高效能团队

基于上述高效能团队的特征以及团队发展阶段的规律，在创建团队的过程中，为了提高团队效能，就要做到：为团队确立清晰可行的目标；确立适当的团队规模；选择适合团队要求的合适成员；选择合适的领导和团队结构；建立合理的激励机制；提供足够的培训；让员工体会团队带来的满足感；将团队文化建设贯穿到团队管理的各个环节。同时，团队领导要分析团队所处的阶段，密切关注团队发展阶段的变化，做好团队阶段管理。

三、构建高绩效安全团队

构建高绩效安全团队是一项既复杂又关键的任务，要求组织在人员选拔、技能培养、团队文化、协作机制以及激励机制等多个方面进行全面而细致的规划与实施。

1. 明确安全团队的战略定位与目标

组织需要明确安全团队在整个组织结构中的战略定位，这包括确定安全团队的工作范围、职责权限以及与其他部门的协作关系。同时，要设定清晰、可衡量的安全目标，确保团队成员对组织的安全需求有清晰的认识，并能够围绕这些目标开展工作。

2. 选拔优秀人才，构建专业团队

选拔具备扎实安全知识、丰富实践经验和良好职业道德的人才，是构建高绩效安全团队的关键。在选拔过程中，应注重候选人的专业技能、团队协作能力、创新思维以及解决问题的能力。同时，要保持团队的多样性，吸收不同背景、不同领域的优秀人才，以丰富团队的视野和思路。

3. 加强技能培养与知识更新

安全领域的技术和知识更新迅速，对团队成员进行定期的技能培养和知识更新至关重要。组织可以通过内部培训、外部培训、在线课程、实践项目等多种方式，提升团队成员的专业技能和综合素质。此外，还可以鼓励团队成员参加行业会议、研讨会等活动，与同行交流学习，拓宽视野。

4. 建立高效协作机制与沟通渠道

高效协作和良好沟通是高绩效安全团队的核心特征。组织应建立明确的协作机制和沟通渠道，确保团队成员能够迅速、准确地传递信息、共享资源、解决问题。同时，要鼓励团队成员之间的开放交流，营造积极、包容的团队氛围，激发团队成员的创新精神和合作精神。

5. 实施激励机制，激发团队潜能

合理的激励机制能够激发团队成员的积极性和创造性，提升团队的整体绩效。组织可以根据团队成员的贡献、能力、工作态度等因素，制定个性化的激励方案，包括薪酬激励、晋升激励、荣誉激励等。同时，要关注团队成员的职业发展，提供清晰的晋升通道和发展空间，帮助团队成员实现自我价值。

6. 强化团队文化与价值观

团队文化和价值观是团队的灵魂，对于高绩效安全团队来说尤为重要。组织应塑造积极向上的团队文化，强调责任、创新、协作和持续改进。同时，要明确团队的核心价值观，如“客户至上、安全第一”等，并通过各种方式将这些价值观内化为团队成员的行为准则。

7. 引入先进的安全管理与技术工具

引入先进的安全管理与技术工具，可以提高安全团队的工作效率和质量。例如，利用安全信息和事件管理系统（SIEM）和入侵检测系统（IDS）等自动化工具，可以实时监控和分析安全事件，提高安全响应速度；采用零信任网络架构和身份认证技术，可以增强组织的网络安全防护能力。

8. 持续改进与自我完善

构建高绩效安全团队是一个持续的过程，需要不断地进行改进和自我完善。组织应定期对安全团队的工作进行评估和反馈，发现问题及时进行调整和优化。同时，要鼓励团队成员提出改进意见和建议，激发团队的创新活力。

9. 加强与其他部门的协作与配合

安全团队的工作往往涉及多个部门和业务领域，因此，加强与其他部门的协作与配合至关重要。组织应建立跨部门的安全协作机制，明确各部门的职责和协作方式，确保安全团队能够与其他部门形成合力，共同应对安全挑战。

10. 关注行业动态与法规变化

安全领域面临着不断变化的法规要求和行业趋势，高绩效安全团队需要保持对行业动态和法规变化的敏锐洞察力。组织应定期收集和分析相关法规、标准和最佳实践，及时调整团队的工作策略和方向。同时，要关注新兴安全技术和威胁动态，为团队提供前瞻性的指导和支持。

构建高绩效安全团队需要从多个方面入手，包括明确战略定位与目标、选拔优秀人才、加强技能培养与知识更新、建立高效协作机制与沟通渠道、实施激励机制、强化团队文化与价值观、引入先进的安全管理与技术工具、持续改进与自我完善以及加强与其他部门的协作与配合等。这些策略与方法共同构成了构建高绩效安全团队的完整框架，有助于组织提升安全防护能力、应对安全挑战并实现可持续发展。

复习思考题

1. 简述安全团队的含义及类型。
2. 面对不同的安全团队阶段，如何管理团队？
3. 新生代员工和老员工在安全管理上有何区别？
4. 简述安全团队角色的类型。
5. 如何打造高绩效的安全团队？

安全文化点滴

第4篇

安全领导

开篇导语

领导的本意是带领、引导，即带领组织成员朝着既定方向前进的行为。安全领导相对于安全管理而言，更加侧重于确定安全方向、制定安全战略、塑造安全文化、激励员工，带领组织成员实现生产安全，创造更大的安全绩效。为了取得更好的安全领导效果，安全领导者需要提升领导素质。本篇共分两个部分，围绕领导含义、安全领导特质与行为分析、安全领导力提升关键以及如何做好安全激励与冲突管理展开。第一部分内容包括安全领导概念与作用辨析、安全领导力与安全管理的比较分析、安全领导的行为习惯和安全领导力提升策略等；第二部分围绕如何做好安全激励工作展开，讲述激励的理论、安全激励模式，包括物质激励和非物质激励。此外，聚焦沟通效能提升问题，从沟通的基本模型谈起，讲述沟通技能、人际沟通与冲突解决以及书面沟通的要点。

学习目标

理解安全领导和安全管理的差异以及安全领导力权力的内涵。

理解安全领导特质，掌握领导行为的经典理论。

掌握安全激励理论。

理解物质激励与非物质激励的区别与联系。

理解中国式人际关系对安全管理的作用。

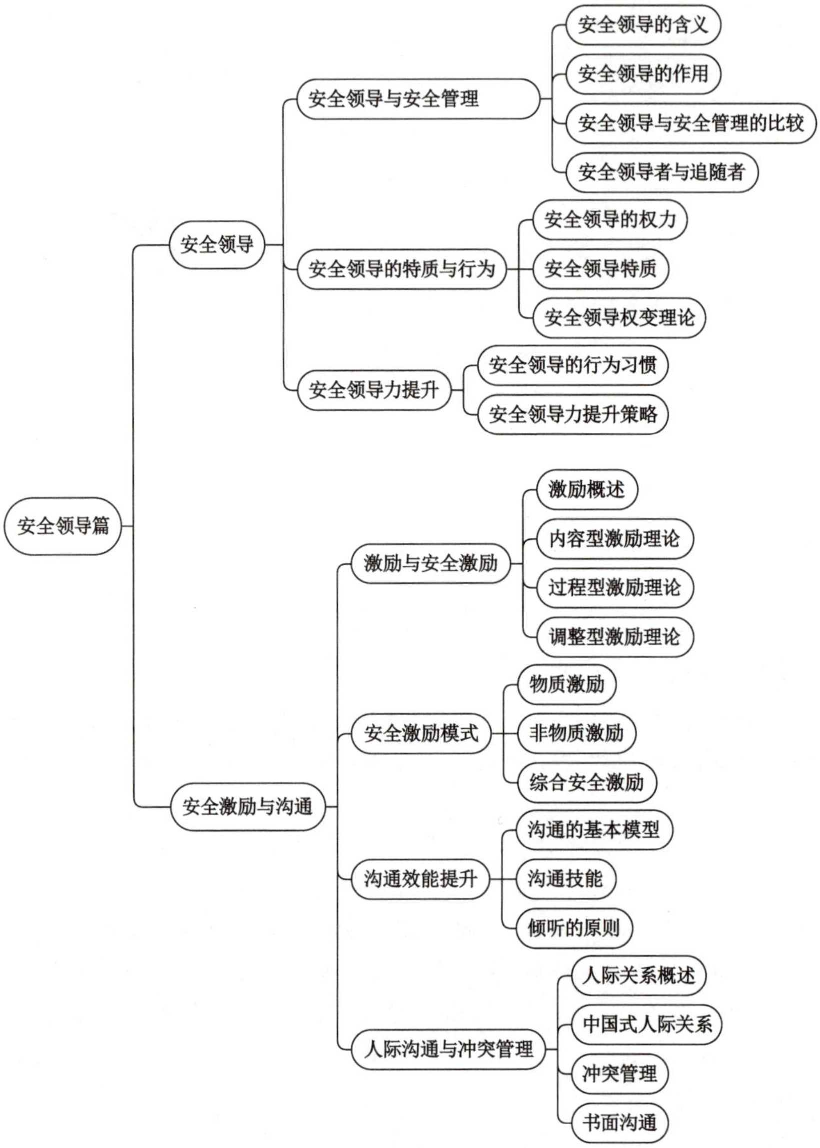
安全领导篇
安全领导
安全领导与安全管理
安全领导的含义
安全领导的作用
安全领导与安全管理的比较
安全领导者与追随者
安全领导的特质与行为
安全领导的权力
安全领导特质
安全领导权变理论
安全领导力提升
安全领导的行为习惯
安全领导力提升策略
安全激励与沟通
激励与安全激励
激励概述
内容型激励理论
过程型激励理论
调整型激励理论
安全激励模式
物质激励
非物质激励
综合安全激励
沟通效能提升
沟通的基本模型
沟通技能
倾听的原则
人际沟通与冲突管理
人际关系概述
中国式人际关系
冲突管理
书面沟通

思维导图

第9章 安全领导与管理

第1节 安全领导与管理概述

一、安全领导的含义

“领导”一词是外来语，通常有两层含义。其一，领导作为名词，指的是领导人或领导者，即组织中确定和实现组织目标的首领。一个组织的领导者能影响组织中的每一个成员，并把他们的才能充分发挥出来。其二，领导作为动词，指的是一项管理工作、管理职能。通过该项职能的行使，领导者能促使被领导者努力实现既定的组织目标。安全领导仅指安全领导者的领导职能。领导应具备的主要特征有：领导是一个过程，领导包含一种影响，领导出现在一个群体的环境中，领导包含某种要实现的目标。

安全领导是某个人指引和影响其他个人或群体，在完成组织任务时，实现安全目标的活动过程。安全领导是一个动态的过程，该过程包含了安全领导者、被领导者(个人或群体)及其所处环境(一定的存在条件)三个因素所组成的复合关系。安全领导是安全管理的基本职能，贯穿于安全管理活动的整个过程，是安全领导者运用权力或威信对被领导者进行引导或施加影响，以使被领导者自觉地与领导者一起去实现群体安全目标的过程。对他人实施影响、致力于实现安全领导过程的人，即安全领导者。安全领导者是组织中那些有影响力的人员，他们可以是组织中拥有合法职位的、对各类安全管理活动具有决定权的主管人员，也可以是一些没有确定职位的权威人士或非正式群体中的“头领”。

二、安全领导的作用

安全领导者在安全领导活动中所表现出来的行为就是安全领导行为，安全领导行为的影响和作用是以安全领导的功能体现的。安全领导的作用表现在企业组织安全运行行为的许多方面，可简单地分为组织作用和激励作用两个方面。

1. 安全领导的组织作用

实现组织的安全运行目标是安全领导过程的最终目的。围绕这个目的，生产企业的安全领导者必须根据企业的内、外部危险因素和生产条件，安全法规和技术要求，可利用资源等，制定企业的安全目标与决策，建立安全组织管理机构，科学合理地组织使用人力、物力、财力，实现最终安全生产目标。安全领导者在实施安全领导的过程中，只有通过有效的组织、提供合适的安全工作环境和条件，才能引导和影响被管理者实现安全目标，最终实现企业的效益目标。

为了发挥组织功能，保证安全运营，实现安全目标，安全领导者必须做到：

① 对企业的生产环境进行科学分析，根据企业或组织危险因素与安全隐患状况、安全生产的要求与可能性，制定与设置组织安全总目标，进行重要的安全决策。

② 根据企业组织的安全总目标，分解二级、三级或四级安全目标，根据安全决策及安全原则考虑安全策略规划，包括安全信息分析、执行方案思考、预期结果设定等。

③ 为实现企业组织的安全目标及安全决策，安全领导者应合理地安排、落实、监督和使用人力、物力、财力。

④ 通过企业的组织结构对安全生产活动过程进行有效的控制与及时的信息反馈。

⑤ 确保建立健全科学的安全管理体系，如安全组织机构和人员、安全管理制度、安全规章方法、安全信息系统、安全教育系统等。

2. 安全领导的激励作用

激励就是调动被管理者的积极性、主动性、创造性的过程。激励是任何领导的主要作用之一，安全领导也不例外。对于安全领导者而言，组织作用尚可借助他人的知识与能力实现，而激励作用则不能借助他人能力实现。任何一个真正想开创企业安全生产工作新局面的安全领导者，若不能发挥好安全领导的激励作用，则安全目标制定得再好、安全决策再正确、组织机构再合理、安全管理再科学化，也不能很好地实现企业的安全目标。

安全领导的激励作用主要体现在以下方面：

① 提高被领导者接受和执行安全目标的自觉程度。

② 激发被领导者实现企业安全目标的热情。

③ 增强被领导者的安全行为，削弱以致消除被领导者的不安全行为。

三、安全领导与安全管理比较

安全领导职能与其他安全管理职能有一个显著的区别，安全领导职能的发挥需要重视人的行为因素，关注人与人之间的相互作用。也就是说，安全领导不是领导者个人的行为，而是安全领导者与被领导者之间进行相互作用的过程。安全领导是开展有效安全管理工作必不可少的一项职能，也是最充分体现安全管理工作艺术性的一种职能。

安全领导有指挥、协调和激励三个方面的作用，指挥作用要求安全领导者头脑清醒、胸怀全局，能认清组织所处的环境和形势，为组织指明安全目标和达到安全目标的路径。协调作用要求安全领导者排除各种因素的干扰，协调下属之间的关系和活动，朝着共同的安全目标前进。激励作用要求安全领导者通过为下属主动创造能力发展空间和职业发展生涯等行为影响下属的内在需求和动机，引导和强化下属为组织安全目标而努力。

安全领导与安全管理是密不可分的，两者有着千丝万缕的联系。从共性上来看，两者都是一种在组织内部通过影响他人的活动协调并实现组织安全目标的过程，两者基本的权力都是来自组织的岗位设置。从差异性上看，安全领导是安全管理的一个方面，属于安全管理活动的范畴，但是除了安全领导，安全管理还包括其他内容，如制订安全计划、组织安全活动、实施风险控制等。安全管理的权力是建立在合法的、强制性权力基础上的，而安全领导的权力既可以建立在合法的、强制性权力基础上，也可以建立在个人的影响力和专家权力等基础上。

因此，安全领导者不一定是安全管理者，安全管理者也并不一定是安全领导者。两者既可以是合二为一的，也可以是相互分离的。安全领导的本质是一种对安全行为的影响力和感召力，是下属对其的追随关系。人们往往会追随那些他们认为可以满足自身需要的人，正是人们的追随才使得某个人成为领导者。在正式组织中，安全管理者是有一定的职位的人，并且对组织的安全整体负有责任。有的安全管理者可以运用职权迫使人们去从事某一件工作，但不能影响他人去工作，他并不是真正意义的安全领导者；有的人并没有正式职权，却能以个人的影响力去影响他人，他是一位真正意义的安全领导者。安全领导侧重做正确的事，而安全管理侧重正确地做事。为了使组织更有效，应该选取安全领导者来从事安全管理工作，也应该把每个安全管理者都培养成优秀的安全领导者。安全领导者与安全管理者特征对比见表 9-1。

表 9-1　安全领导者与安全管理者特征对比

安全领导者的特征	安全管理者的特征	安全领导者的特征	安全管理者的特征
个人安全影响力	职位影响力	有想象力	深思熟虑
远见卓识	理性判断	大胆革新	稳中求进
有感染力 鼓舞士气	面对现实 脚踏实地	着眼实践	看重权威
积极主动	折中稳重	灵活变通	趋于保守
有创造性	善于分析		

四、安全领导者与追随者

只要有领导者，就必然存在追随者。追随者是指“追随别人的意见和教导的人”或者“模仿他人的人”，可以分为个体追随者和群体追随者。个体追随者首先具有强烈的支持领导者实现组织目标的意愿，同时具备良好的交际技能，能够与组织中的其他成员保持一致，创造良好的氛围。群体追随者则是由领导者构建的具有一定规模并经过制度设计，为个人提供角色定位的一种组织。

安全追随者是安全领导活动中执行具体决策方案和实现组织目标的行动者。合格的安全追随者能够自我思考，独立工作，能够很好地管理自己，能够对目标作出承诺，能够建构自己的目标并为达到最佳效果而付出努力，因此，合格的安全追随者是诚实、有勇气、值得信赖的。罗伯特·E. 凯利(Robert E. Kelley)描述了几类追随者的风格，这几类追随风格被两个维度划分为五种类型。追随风格的第一个维度：追随者具备的是独立性和批判性思维，还是依赖性和非批判性思维。独立而具有批判性的思考者，可以在一定程度上影响安全领导者的决策，给出具有建设性、批判性的建议和创造性的改革方案，同时这种思考者还会留意到人们为组织做出的贡献，他能够理性地意识到自己和他人行为的价值。相反，一个具有依赖性和非批判性思维的思考者，领导者与其的交流大多是灌输式的，基本不存在深度的沟通，并且这种思考者也只是机械地完成被告知的任务，就像一个水袋，只接受而不输出，根本不考虑其他任何可能性，他们对组织的贡献几乎为零，无条件地接受领导者的主张。追随风格的第二个维度：考察追随者是主动还是被动。主动的追随者全身心地参与到组织活动中去，甚至投身超出工作限制范围之外的事务中，加班加点地超额完成任务，表现出一种主人翁意识，主动解决问题，做出决定。被动的追随者则需要领导者花费很大精力监督和鞭策，被动者的消极态度常常被视为懒惰，他们除了被要求的事之外什么也不做，并且对附加的任务和责任唯恐避之不及。由这两类划分标准可以得出以下五种追随者风格：疏离者、愚忠者、实用者、被动者和有效追随者。

第2节 安全领导的特质与行为

一、安全领导的权力

1. 权力的定义

从狭义的角度对安全领导工作进行定义，它指的是安全领导者运用其拥有的权力，以一定的方式对他人施加影响的过程。“影响”就意味着领导者的行为使得其他人的态度和行为发生改变，而要产生这种影响，安全领导者就必须拥有某种比被领导者更大的权力，这种权力是安全领导者对他人施加影响的基础。换句话说，安全领导的影响力是由权力派生而来的。

2. 权力的来源

安全领导的权力来源于两方面：个人魅力和职位赋予。个人魅力所带来的领导权力主要包含专家性权力和感召性权力，职位所带来的领导权力主要包含法定性权力、奖励性权力和强制性权力。

(1) 专家性权力

专家性权力指的是来源于个人技能、专长和知识的一种权力，与个人是否拥有职位权力无关。随着企业的发展，各个部门的分工越来越趋向专业化，企业所制定目标的实现越来越依靠有一技之长的专业人士。一些依靠专业技能的职业，如安全工程师，这些人都在某一领域内有所专长，有特殊的影响力，从而获得了专家性权力。

(2) 感召性权力

感召性权力是指由于安全领导者拥有吸引别人的个性、品德、作风而引起人们的认同、赞赏、钦佩和羡慕，从而使人们自愿地追随和服从他。安全领导者的感召力表现在对追随者的激励和吸引上，这种权力是身为领导不可或缺的。感召性权力能够激发团队成员的内在动力，使他们不仅出于职责，更是出于对领导者的敬仰和信任，而积极地投入到安全工作中。具有感召性权力的安全领导者通常能够以身作则，通过自身的言行来树立榜样，并传达对安全的深刻理解和承诺。

(3) 法定性权力

法定性权力是指在组织结构中，由所处的工作职位(高层、中层和低层)而获得的权力。员工一旦有了正式的任命，就具有了相应的法定性权力。随着职位的丧失，法定性权力也不会继续存在。安全领导者的法定权力主要来源于法律法规的授权，这种权力使得安全领导者能够在其职责范围内对确定的人与事进行支配和影响。

(4) 奖励性权力

奖励性权力指安全领导者提供奖金、提薪、晋级、表扬，给下属更大权限或其他令人愉悦的东西的权力。这种权力之所以能够激励追随者，主要依靠的是人们对更好生活的欲望和愿景。奖励性权力往往比强制性权力更能够提升追随者工作的效率。当团队成员在安全工作中表现出色，遵守规章制度，取得了显著成绩或者提出了有益于安全管理的建议时，安全领导者可以利用奖励性权力给予他们适当的奖励。

(5) 强制性权力

强制性权力是指安全领导者对其下属具有的强制其服从的力量。强制性权力在军队中普遍存在,而在现实生活中大多数领导是循循善诱的。与奖励性权力相反,强制性权力是通过负面处罚或剥夺享受来影响追随者的。主要表现在:安全领导者可以发布命令和指导,要求团队成员按照特定的安全流程和标准行事;如果团队成员违反了安全规定,安全领导者有权要求其立即纠正,并可能给予警告或其他纪律处分;在严重违规的情况下,安全领导者可以根据组织的政策和程序,对违规者实施惩罚,如停职、罚款、降级或解雇等;在安全紧急情况下,安全领导者可以采取必要的强制措施,包括疏散人员、封锁危险区域等,以保护员工和组织的安全。

3. 权力的分类

权力分为正式权力和非正式权力。

(1) 正式权力

正式权力主要是组织赋予安全领导者的岗位权力,它以服从为前提,具有明显的强制性。其中包含决策权、组织权、指挥权、人事权、奖惩权,正式权力与安全领导者的个人因素无关。

(2) 非正式权力

非正式权力是安全领导者以自身的威信影响或改变被领导者的心理和行为的力量。其中包含安全领导者的素质、能力、品德、学识、资历等。其所带来的权力主要是个人权力,也即通过安全领导者个人魅力获得的权力。

二、安全领导特质

领导特质理论也称素质理论、品质理论,着重研究领导者的品质和特性,其理论基础来源于奥尔波特(Allport)人格特质理论。20世纪早期的领导理论研究者认为,领导的特质是与生俱来的,与后天的学习、实践无关,能够成为领导者的人是天生就具有了领导特质。它强调领导者自身一定数量的、独特的、能与他人区别开来的品质与特质对领导有效性的影响。著名管理学家切斯特·巴纳德于1938年在《经理人员的职能》一书中提出,领导者应该具备以下五项基本特质,如图9-1所示。根据该理论,本书认为安全领导者也应该具备五项基本特质。

1. 活力与耐力

安全领导者的活力主要表现在完成任务的积极性、热情和足够强大的内驱力上,这三者可以感染追随者,并对其产生有效激励。只有活力是不够的,与此同时安全领导者还需要具备一定的耐力。如果安全领导者的热情表现在急于求成,甚至安全领导者本人都在团队举步维艰的时候暴躁不已,那么其对追随者不仅没有激励,可能还会产生负面效应。

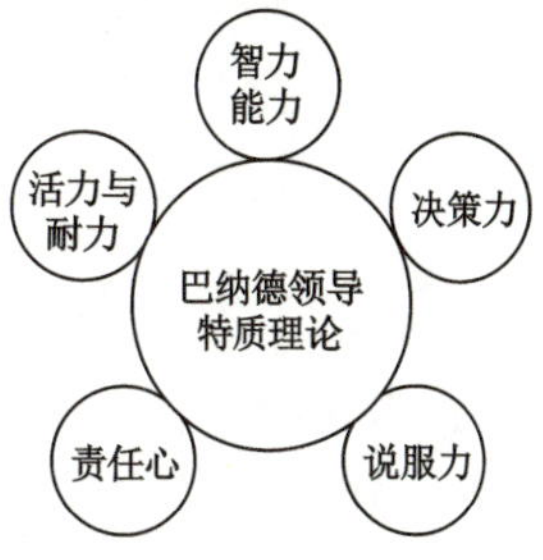

图9-1　巴纳德领导特质理论

2. 决策力

安全领导者与普通人的区别之一就是能当机立断、抓住时机、果断地做出决定。其中,包含了安全领导者对于自我决策的自信。正是因为安全领导者做了足够的功课,有着足够的经验,才能够自信、全面地做出决策。

3. 说服力

说服力指的是安全领导者对追随者循循善诱地进行引导和启发，安全领导者不应该总以命令的语气和陈述性的表达来安排工作，这种态度会让追随者认为自己只是服从命令的工具，而应多以启发性的语句安排任务，关心他人，引导他人，从而更加有效地促进合作。

4. 责任心

企业的安全战略和前景需要负责任的安全领导带领下属去贯彻，安全领导的责任心是下属信任自己、安心工作的前提。作为组织发展的组织者和实践者，安全领导者是否有强烈的责任心，也直接影响着决策水平和工作成效的高低。

5. 智力能力

安全领导者的智力能力表现在领悟力、理解力和工作能力上。首先，安全领导者对工作理解的深度、广度要高于普通员工，这样才能得到下属的尊重和响应。其次，安全领导者的工作能力、工作效率应该强于普通安全员，如果一个安全领导在决策、组织和管理时总是要依赖别人，那么员工们就很难尊重他。安全领导的特质理论目前已经日趋成熟，并被应用于许多方面。

安全领导的特殊特质体现在他们冷静的判断力以及前瞻性的战略眼光之中。他们不仅精通安全管理的专业知识，更在危机面前展现出坚定的决心和果断的行动。这些领导者深知安全无小事，对细节的把握严谨至极，同时又能从宏观角度预见潜在风险、制定预防措施。他们的言行举止透露出对安全的敬畏与承诺，让团队成员感受到安全的重要性并自觉遵循。这种全方位、深层次的安全领导力，正是安全领导区别于其他领域领导的独特之处。

三、安全领导权变理论

研究发现，安全领导行为所处的外部环境会对安全领导模式和行为产生影响，权变理论解释了特定环境中安全领导模式与有效性的关系。该理论表明安全领导方式的有效性是受多种变量影响的，可以用公式表示：$S=f(L,F,E)$。其中，S 表示安全领导方式，L 表示安全领导者特征，F 表示追随者特征，E 表示环境。

1. 菲德勒权变理论

弗雷德·菲德勒(Fred E. Fiedler)是领导权变理论的创始人，他提出了第一个综合的领导权变模型。该模型指出，有效的领导绩效取决于领导风格与领导环境的合理匹配。表 9-2 为菲德勒权变理论。

表 9-2　菲德勒权变理论

因素	非常有利			中间状态			非常不利	
	1	2	3	4	5	6	7	8
领导与下属的关系	好	好	好	好	差	差	差	差
任务结构	明确	明确	不明确	不明确	明确	明确	不明确	不明确
职位权力	强	弱	强	弱	强	弱	强	弱

(1) 领导风格的确定

菲德勒认为，领导对下属和共事者的看法和感觉会影响双方之间的关系，有必要了解领导在对下属的看法和感觉方面属于哪种类型。为此，他设计了一种测定领导者领导风格的调查表，称为 LPC(least preferred coworker)调查表，要求领导者对他目前和过去的同事中最不喜欢的共事者做出描述。这个量表表面上看是领导在评价下属，实际上是说明领导者本人的一些情况。问卷由 16 对意义相反的形容词构成，如“热心对应冷漠”“好争对应融洽”“自信对应犹豫”等，每对形容词都按照从 1(最消极)到 8(最积极)的等级排列，积极的一面对应较高的分数，消极的一面对应较低的分数。

LPC 得分高的领导者，多用赞许的词语评价他最不喜欢的共事者，可以看出是以人际关系为中心的，并通过这种人际关系来维持自己的地位和满足自尊的需要，由此被确定为“关系导向型”领导风格。

LPC 得分低的领导者，多用嫌弃的词语评价他最不喜欢的共事者。可以看出，他们是以任务为中心的，重视的是通过完成任务来达到自尊心的要求，由此被确定为“任务导向型”领导风格。

(2) 领导环境要素分析

用 LPC 问卷对领导者的基本领导风格进行确定之后，需要再对领导环境进行评估，菲德勒列出了构成领导环境的三个关键要素。

① 领导与下属的关系。领导与下属的关系即组织成员对其领导者的信任、喜爱及愿意追随的程度。下属愿意追随领导，领导与下属的关系程度越高，领导者的权力和影响力就越大，对其开展工作越有利。

② 任务结构。任务结构即对工作明确规定的程度。任务结构程度越高，对领导者开展领导活动就越有利。

③ 职位权力。职位权力即组织赋予领导者的正式地位权力，其大小是由领导者对下属有多大的直接权力来决定的。一名领导者对其下属的雇用、工作分配、报酬等的直接决定性权力越大，对其下属的影响力越大，越容易开展领导活动。

(3) 领导风格与领导环境的匹配

根据领导情境的八种分类和领导类型的两种分类(高 LPC 值的领导和低 LPC 值的领导)，菲德勒对 1 200 个团体进行了抽样调查，得出了以下结论：领导环境决定了领导的方式。在环境较好的 1、2、3 和环境较差的 7、8 情况下，采用低 LPC 领导方式，即工作任务型的领导方式比较有效。在环境中等的 4、5、6 情况下，采用高 LPC 领导方式，即人际关系型的领导方式比较有效。

环境 1 对领导者开展领导活动最有利，因为上下级关系良好、任务结构明确、职位权力较强。环境 8 最不利，其他情况介于两者之间

2. 路径-目标理论

路径-目标理论(path-goal theory)以俄亥俄州立大学激励理论中的期望理论为基础建立起来。该理论认为，有效的领导者应该明确地指出一条途径，为下属完成工作任务清除障碍，使得下属更容易完成自己的职责，从而达成个体与组织的同一目标。

根据路径-目标理论，领导者有义务利用组织的支持和报酬，建立起恰当的工作方式与工作环境，帮助下属实现组织目标。该理论涉及建立目标、明确路径两个重要概念。路径-目标理论主要包括以下五个方面的内容。

(1) 领导过程

路径-目标理论的领导过程是：领导者确认下属的需要，帮助他们建立适宜的目标，将

达成目标与能够获得的报酬相联系，并指导下属消除绩效障碍。领导过程中的期望是下属对工作满意、认可领导者并产生积极浓厚的兴趣和动力，这些将反映在绩效和目标实现中。

(2) 目标设置

路径-目标理论中取得成功绩效的重要前提就是目标设置，检测组织绩效的完成情况时也离不开目标。成员必须感受到群体目标的价值，认可集体目标，并且有信心以现有的资源达到这个目标。

(3) 路径完善

领导者帮助下属确立了目标之后，也要为他们修正和完善实现目标的路径，预先了解可供选择的领导方案，尤其要比较、衡量下属的两类支持需求。第一类是任务支持，即领导者需提供有助于下属完成任务的要素，消除环境对下属达成绩效的阻碍和限制，及时给予有效的努力和成果来表达认可；第二类是心理支持，领导者要对下属表现出积极的影响，使下属产生积极的工作动力。

(4) 领导方式

根据路径-目标理论，下属接受领导者行为的程度取决于下属从领导者的行为中获得的满足感，领导者必须结合下属的有效工作绩效来激励下属，并提供有效的工作绩效所必需的指导、支持和奖励。豪斯区分了四种领导风格：支持型、参与型、指导型和成就导向型。

(5) 两类情境

路径-目标理论提出了两类情境，是领导行为与结果之间关系的中间变量。情境之一是包括正式权力系统、任务结构以及工作群体等在内的超出下属控制范围的环境因素；情境之二是控制力、经验和感知能力等下属的个性特点。环境因素决定了领导行为类型，而个性特点决定下属面对环境和领导者行为时做出何种解释以及选择哪种态度。路径-目标理论证明，当下属的能力或工作环境存在不足时，领导者的适当干预会给员工的绩效和满意程度带来积极影响。但是，当任务已经十分明确或下属完全具备处理任务的能力和经验时，如果领导者还要花费时间解释或安排工作，下属将会对这些不恰当的指导或帮助表现出厌烦，甚至将之视为侵犯。

3. 领导生命周期理论

该理论由行为学家保罗·赫塞(Paul Hersey)和肯·布兰查德(Ken Blanchard)提出，他们认为下属的“成熟度”对领导者的领导方式起重要作用。因此，对不同“成熟度”的员工采取的领导方式有所不同。这里所说的成熟度是指个体对自己的直接行为负责的能力和意愿，分为心理成熟度和工作成熟度。成熟度分为四个阶段：下属虽然有积极性但是缺乏足够的技能的阶段(D1 阶段)；下属既不能胜任工作也不能被信任的阶段(D2 阶段)；下属有能力但是不愿意干领导希望其干的工作的阶段(D3 阶段)；下属既有能力又愿意接受工作的阶段(D4 阶段)。表 9-3 为员工四个发展阶段的特征。随着下属成熟度的提高，管理者倾向于信任下属，管理者与下属之间的合作愿望就会提高。

表 9-3　员工四个发展阶段的特征

阶段	下属特征	阶段	下属特征
D1	工作能力弱，工作意愿高	D3	工作能力中等至强，工作意愿不定
D2	工作能力弱至一般，工作意愿低	D4	工作能力强，工作意愿高

领导生命周期理论将领导行为划分为四个阶段，与员工的成熟度相对应。

① 高工作低关系：当员工处于不成熟状态时，领导者应采取命令式的领导方式，给予明确的工作指导和监督，同时保持较少的情感支持。

② 高工作高关系：当员工进入初步成熟阶段时，领导者除了给予工作任务和指导外，还需要增加对员工的信任和尊重，加强关系行为。

③ 低工作高关系：随着员工进一步成熟，他们渴望更多的自主权和参与决策的机会。此时，领导者应减少直接的工作任务分配，转而通过参与式的管理方式与员工共同决策。

④ 低工作低关系：当员工达到相当高的成熟度时，领导者应采取授权式的领导方式，给予员工充分的信任和自主权，以发挥他们的创造力和才能。

在管理方格图的基础上，如图 9-2 所示，根据员工的成熟度不同，将领导方式分为四种：命令式、说服式、参与式和授权式。

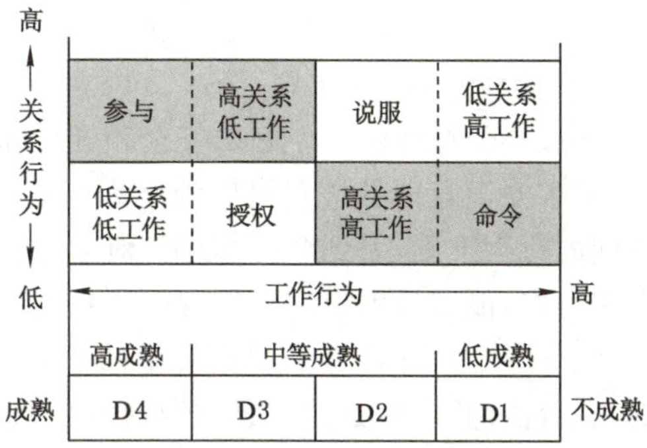

图 9-2　领导模式下的管理方格图

(1) 命令式

表现为高工作低关系型领导方式，领导者对下属进行分工并具体指点下属应当干什么、如何干、何时干。它强调直接指挥，因为在这一阶段，下属缺乏接受和承担任务的能力和愿望，既不能胜任又缺乏自觉性。

(2) 说服式

表现为高工作高关系型领导方式。领导者既给下属以一定的指导，又注意保护和鼓励下属的积极性。在这一阶段，下属愿意承担任务，但缺乏足够的能力，有积极性但没有完成任务所需的技能。

(3) 参与式

表现为低工作高关系型领导方式。领导者与下属共同参与决策，领导者着重给下属以支持及其内部的协调沟通。在这一阶段，下属具有完成领导者所交给任务的能力，但没有足够的积极性。

(4) 授权式

表现为低工作低关系型领导方式。领导者几乎不加指点，由下属自己独立地开展工作，完成任务。在这一阶段，下属能够而且愿意去做领导者要他们做的事。根据下属的成熟度和组织所面临的环境，领导生命周期理论认为随着下属从不成熟走向成熟，领导者不仅要减少对活动的控制，而且也要减少对下属的帮助。当下属成熟度不高时，领导者要给予明确的指导和严格的控制；当下属成熟度较高时，领导者要给出明确的目标和工作要求，由下属自我控制和完成。

第3节 安全领导力提升

一、安全领导的行为习惯

“领导力”在现代社会中越来越成为理论界和企业关注的对象。库泽斯(Kouzes)和波斯纳(Posner)通过对几千例个人最佳领导事迹的研究发现，不管在怎样的时代和环境中，能够成为卓越领导者的人，即使其经历各有特点，都存在着共同的习惯行为。两位研究者把这些共同的习惯行为提炼出来，形成了卓越领导的五种习惯行为。

1. 以身作则

安全领导者职位固然重要，但更重要的是通过自己的行为赢得团队成员的尊重。所有的卓越安全领导者都有一个共同特点：以身作则，为成员树立榜样。在给他人树立榜样之前，先要明确自己想要树立什么样的榜样。一个好的安全领导应知道，最能打动人心的不是语言而是行动。以身作则，要求安全管理者具有明确的个人指导原则、正确的价值观，通过自身的感染力形成团队认同的行为准则，做到令行禁止。对于团队规则的执行，安全管理者躬身实践远比时时说教有用得多，能够最大限度地展现团队规则的精髓，同时也能形成安全管理者的个人影响力，安全领导的个人影响力是团队凝聚的核心力量之一。团队需要以主人翁精神去做他们坚信的、有价值的事情，自己不愿意做的事情也绝不强迫别人去做。

2. 共启愿景

组织使命愿景的发布是由管理者给所有员工脑海里展现一个宏伟蓝图，是在“造一个梦”。安全领导者展望未来，想象各种令人激动的崇高的可能性，领导员工改变现状、开创无限可能的美好未来。企业文化深入人心，能够极大增加员工对公司的忠诚度、认同感，提升员工的敬业程度、对公司使命达成的期望值。组织内必须有文化价值观的渗透，并且清楚它们对团队的重要作用，同时也要清楚地知道团队内每个一起奋斗的人的共享愿景。作为安全领导为团队共启愿景的同时，也要让团队内每个人相信你理解他们的需求、把他们的利益放在心上，且让他们相信领导者有带领他们实现愿景的能力。

3. 挑战现状

创新是企业的活力之源，也是企业的生存之本，而安于现状则是创新的最大障碍。对于组织而言，安于现状表现为组织改革乏力，制度内卷化。对于个人而言，安于现状表现为惯性思维，心智模式钝化。作为安全领导一定要勇于挑战现状，敢于打破常规，不断地寻找创新的方法，改进自己的工作，推动组织的发展。不确定性和持续变化是这个时代的最鲜明的特征，可以说“唯一不变的是变化”，每位安全领导者需要不断挑战现状、激活组织、包容失败的变革导向，这样才能更好地在百年未有之大变局下抓住机遇。领导者总是带领组织去往从未经历过的领域，必须会挑战陈规陋习。卓越的领导总是寻求持续地改进、发展和创新。他们勇于尝试，敢于自我否定，他们总是在问：“我们在哪里可以试一试，我们如何能够改变?”他们容忍失败，甚至鼓励各种有价值的失败。安全领导者需要在企业内部营造一种鼓励创新的文化氛围。这可以通过举办创新竞赛、设立创新奖励机制、定期组织员工进行创新培训等方式实现，安全领导者应该鼓励员工积极提出自己的创新想法，并给予足够的支持和资源去实现这些想法。

4. 使众人行

安全领导者要学会授权，不仅仅是面对人员增长、管理幅度增加的压力。既有划分层级管理的授权，也有决策上的放权，要开放接纳各种想法，让员工参与到隐患治理、风险防控、安全标准化、安全考核等决策制定中，通过群体的力量解决当前安全难题。优秀的安全领导者通过建立信任和增加关系紧密度来提升团队向心力和凝聚力，给予员工充分信任，培养员工的安全行为、自我监督意识，并在工作中不断提升个人风险规避能力，产生群体效应，在团队内形成正循环使团队内成员既是追随者又是管理者。

5. 激励人心

卓越的领导者重视组织成员的士气，他们会激励员工将精力集中在他们需要做的事情上，对组织的目标和标准充满信心。他们会经常对员工表达积极的期待，并提供明确的反馈来进行强化，激发员工的工作热情，聚集人们的能量，并不断鞭策人们前行。卓越的领导者高度认可并奖励那些为愿景和价值观做出贡献的人，他们喜欢及时地、创造性地表达感谢，奖励的方式远远超过了组织正式奖励体系的局限。为了激励人心，安全领导者必须对个人的出色表现给予充分的认可，并应做到：对团队及每个成员提出高目标要求；定期和清晰地沟通期望目标；创造一种氛围，让大家（包括领导者在内）都可以舒服地接收反馈和提供反馈；花时间去询问、观察，找到各种激励方式，了解它们的不同与差异性；认可的方式要有创造性，认可要及时，要有趣；要让说“谢谢你”成为每天行为的一部分。

安全领导者要清晰地传达企业对安全的重视以及安全在企业文化中的核心地位，通过内部沟通，让员工理解安全工作的重要性和意义，从而激发员工的内在动力；通过设立如“安全之星”“最佳安全实践”等奖项，表彰在安全工作中表现突出的员工或团队；通过互动式培训方式，如模拟演练、案例分析等，增加员工的学习兴趣和参与度；通过团队建设活动，如安全知识竞赛、应急演练等，增强团队之间的合作与默契；通过领导者的言行来影响和激励员工，使员工更加信任和尊重安全领导，并愿意跟随其指引；鼓励员工提出意见和建议，及时反馈他们的想法和关切，让员工感受到自己的声音被重视。

二、安全领导力提升策略

1. 安全领导力的重要作用

安全是企业的生命线，健全完善的安全管理制度对于企业是发展的动力、竞争力。安全领导力建设对于企业安全管理体系的平稳运行、安全管理能力的提升均起着至关重要的作用。安全领导力，是企业负责人及其集体成员共同推动企业实现高质量安全发展目标的重要能力，也占据了引领全员落实安全生产责任制的关键地位。现代管理学之父彼得·德鲁克说过：“管理是把事情做正确，领导力则是做正确的事情。只有两者结合，才能发挥最大效用，实现团队的飞速发展。”安全领导力是安全管理效率与质量的放大器、倍增器，是当今社会中最为重要的管理能力之一。安全领导力不仅是企业领导者的个人能力，更是企业作为集体的安全管理协作能力，是集体中的个人和团队相互成就、相互成长的能力。因此，企业负责人要重视并做好领导力的培养工作，最大限度地发挥安全领导力的作用。

（1）提高学习能力

安全领导力能够提高企业管理者及其团队安全管理的学习能力。要学习习近平总书记关于安全生产、应急管理的重要论述和重要指示批示精神，尤其要注意领会习近平总书记阐述的安全生产和应急管理的思想方法、工作方法，结合本企业安全生产与应急管理现状，在实践中有效运用；要学习有关安全生产的法律法规，通过健全和落实安全生产责任制和安全管理制度，不断提高本企业安全生产管理的合规性；要重视学习先进理念、先进技术和先进经验，不断提高本企业的安全管理水平以及关键装备和工艺的本质安全水平，要重视吸取同行业企业事故教训，对照同行业企业安全管理问题，查找并改正本企业安全管理方面的不足与差距，坚决防止以自身的事故验证他人的教训。

（2）提升安全管理能力

安全领导力不仅是指领导者个人的能力和影响力，更是一种综合的管理能力，它涉及企业的安全文化、安全制度、安全培训等多个方面。通过提升安全领导力，企业可以更有效地组织和管理安全工作，从而提高安全管理的组织能力。安全领导力能够提高企业安全管理的组织能力。重视安全领导力的企业负责人能够善于并及时发现团体中能力强的队员，逐步形成带队育人、选贤任能、知人善任的良好氛围，有利于打造出一支安全领导力强、执行能力强的队伍。这对于提高企业安全管理队伍决策能力和执行能力至关重要。安全领导力有助于构建积极的安全文化并推动安全管理制度的完善和执行。此外，安全领导力还能促进企业安全培训的开展。安全领导者会积极与企业内部各部门以及外部相关方进行沟通和协调，确保安全管理工作得到全面的支持和配合。

（3）培养安全管理感召力

安全领导力能够提高企业安全管理的感召力。目前，许多企业关于“人人讲安全、个个会应急”的氛围仍未形成，还处于“要我安全”的状态。着力建设安全领导力，能够促进企业安全文化建设，以安全文化培养企业成员的安全价值观，推动良好的安全行为养成。在安全管理领域，这种感召能力尤为重要直接关系员工是否真心实意地接纳和践行企业的安全管理理念和措施。拥有强大安全领导力的领导者会通过自己的言行来展示对安全的深刻承诺，这种坚定的态度会感染员工，使他们更加信任和尊重领导者的决策。当员工看到领导者真正关心他们的安全，并愿意为此投入资源和精力时，他们更有可能从内心接受并遵循安全规定。安全领导力还包括与员工进行开放、透明的沟通，积极回应员工的安全关切和建议。这种互动式的领导风格能够增强员工对安全管理工作的参与感和归属感，从而进一步提高他们的安全意识和行为。通过安全领导力推动的安全文化建设，如定期的安全培训、安全活动和安全奖励机制等，也可以激发员工对安全工作的热情和积极性。当员工身处一个重视安全、鼓励安全行为和创新的环境中时，他们更有可能主动参与到安全管理中来，为企业的安全发展贡献力量。

2. 安全领导力提升路径

安全领导力提升是系统工程，安全领导力不只是企业负责人的个人能力，还是企业全体成员、各业务单元的团体合力。在企业安全管理体系中，价值观是灵魂，安全领导力是统领，也是其他要素落地的驱动力。

六步养成生产安全领导力

（1）企业负责人及安全管理人员

《安全生产法》要求严格落实安全生产责任制，切实把安全生产工作抓实抓细，这需要安全生产第一责任人充分认识安全领导力建设对于提升企业安全管理水平的作用和意义，以实际行动践行新发展理念，从而影响全体员工对于安全管理制度的认可，积极落实好安全领导力。

① 以管理理论为依托，教育企业负责人重视安全领导力建设。管理理论有科学管理、组织管理、现代管理等学派。各学派都强调人的管理和管理的人，这就形成了组织内人与人的联系，这种联系事关组织的运行、效率和命运。反映在企业安全生产方面，安全领导力决定了企业负责人及团队成员防范化解重大风险的能力，效果直接表现在企业安全发展质量与水平上。

② 以先进理念为引领，引导企业负责人重视安全领导力建设。企业取得良好的安全生产业绩，其原因是多方面的，体现在企业负责人重视安全生产，以身作则履行岗位安全责任，带头执行安全管理制度，经常出现在安全生产一线，了解团队成员面临的安全管理问题与困难等。这些特征也能从一定程度上反映出企业负责人对于安全管理的重视程度。

③ 以事故教训为教材，警示企业负责人重视安全领导力建设。事故总量大、重特大事故多发仍是当前安全生产形势的显著特征。纵观各类较大以上安全事故，责任制虚化、制度成摆设，无章可循、有章不循，违章作业、冒险蛮干等是许多安全事故的主要原因。这些原因折射出：有的企业负责人不重视企业安全管理体系建设，丧失了安全领导力运行的基础；有的企业负责人不重视安全管理制度完善与落实，丧失安全领导力运行规则。所以，企业负责人要深刻吸取事故企业的教训，把自己真正摆在安全领导力第一增长极的位置上，带领团队夯实安全领导力基础，发挥安全领导力在安全生产工作中的统领作用。

职业安全健康专家王海军认为，除了通过提升安全负责人的管理意识，加快建立健全安全领导力，还可以从愿景呈现、互相协作、正向激励、信任反馈四个方面开展更多的工作，以保证安全领导力的落地效果。

具体包括：一是要把安全生产工作愿景及其意义清晰地呈现给企业团队的每个人。安全生产工作愿景越具体越能够吸引人，与团队成员安全健康及其家庭幸福的关联度越高，其意义越清晰。比如，许多企业固有安全风险及其总量都比较低，但职业损害却比较严重。在这样的企业里，“保护员工职业健康就是维护员工家庭幸福和职业尊严”的亲近感要比“实现零事故”更强烈。企业管理者要把企业安全生产愿景和目标纳入企业发展总体布局当中，而且要将其转化为企业团体成员的个人利益和切身感受，促进企业从业人员从“要我安全”向“我要安全”转变。二是要重视以良好的安全文化增强与团队成员的亲和力。安全文化是企业负责人凝聚团体成员共识与力量开展安全生产工作的最好媒介。有些企业安全生产工作无秩序、无章法，团队成员对安全生产漠不关心，主要是没有建成自己的安全文化。安全文化既能使员工形成强烈的安全意识、培养良好的安全行为，又能形成相互关心、相互成长的安全氛围，及时了解企业员工安全需求，帮助员工解决面临的安全管理方面的困难。比如，针对员工专业知识、安全技能不足这个普遍问题，如果企业负责人能够派员工到学校去接受系统专业的培训，甚至取得相应的专业学习证书，就会极大提高员工的荣誉感和归属感，员工会更加热爱自己的职业，更有信心做好本岗位安全工作。安全文化能够强化企业员工与企业负责人间的信任，建立起良好的安全生产工作秩序与和谐的团队关系，从而增强企业的安全领导力。三是要建立正向的安全管理激励机制。企业建立以安全生产表扬奖励为主的激励机制，能够激发员工对安全生产工作的热情和积极性。尤其要正确引导违反安全管理制度和操作规程的员工，要帮助其分析违规行为背后的原因，共同找到纠正的办法，让安全生产管理制度有温度，防止因违章受处罚而挫伤员工对安全生产工作的积极性，进而对安全生产工作产生恐惧感和厌恶感，甚至对安全生产问题忍而不发，成为企业安全生产工作的旁观者，最终很可能成为事故的受害者。四是要建立基于信任的安全指导与反馈机制。防范化解重大风险是企业负责人的安全生产责任，也是企业团队所有成员的共同责任。首先，企业负责人要信任团队成员的专业能力、责任感和敬业精神。充分发挥员工们的主观能动性和创造性，推动企业安全发展质量不断提高。其次，信任不能代替指导企业负责人把明确的安全生产价值观体现在自己关于安全生产工作的意见和要求中，要向管理团队和员工传达清晰有效的安全生产指导意见，要帮助企业员工正确理解习近平总书记关于安全生产、应急管理的重要论述内涵和重要指示批示要求，特别是要在学习领会基础上结合本企业安全生产实际贯彻落实具体的措施和任务安排。最后，企业负责人要重视安全生产反馈机制建设，畅通各层级间安全生产事项跟踪、报告与传达渠道，让管理者本人和各层级都能掌握安全生产工作部署实施情况。

(2) 企业班组长和管理员

蓝莉提出了“把脉-取经-调研-破局-推进-落实”生产安全领导力提升“六步法”，系统提升一线班组长生产安全领导力，从源头加强安全生产管理。以下是安全领导力提升“六步法”的介绍。

① 诊断问题，寻求突破(把脉)。在传统行业里，尤其是高危行业中安全领导力提升对于安全管理起到统领的作用，从事故统计中可知，造成生产安全事故的原因主要有人的不安全行为、物的不安全状态、环境的不安全因素和管理缺陷，而物的不安全状态、环境的不安全因素和管理缺陷也大多是人的不安全行为造成的。企业高层认识到要杜绝安全事故，首先要解决“人的不安全行为”问题。企业通过对生产安全事故进行评估，发现生产一线员工队伍中存在以下问题：安全观念存在偏差，突出表现为“工作优先”而不是“安全第一”；遇到未遂事故，担心被批评或问责，存在瞒报或不及时上报行为；安全风险识别和应对处置能力较弱；对跨部门/团队作业或非常规作业的风险分析不足，风险容忍度较高；认为自己是安全管理的对象而被动地接受安全管理，对参与安全管理的积极性不高，参与程度不深；班组长生产安全领导力较弱，对安全管理工作的主动性不强，对员工安全管理要求不够严格或不够专业。

② 同行交流，学习先进(取经)。针对上述问题，企业主动向业内安全生产管理先进企业学习取经，结合自身实际，成立特别工作组，聘请咨询顾问，制订生产安全领导力培训计划和培训方案。通过考察学习，企业认识到，人是安全生产管理的主体和核心要素，人的行为决定生产设备、系统操作的安全性能，而生产一线班组长是企业安全生产管理工作最基层的领导者和执行者，提升生产安全领导力必须首先从一线班组长抓起。企业人力资源部与安全环保部等部门联合制定以生产一线班组长为培训对象的《生产安全领导力培训方案》，明确培训目的、目标和实施路径。培训目的：系统提升生产一线班组长生产安全领导力，使其在安全生产管理工作中发挥示范引领作用，从而带动提升员工的安全意识，引导规范员工的安全行为，指导员工安全作业，有效管控生产现场的安全风险。培训目标：培养一批生产安全领导力内训师；由内训师对公司一线班组长进行系统的生产安全领导力培训，帮助一线班组长提高安全生产意识和安全管理能力；内训师配合班组长完成对生产一线员工的安全生产操作培训。实施路径：培训分三个阶段实施。第一阶段，对班组长进行安全生产操作培训，旨在让班组长熟练掌握生产安全操作技能，为生产安全领导力培训打下技术基础；第二

阶段，构建生产安全领导力模型，宣传生产安全领导力理念，提升班组长的安全生产意识和生产安全领导力；第三阶段，开展生产安全领导力实践培训，班组长带领班组员工建立班组安全工作愿景、制订安全生产管理目标和计划、解决生产安全实际问题，将安全管理理念深度融入班组工作。

企业成立由公司分管领导任组长，安全环保部、生产部、设备部、人力资源部四个部门总经理担任副组长的安全领导力提升特别工作组（以下简称特别工作组），协同推进生产安全领导力培训工作。特别工作组负责制订生产安全领导力培训计划，牵头编制培训课程，确保生产安全领导力培训紧密结合公司生产工作实际；对生产安全领导力内训师进行资格审查，制定生产安全领导力有效性验证标准。

③ 客观分析，找准问题（调研）。生产安全领导力培训的每一个阶段启动之前，特别工作组都组织咨询顾问进行广泛、深入的调研，实事求是、客观分析，了解培训对象的真实需求，找准问题，保障培训工作的针对性和有效性。调研分为班组长安全生产操作培训调研、生产安全领导力理念培训调研和生产安全领导力实践调研三个部分。第一，班组长安全生产操作培训调研：咨询顾问围绕公司对一线员工安全生产操作能力的期望和要求，对安全环保部、生产部、设备部、人力资源部四个部门的管理人员和生产一线操作人员进行一对一访谈，了解掌握员工特别是班组长安全生产操作技能的现状水平及存在问题；与特别工作组及生产管理人员、技术人员就生产设备操作、动火作业、受限空间作业、特种设备和特殊现场作业、能量隔离等 20 个高风险专题逐一进行讨论，保障培训课件内容与公司生产工作实际及 OIMS 体系要求保持一致。第二，生产安全领导力理念培训调研：负责编制生产安全领导力理念培训课程的咨询顾问对公司高层领导进行一对一访谈；在公司中层领导、生产单位领导、生产一线员工、承包商员工等四类人群中各随机抽取若干人组成“焦点小组”进行访谈；查阅生产安全领导力相关验证流程、计划、报告等。咨询顾问通过调研发现，公司生产安全领导力理念仍停留在“通过加强管理确保员工安全工作”的层次，具体体现为：大多数 HSE 活动的基本目标是“发现问题，然后解决问题”，缺乏沟通互动、分析问题的环节；领导与员工互动大多围绕“对与错”“遵守制度与操作规程”“通过设定 KPI 考核指标将奖惩与安全生产目标挂钩”等内容。而生产安全领导力培训的主要目的是培养提升员工的安全意识、引导规范员工的安全行为，激发员工参与安全生产管理的积极性和主动性，促使员工自觉并安全地工作。第三，生产安全领导力实践调研：负责编制生产安全领导力实践培训课程的咨询顾问，从班组长生产安全领导力理念认知、示范引领、工作行为三个维度设计调研问卷，围绕以下问题进行调研：班组长在任何工作场景做决策是否首要考虑安全？班组长是否是公认的生产安全管理教练？班组长对安全管理要求是否严格？班组长是否充分认可班组安全管理工作绩效和员工个人的安全行为？员工有生产安全相关问题或担心生产安全风险时，是否随时可以找班组长交流？班组长是否经常面对面评价员工的安全行为？通过上述问卷调研，咨询顾问从班组长上级、下属及自我评估三个维度，对班组长生产安全领导力进行评分。

④ 构建模型，设计课件（破局）。咨询顾问系统分析调研数据，与公司特别工作组充分沟通，去粗取精、去伪存真，集思广益地构建生产安全领导力模型，根据培训方案设计培训课件。第一，构建生产安全领导力模型：生产安全领导力是指能够带领、影响、指导他人或群体，完成生产任务，实现安全生产目标的能力。公司特别工作组会同咨询顾问共同构建了包含个人安全价值观、领导方式、领导行为、组织文化四个维度的生产安全领导力模型（图 9-

3)。第二，设计安全生产操作培训课件：咨询顾问组根据《安全生产操作规程》，遵循 OIMS 体系理念，结合公司生产工作实际开发了生产设备操作、动火作业、受限空间作业、特种设备和特殊现场作业、能量隔离等 20 个安全生产操作培训专题课件，每个专题课时约 40 分钟，均结合石油化工行业近年来生产安全事故典型案例分析进行教学。第三，设计生产安全领导力实践培训课件：咨询顾问围绕班组长生产安全领导力认知、生产安全领导力影响场景、生产安全领导力融入生产业务三个方面设计生产安全领导力实践培训课件，主要包括五项内容。一是培养班组长安全生产组织能力，使班组长认识到作为班组领导者的安全责任，将安全管理要求落实到生产工作全流程，培养提升班组成员的安全意识和安全生产技能，带领、影响、鼓舞和指导班组成员完成既定生产任务并实现安全生产目标。二是培养班组长组织召开生产交接班安全例会的能力。交接班是班组长能力素质和胜任资格要求中一项重要的岗位技能和班组管理工作必不可少的流程，班组长通过组织召开交接班安全例会，明确对上一班遗留安全隐患的处理办法、当班安全责任和工作任务以及明确告知下一班注意事项。三是培养班组长检查与验证安全生产状况的能力。检查，即班组长通过现场检查能够及时发现设备管道、仪器仪表等异常情况并及时处理，避免停产和安全事故发生，保障生产正常运行；验证，即班组长通过提供客观证据认定本班次工作符合安全生产规定要求。四是培养班组长掌握并运用"安全五步法"的能力。"安全五步法"是指安全观察-思考作业全过程-识别风险隐患-处置风险隐患-安全完成当班生产任务。五是培养班组长安全观察与干预能力。班组长能够通过安全观察发现安全风险隐患和班组成员的不安全行为，并及时干预处置，避免安全事故发生或尽可能降低安全事故对员工的伤害和公司的损失。

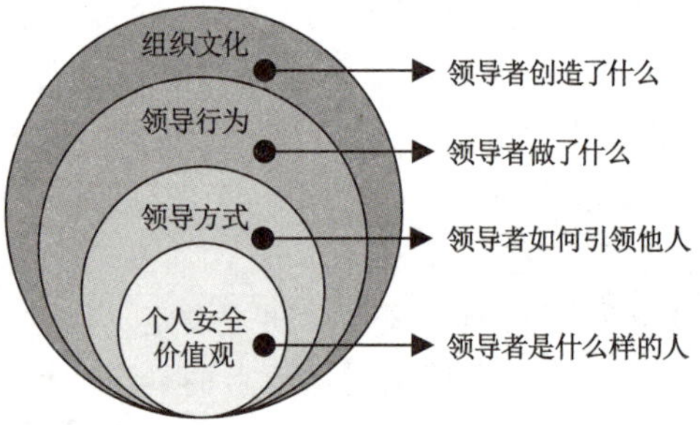

图 9-3　生产安全领导力模型

⑤ 营造氛围，培训师资(推进)。在完成培训计划制订和培训课件设计的基础上，特别工作组通过营造安全承诺氛围、招募培训内训师，保障生产安全领导力培训工作有序推进。公司总裁带头宣讲并在全公司推行安全承诺模型(SPIES)。该模型分为"要我安全""我要安全""我能安全"三个层次及对应的安全操作认知五个阶段(图 9-4)。公司人力资源部面向全体员工招募生产安全领导力内训师，遴选具有专业技术技能、愿意参与生产安全领导力培训工作的管理人员和技术骨干加入内训师队伍，这些内训师熟悉公司安全管理体系并具有扎实的专业知识、技能和丰富的实践经验，能够以有效的方式方法对一线班组长进行生产安全领导力培训，同时能够影响员工的安全行为，调动员工参与生产安全领导力培训工作的积极性。

⑥ 逐级培训，验证评估(落实)。咨询顾问围绕安全生产操作、生产安全领导力理念、生

产安全领导力实践三项内容，分三个阶段对内训师进行系统培训：第一阶段为课前调研；第二阶段为理论学习和案例分析；第三阶段为现场演练。现场演练采用学员逐个现场操作、试讲，老师和其他学员点评的方式。内训师在培训过程中分别扮演学员和讲师的不同角色，站在不同角度思考如何在工作中有效传递安全理念、帮助员工提升安全意识和安全生产操作技能。特别工作小组制定验证方案，参加培训的学员均须制订“个人工作行动计划”、“个人安全工作愿景”和“个人安全行动计划”。

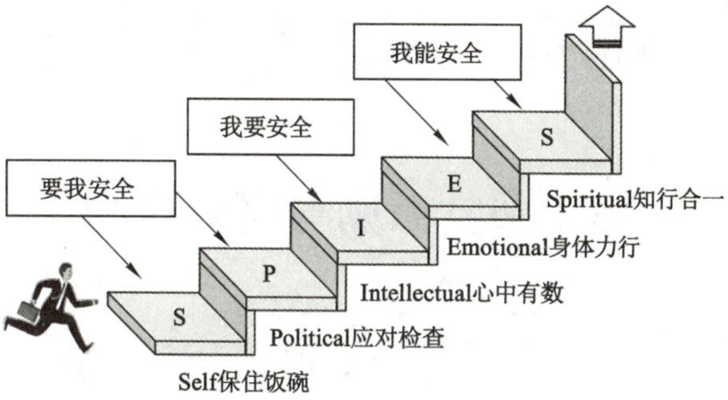

图 9-4　安全承诺模型(SPIES)

复习思考题

1. 简述安全领导的作用。
2. 简述安全领导和安全管理的区别与联系。
3. 简述安全领导的特质。
4. 举例说明安全领导力提升策略。
5. 根据领导生命周期理论，如何推动企业安全管理发展？

安全文化点滴

第 10 章　安全激励与沟通

第 1 节　激励与安全激励

一、激励概述

1. 激励的内涵

激励的基本含义是激发动力。学者们对激励的定义有很多种，归纳起来基本涵盖以下三个方面。

（1）激励的出发点是为了满足需要

罗宾斯认为，激励是去做某事的意愿，并以行为能力满足个人的某些需要的条件。激励需要引发动机，动机导致行为。

（2）激励的对象是产生某种行为的个体或群体

激励的目的在于引导该类行为的重复与强化，以期实现组织的目标。

（3）动机激发的过程涉及三个要素

具体包括：需要来自个体生理或心理上的缺乏；内驱力，即力求实现需要，消除这种缺乏或不足状况的内在驱动力；目标，即满足需要和减弱内驱力的事物。

激励是在个人需要和组织目标整合的基础上，形成强烈实现目标的意愿，并促使其付出努力行为的整个过程。

2. 激励的过程

人们存在得不到满足的需要，这将产生一种动力诱导人们去寻求满足需要的过程，在这个过程中将产生为目标所驱使的行为，经过一段时间，管理者对行为进行测量，如果该目标达到，需要就会得到满足，同时新的循环又将开始。因此可以说，激励的过程是一个需要被满足的过程。需要是指个体在某一时刻体验到某种有价值的东西不足或缺乏的一种主观状态，它是客观需求的反应。这种不足可能是生理上的（如对食物的需要，对安全的需要）、心理上的（如对自尊的需要）或社会性的（如对社会相互关系的需要）。图 10-1 所示为激励的一般过程。

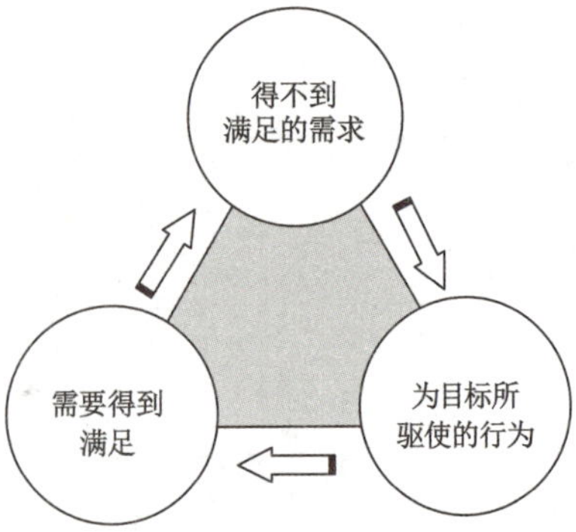

图 10-1　激励的一般过程

3. 激励理论

提高激励水平是组织行为学的重要研究课题，其中一条重要研究途径是对激励动机的探索。相应的研究成果大致可以归纳为三大类：内容型激励理论、过程型激励理论和调整型激励理论。

（1）内容型激励理论

内容型激励理论着重研究激励的内容，也就是引发动机的因素，主要包括需要层次理论、ERG（生存、关系和成长）理论、双因素理论、成就需要理论等。

（2）过程型激励理论

过程型激励理论着重对人从动机产生到采取行动的心理过程进行研究，包括期望理论、公平理论、目标设置理论等。

（3）调整型激励理论

调整型激励理论着重对达到激励的目的，即调整和转化人的行为进行研究，包括强化理论、挫折理论等。

二、内容型激励理论

1. 需要层次理论

美国心理学家马斯洛（Abraham H. Maslow）在 1943 年出版的《人类激励理论》一书中首次提出了“需要层次理论”。该理论将人类需要从低到高按层次分为生理需要、安全需要、社交需要（归属和爱的需要）、尊重需要和自我实现需要。图 10-2 所示为该理论的模型。

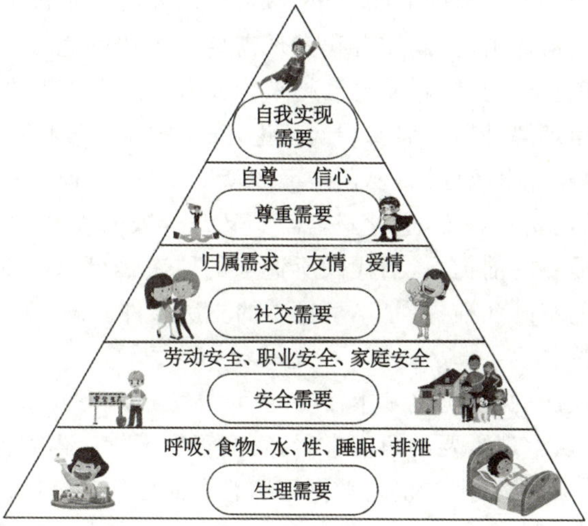

图 10-2　马斯洛需要层次理论

这五种需要像阶梯一样从低到高，按层次逐级递升，但这种次序不是完全固定的，可以存在例外情况。一个人可能有几种需要同时存在，但每一时期总有一种需要占支配地位，对行为起决定作用。任何一种需要都不会因为更高层次需要的发展而消失。各层次的需要相互依赖和重叠，高层次的需要发展后，低层次的需要仍然存在，只是对行为影响的程度大大减小。此外，同一时期、同一个人可能有几种需要，但每一时期总有一种需要占支配地位，对行为起决定作用。

（1）生理需要

这是人类最基本的需要，包括食物、水、空气、睡眠等，是人类维持自身生存的最基本要求。如果这些需要得不到满足，人类的生存就会受到威胁。

（2）安全需要

当生理需要得到满足后，人们就会追求安全上的保障，包括职业安全、劳动安全、健康保障、环境安全、财产安全、道德保障、工作职位保障、家庭安全和心理安全等。人们希望自己的工作和生活环境是安全的，避免受到伤害和威胁。

（3）社交需要（归属和爱的需要）

当生理需要和安全需要得到满足后，人们就会追求情感和归属的需要。人们希望得到友谊、爱情和亲情，成为某个群体的一员，得到他人的关心和爱护。这种需要在人类生活中占据重要地位，对人们的心理健康和社会功能有重要影响。

（4）尊重需要

人们希望自己有稳定的社会地位，要求个人的能力和成就得到社会的承认。尊重需要包括自我尊重和他人对自己的尊重。自我尊重是指一个人希望在各种不同情境中有实力、能胜任、充满信心、能独立自主。他人对自己的尊重则是指人们希望得到他人的认可和高度评价，即希望自己在社会中有地位和威望。

（5）自我实现需要

这是最高层次的需要，它是指实现个人理想、抱负，发挥个人的能力到最大限度，达到自我实现境界的人，接受自己也接受他人，解决问题能力增强，自觉性提高，善于独立处事，完成与自己的能力相称的一切事情的需要。也就是说，人必须干称职的工作，这样才会使他们感到最大的快乐。马斯洛提出，为满足自我实现需要所采取的途径是因人而异的。自我实现的需要是在努力实现自己的潜力，使自己越来越成为自己所期望的人物。

以安全科学的视角理解马斯洛需要层次理论，安全的需要过程可以理解为：人的天性催生安全需要，安全需要诠释事故原因，要预防事故就需要安全，而解决安全依靠的是安全科学，安全科学进一步满足安全需要，这种安全需要又符合人的天性，由此可以归纳出安全需要理论。在满足安全需要的前提下，当代人所追求的层次是可以改变，可以跨越或超前的，但是安全是一切活动的基础和前提，是不可逾越的先决条件。图 10-3 所示为基于安全视角的当代人需要层次理论。

人们的需要是有层次的，在满足基本需要之后，才会追求更高层次的需要。在安全管理中，这一点尤为重要。从生理需要的角度来看，安全管理工作应当确保员工的基本工作环境安全，提供必要的劳动保护设备，防止因工作环境恶劣而导致的健康问题。这是员工能够安心工作的基础。员工需要一个安全的工作场所，以确保他们的人身安全。这意味着企业必须建立严格的安全规章制度，提供安全培训，并定期检查工作场所的安全状况，从而营造一个让员工感到安全的工作环境。在社交需要层面，安全管理也需要关注员工的团队协作和沟通。一个和谐的工作环境不仅能够提高工作效率，还能增强员工之间的信任和归属感，这对于提高整体的安全意识也大有裨益。尊重需要则提醒我们，在安全管理过程中要尊重员工的意见和建议。员工是工作在第一线的人，他们往往能最先发现潜在的安全隐患。因此，建立一个能够让员工畅所欲言、提出改进建议的机制是非常重要的。最后，自我实现需要鼓励我们在安全管理中激发员工的创新精神。通过设立安全改进奖励、举办安全创新竞赛等方式，可以激励员工积极参与到安全管理的改进中来，从而提升整个企业的安全管理水平。

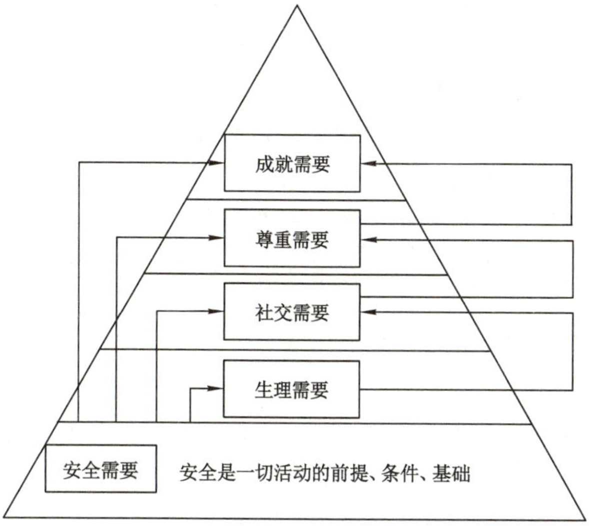

图 10-3　基于安全视角的当代人需要层次理论

2. ERG 理论

奥尔德弗(Clayton Alderfer)的 ERG 理论是一种关于人类需要的理论,是奥尔德弗在马斯洛的需要层次理论基础上进行更接近实际经验的研究后提出的。该理论于 1969 年在《人类需要新理论的经验测试》一文中首次阐述。ERG 理论将人的核心需要分为三个层次:生存(existence)需要、相互关系(relatedness)需要和成长(growth)需要,如图 10-4 所示,该理论也称为 ERG 理论。

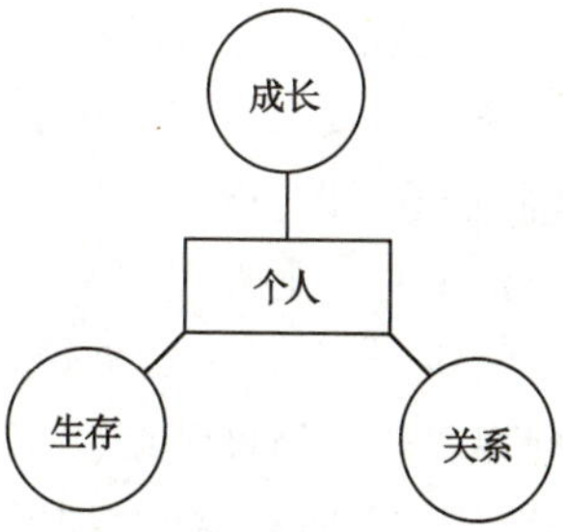

图 10-4　奥尔德弗的 ERG 理论

生存需要与人们的基本物质需要有关,包括马斯洛的生理和安全需要,如衣、食、住、行以及稳定的经济来源等;相互关系的需要即个人要求发展的内在愿望,与马斯洛的爱与归属需要和部分尊重需要相对应,这种需要可以通过工作或工作以外的人际交往得到满足;成长需要是个人追求自我发展和完善的愿望,相当于马斯洛理论中的自我实现需要和部分尊重需要,这种需要通过发挥个人潜力和才能来实现。

以上三种需要并不都是与生俱来的。马斯洛认为,五种需要都是人类先天的一种特殊生物遗传,是一种"似本能"的东西。奥尔德弗对此有所修正,认为生存需要是先天具有的,而相互关系需要和成长发展需要则是通过后天学习才形成的。这三种需要的发展也不是按照严格的由低到高顺序,可以越级发展。人们可能在低级需要未满足的情况下,就先发展较高一个层次的需要;或是在低级需要未被完全满足的情况下,同时为高层次的需要工作,几种需要共同发挥作用。这与马斯洛需要理论中需要层次呈刚性的阶梯式上升结构不同,各个层次的需要获得的满足越少,则人们对这种需要越是渴望。如果人们的生存需要和成长发展需要都获得了较充分的满足,而相互关系需要没有满足时,人们就渴望与人交往,获得理解。

ERG 理论还提出了几个重要的观点。一是挫折 - 倒退趋势:当较高层次的需要不能得到满足时，人们可能会退回到较低层次的需要以增加满足感，这是一种在需要无法满足时的心理防御机制。二是多种需要并存：与马斯洛的理论不同，ERG 理论认为人们可以同时追求多个层次的需要，而且这些需要之间没有严格的先后顺序。三是需要满足的强化作用：ERG 理论认为，如果某个层次的需要只得到少量的满足，这会激发个体对该层次需要更多的渴望。同时，当低层次需要得到满足后，对高层次需要的追求会更加强烈。

奥尔德弗的 ERG 理论对企业安全管理有着重要的启示。这一理论不仅关注人的需要层次，还强调了需要之间的相互作用和影响，为企业安全管理提供了新的视角和思考方式。

(1) 生存需要是企业安全管理的基础

企业必须确保员工的基本生存需要得到满足，这包括提供安全的工作环境、必要的劳动保护以及稳定的薪资待遇。只有当员工感到自己的生存需要得到保障时，他们才能安心工作，并更加关注于工作质量和效率。

(2) 相互关系需要强调团队合作和沟通的重要性

在安全管理中，员工之间的紧密合作和有效沟通是至关重要的。企业应该建立良好的沟通机制，鼓励员工之间互相交流、分享安全经验和知识，从而提高整个团队的安全意识和应对风险的能力。

(3) 成长需要则提醒企业要关注员工的个人发展和提升

企业应该为员工提供必要的安全培训和教育，帮助他们提高安全技能和知识水平。同时，企业还可以设立奖励机制，鼓励员工提出创新性的安全管理建议和解决方案，从而不断提升企业的安全管理水平。

此外，当员工在安全管理中遇到挫折或某些无法满足的需要时，他们可能会采取不安全的行为或产生消极情绪。因此，企业应该密切关注员工的需要变化，及时发现并解决潜在的安全问题，以防止类似情况的发生。

3. 双因素理论

马斯洛提出需要层次理论后，赫茨伯格(Frederick Herzberg)在此基础上进行了进一步的研究，他对美国匹兹堡地区 11 家工商企业机构中的数百名工程师、会计师进行了调查访问。访问主要围绕两个问题：在工作中，让他们感到身心舒畅、十分满意的因素都有哪些？让他们感到身心不适，不甚满意的因素都有哪些？要求说明由此而引发的积极或消极情绪会持续多久、会对他们的工作产生什么影响。通过对调查结果的分析，赫茨伯格发现：造成员工不满的都是外部因素，如公司的政策、管理、监督、人际关系、薪资条件及工作环境等；使员工感到非常满意的因素都是与自己有关的因素，如工作富有成就感、工作的成绩能够得到社会的认可，以及职务上的责任感和职业上能够得到发展与成长等。

据此，赫茨伯格于 1959 年提出双因素理论，又称为激励-保健理论。该理论主要涉及两个方面的因素：满意因素(激励因素)和不满意因素(保健因素)。满意因素又称为激励因素，主要与工作内容相关，包括工作中的成就感、赞赏、工作本身的意义及挑战性、责任感、晋升机会以及个人的成长和发展等。当这些因素得到满足时，可以极大地激发员工的工作热情和积极性，提高工作效率。然而，如果这些因素无法得到满足，虽然员工可能不会表现出明显的不满，但也难以产生强大的工作动力。不满意因素又称为保健因素，主要与工作环境和工作关系相关，包括公司的政策、管理、监督、工资、同事关系和工作条件等。如果这些因素恶化到人们认为可以接受的水平以下，员工就会产生对工作的不满情绪。然而，当这些因素得到满足时，并不能直接激励员工更积极地工作，而只是消除了员工的不满情绪，维持了原有的工作效率。

赫茨伯格的双因素理论强调了内在激励的重要性，并为管理者提供了一个新的视角来激发员工的工作动机。管理者应该注意区别保健因素和激励因素，不仅要消除员工的不满情绪（通过改善保健因素），更要关注如何激发员工的工作热情和积极性（通过增强激励因素）。例如，管理者可以通过提供具有挑战性和发展机会的工作任务，给予员工更多的自主权和决策权，以及建立公平的薪酬体系和提供晋升机会等方式来满足员工的激励需求。

首先，从保健因素的角度来看，企业需要确保基本的安全环境和条件得到满足，包括提供安全的工作场所、必要的劳动保护设备以及符合安全标准的工作条件。只有当这些基本的安全需求得到满足时，员工才能消除对工作环境安全性的担忧，从而专心于工作。其次，激励因素在安全管理中同样重要。除了满足基本的安全需求外，企业还需要通过激励措施来增强员工的安全意识和行为。例如，可以设立安全奖励制度，对在安全生产中表现突出的员工进行表彰和奖励。这种正面的激励可以激发员工主动参与安全管理的积极性，提高整个企业的安全文化氛围。最后，双因素理论还提醒企业要注意保健因素和激励因素的平衡。仅满足保健因素是不够的，还需要通过激励因素来激发员工的积极性和创造力。在安全管理中，这意味着企业不仅要确保基本的安全条件，还要通过各种激励措施来鼓励员工主动发现和解决安全问题，促进企业安全管理水平的持续提升。

4. 成就需要理论

美国哈佛大学心理学家戴维·麦克利兰（David C. McClelland）在 20 世纪 50 年代初期提出了成就需要理论，也称为激励需要理论或成就动机理论。该理论认为，人的一生中有很多种需要，有的需要是先天就有的，如生存需要，而有些需要是靠后天获得的。在人的生存需要得到满足后，个体还有三种主要的需要：成就需要、权力需要和归属需要。

（1）成就需要

成就需要，即个体争取成功、希望做到最好的需要，是一种根据适当标准追求卓越、争取成功的内驱动力。

（2）权力需要

权力需要，即影响或控制他人且不受他人控制的需要，对这种影响力的渴求程度是因人而异的，具有强烈的权力需要的人，往往对发挥影响力和控制力格外重视。

（3）归属需要

归属需要，即建立友好亲密的人际关系的需要，也就是寻求被他人喜爱和接纳的一种愿望。

基于上述研究成果，麦克利兰给企业的管理者们提出了建议：在人员的选拔和职能分配上，企业要不拘一格降人才，因人而异做分配。对于高成就需要的员工，企业需要为他们分配一些具有挑战性的任务，而不应将机械的重复性工作分配给他们；对于高权力需要的员工，适当地为他们提供一些管理性质的工作，使他们拥有适当数量的能够指挥的下属；对于高归属需要的员工，努力为他们创造和谐的工作环境，定期组织公司团建等活动满足他们的归属需要。

企业可以设立安全管理的目标和挑战，让员工通过实现这些目标来获得成就感。例如，设立安全生产日、无事故周期等目标，激发员工追求安全生产的积极性。对于员工在安全管理方面的努力和成果，企业应及时给予反馈和认可。这不仅可以增强员工的归属感，还能进一步激发他们的成就需要，形成良性循环。在安全管理过程中，赋予员工一定的权力和责任，让他们参与到安全制度的制定和执行中。这样不仅能提升员工的安全意识，还能培养他们的责任感和使命感。在安全管理过程中，要注意平衡员工的权力需要和合群需要。过于强调权力可能会导致安全管理的僵化，而过分追求合群则可能忽视安全规定。因此，企业应在满足员工的这些需要的同时，确保安全管理的灵活性和有效性，根据员工的个人需要，制定个性化的激励策略。例如，对于高成就需要的员工，可以提供更多的挑战机会和成长空间；对于高权力需要的员工，可以让他们在安全管理中发挥更大的领导作用。通过定期的安全培训、安全知识竞赛等活动，提高全体员工的安全意识。同时，将安全管理与企业文化相结合，让员工从内心深处认同并且践行企业的安全理念。

三、过程型激励理论

1. 期望理论

美国心理学家维克托·弗鲁姆(Victor H. Vroom)在1964年出版的《工作与激励》一书中提出了期望理论，这是关于期望理论的最早论述。期望理论认为，个体行为倾向的强度取决于个体对这种行为可能带来结果的一种期望度，以及这种结果对行为的个体来说所具有的吸引力。期望理论公式为：$M=VE$。其中，M 代表激励力量(motivation)，是指产生行为动机的强度，也就是调动人的积极性，激发个体潜力的强度。当激励力量达到一定强度的时候，个体的愿望才能转化成动机，进而产生相应的行为。V 代表目标价值(valence)，也称为效价，是指个体对某种结果的效用价值的判断，即某种目标、结果对个体所具有的价值和重要程度的评价。效价越大，对个体的吸引力越强，个体的积极性也就越高。E 代表期望值(expectancy)，是指个体对通过自己努力达成某种结果的可能性大小的一种预期和判断，代表个体主观上估计达到目标的可能性。一般来说，实现目标的可能性越大，越能调动人们的积极性。

期望理论认为，一个人产生最佳动机的条件是：他认为他的努力可能导致很好的表现，很好的表现可能导致一定的成果，这个成果带来的奖励对他有积极的吸引力。具体来说，在进行激励时要处理好三个方面的关系。

① 努力与绩效的关系：人们总是希望通过自己的努力达到预期的目标。

② 绩效与奖励的关系：人总是希望取得成绩后能够得到奖励，这个奖励是综合的，既包括物质上的，也包括精神上的。如果个体认为取得绩效后能得到合理的奖励，就可能产生工作热情和积极性，如果得不到奖励，那么个体就不会产生强烈的动机。

③ 奖励与满足个人需要的关系：人总是希望自己所获得的奖励能满足自己某方面的需要。

企业在安全管理中，应该将期望理论应用到人员行为管理和安全绩效中，安全领导要设定明确、具体、可衡量的安全目标，让员工明白这些目标与他们的工作密切相关。这样，员工可以清楚地了解自己的工作如何为实现这些安全目标作出贡献。企业需要通过培训和教育来提高员工对安全重要性的认识，从而增加安全目标的效价。员工越能理解安全对于个人和企业的价值，他们就越有动力去实现这些目标。企业应当确保员工认为实现安全目标是可能的，即提高期望值。这可以通过提供必要的资源、支持和培训来实现。同时，要避免设定过于遥不可及的目标，以免降低员工的期望值。当员工达到或超越安全目标时，应及时给予正向激励，如奖励、认可或晋升机会。这将增强员工对安全目标的重视，并激发他们继续努力的动力。建立一个有效的反馈机制，让员工了解他们的工作表现如何影响安全目标的实现，并根据反馈及时调整工作策略。这将有助于保持员工对安全目标的关注和投入。文化建设方面，企业应积极营造一种重视安全、鼓励员工参与安全管理的文化氛围。这样，员工将更加认同企业的安全目标，并愿意为实现这些目标付出努力。

2. 公平理论

亚当斯的公平理论，也被称为社会比较理论，是由美国学者亚当斯(John S. Adams)在 20 世纪 60 年代提出的一种激励理论。该理论侧重于研究工资报酬分配的合理性和公平性，以及这种分配对员工生产积极性的影响。亚当斯公平理论的核心观点是，员工会将自己投入与产出的比率，与他人投入与产出的比率进行比较。这里的“投入”包括员工的努力、能力、教育背景、工作经验等，而“产出”则包括工资、奖金、晋升机会、工作满足感等。如果员工感觉到自己的比率与他人的比率大致相等，那么他们就会感到公平和满意。反之，如果感觉到不公平，员工就可能会产生不满和紧张的情绪，进而影响其工作积极性和效率。

根据亚当斯公平理论，员工会关注自己与他人所获资源的比较。在安全培训中，企业应确保培训资源的公平分配。这意味着每个员工都应有平等的机会接受必要的安全培训，不因职位、部门或其他因素而受到歧视或偏袒。培训内容应与员工的实际工作需求相匹配，避免出现某些部门或岗位接受过多或不必要的培训，而其他部门则得不到足够的培训资源。通过需求分析，确保培训内容的针对性和实用性，从而提高员工对安全培训的满意度和参与度。在安全培训后，应进行公平的评估，以了解员工的学习成果。评估标准应客观、统一，避免主观偏见。同时，为员工提供及时的反馈，让他们了解自己的表现，并给出改进建议。这有助于员工感受到培训的公平性和有效性。为了鼓励员工积极参与安全培训并付诸实践，企业应建立公平的激励机制。例如，对于在安全培训中表现优秀的员工给予适当的奖励，而对于未能达到培训要求的员工则进行必要的辅导和支持。这种公平的激励机制能够激发员工的学习动力，提高安全培训的效果。亚当斯的公平理论强调员工对自己和他人所得的比较。因此，在安全培训过程中，企业应关注员工的心理感受，确保他们感受到尊重和培训的公平性，通过定期沟通和了解员工的反馈，及时调整培训策略，以满足员工的合理需求。

3. 目标设置理论

美国心理学教授埃德温·洛克(Edwin Locke)和他的同事用了将近 20 年的时间研究工作动机与工作激励的问题。他们对 8 个国家、88 个企业的 4 000 多位工作者进行调查研究后发现，大多数的激励因素都是通过目标来影响工作动机的，在管理过程中重视并设置合理的目标是激励员工提高工作积极性的一种重要方法。基于此，他们提出了目标设置理论，阐述从行为的目的性出发来对行为动机进行研究。目标设置理论认为，目标是人们行为的最终目的，是人们预先规定的、合乎自己需要的“诱因”，也是激励人们的有形的、可以测量的成功标准。达到目标是一种强有力的激励，是完成工作的最直接的动机，也是提高激励水平的重要过程。成长、成就和责任感的需要都要通过目标的达成来满足。图 10-5 所示为基于目标设置理论的激励过程。研究表明，人们对于明确的、有挑战性的目标完成得最好；对于模糊的、有挑战性的目标，完成成绩呈中等水平；而模糊的、没有挑战性的目标则导致最低的完成成绩。

目标设置理论对企业安全管理有着重要的启示。该理论认为,明确和具体的目标能够提高人们的努力程度和绩效,因为目标能够将人的需要转变为动机,使人们的行为朝着一定的方向努力。这一理论在安全管理中的应用,可以帮助企业更好地制定安全目标,提升员工的安全意识和行为,从而减少事故发生的可能性。

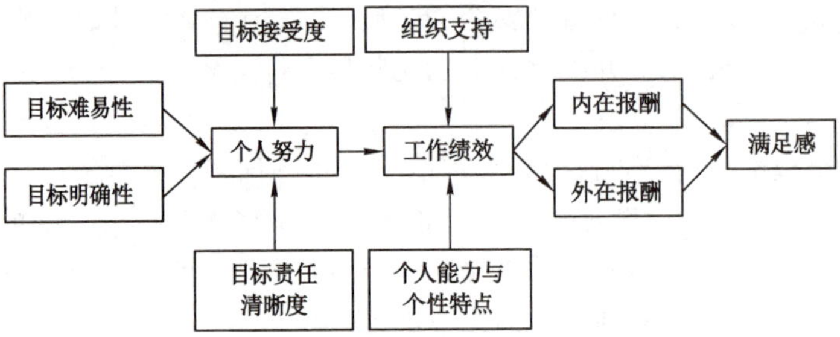

图 10-5　基于目标设置理论的激励过程

(1) 目标要明确

企业可以根据目标设置理论,制定明确、具体的安全目标。这些目标应该是可衡量的,并且与企业的整体安全战略相一致。通过设定明确的目标,员工能够更清楚地了解自己的工作重点和努力方向,从而提高工作效率和安全性。

(2) 难度要适中

目标设置理论强调目标的难度要适中。在安全管理中,这意味着企业应该设定既具有挑战性又可实现的安全目标。如果目标过于简单,员工可能会缺乏动力去改进;而如果目标过于困难,员工可能会感到沮丧并放弃努力。因此,企业需要找到一种平衡,以激发员工的积极性并推动他们持续改进。

(3) 持续沟通反馈

目标设置理论还强调及时反馈的重要性。在安全管理中,这意味着企业需要定期评估员工的安全绩效,并提供具体的反馈。通过反馈,员工可以了解自己的表现如何,以及如何在未来进行改进。这种持续的沟通和反馈机制有助于增强员工的安全意识,并促进整个组织的安全文化建设。

(4) 实施安全培训

目标设置理论还可以应用于安全培训和教育中。企业可以设定明确的学习目标,帮助员工了解他们需要掌握的知识和技能。通过设定具体的学习目标,并提供相应的培训和支持,企业可以确保员工具备必要的安全知识和技能,从而降低事故发生的风险。

通过设定明确、具体的安全目标,调整目标的难度,提供及时反馈,并应用于安全培训和教育,企业可以全面提升员工的安全意识和行为,确保企业的安全生产和运营。

四、调整型激励理论

1. 强化理论

强化理论是美国哈佛大学心理学教授伯尔赫斯·弗雷德里克·斯金纳(Burrhus Frederic Skinner)提出的。斯金纳在巴甫洛夫条件反射理论的基础上,提出了“操作条件反射理论”,也叫强化理论。他认为,人类(动物)为了达到某种目标,本身就会采取行为作用于环境。当行为的结果有利时,这种行为重复出现;当行为的结果不利时,这种行为就减弱或消失。人们可以运用强化的方式来影响行为的效果从而引导、控制、改造其行为，更好地为组织目标服务。如果一种行为之后伴随着奖励或者正面的后果，那么这个行为在将来就更有可能被重复；相反，如果一种行为之后是惩罚或者负面的后果，那么这个行为就可能会减少或者不再出现。

强化改造行为有四种主要类型：正强化、负强化、惩罚和消退。正强化是通过给予一个愉快的刺激来增加行为的频率，例如，给予孩子糖果以鼓励其良好行为。负强化则是通过消除一个厌恶的刺激来增加行为的频率，例如，一个孩子可能因为不喜欢做家务而选择去做作业，以避免做家务这个厌恶刺激。惩罚则是通过呈现一个厌恶刺激来减少不良行为，例如，一个孩子因为调皮捣蛋而被家长责骂或惩罚。消退有两种方式：一是对某种行为不予理睬，以表示对该行为的轻视或某种程度的否定，使其自然消退；二是对原来用正强化建立起来的、认为是好的行为，由于疏忽或情况改变，不再给予正强化，使其出现的可能性下降，最终完全消失。

强化理论强调了后果对行为的重要影响，这意味着在企业安全管理中，对于员工的安全行为给予及时的正强化，如奖励和认可，可以极大地提高员工遵守安全规定的积极性。同时，对于不安全的行为，给予及时的负强化，如批评和惩罚，可以纠正并防止类似行为的再次发生。强化理论还提示我们，强化的及时性和适度性对行为塑造至关重要。在企业安全管理中，管理者需要对员工的安全行为给予及时的反馈，让员工明确知道哪些行为是正确的，哪些行为是需要改进的。此外，强化的力度也要适中，过度的奖励或惩罚都可能产生反效果。对于那些无意中出现的不安全行为，如果管理者不给予过度的关注，这些行为可能会因为得不到强化而自然消退。

斯金纳的强化理论为企业安全管理提供了一种有效的行为引导方法。通过合理运用正强化、负强化以及消退等手段，企业可以塑造员工的安全行为，提高整体的安全管理水平。同时，这也需要管理者具有敏锐的观察力和判断力，以便在适当的时机给予员工恰当的强化。

2. 挫折理论

挫折理论可以追溯到 20 世纪颇负盛名的奥地利心理学家西格蒙德・弗洛伊德(Sigmund Freud)创立的精神分析学说，该理论着重研究人因挫折感而导致的心理自卫。人在趋于目标的过程中，由于主客观原因致使行为受阻，未能达到目标，遭受挫折是常有的事。挫折理论所注重的不是挫折而是挫折感，后者是行为主体对挫折的心理感受(或称知觉)。一方面，挫折使人失望、痛苦，使某些人消极、颓废乃至一蹶不振；另一方面，挫折又可以给人以教益，使人们变得比较聪明，催人发奋努力，在逆境中奋起。因此，挫折既有正面作用，也有负面作用，两者是对立统一的关系，共存于统一体之中，在一定条件下能相互转化。其转化机制即心理自卫，是因挫折和挫折感而导致心理紧张，为消除或缓解心理紧张而出现的防卫性的心理反应。

受挫折的人各有特点，其受挫折后因心理自卫而导致的行为表现也总有差异。一般有两类：一类是建设性的心理自卫，采取积极进取的态度；另一类是破坏性的心理自卫，采取消极的态度，甚至是对抗的态度。

(1) 建设性心理自卫

① 增强努力：当个体在追求某一目标受挫时，不放弃原有目标，而是加倍做出努力，尝

试其他方法和途径，最终达成目标。

② 重新解释：当个体达不成既定目标时，采取延长完成时间、修订或重新调换目标的方式。

③ 补偿：当个体在实现某一目标的过程中受挫时，则改为追求其他的目标，以补偿和取代原来未能实现的目标。

④ 升华：当遭受挫折时，把敌对、悲愤等消极因素转化为积极进取的动力，从而取得更有意义的成就。

(2) 破坏性心理自卫

① 推诿：人们受到挫折后会想出各种理由原谅自己或者为自己的过失辩解。

② 逃避：人受挫折后不敢直面失败，而是逃避到较安全的地方甚至幻想当中。

③ 忧虑：一个人连续遭到挫折，便慢慢失去了自尊和信心，最终形成一种由紧张、不安、焦急、恐惧等感受交织而成的复杂情绪状态。

④ 攻击：也称为侵犯、侵略，是一种无理智的、消极的、带有破坏性的公开对抗的行为。

⑤ 冷漠：当一个人遭受挫折后压力过大，无法攻击或攻击无效，因而招致更大的痛苦，于是他便将愤怒的情绪压抑下来，采取冷漠行为。

当员工遇到挫折时，如工作上的困难、安全事故等，他们可能会产生焦虑、愤怒等负面情绪，这些情绪不仅影响员工的工作效率，还可能对安全生产构成威胁。因此，企业安全管理者应关注员工的心理状态，及时发现并干预员工的负面情绪，以避免因情绪波动导致的安全问题。通过安全培训和教育，提高员工的安全意识和应对风险的能力，使员工在遭遇安全问题时能够迅速做出正确的判断和行动。在安全管理中，企业应注重培养员工的团队协作精神，加强部门之间的沟通与协作，以确保在面对挫折时能够共同应对，降低安全风险。

第 2 节　安全激励模式

一、物质激励

1. 物质激励的形式

物质激励主要包括基本薪酬、企业福利、股权期权和绩效奖金等，通过市场化的物质手段，满足员工的基本物质需求，保障切身利益，调动员工工作的积极性和上进心，从而促进企业生产和经营活动的开展，并有利于提高员工对企业的忠诚度。物质激励主要是通过可衡量价值的资金来激励员工，占企业成本支出的较大比例，是企业较大的经营和管理成本，始终受到企业管理者的高度关注。由于我国尚处于社会经济发展的起步阶段，社会保障体系还在逐步完善，人们对于基本物质生活的需求较高，因而员工在择业和职业发展时，十分关注企业的薪酬水平和物质福利等条件。同时，企业的物质激励不仅是衡量员工付出劳动的等价交换物，物质激励水平也代表着员工的社会地位和履职企业的综合实力。在目前的社会经济条件下，物质激励是企业人才梯队建设和安全管理不可或缺的重要手段，对强化按劳取酬的分配原则和培养员工的安全行为有很大的促进作用。通过研究分析，物质激励的主要形式具体如下。

(1) 安全奖金

为那些在安全工作中表现突出的员工提供额外的奖金或津贴。这可以是基于个人的安全绩效，也可以是团队或部门整体的安全表现。安全奖金的设立能够有效地提升员工对于安全工作的重视程度。当员工知道自己的工作表现将直接影响自己的经济收益时，他们往往会更加谨慎地执行安全操作规程，从而减少事故的发生。这种直接的利益关系使得员工在工作中时刻保持警惕，不敢有丝毫懈怠。当员工通过自己的努力获得了安全奖金，他们会更加深刻地认识到安全工作的重要性，并愿意为企业的安全生产贡献自己的力量。安全奖金的发放还可以增强员工的归属感和忠诚度。当员工感受到企业对于自己安全工作的认可和重视时，他们会更加珍惜这份工作，并愿意长期为企业服务。这种归属感和忠诚度不仅能够稳定员工队伍，还能提高企业的整体竞争力。

（2）安全绩效奖金

在员工的薪资结构中设立安全绩效奖金，根据员工的安全行为和工作场所的安全记录来发放这部分奖金。安全绩效奖金是一种特殊类型的奖金，专注于激励员工在安全生产方面做出积极贡献，并维持高标准的安全行为。这种奖金不仅是对员工个人表现的认可，也是提升整个企业安全文化的重要手段。安全绩效奖金的设置通常基于一系列具体的安全绩效指标，这些指标可能包括员工遵守安全操作规程的情况、参与安全培训和活动的积极性、发现并报告潜在安全隐患的能力，以及在紧急情况下的应对能力等。通过定期评估和量化这些指标，企业可以客观地衡量员工在安全方面的表现，并据此发放相应的绩效奖金。这种奖金的发放是对员工安全行为的直接奖励，具有极强的针对性和实效性。员工在明确知道自己的工作表现将直接影响其绩效奖金的情况下，会更加注重自己在安全方面的表现，从而形成一种持续的安全意识。这不仅有助于减少工作场所的安全事故，还能提高员工对于安全规程的自觉遵守程度。当员工在安全方面做出杰出表现时，通过给予他们经济上的奖励，企业可以表达对员工努力的认可和赞赏。这种正向反馈能够增强员工的工作满意度和归属感，进一步激发他们的工作热情和创新能力。

（3）晋升机会

将安全绩效作为员工晋升的考虑因素之一，那些在安全工作中持续表现优秀的员工可以获得更多的晋升机会。在企业中，安全人员的晋升机会通常与他们的绩效表现、专业技能、领导能力以及对企业的贡献密切相关。一个优秀的安全人员，如果能够持续展现出卓越的工作表现，掌握并不断更新自己的专业知识，同时具备领导和团队协作能力，那么他们就有更大的机会获得晋升。晋升机会对于安全人员而言，不仅是职位上的提升，更意味着他们的能力和价值得到了企业的认可。这种认可不仅会带来更高的薪资待遇和更广阔的职业发展空间，还会让安全人员感受到工作的成就感和满足感。同时，晋升机会也是企业培养和留住优秀人才的重要手段。通过为安全人员提供晋升机会，企业可以激发他们的工作热情和创新精神，进而提升企业的整体安全管理水平。一个拥有良好晋升机会的企业，往往能够吸引和留住更多的优秀人才，为企业的长期发展提供坚实的人才保障。

（4）员工福利

提供更好的员工福利，如健康保险、额外的休假天数等，以奖励那些在安全方面做出贡献的员工。安全人员的员工福利是企业对他们在保障公司资产和员工生命安全方面所做贡献的一种回馈。这些福利不仅体现了企业对安全人员的尊重和关怀，也是激励他们持续努力、提升工作表现的重要手段。

员工福利涵盖了多个方面。首先是薪资待遇，安全人员通常会根据其工作经验、专业技能和所承担的责任得到合理的薪酬，这是对他们工作价值的直接体现。除此之外，绩效奖金也是薪资待遇的重要组成部分，它根据安全人员的工作表现和达成的安全目标来发放，进一步激励他们提升工作效果。其次是健康与保险福利。企业通常会提供全面的医疗保险，以确保安全人员在生病或受伤时能够得到适当的医疗照顾。同时，工伤保险则能在他们因公受伤时提供必要的经济保障。这些保险福利不仅减轻了安全人员的经济压力，也让他们能够更加专注于工作。在退休规划方面，企业往往会为安全人员提供退休金计划以及福利，以帮助他们为未来做好财务准备。这种长期福利的设计旨在让安全人员感受到企业的长期关怀，从而增强他们对企业的忠诚度和归属感。除了上述福利，企业还会提供各种补贴和津贴，以减轻安全人员的日常开支压力。同时，定期的健康检查也是员工福利的一部分，它有助于及时发现并预防潜在的健康问题。企业还会提供各种学习和发展的机会，如专业培训、研讨会等，以帮助安全人员提升专业技能和知识水平。这不仅有助于他们的个人成长，也能为企业带来更高效的安全管理。

(5) 节日礼品或纪念品

在重要的安全里程碑或节假日(安全生产月、防灾减灾日、安全教育日等)时，为员工提供与安全相关的礼品或纪念品，以此表彰他们的安全努力和成果。在节日来临之际，企业通常会精心挑选一些与安全主题相关的礼品或纪念品，如定制的安全徽章、安全帽模型、安全文化衫等，赠送给每一位安全人员。这些礼品不仅实用，而且能够让他们在日常工作中时刻感受到企业的关怀和支持。除了实用性，这些礼品或纪念品还蕴含着深厚的情感价值，代表着企业对安全人员的尊重和感激，同时也是对安全人员工作的一种肯定。每当安全人员佩戴或使用这些礼品时，都会想起企业在节日期间的温馨祝福，从而增强他们对企业的归属感和忠诚度。此外，这些节日礼品或纪念品的设计也通常富有创意性和独特性。企业可能会选择在礼品上印上公司的标志、安全口号或鼓励性的话语，以进一步彰显企业对安全工作的重视和支持。这种个性化的设计不仅让礼品更加独特和有意义，还能够激发安全人员的工作热情和积极性。安全人员的节日礼品或纪念品是企业表达关怀和激励的一种方式。它们不仅具有实用性和情感价值，还能够激发安全人员的工作热情和归属感，为企业的安全生产贡献更多的力量。同时，这些礼品也是企业与安全人员之间情感连接的桥梁，有助于构建和谐的工作环境。

2. 物质激励的作用

(1) 基础性功能

物质激励是员工付出的等价交换物，是对员工贡献的奖励和认可。人们进入劳动力市场的首要目的是通过劳动获得相应的物质报酬，解决最基本的社会生存和生活问题。企业在使用劳动力时，必须支付等价的物质报酬作为交换。

(2) 留住核心员工

合理的薪酬制度能够留住核心人才。可以对部门负责人或骨干员工及关键技术人员实行年薪沉淀制度，即其年薪当年只能拿走一部分，其余部分在未来几年之后兑付。如果有人提前离职或工作上出现问题，他的沉淀工资是不能全部拿走的。这样既可以留住人才，也可以使他们安心工作、尽心工作。

(3) 差异化人力资源管理

完善企业多种分配机制。对不同类型人员、不同工作性质的单位或部门制定不同的薪酬方案，使之发挥激励作用。可以结合绩效考核情况完善薪酬分配方案，使之适应不同类型人员的需求，发挥薪酬激励作用。

(4) 心理暗示功能

减少员工生活压力，使其全身心地投入工作。企业之所以提供了各式各样的福利计划，不仅是为了吸引员工，同时也是为了帮助员工缓解生活负担，使员工能够以轻松的姿态投入工作。

二、非物质激励

1. 非物质激励的内涵

非物质激励的方式很多，包括情感激励、文化激励、信仰激励、危机激励、榜样激励、赞美激励等。安全管理者要把握好物质激励与非物质激励相结合的激励原则。非物质激励的激励效果将比物质激励的持久性更强，更能取得员工对组织的价值认同和方向认同。

现代企业员工受教育的程度较高，尤其是知识型驱动的研发人员和新生代员工，他们通过科技力量创新和研发成果输出，对企业改革创新的贡献值很大，更加渴望得到团队和公司认可，实现自身的人生价值。另外，公司内部良好的企业安全文化和协作氛围也能够体现企业对人才的重视，增加他们的归属感和责任感，激发他们的创造热情。企业不能变成一家以赚钱为目的的机器或机构，正确的价值观和企业文化同样能体现企业对于人才的尊重和珍视。良好的企业文化既有助于树立企业形象，又可以振奋员工士气、凝聚员工力量、激励员工奋进。

(1) 安全文化信仰

任何国家或民族都存在自身的信仰和认同。同样，人们对生命无价和生命至上的认同程度极大地影响他们对安全和安全文化的重视程度，安全文化从信仰的高度更能充分发挥它的能动作用，使安全文化渗透到整个系统体系之中。安全文化信仰激励在安全文化建设中具有重要作用，可以将安全文化观念、理念等更加有序、系统地传播给受众，使安全文化以信仰的高度得到传承和发展。对于安全文化的信仰激励内涵可以从以下三个方面进行理解。

① 从文化信仰的高度传承并促进安全文化系统的发展。以信仰的方式能够更加形象生动地提升系统组织的安全文化氛围，提升全体成员的安全理念。安全文化信仰激励不仅能够极大地促进安全文化对系统、组织、个人的影响作用，同时，对于安全文化的传承与发展也有良好的促进作用。

② 安全文化信仰激励对于营造组织的安全文化氛围具有很强的现实意义，对于安全文化体系的构建也具有较大的推动作用。基于安全文化信仰激励，从影响力和导向力的层面促进安全文化学基础理论的研究，更加有利于构筑安全文化学学科体系的建设。反之，安全信仰又深刻影响着系统整体的安全文化氛围，促进组织安全性的提升。

③ 安全文化信仰激励以信仰的方式使安全理念、观念等深入人心。安全文化信仰激励使组织内所有成员的观念由"要我安全"转变为"我要安全"，从消极被动转换为积极主动，增强安全意识，提高安全责任感，更重要的是增强其主人翁意识，使成员群策群力，更能提高系统的安全性。同时，对于组织本身而言，安全文化信仰激励可以通过安全文化这条纽带紧密团结所有成员，进而保证安全活动的顺利进行。

(2) 安全文化熏陶

安全文化对员工的影响是潜移默化的，其通过对人-机-环境系统的全面影响进而影响系统中的各个要素，使之符合安全文化学的本质要求。安全文化的熏陶原理是安全文化作用于组织系统最基本的影响方式，其通过榜样激励、尊重氛围、情感氛围、竞争氛围等方式对组织内部产生影响。安全文化熏陶原理以哲学与文化学为基础，通过精神情感、物质、制度等氛围影响的方式，激发组织或者个人的安全意识，提高系统的整体安全性和安全水平，最终达到安全文化的目标。当组织内部出现不利于组织安全文化的氛围时，会通过系统反馈机制进行调节，促进系统趋于安全状态。

（3）安全文化纪念

一个国家或民族总有一些重要纪念日来弘扬其精神文化。同样，弘扬和发展安全文化离不开安全文化纪念原理的作用。安全文化纪念激励是指通过如安全文化周、安全文化月、防灾减灾日、消防日、安全月等纪念性的日期和活动，来加强组织或个人的安全观念，提升安全意识，增强安全素养，尽可能减少事故的发生，保障人员不受伤害、财产不受损失。通过安全文化纪念激励的发展和促进作用，可以提高安全文化的多样性与趣味性，进而促进本质安全文化的发展。安全文化纪念激励可以从以下两方面进行深度剖析。

① 安全文化纪念激励可以增强安全文化的趣味性与多元性，符合安全科学发展的整体趋势。安全文化纪念激励使安全文化朝着综合性、稳定性、系统性的方向发展，建立安全文化示范区、设置纪念性节日更加有助于安全文化的推广与落实。通过安全文化纪念激励的推动作用，增强安全文化学基础理论研究，有利于安全文化学体系框架的完善，最终促进安全文化学的发展。

② 大众媒体需要正确引导和广泛宣传，真正做到因势利导、循循善诱。媒体应该将安全文化的精髓传达给每个员工，使安全文化纪念激励的影响力得到更系统的推广，再结合科学研究使之有机联系在一起。举办诸如安全文化论坛、安全文化知识竞赛等活动，将安全文化以丰富多彩的形式展现给受众，使受众更乐于接受安全文化的熏陶与影响，从而提升大众的安全文化素养，增强安全自觉性与自制力。

2. 非物质激励的实施

（1）建立企业安全价值观

建立企业安全价值观是一个系统性的过程，涉及企业文化、员工行为、管理策略等多个方面。道不同不相为谋，价值观与人生观不同就不可能在一起谋划事业，更不可能做好安全工作。企业需要明确安全是企业发展的基石，是保障员工生命安全和企业稳健运营的重要因素。从领导层开始，要树立起对安全的绝对重视，将安全视为企业的核心价值观之一。企业应该针对自身的特点和风险，制定科学合理的安全策略，并确保各个环节的安全可控。这包括明确安全生产目标、安全责任和组织架构以及制定相应的安全管理措施。接下来，建立和完善安全教育培训体系是至关重要的。企业应该为员工提供全面的安全培训，包括新员工入职培训、定期的安全培训和应急演练等，以提高员工的安全意识和技能。通过培训，员工能够更好地理解和掌握必要的安全知识和技能，从而在工作中主动预防和避免事故的发生。此外，加强安全检查督导也是必不可少的环节。企业应该建立健全的安全检查制度，明确检查的频次和内容，并配备专职的安全人员进行检查。同时，要鼓励员工自查自纠，形成良好的安全意识。在建立企业安全价值观的过程中，强化各级员工的责任意识也至关重要。企业应该明确安全管理的责任主体，并要求各级领导履行好自身的安全管理职责。通过加强员工间的安全协作，形成责任的共同体，共同推动企业安全生产工作的落地执行。此外，企业还可以通过建立有效的安全沟通机制来进一步巩固安全价值观，包括开放、透明的安全沟通渠道，鼓励员工积极参与安全管理，及时交流和解决问题。建立企业安全价值观需要从多个方面入手，包括制定安全策略、建立安全教育培训体系、加强安全检查督导、强化责任意识和建立有效的安全沟通机制等。通过这些措施的综合运用，企业可以形成安全生产的良好氛围和积极态度，将安全价值观贯穿于企业的经营活动中。

(2) 提前建立安全底线思维和红线意识

安全底线思维是指在安全生产工作中，我们必须坚守的最低标准和基本要求。这些标准和要求包括但不限于法律法规、规章制度、技术标准等。底线思维将安全视为生产活动中最重要的因素，始终保持高度警惕，并采取相应的安全措施，确保不发生安全事故，其核心是预防为主和安全优先。只有坚守这些底线，才能确保生产过程中的安全稳定，避免事故的发生。安全红线意识是指在进行任何生产或发展活动时，必须坚守的安全底线，强调了安全的重要性以及在任何情况下都不应以牺牲人的生命为代价。这一概念强调了安全是发展的基础和前提，要求在发展和生产过程中始终将人的生命安全放在首位，任何决策和行动都必须考虑可能对人员安全造成的影响，一旦触碰这些红线，将会造成不可挽回的损失和严重的后果。

企业在进行非物质激励时不意味着企业安全管理者总是充当老好人，为了面子和情感而放弃基本的底线规则。企业要有“做人的底线和制度的红线”，坚守“发展绝不能以牺牲人的生命为代价这一条不可逾越的红线”。在企业起步发展阶段，需要依靠创始人的言传身教进行底线思维灌输；当企业发展壮大后，随着组织机构和员工人数逐步扩大，底线思维文化要逐渐形成清晰严明的条文和刚性制度，将文化情感方面的倡导落实到制度体系的约束。

(3) 打造学习型安全组织

企业管理者建设学习型安全组织的目的，是从上而下鼓励员工积极思考如何做合格的“安全人”，如何实现自主安全管理，从而夯实优秀的安全价值观和安全文化，构建积极向上、人人安全的和谐局面。企业要体现个人价值与企业价值的深度融合，形成“我中有你、你中有我”的统一体。

企业要建立共同的安全愿景，明确组织的共同目标，包括提高安全生产水平、降低事故率等。组织可以定期举办安全培训、分享会等活动，促进员工之间的知识交流和经验分享，通过这些形式培养企业的安全学习氛围。组建高效、协作的团队，共同应对安全生产中的挑战，团队成员之间要相互信任、密切配合、形成合力。在打造学习型安全组织的过程中，要注重实际效果和长期效益的结合。不仅要解决当前存在的安全问题，而且要着眼于未来，建立长效机制，确保组织的安全生产水平持续提升。

(4) 树立安全典型

企业中先进的安全典型人物能很好地反映企业的安全文化和企业精神，代表着组织安全工作的开展方向，代表着企业最广大员工的安全利益，代表着先进安全感召力的前进方向。企业里的普通员工(包括安全员)会成为优秀安全人物的追随者，从而仿效典型人物并得到精神激励，这种激励具有可感性、可知性、可见性、可行性的特点，说服力强、号召力大。

树立企业的安全典型人物是一个多方面的过程，涉及选拔、宣传、培养和激励等多个环节，主要包括：

① 明确选拔标准。要明确安全典型人物的选拔标准，并且围绕企业在安全生产方面的核心价值观和期望的行为模式来制定，包括长期保持安全生产记录、积极参与安全培训和演练、及时发现并报告安全隐患、提出创新性的安全改进措施等。

② 公开征集评选。企业可以通过内部宣传、员工推荐等方式，广泛征集安全典型人物的候选者。同时，也可以鼓励员工自荐，让更多人有机会展示自己的安全实践和成果。在收集到候选者信息后，企业应组织一个评选小组，对候选者进行公正、客观的评选和审核。评选过程应注重候选者在安全生产方面的实际贡献和影响力以及其行为是否符合企业的安全价值观。

③ 大力宣传表彰。一旦安全典型人物被确定，企业应通过各种渠道进行大力宣传和表彰，可以通过内部通信、员工大会、安全月活动等方式进行。宣传内容应突出典型人物在安全生产方面的优秀事迹和经验，以激励其他员工向他们学习。

④ 持续培养典型人物。树立安全典型人物不仅是一次性的活动，而是一个持续的过程。企业应定期对安全典型人物进行评估和反馈，为他们提供进一步的培训和发展机会。同时，也要给予他们适当的奖励和激励，以保持他们的积极性和示范作用。

⑤ 建立长效机制。为了持续树立和宣传安全典型人物，企业应建立长效机制，包括定期举办安全典型人物评选活动、设立安全文化宣传栏、开展安全经验分享会等。通过这些活动，可以不断发现和培养新的安全典型人物，推动企业的安全生产工作向更高水平发展。

实施安全典型激励时要注意以下几点：一是要善于发现、把握安全典型。对身边的安全典型，于细微处见精神，从平凡的员工中发现不平凡的事迹。对先进的安全典型不能求全责备，要找出有普遍性、针对性、在某方面（隐患辨识、风险管控、行为管理、日常检查、安全培训、安全班组等）表现突出、有重要贡献的先进典型。要引导组织的其他成员学其所长、避其所短，防止机械地模仿或吹毛求疵。二是先进典型的事迹要真实可行。既不能人为拔高，也不能太普通平淡，安全典型要具有普遍的指导意义。安全典型树立以后，要大力宣传，形成声势，以弘扬企业安全文化和精神。三是安全榜样要在群众总结评比的基础上产生，要有广泛的群众基础，经得起检查和考验。四是要关心爱护先进安全典型，给予培养和扶持。对于挖苦、讽刺、打击先进安全典型的错误行为，要严肃处理，扶正祛邪。

三、综合安全激励

为了达到良好的激励效果，组织往往采取各种激励方法相结合的方式，根据组织成员的特点，动态化地、公平地设计组织的激励制度，并呈现出从关注“财”“物”的刚性管理到关注“人”的柔性管理转移的趋势。在激励方法的运用中，组织往往遵循以下原则。

1. 物质激励与精神激励相结合

通过物质激励和精神激励相结合的方式，可以有效地提高安全人员的工作积极性和满意度，促进企业的安全生产工作。同时，企业也需要根据自身的实际情况和安全人员的需求来制定具体的激励措施，以确保激励效果的最大化。对调动人的积极性来说，物质、精神激励都是必不可少的，单独使用往往效果不好。对于表现优秀的安全人员，可以通过加薪、奖金或者提供其他福利来进行物质激励，还可以授予“安全先锋”“安全标兵”等荣誉称号。这种“名利双收”式的综合奖励可以直接提高安全人员的收入水平，从而增强他们的工作积极性和满意度。

2. 正激励与负激励相结合

正激励指的是用某种正面的结果，比如认可、赞赏、增加工资、提升或创造一种令人满意的环境等，以表示对员工行为的肯定。而负激励指的是对员工不良的行为或业绩，采用某种负面的结果，如批评、扣发或少发绩效、降级、处分等。目前，企业里常实行的就是所谓“多劳多得、少劳少得、不劳不得”的奖惩结合的激励方式。正激励主要是对安全人员的积极行为和成果进行奖励和肯定，而负激励则是对不符合安全规定或造成安全隐患的行为进行惩罚和纠正。

企业可以设立安全奖励基金，对发现并报告安全隐患、提出安全改进建议或实施安全创新措施的员工给予物质奖励。相反，对于违反安全规定、造成安全事故或安全隐患的行为，根据情节严重程度给予相应的惩罚，如警告、罚款、降职或解雇等。定期开展安全表彰大会，对在安全工作中表现突出的个人或团队进行表彰，颁发荣誉证书和奖金。对出现安全问题的员工进行面谈，指出问题所在，并要求其限期整改。

在实施上述激励时要注意激励措施应公平公正地实施，避免主观偏见和歧视。激励应及时进行，以提高激励效果。还要注意激励力度要适中，既要避免过度激励导致员工骄傲自满，也要避免激励不足导致员工缺乏动力。

3. 内在激励与外在激励相结合

内在激励是指从工作本身得到的某种满足，如对工作的爱好、兴趣、责任感、成长感等。这种满足能促使员工努力工作，积极进取。外在激励是指外部的奖酬或在工作以外获得的间接满足，如劳保、工资等。通过内在激励与外在激励相结合的方式，可以更加全面地满足安全人员的不同需求，激发他们的工作热情和创造力，从而确保企业的安全生产和员工的个人成长。这种方法也有助于培养员工对企业的忠诚度和归属感，提高企业的整体绩效和竞争力。

实施内在激励时，可以考虑为安全人员提供具有挑战性和发展性的工作任务，让他们感受到工作的意义和价值，从而增强内在动力。此外，赋予安全人员一定的自主权，让他们参与安全制度、规范的制定和修改过程，提升他们的责任感和归属感。设定目标时，与安全人员共同设定明确、可实现的个人和团队安全目标，激发他们的成就感和追求目标的动力。实施外在激励时，在薪资方面设立与安全绩效相关的薪资和奖金制度，根据安全人员的工作表现和成果给予相应的物质奖励。对于表现优秀的安全人员，提供晋升机会和更高的职位，以肯定他们的工作成果。企业还可以提供完善的员工福利，如健康保险、员工关怀等，增加员工对企业的忠诚度和归属感。

4. 组织目标与个人目标相结合

激励的目的是双重的，既要满足组织目标，也要满足个人目标即满足员工的需要。而企业和员工都在追求自己的利益，在这个过程中，两者之间往往会有矛盾，要激励员工，就必须重视培养与引导员工的个人目标，使其与组织目标保持一致性和相容性。

组织目标与个人目标相结合的激励方式，是激发安全人员积极性和创造力的关键。当个人目标与组织目标相一致时(企业和安全员的目标都是实现生产安全，预防事故发生)，安全人员会更有动力去努力工作，他们明白自己的工作不仅对个人发展有意义，同时也对组织的长远发展至关重要。为了实现这种结合，组织需要清晰地传达其安全目标和愿景，让安全人员了解他们的工作是如何与这些目标紧密相连的。同时，组织也应该鼓励安全人员设定与组织目标不相符的个人目标(如个人考虑转岗等),并提供必要的支持和资源来帮助他们实现这些目标。通过这种方式,安全人员能够感受到自己的工作是被重视和认可的,从而更加投入地工作,为组织的安全生产贡献自己的力量。这种激励方式不仅能够提升安全人员的工作满意度和归属感,还能够促进组织的整体安全文化建设,为企业的稳定发展奠定坚实基础。

管理者在具体实施激励措施时,也要注意如下问题:

(1) 激励方向应该明确清晰

激励手段设计切忌杂乱无章,不突出重点,让员工无法分辨。清晰的激励方向能够给员工发出明确的信号和方向指引,引导员工产生组织乐见的行为。

(2) 激励政策要明确具体

只有明确了激励的目的、对象、内容、方式等,并使员工理解自己该做什么和怎么做才能获得激励,激励才会产生效果。

(3) 激励要及时兑现

无论是正激励还是负激励都要及时兑现,不能拖延。激励不能及时兑现会造成员工预期降低,损害了激励效果。

第3节　沟通效能提升

一、沟通的基本模型

1. 沟通的含义

沟通也称为信息沟通,是指在个人与群体当中进行事实、思想、意见和情感等方面的传递与交流,使组织成员的理解与认识基本(或完全)达成一致的过程。沟通的目的是通过相互间的理解与认同来使个人或群体间的行为相互适应。沟通的意义是传递与理解。完美的沟通应该是经传递之后使被接收者感知到的信息与发送者发出的信息完全一致。沟通必须具备两个条件:一是沟通必须有主体与客体,即信息发出的一方与接收的一方,涉及两个人以上。沟通可以是面对面,也可以是信息发出者与接收者之间通过其他媒介来实现的。二是沟通要有一定的媒介,如语言、书面文字、电话、网络等。

大多数理性人在判断自己的行动是否安全或能否行动时,往往是基于自己和周围人的沟通。安全领域的沟通可以理解为对安全信息的认知,进而判断有无危险或能否采取决策并做出行动。当人们接收的安全信息准确无误、能够正确认知并采取行动时,一般都不会发生事故。这也是现代比较推崇的基于风险决策的先进安全策略。

2. 沟通的过程

沟通是一个由发出安全信息方(安全信源主体)与接收安全信息方(安全信宿)共同完成的过程,完整的沟通过程如图10-6所示,包括信源、信道、信宿和信馈四个环节。根据传播学原理,以下是沟通过程中必要的概念。

① 将系统的主体(安全信息的认知者)称为信宿。将认知者所要感知的主要内容称为信源,信源可以是人、事、物、社会现象、组织、制度、体系、文化等,甚至是一个子系统。

② 认知者感知的信息通常是信源的载体。因此,将表征信源的本原(原原本本的东西)称为真信源,真信源转化成能够被信宿感知的信息称为信源载体,信源载体可以与真信源完

全一致，也可以完全不符，或者介于一致与不符之间。

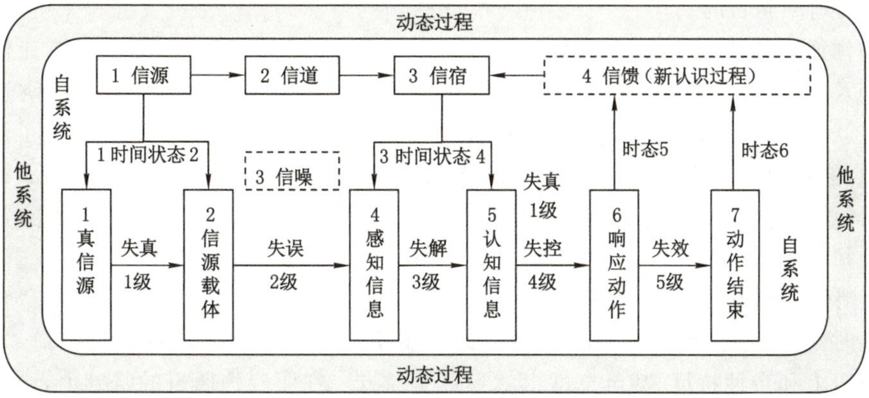

图 10-6　安全信息沟通过程通用模型

③ 将信宿与信源载体之间的媒介称为信道。信道中存在着影响信宿感知信源载体的各种因素，这种因素被称为信噪。信噪可以有也可以无；信噪的影响效果可以是负的，也可以是正的；信噪可以影响的不仅是信宿，还可以影响信源载体等。

④ 信源载体经过信噪的干扰之后，通过信宿的感知器官功能（如视、听、触、嗅等）变为信宿的感知信息。随后，信宿还需要根据大脑的功能和其中的知识储备等，对感知信息进行检测、转换、简约、合成、编码、储存、重建、判断等复杂的生理和心理过程，形成认知信息。被认知的信息与感知的信息可能相同、相似、相关，甚至可能相异、相反，还可以加入大脑的创新思维、意识等。

⑤ 信宿根据理解的认知信息，得出优化方案并形成决策，然后通过大脑指挥其功能器官（如手、脚等）采取动作，并达到或是获得某一行动结果。

⑥ 行动结果又可以反馈给信宿，并做出循环调整，简称“信馈”。信馈可以是简单的信息反馈，也可以是一个新的复杂的安全信息认知过程，后者是信宿能感知到的行动结果（其实也是属于一种信源），可能只是其真实结果的表象或载体。

⑦ 上述讨论的这个系统可能与其他系统存在关联和相互作用。我们把这个正在分析的系统称为自系统，把与之相互作用的系统称为他系统。自系统是随时间变化而动态变化的，并且与其他系统相互影响、相互作用。基于上述的定义和描述，可以构建出一个系统某一瞬间的安全信息认知通用模型。

由于沟通导致的事故机理：一方面，由于系统的安全信息认知过程存在信息失真或信息不对称，沟通过程存在故障，并由此可以导致信宿对风险的错误认知，从而造成错误的动作和行动，以致发生事故和灾难；另一方面，如果信宿的感知和认知过程有超常或创新的效果，则可能抵消由于信噪和信源载体带来的误差或负面影响。如果把安全（不安全）行动结果当作新信源，新信源被新信宿所认知又产生新的安全（不安全）行动结果，这样不断循环下去，就构成了多级安全认知的过程模型；当新信源同时被多个新信宿所认知，并形成不断传递循环下去的情景，就可能构成了复杂的安全（不安全）信息串、并联过程，甚至出现类似“蝴蝶效应”的过程。例如，有些谣言恶性传播，造成人群发生恐慌，以至于引发重大恶性事件。

3. 沟通效能提升

（1）明确沟通目的

作为沟通时的信息发出方（信源）要避免发生信息不对称现象，前提就是要让信息接受方（信宿）及时、准确、完整地理解信息含义，也就是要保证沟通的有效性。提高沟通效能的第一要素就是明确沟通的目的。比如，进行一次工作对话，对话双方如果都明确了沟通的目标，那么自然容易达成沟通的共识。因此，沟通主体和客体明确沟通的目标是什么或者希望达成的目标是什么就非常重要了。实际沟通场景中，不考虑沟通目的，不考虑对方需求的单向沟通往往没有什么效果。

（2）调整沟通态度

很多时候沟通效能低下往往是沟通双方根本不在一个频道上，所谓“对牛弹琴”。不尊重彼此的需求和个性特征，甚至态度上就不尊重对方。在明确沟通目的基础上，沟通双方需要调整好沟通态度，尽可能地尊重对方，考虑对方的实际情况，换位思考并体谅对方的立场和难处，这种沟通方式又称为同理心沟通。比如，你希望老员工操作机器时不要太快，要按照 SOP 程序按部就班地执行。这时，员工会说：“我已经干了 10 年了，我的岗位，我自己做主。”对于员工这个观点，做安全员的要理解，换位想想自己成为老员工时是不是也有类似想法。这时，安全员可以对员工说：“作为一名经验丰富的老员工，你想拥有更多的自由，不希望安全规则过多束缚你的工作，这种想法，我在刚来厂的时候也有的……”这样，沟通效果往往会好很多。

（3）营造沟通环境

在很多时候，我们需要先营造一个安全、舒适的沟通环境，再进行沟通。如果沟通氛围较差，沟通方觉得没有安全感，处于自我防备心理状态下，难以敞开心扉，沟通效果自然难以保证。有经验的安全管理者往往非常强调良好沟通氛围的营造，比如往往不在堆满文件的办公桌前谈话，而是改到人更容易放松的沙发区或者咖啡厅。言语表达方面多用“不是……而是……”句型来打消对方顾虑。例如，当员工因为工作和家庭左右为难时，领导和这名员工谈话，这时员工有很强的自我防卫意识，认为领导要批评他，不料领导第一句话说道：“我今天不是要强逼你抛开家庭去工作，而是想和你一起探讨有没有两者兼顾的可能……”这样，员工一下子就放松很多，更容易在安全工作中达成共识。

二、沟通技能

1. 与上级沟通

上级一般是组织中的高层，其主要职责是做出决策和领导下属，下级的职责则是根据上级做出的决策制定并且实施工作计划。下属只有与上级进行有效的沟通才能让上级充分了解工作进展情况，上级对下级提供及时的指导和帮助，从而提高组织的绩效。与上级沟通还为下级提供了参与企业管理、建言献策的机会，这个过程可以提高下级的归属感。

（1）上级对下级的沟通需求

为了保证与上级的沟通，要正确了解上级的需要，围绕这些需要传递安全信息。安全领导（安全总监、安全经理等）在与下级沟通时，更多地关注下属执行安全指令的情况、安全工作的及时反馈、需要上级提供何种支持等方面。与之对应的是，下属对上司（安全主任等）的沟通需求则在于得到关心与理解、获得对安全事项的支持性指导或清晰的指令，以及及时的反馈、沟通与协调等。

（2）下级与上级沟通的原则

① 不同的上级有不同的性格特征、思维方式和工作方法。下属要充分了解上级的处事风格，并且用上级的风格去沟通，不能试图让领导适应下属的风格。

安全管理人员需要通过观察和交流来了解上级的处事风格。这包括上级的决策方式、沟通习惯、工作节奏以及对问题和挑战的偏好反应等。例如，有的领导可能喜欢详细的数据分析和报告，而有的领导则更注重直观的感受和即时的反馈。在了解了上级的处事风格后，安全管理人员需要调整自己的沟通方式，以符合上级的风格。这包括使用上级偏好的语言、提供他们关注的信息点、按照他们的工作节奏来安排沟通和汇报。例如，如果上级是数据驱动型的，那么下属在汇报时就应提供具体的数据和分析来支持自己的观点。作为下属，安全管理人员不应试图改变上级的处事风格来适应自己。这种做法不仅难以成功，还可能导致沟通障碍和工作关系紧张。相反，下属应该保持灵活性和适应性，学会在不同的领导风格下有效工作。

② 应实事求是，如实报告真实情况。下属向领导报告时，一定要保证信息的准确性，这样才可以使上级正确地了解真实情况，做出符合实际的决策。

“实事求是”要求安全管理人员在处理工作时，必须从实际出发，尊重客观事实，不夸大、不缩小、不歪曲实际情况。“如实报告真实情况”则强调安全管理人员在向上级或相关部门报告时，必须真实、准确地反映实际情况，尤其是事故发生后能做到“不瞒报、不谎报、不少报、不迟报”。这是因为安全管理工作的核心是防范和减少事故风险，而真实的信息是做出正确决策的基础。例如，当发现某个区域存在安全隐患时，安全管理人员应立即向上级报告，详细说明隐患的性质、位置和可能造成的后果，而不是试图掩盖或轻描淡写。这样做不仅有助于及时消除隐患，防止事故发生，还能维护企业的信誉和法律责任。

③ 要积极主动，但不能越权。遇到事情想要向上级主动汇报是正确的想法，但在向上级汇报时，不能越权替上级做出决策，也不能把自己的想法强加于上级。当上级做出的决策与下级想要的结果有一定的差距时，可以进行适当的引导。

安全管理人员在工作中应保持积极主动的态度，这意味着他们需要主动去发现并解决安全问题，而不是被动地等待问题出现后再去处理。积极主动也包括主动学习新的安全管理知识和技能，以适应不断变化的安全环境。同时，他们还应该主动与团队成员和其他部门沟通，共同协作以确保企业的整体安全。尽管积极主动是重要的，但安全管理人员也必须明确自己的权限范围，并严格遵守，不得越权行事。越权行为可能包括未经授权擅自做出重大决策、代替其他部门或人员履行职责，或擅自访问、修改不属于自己职权范围内的信息等。越权不仅可能导致安全问题被错误处理，还可能引发内部矛盾和法律风险。因此，安全管理人员应时刻谨记自己的职责边界，遇到需要跨部门协调或超出自己权限的问题时，应及时与相关部门和上级领导沟通，确保工作合规、高效地进行。

④ 主动提出解决方案，与上级沟通时提供选择题，而不是判断题或问答题。这样不仅可以提高自己的工作能力，积累工作经验，还可以为繁忙的上级节省时间。“判断题”是指仅提出一个问题，而没有给出任何解决方案，这会让上级陷入被动思考的境地。“问答题”则是只提出问题，等待上级的指示或答案，这同样会增加上级的决策负担。

安全管理人员不应将问题抛给上级，而应该主动思考并提出可行的解决方案。这意味着在发现安全问题后，安全管理人员需要进行深入分析，结合自己的专业知识和经验，提出具体的解决措施。这样做不仅能减轻上级的决策负担，还能展现出自己的专业素养和解决问题的能力。在与上级沟通时，提供“选择题”意味着给出几个经过深思熟虑的解决方案，并分析每个方案的优缺点，供上级选择。这样做的好处是，它能帮助上级更快地做出决策，因为已经有了几个备选方案，而不需要从零开始思考。例如，当发现某个安全隐患时，安全管理人员可以提出几种可能的隐患治理方案，如立即安装屏蔽、暂时关闭某些功能或进行风险预警系统升级等，并解释每种方案的利弊。这样，上级就可以根据实际情况和需求，选择最合适的方案。

2. 同级沟通

同级沟通更多在于关注事项本身，这对于工作任务的推动至关重要。同级间沟通的目的在于解决问题，通过沟通将知道的信息和拥有的资源实现共享，共同推进工作任务的完成。同级之间沟通的原则主要是以下内容。

(1) 做到相互尊重

同级之间没有职权的上下之分，但往往存在着竞争关系，更容易产生矛盾，沟通过程中要做到互相尊重，这是双方良好沟通的基本条件。在沟通过程中，双方都能够认真倾听对方的意见，理解对方的立场，不对对方进行无谓的批评或指责。这种尊重能够建立良好的工作关系，促进信息的有效传递，提高团队协作的效率。在安全管理领域，相互尊重更为重要，因为它有助于建立一种信任的氛围，使得团队成员更愿意分享安全信息，共同应对安全风险。安全管理人员还需要注意避免一些常见的沟通障碍，要避免使用攻击性的语言或态度，以免引发冲突，更不能有高高在上的官僚作风；同时，也要避免过度自我防卫或指责他人，以免影响沟通的顺利进行。

(2) 求大同、存小异

同级之间会因为存在观点的差异而出现意见分歧，这种情况下不能过分争论，不能过于坚持自己的想法，而应该尽量寻找两者之间的共同点，争取求大同、存小异。要明确大家共同的安全目标，如减少事故、保障员工安全等，安全管理人员应强调安全工作的共同利益，即保障企业的正常运营和员工的人身安全。还要包容和理解同级的不同观点，寻求妥协和平衡。通过明确共同目标、强调共同利益、寻找共同点、尊重差异、灵活变通和有效沟通等方法，安全管理人员可以与同级建立良好的合作关系，共同推动企业的安全管理工作向前发展。

(3) 学会换位思考

与他人合作时不能只考虑自己的利益，要想实现双方的利益最大化，一定要互相考虑对方的利益，这样才能和谐、有效地进行沟通。当面对安全问题或制定安全政策时，安全管理人员应尝试将自己置于相关人员的位置上，想象他们的感受和需求。例如，当考虑一项新的安全规定时，可以想象员工在实际操作中可能会遇到的困难和挑战。通过积极倾听，安全管理人员可以更好地了解他们的需求和期望，并根据这些反馈调整安全管理策略。通过模拟演练或角色扮演的方式，让安全管理人员亲身体验不同角色在安全管理中的处境和决策过程。

3. 上级与下级沟通

下级的主要职务是执行和实施上级的决策，因此与下级进行有效的沟通能使下级的目标变得更加明确，从而更快速准确地完成上级布置的工作。在沟通过程中，上级可以对自己的决策进行自我评估，若有不足之处，可以进行适当的修改。

(1) 下级对上级的沟通需求

为了保证与下级的有效沟通，要正确地了解下级的需要。下属对上司的沟通需求在于得到关心与理解、获得对工作事项的支持性指导或清晰的指令，及时进行反馈、沟通与协调。

(2) 上级与下级沟通的原则

① 尊重下级。虽然上级在职权上处在相对优势的地位，但上级必须尊重每一位下属，这是与下属进行良好沟通的必要前提。尊重下级，意味着要认可和重视下级员工的价值、贡献和尊严。在安全管理工作中，这包括尊重下级的专业知识、技能、经验和观点，以及尊重他们的工作努力和个人成长。

② 上级要持有正直、诚恳的态度。美国加利福尼亚州立大学对企业内部沟通进行研究后得出一个重要成果——沟通的位差效应。他们发现，来自领导层的信息只有20%～25%被下级知道并正确理解，从下到上反馈的信息则不超过10%，但平行交流的效率可达到90%以上。由此可知，上级在与下级沟通时正直诚恳，缩小双方的差距，可以使沟通变得更加有效。

上级在安全管理中要坚持原则，不偏不倚，公正公平地处理各类安全问题。这种态度体现在严格遵守安全规章制度，不徇私舞弊，不因个人关系或利益而放宽安全标准。在处理安全事故或违规行为时，保持客观公正，不护短，不隐瞒，及时采取措施防止问题扩大。对待下属一视同仁，不偏袒任何一方，确保安全管理的公平性和有效性。上级在安全管理中要真诚待人，坦诚沟通，勇于承担责任。这种态度体现在与下属保持开放、真诚的沟通，耐心倾听他们的意见和建议，共同探讨安全管理的方法和措施。当出现安全问题时，要勇于承认错误，及时采取措施进行纠正，并积极寻求改进方案。关心下属的工作和生活，关注他们的成长和发展，为他们提供必要的支持和帮助。

③ 掌握表扬与批评的艺术，多给予下属肯定。表扬时要真诚，发自内心地赞扬下级的优点。批评时要注意控制尺度，适可而止，不能伤害下级的自尊心。安全领导发现安全员做出优秀表现或取得显著成绩时(制止“三违”、举报隐患等)，应及时给予表扬，并明确指出具体做得好的地方。表扬要发自内心，避免夸大或虚假。同时，也要注意适度，不要过分渲染，以免让下属产生骄傲自满的情绪。除了口头表扬外，还可以通过书面嘉奖、颁发证书或奖品等方式来肯定下属的表现，让下属感受到更强烈的荣誉感和归属感。

当安全管理者发现存在不安全行为时，要对事不对人，批评时要针对具体的问题或行为，避免伤害下属的自尊心和自信心。批评最好在私下进行，避免在公开场合让下属难堪。批评不仅是指出问题，而是要给出具体的改进建议，帮助下属明确改进方向，提高他们的工作效率和质量。在日常的安全管理中，上级应该多关注下属的优点和成绩，及时给予肯定和鼓励。这种肯定可以是口头上的赞扬，也可以是实质性的奖励或晋升机会。通过多给予下属肯定激发他们的工作热情和创新能力，提高整个团队的安全管理水平。

三、倾听的原则

1. 倾听的内涵

倾听是有效沟通的重要环节，不仅是用耳朵来听说话者的言辞，还需要听者全身心地去感受对方谈话过程中表达的言语信息和非言语信息。狭义的倾听是指凭借听觉器官接受言语信息，进而通过思维活动达到认知、理解的全过程；广义的倾听包括文字交流等方式。

2. 倾听的要点

(1) 做好准备

为了不受到环境的影响，在倾听之前要提前做好充分的准备，为有效倾听营造良好环境。在进行安全任务交底时，选定远离工地现场和车间的安静且独立的空间，在恰当的时间点和场所进行倾听。

(2) 用心倾听

在倾听过程中要注意讲话者的表情、手势等肢体动作。在进行安全交底时，要全神贯注地倾听说话者传达的信息，避免分心或打断对方，以确保完整理解对方的意图和信息。通过点头、微笑或其他肢体语言来表达对说话者的关注和鼓励，在倾听过程中，可以适当地重复说话者的话或用自己的话总结对方的观点，以确保正确理解。如果有任何不清楚或需要进一步了解的地方，可以适当地提出问题，这有助于澄清疑惑并确保双方对安全交底的内容有共同的理解。

(3) 理智客观

应该客观地对待讲话者所要传达的信息，不能将主观的偏见掺杂进来，这会影响对信息的正确判断。即使对讲话者有刻板印象，或者对有关信息有偏见，也要理智地听讲话者把话讲完。在进行安全交底之前，自我反省，应以事实为依据，不被个人情感或先入为主的观念所左右。倾听时，可能会遇到与自己观点不同的看法或建议。此时，应保持开放心态，认真倾听并考虑这些不同意见，而不是一味坚持己见。借助辅助工具，如图片、示意图、演示视频等来提高交底的清晰度，确保信息能够准确、客观地传递给接收者。这些工具可以帮助双方更直观地理解安全要求和技术细节，减少因语言表述不清或理解差异而导致的偏见和误解。

(4) 适当沉默

在沟通过程中，适当地保持沉默往往能带来无声胜有声的效果。当对方讲话时，我们应适当保持沉默，认真倾听，不要为了发表自己的意见而打断对方讲话。一个合格的倾听者会耐心地把全部信息听清楚，进行充分的考虑之后，再发表自己的意见。如果我们中途反驳讲话者，会打断他的思维，并且有可能影响他的情绪，进而影响接下来的信息传递。当其他人在发表意见、解释安全规程或提出安全问题时，保持沉默并全神贯注地倾听是非常重要的。这种沉默不仅表达了对说话者的尊重，也给了更多时间去消化和理解所听到的信息。如果交底过程中出现了复杂或新颖的安全问题，可能需要一些时间仔细思考。这时，保持沉默可以集中注意力，分析问题，并形成有条理的回答或解决方案。如果对某个安全问题或程序不太确定，不要急于回答或表态。当其他人正在解释或讨论安全事项时，即使有不同的看法或想要补充信息，也请尽量在他们说完之后再表达。频繁打断他人不仅会破坏沟通的流畅性，还可能给人留下不尊重他人的印象。在某些情况下，适当的沉默可以传达出自己对所听到信息的认同和理解。当无需额外评论或解释时，点头和沉默可以是一种肯定和鼓励。在面对争议或紧张情况时，保持沉默可以帮助控制情绪，避免在情绪激动时说出可能后悔的话。

第4节　人际沟通与冲突管理

一、人际关系概述

1. 人际关系的内涵

人际关系是人们在交往中心理上的直接关系或距离，反映了交往双方需要的满足程度。如果交往双方能互相满足对方的需要，就容易形成亲密的人际关系；反之，则容易造成人际排斥。同时，人际关系也表明了人与人相互交往过程中心理关系的亲密性、融洽性和协调性的程度。人际关系的形成包含着认知、情感和行为三种心理因素的作用。认知是人际知觉的结果，既有对自我的认知，也有对他人的认知。情感成分是指交往双方相互间在情绪上的好恶程度及对交往现状的满意程度，还包括情绪的敏感性等。行为成分主要包括活动的结果、举止的风度、表情、手势以及言语。

2. 影响人际关系的因素

(1) 距离远近

交往双方在地理位置的距离越近，越容易发生人际交互关系，相互建立紧密的联系。

(2) 交往频率

相互交往、接触的频率越高，越容易形成亲密的关系。

(3) 观念的相似性

有着相同的理想、信念、价值观和人生观的个体，以及对某些问题的看法、观点相同或相似的，比较容易形成密切关系。

(4) 兴趣爱好的一致性

兴趣爱好相同的人进行交往能感觉到说话投机，有共同语言，彼此可以从对方身上得到教益和启发，因而容易形成密切的人际关系。

3. 人际关系对安全管理的作用

和谐的人际关系有利于安全管理的顺利实施，有利于发挥员工的安全主动性，有利于实现组织的安全目标。和谐的人际关系在安全管理中确实起着非常重要的作用，主要体现在以下方面。

(1) 增强沟通与合作

和谐的人际关系有助于建立良好的沟通渠道。在安全管理中，有效的沟通是至关重要的，因为它可以确保安全信息被准确、及时地传递。当团队成员之间关系融洽时，他们更愿意分享信息，提出建议，从而在面对潜在的安全风险时能够迅速做出反应。

(2) 提高团队凝聚力

和谐的人际关系能够增强团队的凝聚力。当团队成员感受到彼此之间的支持和理解时，他们更有可能作为一个整体来共同应对安全问题。这种团队精神可以提高员工对安全规程的遵守程度，从而降低事故发生的概率。

(3) 减少人为错误

在紧张或敌对的工作环境中，员工可能更容易犯错或忽视安全规定。相反，在和谐的人际关系中，员工更加放松和专注，这有助于减少因人为因素导致的安全事故。

(4) 促进安全文化的形成

和谐的人际关系有助于培养一种积极的安全文化。当员工之间互相尊重、互相信任时，他们更有可能共同致力于创建一个安全的工作环境。这种文化氛围可以激发员工主动参与安全管理的积极性，从而提高整个组织的安全水平。

(5) 提升员工满意度和忠诚度

和谐的人际关系通常与员工的满意度和忠诚度密切相关。当员工感受到同事之间的支持和友谊时，他们更有可能对工作产生积极的态度，并愿意为组织的安全目标付出努力。这种积极的员工态度对于确保安全管理的成功至关重要。

和谐的人际关系在安全管理中发挥着不可或缺的作用。通过增强沟通与合作、提高团队凝聚力、减少人为错误、促进安全文化的形成以及提升员工满意度和忠诚度等方面的努力,可以为组织创造一个更加安全、高效的工作环境。

4. 人际关系基本准则

著名心理学家和人际关系学大师戴尔·卡耐基(Dale Carnegie)提出:个人成功=15%的专业技能+85%的人际关系和处世技巧,可见人际关系对于个人管理的重要性。下面简要介绍人际关系的四个基本准则。

(1) 换位思考

换位思考是人对人的一种心理体验过程,与人交往时将心比心、设身处地,才能互相理解。换位思考要求我们将自己的情感体验、思维方式等与对方联系起来,站在对方的立场上思考问题,为增进理解奠定基础。它既是一种理解,也是一种关爱。换位思考是融合人与人之间关系的最好黏合剂。在一个团队中,只有换位思考,才有可能增强团队凝聚力,提高团队的综合能力。而对于一个管理者来说,换位思考是巩固管理的重要因素,只有学会了换位思考,被管理者才会心悦诚服地服从管理,从而提高管理团队的效率。

(2) 善于沟通

人际关系与信息沟通关系密切,信息沟通的深度决定了人际关系的程度,良好的人际关系往往建立在良好的沟通基础之上的,沟通是构建良好人际关系的重要手段。对于管理者而言,沟通的作用毋庸置疑,只有善于和员工交流的管理者才能更好地发挥领导职能。通过交流,团队的目标和努力途径才可以被员工所理解,不同职位的员工才可以明确个人的具体职责,各司其职共同推进组织目标的达成。

(3) 双赢思维

双赢思维讲求互惠互利、相互利益最大化,只有在双赢思维的指引下,才可以在双方矛盾的利益冲突中寻找到平衡点,以谋求共同利益。对人际交往而言,双赢思维是交往的润滑剂,不仅要为自己着想,同时也不忘对方利益,为对方谋福利,利人利己。在管理中,员工和管理者的互助互信尤为重要,是一个团队的黏合剂。有了信任和可靠感,个体才可以组成一个拥有凝聚力的团队,这一切都要在双赢的基础上实现。

对于企业与员工来说,双赢思维意味着企业在追求经济效益的同时,也要关注员工的安全与健康。企业应该提供必要的安全培训和防护措施,确保员工在工作过程中的人身安全。同时,员工也要积极参与安全管理工作,提出改进建议,共同营造安全的工作环境。这样,企业能够减少安全事故带来的损失,提高生产效率,而员工也能在安全的工作环境中更好地发挥自己的才能,实现个人价值。在企业与客户的关系中,双赢思维要求企业在追求利润的同时,也要确保产品或服务的安全性和可靠性。企业应该严格遵守相关法律法规和标准要求,确保所生产的产品或提供的服务不会对客户造成危害。同时,企业也要积极与客户沟通,了解客户需求和反馈,不断改进产品或服务质量。这样,企业能够赢得客户的信任和支持,实现可持续发展。

(4) 原则底线

人际交往中要多换位思考,将对方放在心上,但并不意味着无限制容忍对方的一切行为、附和对方的一切言行。也就是说,在交往中应有自己的原则底线,对于越过底线的言行零容忍,原则底线是做人的基础,同样也是人际交往的基础。无限制的忍让和顺从本身就是对自身利益的践踏。真正的益友可以在交往中促进双方的自我完善，而这一切的基础就是双方都树立自己的原则及底线，并严格执行。

原则要求我们将安全置于首要位置，并将其融入企业的核心价值观和日常运营中。我们必须时刻保持警觉，对任何可能威胁到安全的情况保持零容忍的态度。同时，要通过不断的培训和教育，提高全员的安全意识和操作技能，确保每个人都能够在实际工作中践行安全原则。此外，还应建立一套完善的安全管理制度和监控机制，确保各项安全措施得到有效执行。在这个过程中，领导层的示范作用至关重要，不仅要严格遵守安全原则，还要积极参与安全活动，为员工树立榜样，共同营造一个安全、健康的工作环境。这样，我们才能在安全管理中真正坚守原则，确保企业的长远发展和员工的身心健康。

二、中国式人际关系

1. 中西方人际关系的比较

中西方人际关系存在显著的差异，这些差异主要体现在人际关系的取向、交流方式、价值观以及社会行为等方面。

(1) 在人际关系取向方面

中国文化强调“人本位”，即以人为本，重视家庭和社会和谐，而西方文化则更注重“神本位”，即强调个人的独立和自由。这种差异也体现在家庭观念上，中国人更看重家庭的整体性和家族荣誉，而西方人则更注重个人的成就和自由。

在中国文化中，家庭观念非常重要，每个人都被期望在家庭中扮演特定的角色，并承担起对家庭的责任。家庭成员之间的关系紧密，且往往对家族和长辈表现出有明确的尊重和服从。相比之下，西方文化中的家庭关系较为松散，成年人更倾向于独立生活，家庭成员间的义务感可能不如中国文化中那么强烈，而且个人追求和个体独立性更受重视。

(2) 在交流方式方面

中国文化注重面子和礼貌，通常通过间接方式沟通以避免伤害他人面子，而西方人则更习惯于直接表达自己的想法和意见。此外，在思维方式上，中国文化偏重整体、联系和辩证思考，而西方文化则更注重个体、分析和逻辑推理。

中国人在社交场合往往更加注重面子和礼貌，在交往中会尽量避免直接冲突，而是通过委婉的方式表达自己的观点，以维护和谐的气氛。西方人则更倾向于直接表达自己的想法和观点，即使这可能引发争论或不同意见。他们通常更重视事实和逻辑，而不是维护表面上的和谐。

(3) 在价值观方面

中国文化强调和谐、秩序和尊重传统，而西方文化则更注重自由、平等和创新。这种差异也体现在社会行为上，例如中国人更注重集体利益和长幼有序，而西方人则更看重个人权利和自由竞争。

中国文化中存在较为明显的等级制度，不仅在家庭中(长辈与晚辈)，也在工作场所和社会组织中，这种等级制度影响着人们之间的互动方式。西方文化虽然也存在一定的等级(在公司中的职位等级)制度，但总体上更强调平等和个体权利，等级制度对人际关系的影响相对较小。

(4) 关系处理方式方面

中西方在处理人际关系时也有不同的侧重点，中国文化强调人情和关系，重视互相帮助和回报，而西方文化则更注重公平和正义，强调个人的能力和贡献。在信任方面，中国文化更依赖于人际间的信任和亲密关系，而西方文化则更注重制度信任和法律规范。

在中国文化中，朋友之间的关系通常比较深厚，朋友之间会互相扶持，讲究“义气”。友情不仅局限于共同的兴趣爱好，还包括在生活各个方面的支持和帮助。在西方文化中，朋友关系可能更加基于共同的兴趣和活动。虽然朋友之间也会互相帮助，但这种帮助通常更加理性，较少涉及深厚的情感纽带。

(5) 为人处世标准方面

西方人多坚持单一标准，完全按照权利与义务的要求来行事，例如家庭中父母养育子女到 18 岁，之后子女就应该靠自己；再如企业中完全依靠业绩和表现来判定是否留用一个员工。中国人讲求“彼此的对待”，依照别人对自己的方式来考虑自己对别人的态度。

中国文化中的“礼尚往来”和“以直报怨”的传统观念根深蒂固，人们更加重视人际关系中的和谐与平衡，以及相互之间的尊重和关怀。西方人的权利义务观念和明确的责任划分体现了西方人对个体独立性和自我负责精神的重视。

(6) 社会环境约束力方面

西方呈“有形且刚性”的特征，表现为非常详细的法律、规定，不仅条款清楚，且执行起来非常严格。我国则呈现“无形且弹性化”，虽然法律制度体系在不断地完善，但执行过程中仍有一定的弹性。西方的刚性法律执行能够确保法律的公正性和权威性，但也可能过于僵化，不够灵活；而我国的弹性法律执行则更能适应复杂多变的社会现实，但也可能导致法律执行的随意性和不公平性。

中西方人际关系存在显著的差异，这些差异主要源于不同的文化、历史和社会背景，文化之间的人际关系没有优劣之分，都具有各自的闪光点。了解这些差异有助于我们更好地理解和适应不同文化背景下的人际关系，提高跨文化交流的能力。同时，也可以借鉴不同文化中的优点，以更好地处理人际关系，促进社会和谐与发展。

2. 中国式人际关系的特征

(1) 官本位

官本位即古代中国封建专制思想里以官为本、以官为贵、以官为尊的价值观，把是否为官、官职大小当成一种核心的社会价值尺度去衡量个人的社会地位和价值。官本位是封建专制思想的糟粕文化，以官为大的思想和以人为本的人权思想背道而驰，损害了民众的权益。中国式人际关系里官本位中的“官”并非仅局限于官场，可以泛指各种拥有高地位和更多社会资源的人。在人际交往中，为了满足自己的需求或是不发生冲突，很多人通常会刻意迎合讨好他们，唯上是从。

从积极的角度看，官本位式人际关系可能促使管理层更加重视企业的安全状况。因为在这种关系模式下，上级的关注和评价往往对下级的职业生涯有着重要影响。如果上级对安全管理有严格要求，下级可能会更加努力地确保工作场所的安全，以避免负面评价或责任追究。然而，官本位式人际关系带来的负面影响更为显著。首先，它可能导致安全管理中的决策过程变得不透明和主观。决策可能更多地基于个人关系或上级的偏好，而不是基于客观的安全需求和风险评估。这种情况可能会削弱安全管理制度的有效性和公信力。其次，官本位文化可能导致企业内部形成一种“权力至上”的氛围，使得员工在面临安全问题时不敢提出异议或报告问题，因为他们担心这可能会损害与上级的关系或影响自己的职业前景。

这种沉默文化会严重阻碍企业及时发现和解决安全隐患。再次，如果企业内部的人际关系过于复杂，可能会导致资源分配不均和权力斗争。在这种情况下，安全管理所需的资源（如资金、人员和时间）可能会被削减或挪用，以满足某些个人的政治或经济利益，这将直接损害企业的安全状况。最后，从长远来看，官本位式人际关系可能会阻碍企业的持续发展和创新。在这种环境下，员工的创造力和积极性可能会受到压制，因为他们更专注于维护现有的权力结构而不是追求更好的工作方法和流程，这将对企业的整体竞争力和安全状况产生负面影响。

（2）面子法则

面子是根植于大众心中的一种心理文化，是自尊的一种较为偏激的表现方式，通过个人言行展现社会价值，以寻求他人的认同，从而凸显个人内心的自我价值。在自我价值未达到个人的期望时，我们往往会感到没有“面子”。“面子”在社会交往中是有价值的，可以用来交换。“面子文化”对企业安全管理的影响主要体现在以下几个方面。

① 隐瞒问题。在“面子文化”的影响下，员工可能会因为顾及面子而隐瞒安全问题，不愿意报告或公开讨论存在的安全隐患。这种隐瞒可能导致问题得不到及时解决，进而增加事故发生的风险。在企业安全管理中，“死要面子活受罪”可能表现为管理层或员工为了维护企业的声誉或形象，而故意隐瞒或淡化安全问题，不愿公开承认存在的安全隐患或事故。

② 形式主义。为了维护面子，企业可能会过分注重形式而忽视了实质的安全管理。例如，为了展示企业的良好形象，可能会在安全检查或报告中夸大其词或掩盖真实问题。

③ 阻碍创新。在“面子文化”盛行的环境下，员工可能害怕提出新的想法或建议，因为一旦失败会“丢面子”。这种心理阻碍了创新和持续改进的可能性，也使得企业难以适应不断变化的安全挑战。

④ 责任逃避。当出现问题时，员工可能会互相推诿责任，以避免“丢面子”。这种责任逃避的行为会破坏团队合作，降低整个组织对安全问题的敏感度和应对能力。

⑤ 资源浪费。为了“挣面子”，企业可能会在安全管理上投入过多的资源，包括不必要的设备购置、形式主义的培训等，这些投入可能并不能真正提高安全性，反而造成了资源的浪费。

为了减轻“面子文化”对企业安全管理的不利影响，企业应该建立一种开放、包容、实事求是的文化氛围。鼓励员工坦诚地面对和报告安全问题，提供必要的培训和支持以帮助员工克服“丢面子”的恐惧。同时，建立明确的安全管理制度和责任机制，确保每个人都能够承担起自己的安全责任。

（3）模糊文化

中国式人际关系有一个很显著的特点，就是模糊性和朦胧性。中国人多顾虑他人感受，会权衡得失利弊，在冲突之中选择最折中的途径，讲究说话的智慧，用最内敛的话表达内心深处的想法。

在日常工作中，员工之间沟通若使用模糊的语言，可能会导致信息传递得不准确。在安全管理的情境中，精确的指示和清晰的沟通是至关重要的。模糊的语言可能导致误解或信息失真，进而对安全操作流程产生负面影响。模糊文化还可能影响企业安全文化的构建。如果一个企业的沟通方式倾向于模糊和不明确，那么员工可能对安全规定和操作流程的理解也存在模糊性，这无疑增加了安全事故的风险。在决策过程中，模糊的表达方式可能会掩盖真实的问题和风险。管理者如果使用模糊的语言来描述安全问题，可能会使得问题的严重性和紧迫性被低估，从而延误采取有效措施的时机。此外，模糊文化还可能影响企业的安全培训和教育。如果培训内容表述模糊，员工可能无法准确理解和执行安全操作规程，这将对企业的整体安全状况构成潜在威胁。为了降低模糊文化对企业安全管理的影响，企业应该倡导清晰、准确的沟通方式。在制定安全规章制度时，应使用明确无误的语言，确保每位员工都能准确理解并遵守。同时，加强安全培训和教育，提高员工对安全操作规程的认识和执行能力。

(4) 隐忍文化

隐忍是中国传统文化的一个重要特点，俗话说："忍一时风平浪静，退一步海阔天空。"学会隐忍是中国式人际交往中不可或缺的一部分。学会把握做人的分寸，衡量处事的尺度，学会低调、淡定、从容，不急于眼前得失，做好全局规划，这些是人际交往必备的能力。

中国的隐忍文化对企业安全管理的影响是多方面的，既有积极的一面，也有潜在的消极一面。从积极方面来看，隐忍文化强调和谐与避免直接冲突，这有助于在企业内部创造一种相对平稳的工作氛围。员工之间更倾向于通过协商和妥协解决问题，而不是采取激进或对抗的方式。这种氛围在某种程度上能够减少人际摩擦，提高团队协作的效率，从而有助于企业的稳定运营。然而，隐忍文化也可能带来一些消极影响。首先，隐忍可能导致问题被掩盖而不是被解决。员工可能因为害怕破坏和谐或者担心得罪他人而选择不提出安全问题或者对潜在的安全隐患保持沉默。这种沉默文化会阻碍安全管理的及时性和有效性，增加事故发生的风险。其次，隐忍文化可能影响企业对安全问题的敏感度和应对速度。在隐忍的文化氛围下，员工可能更倾向于忍受不安全的工作环境，而不是积极寻求改善。这会导致安全问题得不到及时的关注和解决，进而影响整个企业的安全状况。最后，隐忍还可能滋生一种"得过且过"的心态，使得员工和管理层对安全标准的要求降低，从而影响企业的长期安全发展。

企业在安全管理中需要平衡隐忍文化的利弊。一方面，可以利用隐忍文化带来的和谐氛围促进团队合作；另一方面，也要警惕因隐忍可能导致的安全问题被忽视。企业应该建立明确的安全管理制度和报告机制，鼓励员工积极提出安全问题，确保安全隐患得到及时发现和解决。同时，通过培训和教育提高员工对安全管理的认识和重视程度，形成积极的安全文化。

3. 安全人脉经营管理

企业安全管理中，经营安全人脉至关重要，因为它不仅关乎企业的稳定发展，还涉及员工的人身安全和企业的声誉。以下是在企业安全管理中经营安全人脉的几点建议。

(1) 建立明确的安全管理制度

企业必须建立一套明确的安全管理制度，并通过内部培训、安全会议等方式不断向员工强调安全的重要性。这样，每个员工都能明白自己在安全管理中的责任，从而形成一个共同维护企业安全的强大团队。

(2) 加强跨部门沟通与协作

由于安全管理涉及生产、设备、人力资源等多个部门，因而加强跨部门之间的沟通与协作至关重要。通过定期的跨部门会议，分享安全信息、交流经验教训，共同制定防范措施，形成合力应对安全风险。

(3) 培养员工的安全意识

员工是企业安全管理的第一道防线。因此,企业需要不断加强员工的安全培训,提高他们的安全意识和应对风险的能力。同时,鼓励员工积极参与安全管理和监督,对发现的安全隐患及时上报,并给予适当的奖励。

(4) 与外部专家和行业组织保持联系

企业可以与外部的安全专家和行业组织保持密切联系,及时了解最新的安全法规、技术和标准。这些专家和组织还可以为企业提供专业的安全咨询和指导,帮助企业提升安全管理水平。

(5) 建立安全信息共享平台

通过建立安全信息共享平台,企业可以实时收集、整理和分享安全信息,以便各部门和员工能够及时获取相关信息,做出正确的判断和决策。这有助于提高企业应对安全风险的速度和效率。

(6) 营造良好的企业安全文化

企业需要营造良好的企业安全文化,让员工从内心深处认同和践行安全管理理念。通过举办安全知识竞赛、安全月活动等,增强员工对安全的关注度和参与度,从而形成全员参与的安全管理氛围。

经营好企业安全人脉需要从制度建设、跨部门沟通、员工培训、外部联系、信息共享和文化营造等多方面入手。只有这样企业才能构建一个坚实的安全防护网,确保员工和企业的安全稳定发展。

三、冲突管理

1. 冲突的内涵

冲突指的是在两个或两个以上的个体、群体或组织之间由于感受到彼此的差异所导致的异议或对立。冲突是客观存在的、不可避免的社会现象,是组织的本质特征之一。任何组织都不可能没有冲突,只存在冲突程度和性质的区别。冲突对于组织、群体或个人既有正面作用,又有产生消极影响的可能性。美国学者布朗(Brown)等在对冲突与组织绩效之间关系的研究中发现冲突水平与组织效率之间的关系主要表现为:当冲突水平过高时,组织会陷入混乱、对抗,甚至分裂、瓦解状态,破坏绩效,危及组织正常运转乃至生存;当冲突水平过低时,组织缺乏生机和活力,可能会停滞不前,难以适应环境的变化,进入低绩效的状况;当冲突达到最佳程度时,则会对组织发展产生积极的作用,可以激发创造力,改变组织发展的停滞状态,解除紧张,使组织保持旺盛的生命力。冲突是客观存在的,但也需要人们去感知和体验。当客观存在的分歧争论、竞争、抵抗等反应成为人们大脑或心理中的内在矛盾斗争,导致人们进入紧张状态时,冲突才被人意识和察觉到,这就是冲突的主观知觉性。

2. 安全冲突的类型

(1) 根据冲突对组织的影响分类

① 建设性安全冲突是指在安全管理领域中,组织成员从组织利益角度出发,对组织中存在的不合理之处或潜在的安全隐患提出不同意见和看法。建设性冲突最重要的贡献之一是使人们在冲突的过程中为解决问题而创新性地寻找解决方案,从而提高创造力。这种冲突是积极的、有价值的,因为它有助于发现安全问题,促进安全管理制度的完善,提高组织的安全水平。

建设性安全冲突的特点包括关心目标、对事不对人、促进沟通等。它鼓励组织成员发表不同意见，通过争论和辩论来寻找更好的安全解决方案。这种冲突可以激发组织成员的创造力和创新精神，推动安全管理的持续改进。在企业安全管理中，建设性安全冲突可以促使组织成员关注并发现潜在的安全问题，这些问题可能是平时被忽视的或者未被充分认识到的。通过建设性安全冲突的讨论和争辩，可以推动安全管理制度的完善和改进，使其更加符合组织的实际情况和需求。建设性安全冲突可以增强组织成员的安全意识，让他们更加明白安全工作的重要性，并积极参与到安全管理中来。建设性安全冲突也可以促进组织成员之间的沟通和交流，增进彼此之间的了解和信任，从而有利于安全管理工作的顺利开展。为了有效利用建设性安全冲突，组织需要营造一个开放、包容、鼓励创新的文化氛围，让成员敢于发表不同意见和看法。同时，组织还需要建立一套完善的安全管理制度和机制，及时处理和解决安全问题，确保组织的安全稳定运行。

② 破坏性安全冲突是指在安全管理过程中出现的具有破坏性的分歧或对立，这种冲突通常对组织的安全和稳定产生负面影响。与建设性安全冲突不同，破坏性安全冲突往往以损害对方或组织利益为目的，而不是为了寻求更好的解决方案或改进安全管理。

破坏性安全冲突的双方极为关注自己的观点是否取胜，而不是关注问题本身或组织的整体利益。双方通常不愿听取对方意见，而是想方设法陈述自己的理由，抢占上风，甚至可能出现人身攻击的现象。双方之间的信息交流减少，导致误解和怀疑加重，公开或不公开的对抗增加。在企业安全管理中，由于双方的对立和争执，组织可能无法就安全问题达成共识，从而难以制定和执行有效的安全措施。破坏性冲突会消耗大量的时间和资源，导致组织在应对安全问题时效率低下。长期的破坏性冲突会破坏组织的和谐氛围，影响员工的工作积极性和团队合作精神。双方的对立可能忽视或掩盖一些真正的安全问题，从而增加组织的安全隐患。

（2）根据安全冲突产生的原因分类

根据安全冲突产生原因的不同，可将安全冲突划分为：安全目标冲突、安全认知冲突、安全情感冲突、安全流程冲突和关系型安全冲突等不同类型。

① 安全目标冲突是指由于冲突主体内部或冲突主体之间存在着不一致或不相容的结果追求所引发的冲突。在企业中，安全目标冲突可能表现为不同部门之间的安全目标冲突。例如，生产部门可能更注重生产效率和成本控制，而安全部门则更关注工作场所的安全和员工的健康，这可能导致在安全措施的实施上存在分歧。某些员工可能为了个人便利或节省时间而违反安全规程，这与企业的整体安全目标相违背。在有限的资源下，如何在不同部门或项目之间合理分配安全投入，可能会引发争议和冲突。

② 安全认知冲突是指在安全管理过程中，不同个体或群体对于安全问题的认知和理解存在差异，导致在安全措施的执行、安全风险的评估以及安全文化的塑造等方面产生分歧和对立。这种冲突往往源于人们的知识背景、经验、价值观以及所关注的安全侧重点不同。

不同人员可能对同一安全风险有不同的看法。例如，有些人可能认为某个操作是安全的，而另一些人则认为它存在潜在危险。对于应该采取哪些安全措施，以及如何执行这些措施，人们也可能存在分歧。一些人可能主张严格的安全规程，而另一些人则可能认为这些规程过于烦琐，影响了工作效率。不同部门或团队可能形成各自的安全文化，这些文化差异可能导致在跨部门合作时出现认知冲突。

③ 安全情感冲突是指在安全管理过程中，由于情感因素导致的冲突和分歧。这种冲突通常涉及个体或群体在安全问题上的情感体验和态度差异，可能会引发紧张、不信任、恐惧、焦虑等负面情绪，从而影响安全管理的效果和团队的合作氛围。

过去的安全事故或伤害经历可能导致某些人对特定的安全事项产生强烈的情感反应，如恐惧或抵触。在团队中，如果成员之间缺乏信任，可能会对彼此的安全建议和措施产生怀疑，导致情感上的对立。对于安全责任的承担，不同成员可能有不同的看法和态度，这种差异可能引发情感上的冲突。在沟通安全问题时，如果方式不当或缺乏同理心，可能会触发对方的负面情绪，进而演变为情感冲突。

④ 安全流程冲突通常指的是在安全管理或系统操作过程中，不同的安全流程、步骤或规定之间存在矛盾、重复或者不明确，导致执行困难或产生安全风险的情况。这种冲突可能由多种因素引起，如不同部门或团队之间的流程不一致、新旧流程的更替问题，或者是流程设计本身存在的缺陷。

在企业环境中，多个安全流程可能涉及相同的操作或审批节点，但没有明确的优先级或执行顺序，导致执行人员无所适从。某些关键的安全步骤可能在不同的流程中都没有被明确包含，从而形成操作上的漏洞。一个流程可能要求执行某项操作，而另一个流程却禁止或限制该操作，导致执行人员无法判断应该如何行动。不同的流程可能赋予不同部门或角色相似的权责，但在实际操作中却缺乏明确的界限和协作机制。

⑤ 关系型安全冲突通常指的是在安全管理过程中，由于人际关系问题、信任缺失、个性差异或情感纠葛等非技术性因素导致的安全相关冲突。这种冲突往往涉及团队成员之间的不和谐、紧张或敌对状态，可能影响到安全管理的有效执行和团队合作的效率。

关系型安全冲突的特点包括情感化、主观性和破坏性三个方面。冲突往往源于个人情感、信任问题或过去的恩怨，而非纯粹基于工作任务或安全规程的分歧；冲突双方可能根据个人感受、主观判断或偏见来解释对方的行为，从而加剧冲突的紧张程度。这类冲突如果得不到妥善处理，可能会破坏团队的凝聚力和合作精神，进而影响到整个组织的安全文化和工作效率。团队成员之间性格、价值观或工作风格的差异可能导致相互之间的不和谐；过去的失信行为或沟通不畅可能导致团队成员之间缺乏信任，也可能引发冲突。此外，个人情感问题，如嫉妒、偏见或过去的恩怨，也可能带入工作中，影响团队成员之间的合作关系。

3. 安全冲突的管理原则

冲突管理是有规律可循的，掌握这些规律和基本原则，对于有效地处理冲突可以起到事半功倍的效果。

(1) 增强建设性冲突

倡导建设性冲突，避免破坏性冲突，将冲突控制在适当的水平。西方的现代冲突理论认为，冲突对于组织的影响既有积极的方面，也有消极的方面，冲突水平过高和过低都会给组织和群体带来不利影响。因此，在冲突管理中应当注意，对于引起冲突的各种因素、冲突过程、冲突行为加以正确处理和控制，努力将已出现的冲突引向建设性轨道，尽量避免破坏性冲突的发生和发展，适度地诱发建设性冲突并把冲突维持在适当的水平之内，以便发挥冲突的积极作用。

(2) 实行系统冲突管理

不要局限于事后的冲突控制和处理，传统的冲突管理把工作的重点放在冲突发生后的控制或处理上，比较被动。实际上冲突的形成、发展和影响是一个系统的过程。现代冲突管理理论认为，冲突管理不是在公开冲突发生以后才进行管理，而应当是潜在冲突、知觉冲突、意向冲突、行为冲突(公开冲突)、结局冲突等所有冲突阶段的事情，必须对冲突产生、发展、变化、结果的全过程、所有因素、矛盾和问题进行全面管理，才能控制破坏性冲突的消极作用，充分发挥建设性冲突的积极作用，最大限度地减少冲突管理的成本。

(3) 动态适应性管理

具体问题具体分析，因地制宜处理冲突。不存在一成不变、放之四海而皆准的冲突管理理论和管理方法，必须针对具体的情况，根据所处的环境条件，实事求是地分析问题、认识问题，灵活采用适宜的策略和方法随机应变地处理冲突。

4. 安全冲突管理的策略

组织对安全冲突的管理，比较主流的一种类型是试图减少或避免冲突的发生，托马斯的冲突处理二维模式与布莱克-莫顿模式能够站在安全管理者的角度处理安全冲突。

(1) 托马斯二维模式

图 10-7 所示为安全冲突处理二维模式。美国行为科学家托马斯(Thomas)提出了冲突处理的二维模式：合作性(一方试图满足对方关心点的程度)和坚持己见(一方试图满足自己关心点的程度)。以“合作性”为横坐标，以“坚持己见”为纵坐标，定义冲突行为的二维空间，并组合成五种冲突处理策略：竞争(坚持己见，不合作)、回避(不坚持己见，不合作)、妥协(中等程度的坚持己见和合作)、迁就(不坚持己见，合作)和合作(坚持己见，合作)。

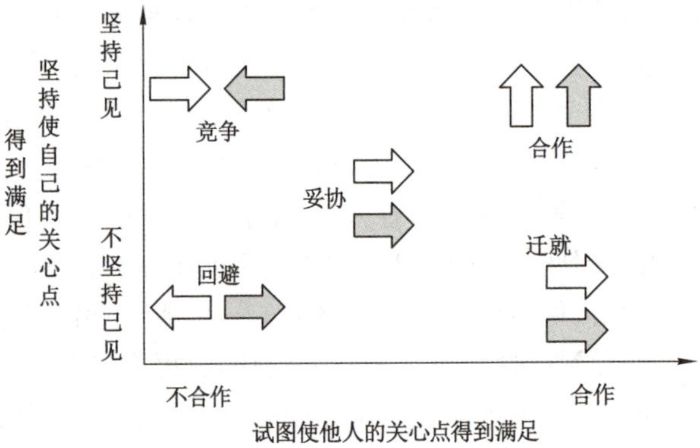

图 10-7　冲突处理二维模式

① 竞争策略。竞争策略又称强制策略，为满足自身的利益而无视他人的利益，这是“我赢你输”的策略。安全管理的当事双方都会坚持自己的看法，并试图通过上级施加压力，迫使另一方放弃自己的安全想法。所施加的压力可以是客观安全管理的证据，也可以是威吓和处罚等，这种策略在应对危机或双方实力相差很大时往往有效。

② 回避策略。回避策略是指既不满足自身的利益也不满足对方的利益，试图置身于冲突之外，无视不一致的存在，或保持中立，以“退避三舍”的方式来处理冲突。比如，当组织中的两个人产生矛盾时，一个人跳槽到另一企业，或到本企业的其他部门工作。当冲突双方依赖性很低时，回避可避免冲突，减少消极后果，但当双方相互依赖时，回避则会影响工作，降低绩效。

③ 妥协策略。妥协实质上是一种交易。妥协策略又称为谈判策略，是一种适度满足自

己的关心点和他人的关心点，通过一系列的谈判、让步、讨价还价来部分满足双方要求和利益的冲突管理策略。为妥协策略在双方都达成一致的愿望时会很有效，但让步的前提是在满足对方的最小期望的同时，双方都必须保持灵活应变的态度、相互信任。但是，双方可能因为妥协满足了短期利益，但牺牲了长期利益。

④ 迁就策略。又称克制策略或迎合策略，当事人主要考虑对方的利益或屈从于对方的意愿，压制或牺牲自己的利益及意愿。实行迁就策略者，要么是为了从长远角度出发获取对方的合作，要么是不得已屈从于对方的势力和意愿。假如是情绪冲突，迁就能避免冲突升级，改善双方关系，如夫妻吵架；但当冲突是实质的合作、资源共享、责任共担时，迁就并不能解决问题。

⑤ 合作策略。合作策略是指尽可能地满足双方利益，基本观点如下：冲突是双方共同的问题；冲突双方是平等的，应有同等待遇；每一方都应积极理解对方的需求，以找到双方满意的方案；双方应充分沟通，了解冲突情境。合作策略是一种旨在达成冲突各方的需求，而采取合作、协商，寻求新的资源和机会，扩大选择范围，“把蛋糕做大”的解决冲突的方式。

（2）布莱克-莫顿模式

布莱克和莫顿根据原先的“管理方格”模式，修改后设计出一个冲突方格模式，可以根据“关心员工”和“关心工作”两个维度来分析管理者在处理冲突时的态度与风格。图 10-8 所示为冲突方格模式。

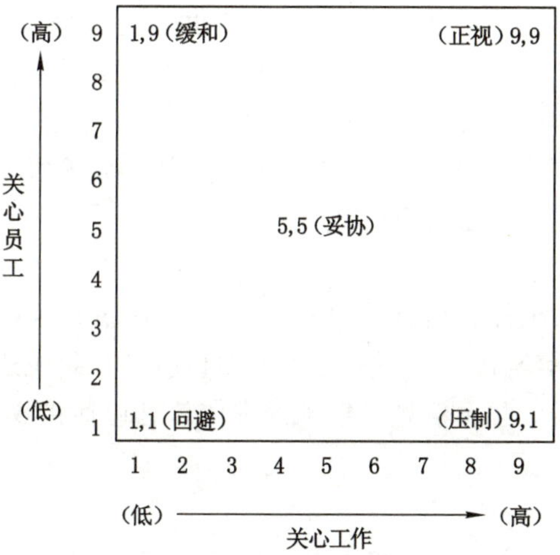

图 10-8　冲突方格

安全管理者在处理冲突方面有五种策略可供选择，实际操作中根据情况选择即可。

① (1,1)方式：回避。采用此种策略，安全管理者需要保持中立态度。把逃避或回避冲突的可能性视为借以舒缓矛盾冲突的有效方法，但冲突的基本根源问题仍然未得到解决或积极面对。

② (1,9)方式：缓和。安全管理者采用这种策略，是认为可通过缓和紧张气氛，或维持表面的和谐关系使矛盾双方和平共存。同样，冲突的双方根源问题并没有得到解决。

③ (9,1)方式：压制。安全管理者采用这种策略时，大多数会认为冲突可通过权力迫使冲突双方服从。例如高层判决谁胜谁负，全面压制冲突行动。

④（5,5）方式：妥协。安全管理者若采用此种策略，冲突双方需做出妥协或谈判，结果是无人赢、无人输。在大多数情况下，这种方式虽然不能算是最理想的解决方式，但仍可视为较为切实可行的方式；

⑤（9,9）方式：正视。安全管理者采用此种策略，大多数认为可通过积极面对的方式来解决冲突问题。例如，经过客观的讨论与分析，深入分析考虑各方面的意见与观念，从而提出与达成冲突双方都同意或接受的解决问题的方法。

四、书面沟通

1. 基本形式

组织内进行安全工作的沟通除了口头、会议、讨论等形式外，书面沟通也是很重要的手段。书面沟通的对象通常可以分为内部和外部。内部的是指在组织或部门内部的沟通文件，通常涉及备忘录、电子邮件、建议书、报告等。外部的通常是指不同组织之间的沟通文件，这种文件类型会更加正式，通常会使用商务信函的书面沟通方式。下面介绍三种组织中广为运用的形式。

（1）备忘录

备忘录是组织内部信息传递的方式，要求简明扼要地传递包括日期、主题、递送和发送在内的四个基本要素，对于较长的信息应采用附件的形式。

（2）电子邮件

电子邮件是书面沟通中最普遍和常用的方式，也是通过采取商务软件和网络来实现沟通的。电子邮件的沟通可以是内部性的，比如主管向下属传递工作目标和任务；也可以是外部性的，比如组织邀请嘉宾参加活动的邀约邮件。此外，由于过长的电子邮件篇幅会使接收者在阅读时容易失去耐性，电子邮件需要通过标题栏和首段来吸引读者的兴趣，使读者愿意继续读下去和清楚地了解到沟通的目的。

（3）商务信函

商务信函主要作为组织外部信息传递的方式。与备忘录不同，信函需要使用带有组织抬头，且纸张质量较好的信笺进行撰写。为了方便接收者与组织进行联系，信函抬头通常包括组织的标识、地址、电话等联系信息。信函的主体信息包括接收者姓名、称谓及地址，信息篇幅一般限制在1～2页。

2. 写作过程

根据玛丽·蒙特(Mary Munter)的观点，书面沟通的写作过程可以划分为五个阶段，即收集资料、组织观点、提炼材料、起草文稿、修改文稿。在准备安全计划、风险防控方案、隐患排查治理计划、应急处理预案、安全会议、HAZOP分析会等活动前，应该进行必要的书面沟通，可以通过以上五个阶段清晰、全面地表达安全活动过程。

（1）收集资料

此部分的资料包括文献资料和调查资料。文献资料可以查阅组织内部的历史存档资料，如报告、数据、文档等，或通过互联网搜索相关资料。调查资料则通过带问题式的访谈沟通或头脑风暴法获得。

（2）组织观点

此部分是最重要的环节，按照观点组织的四个步骤（观点分组、选择观点和素材、归纳标题、论据和结论编排），系统地搭建结构化的观点框架，从而提高写作的效率。

(3) 提炼材料

为了用简明扼要的观点来提高书面沟通的说服力和说服速度，我们需要对文章观点的概括和论证材料进行选择、提炼和再精简。首先，通篇文章需要提炼主要观点并将其精练为不超过两句话；其次，分清主要和次要观点；最后，根据接收者的偏好来准备偏理论性或偏实证性的论证材料，以便更有力地来说服对方。

(4) 起草文稿

撰写文稿是一个创造性过程，因此写作的逻辑和流畅的思路非常重要。为了避免撰写者在写作过程中削弱创造力，应当避免对已写出的部分进行反复地修改和不断地润色，而是将重点从关注这些局部细节向关注文章总体思路转变。在写作过程中，也不用拘泥于一定要按先后顺序撰写，可以直接从有思路或者有把握的部分开始撰写。

(5) 修改文稿

文稿的修改工作不必在撰写后立刻进行，等待 1～2 天再修改可以帮助作者厘清思路或者迸发出新的想法。另外，修改层次需要由总体到局部进行修改，即遵从观点-逻辑性-词句-标点符号的顺序依次着手修改。

复习思考题

1. 相对于马斯洛的需要层次理论，ERG 理论做了哪些改进？
2. 简述物质激励对于安全管理的作用。
3. 思考如何综合运用激励模式对员工进行激励。
4. 举例说明并简述安全冲突管理策略。
5. 试述中国式人际关系对企业安全管理的作用。
6. 举例简述安全管理者如何利用布莱克-莫顿冲突方格处理冲突。

安全文化点滴

第5篇

安全控制

❀ 开篇导语

在安全管理中，不少企业虽明确了安全目标，形成了一套规范的安全管理规章制度，但在实际运作中，很多安全管理者都深切体会到，没有控制就很难保证每个安全计划的有效执行。现有研究也表明，人的不安全行为是事故发生的最主要原因，而实施正确的安全控制是实现安全管理其他职能的基础，没有安全控制，企业的安全目标就无法实现。为了解决"人因"问题，发挥人在安全生产、事故预防和应急处置方面的作用，需要研究和应用行为安全理论。它贯穿于安全管理的全过程，是企业做好安全生产和应急管理的重要手段和保障。

❀ 学习目标

了解行为的定义。

了解安全行为的影响因素。

掌握安全行为的控制策略。

理解风险管理的定义和内容。

掌握应急管理的流程。

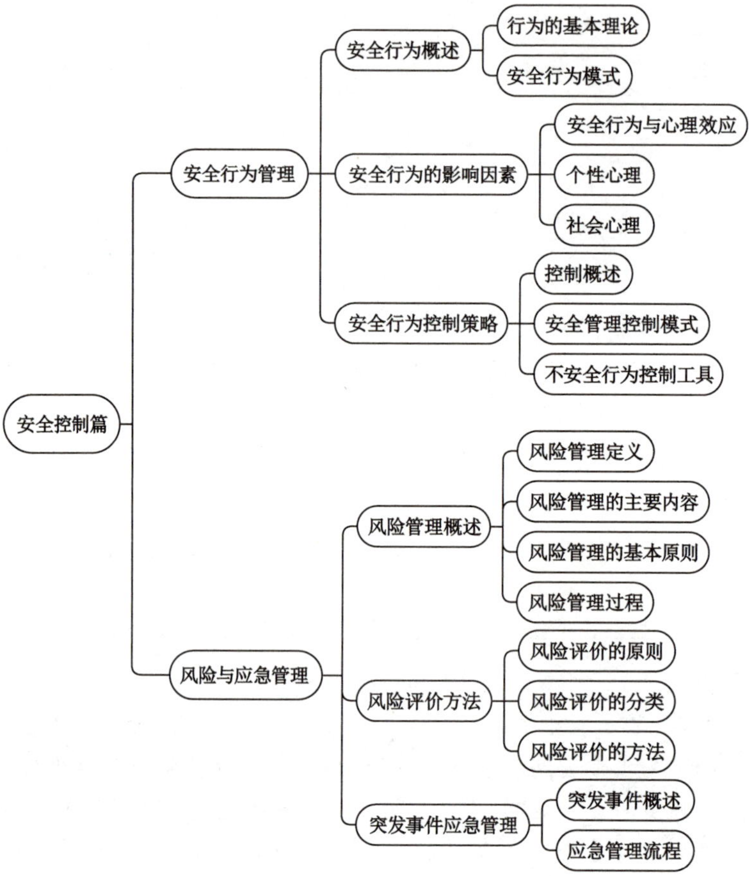
安全控制篇
安全行为管理
安全行为概述
行为的基本理论
安全行为模式
安全行为的影响因素
安全行为与心理效应
个性心理
社会心理
安全行为控制策略
控制概述
安全管理控制模式
不安全行为控制工具
风险与应急管理
风险管理概述
风险管理定义
风险管理的主要内容
风险管理的基本原则
风险管理过程
风险评价方法
风险评价的原则
风险评价的分类
风险评价的方法
突发事件应急管理
突发事件概述
应急管理流程

思维导图

第 11 章　安全行为管理

第 1 节　安全行为概述

一、行为的基本理论

1. 行为的概念

人的行为泛指人外观的活动、动作、运动、反应或行动。在很多情况下，人的行为是决定事故发生频率、严重程度和影响范围的一个重要因素。因此，探索人的不安全行为表现，进而揭示行为的实质，有利于改变和控制人的不安全行为，减少事故的发生。

对于行为的理解，不同的心理学派有不同的观点。早期行为主义心理学认为，行为是由刺激所引起的外部可观察到的反应(如肌肉收缩、腺体分泌等)。近代“彻底的行为主义者”把一切心理活动均视为行为，如斯金纳将行为区分为 S 型(应答性行为)和 R 型(操作性行为)，前者是指由一个特殊的可观察到的刺激或情境所激起的反应，后者是指在没有任何能够观察到的外部刺激或情境下发生反应。在心理学领域，行为通常指的是有机体在各种内外部刺激影响下产生的活动，包括动作、反应、举止等，可以通过观察和测量来描述和分析。心理学家研究行为，从而了解人类和动物的心理过程、动机、学习、情感等。

从社会学的角度来看，行为是人类或动物在生活中表现出来的生活态度及具体的生活方式。它是不同的个人或群体在一定的物质条件及社会文化制度、个人价值观念的影响下表现出来的基本特征，对内外环境因素刺激所做出的能动反应。这种行为可以是外显的，如言谈举止，也可以是内在的，如意识、思维活动等，即通常所说的心理活动。另外，人的行为通常具有五个基本要素，包括行为主体、行为客体、行为环境、行为手段和行为结果。此外，在汉语中，“行为”的基本意思是举止行动，指受思想支配而表现出来的外表活动，如做出动作、发出声音、做出反应等。

2. 行为的特征

人类行为具有共同的特征，综合心理学家的研究成果，人类行为特征主要表现为以下几方面。

(1) 自发的行为

自发的行为是指人类的行为是自发的，而不是被动的。外力可能影响人的行为，但无法引发其行为，外在的权力、命令无法使其产生真正的效忠行为。

(2) 有原因的行为

有原因的行为是指任何一种行为的产生都有其起因。遗传与环境可能是影响行为的因素，同时外在条件也可能影响内在的行为。

(3) 有目的的行为

有目的的行为是指人类非盲目的行为，它不但有起因，而且有目标。有时候别人看来毫不合理的行为，对行为发出者来说却是合乎目标的。

(4) 持久性的行为

持久性的行为是指行为指向的目标没有达成之前，不会终止的行为。行为发出者也许会改变其行为的方式，或者由外显行为转为潜在行为，但还是要持续不断地朝目标行进。

(5) 可改变的行为

可改变的行为是指人类为了谋求目标的达成，不但其手段经常变换，而且其行为是可以经过学习或训练而改变的。这与其他受本能支配的动物行为不同，人的行为是具有可塑性的。

3. 人的安全行为

一般来说，生产事故主要集中于人、机、环境和管理四个环节，即人的不安全行为、物的不安全状态、环境的不安全条件和管理缺陷。人为事故占事故总量的 70%～90%，因此研究和控制人的不安全行为对于预防和减少伤亡事故具有重要意义。人的安全行为是指那些不会引起事故的人的行为；人的不安全行为则是指那些曾经引起过事故或可能引起事故的人的行为。安全行为不是绝对的安全，只是发生事故的概率较小而已。人的不安全行为也不是绝对的不安全，只是发生事故的概率较大。

人的行为在个体之间尽管千差万别，但存在着一些共同的行为特征。

(1) 人的空间行为

心理学家发现，人类有“个人空间”的行为特征，这个空间以自己为中心，与他人保持一定距离，当此空间受到侵犯时，会有回避、尴尬、狼狈等反应，有时会引起不快、口角和争斗。此外，人的空间行为还包括独处的个体空间行为。例如，从事紧张操作和脑力劳动时，都喜欢独处而不喜欢外界干扰，否则，注意力会分散，不但效率不高，有时还会发生差错或事故。与“个人空间”有关的距离有四种：

① 亲密距离。亲密距离是指与他人躯体密切接近的距离。此距离有两种：一种是接近状态，即亲密者之间的爱抚、安慰、保护、接触、交流的距离，此时身体可以接近；另一种是正常状态(15～45 厘米)，头、脚互不相碰，但手能相握或抚触对方。

② 个人距离。个人距离是指个人与他人之间的弹性距离。此距离也有两种：一种是接近状态(45～75 厘米)，即亲密者允许对方进入而不发生为难、躲避的距离，但亲密者进入此距离时有强烈的反应；另一种是正常距离(75～100 厘米)，是两人相对站立，指尖刚好能接触的距离。

③ 社会距离。社会距离是指参加社会活动时所表现的距离。接近状态为 120～210 厘米，通常为一起工作的距离。正常状态为 210～360 厘米，正式会谈、礼仪等多按此距离进行。

④ 公众距离。公众距离是指在演说、演出等公众场合的距离。其接近状态为 360～750 厘米，正常状态在 750 厘米以上。

(2) 躲避行为

当发生灾害和事故时，人们都有一些共同的避难行动(躲避行为)。例如，发生恐慌的人为了谋求自身的安全，会争先恐后地谋求少数逃离的机会。心理学家通过试验研究表明，沿进来的方向返回、奔向出入口等，是发生灾害和事故躲避行为的显著特征。对于飞来的物体打击，约有 80％的人会发生躲避行为，有 20％的人未做反应或躲避不及，但当上方有危险物落下时，有 41％的人只是条件反射采取一些防御姿势，如抱住头部、上身向后仰来接住落下物或弯下腰等。有 42％的人不采取任何防御措施，只是僵直地呆立不动（不采取措施的人大多数是女性），只有 17％的人离开危险物落下区域，向后方或两侧闪开，并以向后躲避者居多。由此可见，人对于自头顶上方落下的危险物的躲避行为往往是无能为力的。在工厂和建筑工地，被上方落下的物体（如机械零件、钢筋等）撞击致死的事故屡见不鲜。因此，在一些作业场所（如建筑工地、钢铁和化工企业等），头戴安全帽是最低限度的安全措施。

(3) 从众行为

从众行为，也被称为羊群行为或社会趋同，指的是个体在群体的影响下放弃自己的意见或违背自己的观点，使自己的言论、行为保持与群体一致的现象。这种现象在日常生活中非常普遍，人们往往会不自觉地遵循多数人的意见或行为，以获得社会认同和安全感。从众行为的产生有多种原因，包括信息性社会影响（人们希望准确无误，想了解给定情境下的正确反应方式）和规范性社会影响（人们希望获得别人的接纳和喜爱，避免偏离群体）。在某些情况下，个体可能会受到群体的压力而屈服，即使他们内心并不完全认同群体的观点或行为。

从众行为并不总是消极的，它有时可以帮助人们适应社会规范和文化习俗。然而，过度的从众行为也可能导致个体失去独立思考和判断的能力，甚至在某些情况下引发群体性的盲目行为。有人做过试验，当行进时前方突然飞来危险物体，如前方两人同时向一侧躲避，则跟随者会不自觉地向同侧躲避。当前方两人向不同侧躲避时，第三人往往随第二人同侧躲避。

(4) 侧重行为

研究表明，人的大脑由左、右两个半球构成，因为大多数人的优势半球为左半球，左半球支配右侧，所以大多数人的惯用侧是右侧。另外，人的选择行为具有偏向性，日本应用心理学家藤泽伸介在一个建筑物的 T 形楼梯（左右楼梯距离相等，都能到达同一地点）上观察，发现上楼梯的人，左转弯者占 66％，而右转弯者只占 34％。而性别、是否带物品、物品位于何侧、哪只脚先迈等，都不是选择左右方向的决定因素。他认为，心脏位于左侧，为了保护心脏，同时用右手的人习惯用有力的右手向外保持平衡，所以常用左手扶着楼梯（或左边靠向建筑物，心理上有所依托）向上走；此外，用右手者右脚有力，表现在步态上就是左侧通行，所以无论从生理上还是心理上，左侧通行对人来说都是稳定的、理想的。因此，左侧通行的楼梯在发生灾害（如火灾）时，对人的躲避行为是有裨益的。

(5) 捷径行为

在日常生活和生产中，人往往表现出捷径反应，即为了少消耗能量又能取得最好效果而采用最短距离的行为。例如，伸手取物往往是直线伸向物品，穿越空地往往走对角线等。但捷径反应有时并不能减少能量消耗，而仅是一种心理因素而已。例如，乘公共汽车，宁愿挤在门口，即使由于人群拥挤消耗能量增多，也不愿进入车厢中部人少处。为了节省时间或努力，人们可能会跳过重要的安全检查步骤，不使用必要的安全设备，或忽视标准的操作流程。这种行为会大大降低工作场所的安全性，增加事故发生的概率。捷径行为还可能让人们形成不良的工作习惯。一旦习惯了通过捷径来完成任务，人们可能会变得懒惰，不再愿意遵循烦琐但必要的安全程序。这种心态会导致人们在工作中的警惕性降低，对潜在的安全隐患视而不见。当团队成员发现其他人通过捷径来快速完成任务时，他们可能会感到不公平或产生压力，从而采取类似的行为。这会导致整个团队的安全标准降低，增加整体风险。

二、安全行为模式

1. 自然属性行为模式

人的行为一般表现为自然和社会两种属性，自然属性是从生理学描述人的行为性质及其关系，而社会属性是从心理学和社会学描述人的行为性质及其关系。作为自然属性的人，其行为趋向生物性。自然属性行为模式表现为外部刺激→肌体感受（五感）→大脑判断（分析处理）→行为反应→目标的完成。各环节相互影响，相互作用，构成了个人千差万别的行为表现。

相同的刺激会引起不同的安全行为，如同样是听到危险信号，有的积极寻找原因排除险情、临危不惧，有的会逃离现场。相同的安全行为有可能来自不同的刺激，如有的是领导重视安全工作，有的是有安全意识，有的可能是迫于监察部门监督，有的可能是吸取重大事故的教训。

根据自然属性行为模式，人为失误主要表现在人感知环境信息方面的差错、人脑处理信息并做出决策的差错、行为差错等方面。

（1）感知差错

人在生产中不断接收各方面的信息，信息通过人的感觉器官传递到中枢神经，这一过程可能出现问题，即感知出现了差错。如信号缺乏足够的诱引效应，无法引起操作者注意；信息呈现时间太短，速度太快，出现认知的滞后效应；操作者对操作对象印象不深而出现判断错觉；操作者由于感觉通道缺陷（如近视、色盲、听力障碍等）导致知觉能力缺陷；接收的信息量过大，超过人的感觉通道的限制容量，就会导致信息歪曲和遗漏；环境照明、眩光等情况使人产生一种错觉。

（2）判断、决策差错

正确的判断来自全面感知客观事物以及在此基础上的积极思维。除感知过程的差错外，判断过程产生差错的原因主要有：遗忘和记忆错误，联络、确认不充分，分析推理差错，决策差错。

（3）行为差错

常见的行为差错的原因主要有：习惯动作与作业方法要求不符；由于反射行为而忘记了危险；操作方向和调整差错；工具或作业对象选择错误；疲劳状态下的行为差错；异常状态下的行为差错。如高空作业、井下作业时由于分辨不出方向或方位发生错误行为；低速和超速运转机器易使人麻痹，发生异常时作业人员直接伸手到机器中检查，致使被转轮卷入等。

2. 社会属性行为模式

人是社会的成员，具有社会性。作为社会性的人，其行为趋向精神性。行为的精神含量越高，行为的心理过程就越丰富，行为受各种心理因素的支配就越明显。从人的社会属性角度分析，人的行为遵循图 11-1 所示的行为模式。

需要是一切行为的来源，人有安全的需要就会有安全的动机，从而就会在生产或行为的各个环节进行有效的安全行动。因此，需要是推动人们进行安全活动的内部原动力。动机是为满足某种需要而进行活动的念头和想法，是推动人们进行活动的内部原动力。动机与行为存在着复杂的联系，主要表现在以下几个方面：

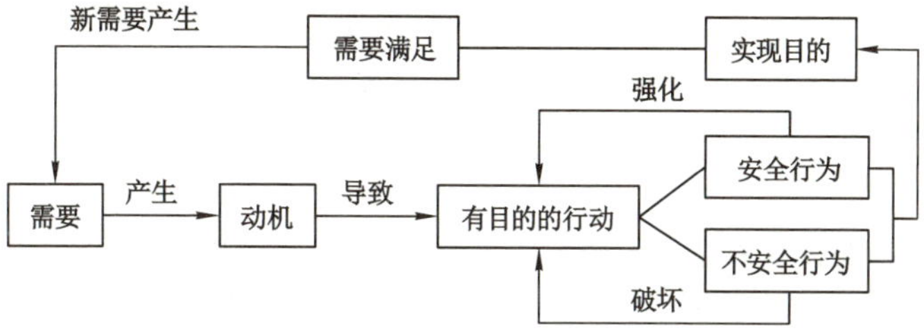

图 11-1　人的行为模式

第一，同一动机可引起种种不同的行为。为了搞好生产，有的人会从加强安全、提高生产效率等方面入手；而有的人会拼设备、原料，进行短期行为。

第二，同一行为可出自不同的动机。如积极抓安全工作，有可能出自不同动机：有些是迫于国家和政府督促；有些是本企业发生过重大事故的教训，真正建立了“预防为主”的思想，意识到了安全的重要性等。只有后者才是真正可取的做法。

第三，合理的动机也可能引起不合理甚至错误的行为。

第 2 节　安全行为的影响因素

一、安全行为与心理效应

1. 破窗效应

破窗效应理解为环境中存在不良现象或风气，如果放任存在会给人强烈的暗示性，诱导人们去仿效。在重特大事故形成和发生过程中，可以用“千里之堤，溃于蚁穴”解释。如果不安全行为不被制止或迅速矫正，必然会导致这种违章现象或不安全行为迅速扩散，从而导致事故发生。

2. 拆屋效应

拆屋效应是先提出一个很大的要求，然后降低要求从而被人接受的现象。人们在不希望事故或伤害发生时会面临两种心理选择：一是想办法采取一切可能措施避免事故或伤害发生；二是在心理矛盾斗争下准备接受无法改变的事实。如果前一种选择能尽如人意固然好，可是有时情况复杂，很难杜绝出现不期望的结果，所以在内心权衡形成平衡状态时，人们会更容易接受接近平衡状态的安全避险措施。

在事故预防和安全教育中，拆屋效应可以解释一些人的不安全行为：面对那些系统复杂且影响恶劣的灾难事故，人们心里自然惧怕，如果面临非死即伤的事故选择，人们更容易选择后者，因为只要活着的心理需求和“好死不如赖活着”的心理均衡态最接近。安全教育过程中，人们更容易达成管理者提出的安全目标的小要求。管理者不能一下子要求太高，员工们接受要求有个过程。对于隐患或风险的辨识治理也应该从小处着手，一步步提高，安全教育需要“随风潜入夜，润物细无声”的教育智慧。例如，“轻伤不下火线”的态度就是拆屋效应的典型说明，在事故发生的时候，人往往在逃无可逃、避无可避的情况下选择较小后果的伤害。

3. 超限效应

超限效应是指刺激过多、过强或作用时间过久，从而引起心理极不耐烦或逆反的心理现象。事故教训是需要警钟长鸣的，企业员工在重复、高强度地接受批评时自然会产生破罐子破摔的逆反情绪。这种事与愿违的刺激往往会在超限效应下产生新的事故。例如，在经常发生违章行为的车间里，员工可能会长时间受到责备甚至辱骂，久而久之在他内心就会滋生逆反情绪，这种情绪下产生事故的概率就大大增加了。

4. 羊群效应

羊群效应也称为从众效应，是人们与他人保持一致做相同事情的本能下一种丧失主观思考的盲从现象。羊群效应很容易导致次生事故和严重事故的发生。羊群效应下的盲从行为往往会直接导致事故伤害，盲从违章也是造成重特大事故的祸根，生产中经常会有集体违章而产生伤害，甚至断送生命的惨剧。例如，有人掉进沼气池里，旁观者不分情况，盲目地连续跳进去救人，结果可能是全军覆没。

5. 青蛙效应

一只青蛙丢到滚烫的开水盆里会立即蹦出来而不被烫死，如果将它丢到一只温水盆里并逐渐加热时，由于青蛙已经适应了惬意的水温，所以水温升高到一定程度时青蛙已没有力量跳出水面了，最后会被活活烫死。许多事故的背后往往隐藏着青蛙效应的影子，一个企业如果很长时间处于无事故的安全状态，企业的安全管理人员和员工就会慢慢缺乏危机意识和丧失安全警觉性，麻痹大意的思想就会占据上风。这时，那些不起眼的小违章、未遂事件等就会经过连锁反应，以滚雪球般的速度发展成为事故乃至灾难。

6. 多米诺骨牌效应

在一个相互联系的系统中，只要一个很小的初始能量或者触动就可能引发一连串的连锁反应。根据该理论，事故的发生是一连串事件按一定顺序为因果依次发生的结果。事故多米诺骨牌由 5 块组成，排在最前面的骨牌就是人本身。可见，人本身才是预防事故最重要的环节。这里的人不仅指员工，还应包括监督人员和管理人员。事故就是以这些人为主体发生的。当然，人应该是预防事故的主体，也是事故发生的主导者。

7. 首因效应

首因效应是指最初接触到的信息会对人们以后的判断和行为产生影响，而且第一次的印象往往在以后的决策中占据主导地位。企业里新进员工面对一线操作时，如果第一次的印象是安全管理混乱、现场隐患频出、员工安全意识淡薄且违章频发，内心就会因首因效应自然产生胆小忧虑和麻痹大意的感受，在以后的工作中如遇突发事件，可能在众多选择决策中选择对自己伤害最小但会引发事故的最小路径。比如，机械设备运行时发生故障且越来越严重时，现场人员不会想着采取紧急措施控制而是因忧虑和麻痹听之任之或逃之夭夭，这样最容易导致设备失控而发生机械事故。

8. 波纹效应

人们往往用一呼百应或一石激起千层浪来形容该效应，在事故致因中解释为：企业员工在一起工作时，如果有一人总是抱怨操作流程复杂、工序太过麻烦，就会一下子在大家心里得到呼应，抱怨的员工就会越来越多。长此以往，就会在员工心里形成违章作业的意念，这样其他员工因受到波纹效应的作用会出现违章操作和违反劳动纪律的行为，这种不安全行为就可能直接导致事故发生。

9. 旁观者效应

该效应是指由于他人在场而没有对受害者提供帮助的情况。事故发生后，现场有他人在会对行为产生抑制作用，且旁观者越多，抑制作用越强。这种效应在解释事故尤其是次生事故或二次伤害时十分有用。一场事故发生后，往往受害者在现场会被围观，此时有人想提出帮助或者伸出援手就会受到旁观者效应的影响，从而耽误对受害者的救治或由于二次事故导致死亡。从当事人角度讲，如果因围观者众多而采取错误的自救措施往往会产生二次伤害。

10. 霍桑效应

霍桑效应是当人们意识到自己被别人观察和注意时会具有改变自己行为的倾向。在事故致因中可以理解为企业员工意识到自己被安全管理者所观察和询问时，会自觉地改变自己之前的低效且不安全的行为，进而转向高效的工作状态和严格遵守安全规定，这就是霍桑效应对于事故预防的积极体现。同时，员工会因受到额外的关注而主动汇报工作中出现的违章行为和风险隐患，这对于事故预防也是至关重要的。

11. 金鱼缸效应

在安全生产中，金鱼缸效应指的是企业的安全管理人员和各级安全领导人员在工作和制度落实中要增强透明度，要形成监督自律的机制。这样，安全管理者的行为就置于广大职工的监督之下，可以有效防止权力的乱用、误用和滥用。同时，员工自身的安全责任感也会提升，这对于提高员工安全意识和全员参与都有很大作用。

12. 墨菲定律

墨菲定律也是心理学效应之一，主要内容是指任何事情都没有表面看起来那么简单；所有的事都会比你预计的时间长；会出错的事总会出错；如果你担心某种情况发生，那么它就更有可能发生。该定律指出：容易犯错误是人类与生俱来的弱点，不论科技多发达，事故都会发生。它阐述了偶然中的必然性，那么就应该在事故预防方面想得尽可能周全些，“上得山多终遇虎”这样的概率事件一定会发生，但是如果安全管理者或员工妄自尊大，具有“安全是绝对的”观念时，墨菲定律必然会起作用；如果承认人定犯错和“安全是相对的”，那么在工作中把安全工作做到细致入微、面面俱到，采取多重保险措施，就能防止偶然发生的人为失误导致的灾难和事故，这也是墨菲定律对事故预防的帮助所在。

13. 木桶定律

木桶定律是美国管理学家彼得提出的，指由多块木板构成的木桶，决定其盛水量的关键因素不是最长的那块木板，而是最短的那块木板。从安全管理的角度看，目前对于物的不安全状态控制得较好，无论是技术、装备都可以做到机械设备的本质安全化，但是对于人的不安全行为研究仍然属于安全管理的“短板”，安全管理要体现价值就应该从人的行为入手，补齐这块短板；从事故发生的角度看，事故总是发生在一线作业人员身上，他们因侥幸等心理导致引火上身，所有安全制度的最终落实也要靠一线人员，但是薄弱环节却最集中在一线，这也是事故预防的“短板”。如何堵塞漏洞，弥补不足，及时补齐事故预防的“短板”以打造安全管理的“铁桶”是很重要的。

14. 不值得定律

该定律认为不值得做的事情就不值得做好，值得做的工作是：符合我们的价值观，适合我们的个性与气质，并能让我们看到期望。作为安全人员，如果他的工作不具备这三个因素，应该考虑换个工作。如果让安全员觉得自己的工作没价值、没期望，那么就会消极怠工，怎么能做好安全工作呢？这样下去事故的发生就是必然的。

以上这些心理学效应是影响人安全行为的主要原因之一，都属于心理学范畴，事故发生后可以剖析人的不安全行为出现的内在机制。

心理学效应

二、个性心理

人的行为分为安全的和不安全的两类，无论哪种行为都是在心理因素和外部环境共同作用下产生的。环境层面（社会等）的影响属于外因，人本身的心理活动属于内因。人的心理因素与安全的关系最为密切。在企业发生的安全生产事故中，习惯性违章造成的事故占到事故总量的70%以上。研究人的心理因素对行为的作用，是针对内在事故致因核心的探讨，因此以心理学为切入点，从人的安全行为视角出发将人的心理因素分为以下五个方面。

1. 能力

人的能力可以分为认知能力、操作能力和社交能力三方面。认知能力就是人们常说的智力，包括人脑对信息的加工、处理、储存和传递的能力，如观察能力、记忆能力等。人只有通过认知能力才能获取客观知识，这对于人的安全知识和技能养成是基础性的。操作能力是人操作自己的肢体完成活动的能力，劳动能力、岗位操作能力等是典型代表，操作能力需要人在掌握技能的基础上培养锻炼出来。安全操作能力也需要人们学习安全知识技能后不断练习掌握。社交能力是人们在社交活动中需要的能力，如组织管理能力、决策能力和处理意外事故的能力等。这个能力也是影响人们安全行为的重要因素，因为人总是在组织中生活，难免会受组织的影响而做事。

当能力与工作匹配时，员工的工作绩效便会提高。较高的工作绩效对具体的心理能力、体质能力、情商等方面的要求，取决于该工作本身对能力的要求。例如，飞行员需要有很强的空间视知觉能力；海上救生员需要有很强的空间视觉、知觉能力和身体协调能力；高楼建筑工人需要有很强的平衡能力。因此，只关心员工的能力或只关心工作本身对能力的要求都是不够的，员工的工作绩效取决于与前者的相互作用以及与后者的协调作用。因此，不同的工作类型有不同的工作能力要求，与工作匹配度较强的能力能够减少不安全行为的发生，促进工作绩效的提高。

2. 情绪

情绪是个体对本身需要和客观事物之间关系的反应，以客观事情对人的满足情况将情绪分为喜、怒、忧、思、悲、恐、惊等七种。情绪的外化就是行为，其在身体动作上表现得越强说明其情绪越强。对于工作中的人而言，时常保持正常的情绪很必要，难以保证一个整天愁眉不展、怒气冲冲的工人不出现违章行为和不发生事故。从安全行为的角度来看：情绪处于兴奋状态时，人的思维与动作较快；处于抑制状态时，思维与动作显得迟缓；处于强化阶段时，往往有反常的举动，这种情绪可能导致思维与行动不协调、动作之间不连贯，这是安全行为的忌讳。当不良情绪出现时，可临时改换工作岗位或停止工作，在生产过程中应杜绝因不良情绪导致不安全行为发生。

3. 性格

性格原意是“特征”“标志”“属性”或“特性”，是人的个性心理特征的重要方面，人的个性差异首先表现在性格上。性格是每个人所具有的、最主要的、最显著的心理特征，是对某一事物稳定和习惯的方式。但人的性格不是天生的，而是在长期发展过程中所形成的稳定的方式，性格贯穿于一个人的全部活动中，是构成个性的核心。人心理因素中最显著的就是性格，性格会受到生物学因素和“三观”的影响，它是后天慢慢形成的。性格是有差异的，也是有可塑性的。工作中人的性格没有好坏之分，只有适合不适合特定工作的问题。例如，优柔寡断性格的人可能不适合做事故应急救援管理者，粗心急躁性格的人可能不适合搞安全检查等。安全行为的养成对性格和习惯也有影响，古语“积行成习，积习成性，积性成命”就说明良好的安全行为对于性格甚至命运是多么重要。

4. 气质

气质是人的个性的重要组成部分，是一个人所具有的典型的、稳定的心理特征，俗称性情、脾气，即一个人生来就具有的心理活动的动力特征。气质对个体来说具有较大的稳定性，气质使个人的安全行为表现出独特的个人色彩。一个人若具有某种气质类型，则在一般情况下，经常表现在他的情感、情绪和行为当中。例如，同样是积极工作，有的人表现为遵章守纪，动作及行为可靠安全；有的人则表现为蛮干、急躁，安全行为较差。一个人的气质是先天的，后天的环境及教育对气质的改变是微小和缓慢的。俗话说“江山易改，禀性难移”，就是指气质具有较大的稳定性、不易改变的特点。

人的气质分为四种：多血质、胆汁质、黏液质和抑郁质，四种气质类型与安全工作的关系紧密相连。了解员工的气质类型可以帮助企业更好地分配工作，确保员工在适合自己的岗位上发挥最大效能，同时保证工作场所的安全。

(1) 多血质

多血质的人活泼好动，反应迅速，善于交际，但注意力容易转移，志趣容易变化。在安全工作中，这类人可能非常适合需要快速反应和灵活应对的岗位（如应急处置和抢险），但同时也需要确保他们能够保持足够的专注度，避免因为注意力分散而导致安全问题。

(2) 胆汁质

胆汁质的人直爽热情，精力旺盛，但心境变化激烈，抑制力较差。在安全工作中，这类人可能表现出强烈的责任感和决断力，但也需要注意他们的冲动性，确保在紧急情况下能够冷静判断，避免因冲动而做出不安全的决策。

(3) 黏液质

黏液质的人安静稳重，反应缓慢但考虑问题全面，注意力稳定且难以转移。在安全工作中，这类人可能非常适合从事需要细致、耐心和精确度的岗位（如隐患排查辨识、风险标识等），因为他们能够长时间保持专注并遵循安全规程。

(4) 抑郁质

抑郁质的人孤僻内向，反应迟缓但体验深刻，对事物和他人羞怯。在安全工作中，这类人可能对潜在的安全风险有更高的警觉性，因为他们往往更加谨慎和小心。然而，也需要确保他们不会因为过度担忧而影响工作效率或造成不必要的紧张氛围。

5. 动机

动机也可以理解为需要的外化，是一种激发人行动的心理过程，可以看作人们通过激发、刺激等产生的一种内在驱动力，做某事的念头或满足需要的意愿，等等。动机是人们一切活动的推动者，没有人会毫无想法地做事情，可以利用动机的作用来规范或促进人的行为。不同的人有不同的动机，同一个人的动机也是变化的，要调控动机来保证工作的安全和舒适。

三、社会心理

1. 社会知觉

社会知觉是指个体觉察到社会性事物的刺激，从而表现出自己的对应性态度或者行为，是我们试图了解和理解其他人的过程。它涉及对人、对己和对社会群体的知觉，并影响着我们的态度和行为。

(1) 社会知觉会影响我们对安全环境的认知

当我们身处一个特定的社会环境时，我们会根据周围的环境、人和事物来形成对安全的认知。如果环境中的其他人都严格遵守安全规定，我们就会认为这个环境是安全的，从而更倾向于采取安全的行为。相反，如果环境中存在不安全的行为或隐患，我们就会提高警惕，加强自我保护意识。

(2) 社会知觉会影响我们的安全决策

在面对潜在的安全风险时，我们会根据自己的社会知觉来评估风险的大小和可能性，并据此做出决策。如果我们认为环境中的其他人都是可信的、负责任的，那么我们可能会更倾向于选择信任他们并采取相应的安全措施。反之，如果我们对环境中的其他人缺乏信任感，我们可能会更加谨慎地采取额外的安全措施来保护自己。

(3) 社会知觉还会影响我们的安全行为习惯

通过与他人的互动和交流，我们会逐渐形成对安全行为的社会规范和认知。如果我们认为某种安全行为是社会所期望和赞赏的，那么我们就会更倾向于采取这种行为。例如，在工作场所中，如果大家都严格遵守安全操作规程，那么新员工也会很快融入这种安全文化中，并养成良好的安全行为习惯。

2. 价值观

价值观是基于人的一定的思维感官之上而做出的认知、理解、判断或抉择，它体现了人们对事物的是非判断和价值取向。这种价值取向直接指导着人们的行为选择，包括安全行为。

价值观会影响人们对安全的重视程度。如果一个人或组织的价值观中强调安全的重要性，那么他们在日常行为中就会更加注重安全，采取更多的安全措施，从而降低事故发生的概率。相反，如果价值观中不重视安全，那么可能就会忽视潜在的安全风险，增加事故发生的风险。在面对安全风险时，人们需要根据自己的价值观来判断和选择如何行动。如果价值观中强调责任和风险规避，那么人们在决策时就会更加谨慎，更倾向于选择安全的行为方式。如果价值观偏向冒险和利益追求，那么可能就会在安全决策中冒险行事，增加事故的风险。此外，价值观还会影响人们的安全行为习惯。一个人的行为习惯往往受其价值观的驱使。如果价值观中注重规范和自我保护，那么人们在日常工作中就会养成良好的安全行为习惯，如定期检查设备、遵守安全规程等。这些良好的安全行为习惯有助于预防事故的发生。

3. 社会角色

社会角色是指与人们的某种社会地位、身份相一致的一整套权利、义务的规范模式，是人们对具有特定身份的人的行为期待，构成了社会群体或组织的基础。首先，每个人在社会中都扮演着不同的角色，而这些角色往往伴随着特定的行为规范和期望。不同的社会角色会面临不同的安全风险。例如，在生产环境中，操作工人需要严格遵守安全操作规程，因为他们直接接触到可能的危险源；而管理人员则需要负责制定和执行安全政策，确保整个工作环境的安全。其次，社会角色会影响个人的安全意识和行为。一个人在社会中所扮演的角色会对其安全认知产生影响。例如,一个负责任的家长会更加注重家庭安全,确保孩子的成长环境无隐患;而一个敬业的医生则会严格遵守医疗安全规范,确保患者的安全。最后,社会角色还会影响人们的安全决策。在面对潜在的安全风险时,人们会根据自己扮演的社会角色来权衡利弊并做出决策。例如,一个企业的领导者在考虑是否要投资改进安全设施时,需要综合考虑企业的经济效益和员工的安全需求。

4. 社会舆论

社会舆论是公众意见的集合,反映了社会对于某一议题或行为的普遍看法和态度,往往能够形成强大的社会压力,从而影响个体的行为选择。首先,社会舆论可以塑造人们对安全的认知和态度。当社会舆论普遍强调安全的重要性,大力宣传安全知识和规范时,人们的安全意识就会得到提高。这种正面的舆论氛围能够引导人们更加重视安全,从而在日常生活中采取更多的安全措施。其次,社会舆论可以影响人们的安全行为决策。在面对潜在的安全风险时,人们往往会参考社会舆论的意见。如果社会舆论普遍认为某种行为是安全的,那么人们就更可能选择这种行为;反之,如果社会舆论对某种行为的安全性表示质疑或担忧,那么人们就可能会避免这种行为。再次,社会舆论还可以监督个体的安全行为。当个体的不安全行为被曝光并受到社会舆论的谴责时,这会对其产生强大的社会压力,促使其改正不安全行为。最后,社会舆论的持续关注也可以推动相关部门和企业加强安全管理,提高整个社会的安全水平。需要注意的是,社会舆论也可能产生负面影响。例如,当舆论过度渲染某一安全风险时,可能会导致人们的恐慌和过度反应,甚至引发不必要的混乱。因此,在面对社会舆论时,我们需要保持理性思考,结合实际情况做出正确的安全决策。

安全寓于生产并随生产的发展而发展,人的心理特性和心理状态同人的不安全行为有着直接的联系。人的因素具体来讲就是个性心理和行为因素,因为人的活动或者行为都是受主观心理因素支配的,因此可判定事故的最深层原因就是心理因素。图 11-2 所示为心理因素下人的不安全行为的形成过程。事故与人的心理有密切的联系,人有什么样的心理就会出现什么样的工作状态。人的行为遵循内外因的基本原理,环境的变化会刺激人的心理,影响人的情绪,甚至打乱人的正常行动,从而引发人的失误或者不安全行为出现。人的行为就是人心理的外在表现,因此心理因素才是人表现出不安全行为进而引发事故的根源。

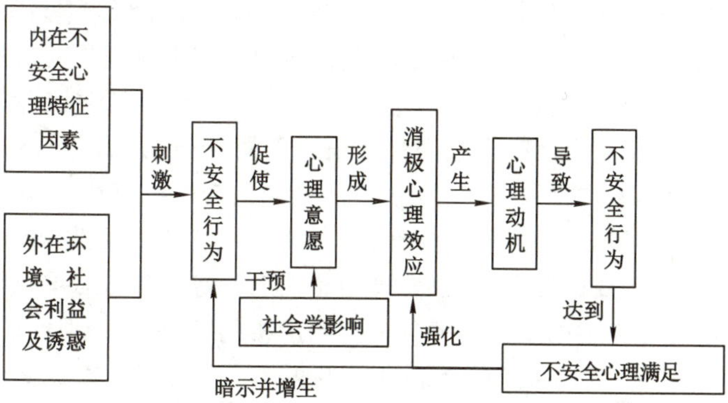

图 11-2　心理因素下人的不安全行为形成过程

第3节　安全行为控制策略

一、控制概述

1. 有形安全管理控制

控制一词，最初运用于技术工程系统，后被广泛应用于生命机体、人类社会和组织管理中。从某种程度上说，管理的过程就是控制的过程，控制是管理的重要职能之一，贯穿于管理全过程。控制是指对组织内部的管理活动及其效果进行衡量和矫正，以确保组织的目标以及为此而拟订的计划得以实现。泰勒的科学管理理论主要强调标准控制、制度控制，这一控制思想是管理控制的重要基石。法约尔将控制作为管理的五项职能之一，认为控制适用于组织内的所有事情，用于检验发生的每一件事是否与拟订的计划、发布的指令及建立的原则相一致。管理控制可以看作经营层面的控制，通过建立绩效标准，在管理过程中测度绩效、发现偏差、及时对执行过程进行调整。

（1）制度控制

制度控制利用规章制度、书面文件、标准等机制来使行为标准化和进行业绩评估。在安全管理中，规章制度和书面文件为员工提供了明确的行为准则和操作流程。这些准则和流程不仅规范了员工的行为，还确保了各项任务能够按照既定的安全标准进行。通过行为的标准化，组织能够降低人为错误和违规操作的风险，从而提高整体的安全水平。制度控制中的业绩评估机制可以定期对员工的安全绩效进行评估。这种评估不仅是对员工工作的一种反馈，更是一种激励和监督机制。通过评估，组织可以及时发现员工在安全操作中的不足，并提供相应的培训和支持。同时，对于表现优秀的员工，也可以给予相应的奖励，以鼓励大家持续遵守安全规章制度。制度控制中的规章制度、书面文件和标准等均具有法律效力。在出现安全事故或纠纷时，这些文件可以作为重要的法律依据，保护组织的合法权益。

（2）信息控制

信息控制的目的在于保证企业的安全运行信息能够及时准确地传递到员工，通过对安全信息的及时收集、整理和分析，企业能够了解当前的安全形势，包括潜在的风险和已发生的安全事件。这种对安全状况的实时掌握，有助于企业做出迅速而准确的决策，以应对可能的安全威胁。通过自动化的信息收集、分析和报告系统，企业可以更快地识别安全问题，减少人工分析和处理的时间。同时，准确的安全信息也可以帮助企业更有效地分配资源，优先处理高风险的安全问题，从而提升安全管理的整体效果。安全信息控制还有助于企业建立完善的安全预警和应急响应机制。通过对历史安全信息的分析和挖掘，企业可以发现潜在的安全隐患和趋势，及时发出预警，并采取相应的预防措施。在发生安全事件时，准确的安全信息也可以帮助企业迅速启动应急响应计划，最大限度地减少损失和影响。安全信息控制对企业安全管理具有重要的意义，不仅有助于企业实时掌握安全状况、提升安全管理的效率和效果，还有助于建立完善的安全预警和应急响应机制，并促进企业间的安全信息共享和协作。因此，企业应该重视并加强安全信息控制的建设和管理，以保障企业的长期稳定发展。

（3）绩效控制

首先，绩效控制有助于明确企业安全管理的目标和方向。通过设定明确的绩效指标，企业可以将安全管理目标量化和具体化，使员工清楚地了解安全工作的重点和要求。这不仅为员工提供了明确的工作方向，还有助于形成统一的安全管理理念和行动准则。其次，绩效控制可以强化员工的安全意识和责任感。通过将安全绩效与员工个人的考核和奖励挂钩，企业能够激励员工更加积极地参与安全管理工作，主动发现和解决安全问题。这种激励机制有助于培养员工的安全责任感和主人翁意识，从而提高整个企业的安全管理水平。再次，绩效控制有助于及时发现和纠正安全管理中的问题。通过对安全绩效的定期评估和反馈，企业可以及时发现安全管理中存在的漏洞和不足，进而采取针对性的改进措施。这种持续改进的过程有助于不断完善企业的安全管理体系，提升安全管理的效能。最后，绩效控制还可以促进企业安全管理的创新和进步。在追求高绩效的过程中，企业需要不断探索新的安全管理方法和技术，以适应不断变化的安全环境和挑战。这种创新和进步的精神有助于推动企业安全管理水平的持续提升。

(4) 人员控制

企业可以制定各种完善的安全管理制度和操作规程，但如果没有人员的有效执行，这些制度和规程就会形同虚设。通过对人员的严格控制，包括培训、监督、考核等措施，可以确保员工充分理解和遵守安全规章制度，从而减少违规操作和安全事故的发生。企业可以通过定期的安全培训、应急演练等活动，增强员工对安全问题的认知和理解，提高他们的安全操作技能。这样，员工在日常工作中就能更加自觉地遵守安全规定，正确应对各种安全风险，从而保障企业的安全生产。此外，人的不安全行为是导致安全事故的重要原因之一。通过对人员的细致观察和考核，企业可以及时发现员工在工作中存在的不安全行为或倾向，如违规操作、疏忽大意等，进而采取针对性的措施进行纠正和改善。通过对员工安全绩效的定期评估和反馈，企业可以了解现有安全管理体系存在的问题和不足，进而调整和优化相关管理制度和流程。这种持续改进的过程有助于不断提升企业的安全管理水平，确保企业的长期稳定发展。

2. 无形安全管理控制

相比有形安全管理控制，无形安全管理控制主要是基于安全文化、企业精神和思想等方面。

(1) 安全文化

安全文化是企业内部对安全价值观的共同认同和行为习惯，涵盖了组织成员对安全的情感态度、知识水平和行为规范。通过安全文化的培育与控制，企业可以有效地提升员工的安全意识，进一步规范员工的安全行为，从而确保安全生产。首先，安全文化控制有助于形成积极的安全氛围。当安全成为企业文化的一部分时，员工会更加自觉地关注安全问题，形成一种“安全第一”的共识。这种文化氛围能够潜移默化地影响员工的行为，使他们在日常工作中始终保持对安全的警觉。其次，安全文化控制能够提升员工的安全素养。通过对员工进行安全知识的培训和教育，他们了解并掌握正确的安全操作规程和应急处理技能。这种素养的提升不仅有助于员工自我保护，还能使他们在关键时刻采取正确的措施，防止事故扩大。再次，安全文化控制有助于构建完善的安全管理体系。在安全文化的引领下，企业可以建立更加科学、系统的安全管理制度和流程，明确各级人员的安全职责，形成全员参与的安全管理格局。这种体系化的管理能够更有效地识别、评估和控制安全风险。最后，安全文化控制还可以增强企业的凝聚力和市场竞争力。一个注重安全文化的企业，往往能够吸引和留住更多优秀人才，同时也有助于提升企业的社会形象和品牌价值。

（2）企业精神

“精神控制”一词可能带有一定的误导性。这里，我们将其理解为通过塑造和强化企业精神来提升企业安全管理水平。企业精神是企业文化的核心，通过弘扬企业精神，可以塑造员工共同的安全价值观。当员工都认同并秉持这种安全价值观时，他们在工作中就会更加注重安全，从而减少安全事故的发生。强大的企业精神能够激发员工对安全的重视，使他们意识到安全不仅关乎个人，也关乎整个企业的稳定和发展。这种安全意识会促使员工在工作中严格遵守安全规程，主动防范化解风险。企业精神强调团队精神和协作意识，这有助于在安全管理中形成良好的沟通机制和团队协作。当面临安全风险时，员工能够迅速响应、相互配合和有效应对。企业精神可以强化员工对安全管理制度的认同感和执行力。当员工真心实意地认同企业的安全理念时，他们会更愿意遵守和执行相关的安全管理制度。一个注重安全管理的企业，其强大的企业精神也会对外界产生积极影响，提升企业的社会形象和信誉。这不仅有助于吸引优秀人才，还可能带来更多的业务机会。

二、安全管理控制模式

1. 安全行为能力测试

通过安全行为能力测试可以大体判断出个人的安全行为能力状况，及早发现其不安全行为倾向，从而及时采取多种方式进行干预，有效阻止其不安全行为的发生。同时，通过安全行为能力测试还可判断出人员能力与岗位是否相匹配，如果经过测试，人员不符合岗位要求，则应该对其进行岗位调整或安全培训教育等。安全行为能力一般从员工的生理机能、心理机能以及业务素质等层面对企业员工进行相应的测试。其中，生理机能指标可采用试验测量，借助试验仪器进行测量分析。生理机能一般从注意品质、反应特性和工作机能等方面进行测量。心理机能一般会测量心理压力、情绪应激、工作倦怠、人格特征、忠诚度和风险感知能力等指标。业务素质一般从知识与技能掌握程度、安全思想素质和安全诚信等角度进行测量。

2. 安全教育和培训

安全知识技能不足往往会引起不安全动作，进而导致事故的发生。安全教育和培训使员工领悟安全意识，掌握安全行为原理、安全操作规程、事故的危害及形成原因、不安全行为与事故的关系等，从而提高员工对各种不安全因素的识别能力。

安全教育和培训的方法有多种，如个体自学、视频教学、单位讲学和系统帮学等手段促使员工学习相关安全知识。采用员工自考、定期笔试和随机抽考等形式即时动态地掌握员工的实际学习效果，调动员工学习安全知识的热情。

3. 安全行为观察

观察法是行为研究中常用的方法，观察法是指观察者通过感官或借助仪器直接观察员工的行为，并将观察结果按时间顺序做系统记录的方法。行为观察法是一种典型的利用行为干扰方式改变员工行为方式的管理方法，通过在现场观察判断员工的行为状态，如出现不安全行为即对其行为进行纠正，从而达到改变员工行为方式的目的。

4. 安全行为激励

安全行为激励是进行安全管理的基本方法之一。通过外部激励可以激发人的安全行为的积极性和主动性，如设立安全奖、改善劳动卫生条件、提高待遇、安全与职务晋升和奖金挂钩、表扬、记功、开展“安全竞赛”等手段和活动，都是通过外部作用激励人的安全行为。内部激励是以提高员工的安全生产和劳动保护自觉性为目标的激励方式。通过内部激励可以增强安全意识、素质、能力、信心、抱负等。内部激励的方式有很多，如更新安全知识、培训安全技能、强化观念和情感、理想培养和建立安全远大目标等。外部激励与内部激励都能激发人的安全行为，但内部激励更具有推动力和持久力。内部激励可以使安全行为建立在自觉、自愿的基础上，能对自己的安全行为进行自我指导、自我控制、自我实现，完全依靠自身的力量来控制行为。

5. 建立健全管理制度

健全的安全管理制度是做好安全工作的保障，能够最大限度地调动人的积极性，引导人自觉遵守制度。对于违反制度的行为必须严厉处罚，奖惩分明才能收到良好的效果。

6. 创造良好的工作环境

良好的工作环境可以令人感到心情舒畅，缓解工作压力，提高人的工作积极性和工作效率。安全管理人员应经常检查作业环境，发现问题及时改善，避免因环境因素造成人的行为失误。首先，良好的工作环境意味着工作场所的整洁、有序和设备的良好维护。这样的环境有利于减少意外事故的发生，因为混乱的环境往往是事故发生的温床。例如，清晰的标识、宽敞的通道以及有序的物品摆放，都有助于员工在紧急情况下快速疏散，减少潜在的安全风险。其次，良好的工作环境还包括对安全设施的投入和维护，如定期检查和更新消防设备、安全出口等设施，确保其在关键时刻能够正常使用。再次，一个积极的工作环境可以激发员工对安全的重视。当员工感受到企业对他们安全的关心和重视时，他们更有可能自觉遵守安全规章制度，主动参与到安全管理的活动中来。最后，良好的工作环境还有助于提高员工的安全意识和操作技能。

7. 营造特色的安全文化

安全文化是安全行为规范和价值观的综合体现，是一个无形的力量。规范制约着人对安全的态度和采取的行为方式，安全文化能时刻提示和驱使行为人自觉地抵制违规、违章和蛮干行为，建设企业自身安全文化是控制人的不安全行为的有效途径。安全文化宣传可以开展多种形式的活动，如安全知识竞赛、事故案例学习、安全文化图片展与漫画展、安全员工评选、领导及员工安全承诺等。

三、不安全行为控制工具

在企业安全管理中，不安全行为是一个重要的风险因素，可能导致严重的事故和伤害。为了减少和防止不安全行为的发生，企业需要采用一系列不安全行为控制工具。这些工具不仅有助于及时识别和纠正不安全行为，还能提高企业的整体安全绩效，确保员工的生命安全和企业的稳定发展。

1. 安全观察与沟通卡片

安全观察与沟通卡片是一种非常实用的不安全行为控制工具。该工具主要用于记录和观察员工在工作场所的安全行为和不安全行为。通过观察员工操作过程，发现并记录潜在的不安全因素和行为，有助于企业及时纠正和改进行为。在使用安全观察与沟通卡片时，观察者需要关注员工的具体操作行为，包括是否佩戴个人防护装备、是否遵守安全操作规程等。观察后，观察者需详细填写卡片，记录所观察到的安全和不安全行为，以及可能存在的风险。这些记录对于后续的安全培训和指导具有重要的参考价值。

安全观察与沟通卡片的优点在于其简便易行，能够实时反馈员工的安全行为状况，有助于企业及时发现并解决问题。然而，这种方法也存在一定的局限性，如观察者可能存在主观偏见，或者员工在被观察时可能表现出与平时不同的行为。

2. 安全行为检查表

安全行为检查表是一种标准化的不安全行为控制工具，旨在帮助企业和员工自查或互查安全行为。该检查表通常包括一系列与安全相关的项目和问题，要求员工根据自己的实际情况进行回答和评估。通过定期使用安全行为检查表，企业可以系统地评估员工的安全行为水平，发现潜在的不安全因素，并及时采取措施进行纠正。同时，这也有助于提高员工的安全意识，让他们更加关注自己在工作中的安全行为。

安全行为检查表的优点在于其系统性和全面性，能够覆盖安全管理的各个方面。然而，这种方法也可能存在一些问题，如员工可能为了应付检查而故意掩盖真实情况，或者检查表的设计可能存在漏洞，导致某些重要安全问题被忽视。

3. 安全监控系统

随着科技的发展，安全监控系统在不安全行为控制中发挥着越来越重要的作用。这种系统通常包括摄像头、传感器等监控设备，能够实时监控员工的工作行为和工作环境。

通过安全监控系统，企业可以及时发现员工的不安全行为，如违规操作、未佩戴防护装备等，从而迅速采取措施进行纠正。此外，监控系统还可以提供有关工作环境和设备状况的实时数据，有助于企业及时发现并处理潜在的安全隐患。

安全监控系统的优点在于其客观性和实时性，能够提供准确的安全数据和信息。然而，这种方法也可能引发员工的隐私担忧，在使用时需要充分考虑员工的感受，并确保监控数据的合理使用和保密性。

4. 安全培训和教育

虽然安全培训和教育不是直接的不安全行为控制工具，但它们在预防不安全行为方面发挥着至关重要的作用。通过定期的安全培训和教育，企业可以提高员工的安全意识和操作技能，使他们更加熟悉安全操作规程和潜在的安全风险。在安全培训和教育过程中，企业可以采用多种教学方法和手段，如讲座、案例分析、模拟演练等，以提高员工的学习兴趣和参与度。同时，企业还可以根据员工的实际情况和需求制定个性化的培训计划，确保培训内容的针对性和实用性。

安全培训和教育的优点在于其长期性和根本性，能够从根本上提高员工的安全意识和能力。然而，这种方法也需要持续投入大量的时间和资源，且效果可能因员工的学习态度和能力而有所差异。

5. 激励与惩罚措施

激励与惩罚措施是另一种有效的不安全行为控制工具。通过设立安全奖励计划和惩罚制度，企业可以引导员工自觉遵守安全规定，减少不安全行为的发生。具体而言，企业可以设立安全之星评选、安全建议奖励等激励措施，鼓励员工积极参与安全管理和改进工作。同时，对于严重违反安全规定的行为，企业也需要采取相应的惩罚措施以示警示和纠正。

激励与惩罚措施的优点在于其直接性和针对性，能够迅速改变员工的行为习惯。然而，在使用这种方法时也需要注意平衡和适度原则，避免过度激励或惩罚对员工产生负面影响。

6. 风险评估与危险预知训练(KYT)

风险评估是一个系统的过程,用于识别工作环境中可能存在的危险,并评估其可能性和严重性。通过这种评估,企业可以确定需要重点关注的安全领域,并制定针对性的措施来减少不安全行为。危险预知训练则是一种员工参与的安全活动,通过小组讨论的形式,让员工自己找出工作中的危险点,并提出相应的预防措施,从而提高员工对危险的预知能力。

风险评估不仅关注现有的危险,还预测可能发生的事故,并根据风险的大小和发生概率来确定相应的预防措施。通过这种方式,企业可以更加精确地了解哪些环节存在安全隐患,进而制定有效的安全管理策略。危险预知训练起源于日本,这种训练的核心在于通过小组讨论的形式,让员工自己找出工作中的危险点,并提出相应的预防措施。这种方法强调员工的参与性和主动性,让他们从实践中学习和掌握安全知识,从而提高对危险的预知能力。

KYT 通常包括四个步骤:现状把握、本质追究、对策树立和目标设定。在现状把握阶段,员工需要识别出工作场所中的潜在危险;本质追究阶段则要求深入分析这些危险的本质原因;对策树立阶段,员工需要提出具体可行的预防措施;最后在目标设定阶段,明确需要达到的安全目标。这个过程不仅增强了员工的安全意识,还培养了他们解决安全问题的能力。

7. 安全标识与可视化管理

在工作场所设置明显的安全标识,可以提醒员工注意安全,并引导他们采取正确的行为。这些标识可以包括安全警示牌、安全操作规程标识、紧急逃生指示等。此外,通过可视化管理,如使用不同颜色的标签或标识来区分安全与非安全区域、设备或材料,可以进一步提高员工对安全的警觉性。

实施可视化管理应该注意几个问题:

① 清晰易懂:所有的标识和信息必须清晰、准确,避免使用模糊或含糊的语言。

② 一致性:在整个企业范围内,相同的安全标识和信息应该保持一致,以便员工能够轻松识别和理解。

③ 定期检查和维护:安全标识可能会因时间、环境等因素而损坏或褪色,因此需要定期检查和维护,确保其清晰可见。

④ 培训和教育:员工需要接受关于安全标识和可视化管理的培训,以确保他们能够理解并遵守相关规定。

8. 安全文化与团队建设

积极的安全文化和强大的团队建设对于控制不安全行为至关重要。企业应建立一种鼓励员工报告不安全行为、分享安全经验和知识的文化。同时,通过团队建设活动,可以增强员工之间的沟通和协作,提高他们在面对安全风险时的应对能力。

大学生安全文化

通过推广和实践安全文化,员工会更加意识到安全的重要性,从而更加自觉地遵守安全规章制度,减少不安全行为的发生,一个团结、协作的团队能够更好地理解和执行安全规定,成员之间会相互监督和提醒,避免不安全行为的发生。对员工进行安全知识和技能的培训,可以提高员工的安全素养,使他们更加熟悉和了解安全操作规程,减少因无知或疏忽而导致的不安全行为。

不安全行为控制工具在企业安全管理中发挥着重要作用。这些工具各有优缺点和适用范围，企业需要根据自身的实际情况和需求选择合适的工具和方法进行组合使用。同时，持续的安全文化推广和员工的安全意识提升也是至关重要的。通过综合运用这些不安全行为控制工具并加强员工的安全培训和教育，企业可以有效地减少和预防不安全行为的发生，保障员工的生命安全和企业的稳定发展。

复习思考题

1. 简述安全行为管理的研究内容。
2. 试述安全行为科学的研究对安全生产的意义。
3. 简述人的心理效应对安全行为的影响。
4. 简述控制的分类及各自特点。
5. 简述不安全行为的控制工具。

安全文化点滴

第 12 章　风险与应急管理

第 1 节　风险管理概述

一、风险管理的定义

1. 基本内涵

“风险管理”的概念最早产生于保险行业，并随着经济社会的发展，在远洋运输、金融工具、期货贸易、金融衍生品、生产安全等行业领域得到了广泛应用与系统化发展。特别是当今社会，围绕企业投资决策而引发的融资贷款、资产担保、工程施工、股权并购、特许经营、长期运营等一系列商业活动的开展，每一项重大决策背后都需要风险管理的系统性支撑，可以说没有风险管理企业的生产经营与战略决策都难以真正落地实施，企业实现稳定收益将困难重重。人们对于“风险”一词的定义和理解十分宽泛，就企业经营而言，风险是指企业发展设定的阶段性目标与实际业绩成果之间存在的“不确定性”，即在努力实现企业预定目标的经营过程中，可能或者即将出现的能够影响企业目标实现或企业稳定运营的潜在危险。根据对于风险的理解，可以总结企业的风险管理是指企业对自身可能面临的各种风险的预警、识别、评估与分析的全过程，决策者应为企业目标的实现提供合理的制度和资源保证，最大限度地降低风险出现的概率，减少企业遭遇风险时的系统损失。

安全生产中的风险管理作为一个系统性的过程，它包括识别、评估、控制和监控生产经营活动中潜在的安全风险，旨在预防或减少事故和伤害的发生，保障员工生命安全和企业财产安全，同时确保生产活动的顺利进行。这个过程要求企业全面分析生产经营环境，识别出可能对员工安全构成威胁的危险因素，通过科学的风险评估方法确定风险的大小和发生可能性，然后采取有效的风险控制措施来降低或消除这些风险。此外，风险管理还包括对控制措施的持续监控和定期评估，以确保其有效性，并及时调整策略以适应新的风险情况。

2. 风险的属性

明确区分并正确识别风险具有的相关属性，有助于企业管理者更加全面理解风险管理的原理和理论基础，便于企业管理者和风险主责单位第一时间聚焦主营业务风险，迅速做出风险管控措施。通过研究与分析，风险具有以下几项基本属性。

(1) 突发性

任何事物发展变化的规律都是从量变到质变，并遵循循序渐进的演变过程。但对于企业或者个人来说，某些风险在暴露之前是潜在的和隐性的，由于工作疏忽或者预警不及时，难以控制和防范一些可能发生的风险，这就造成风险的发生具有突发性特征。当风险真实发生时，往往令人感到泰山压顶、猝不及防，只能被动地接受。

(2) 破坏性

风险一旦发生，势必导致企业或个人各种程度和类型的损失，包括财产损失、违约损失、危及生命安全、影响人员心理健康和声誉损失等。其中，有些损失可以通过货币进行衡量，有些损失则难以评估，负面影响很难在短期内通过经济手段进行弥补。

(3) 客观性

企业和个人要充分认识到风险无处不在，有些风险的发生与否将不以人的意志为转移，如不可抗力、自然灾害、疫情、战争、交通事故等。随着企业的风险防范水平和风险管控能力不断提升，风险预测技术水平不断完善，能够在一定程度上掌握风险发生的客观规律，这也为企业风险控制和管理奠定了技术基础，筑牢风险预测的制度框架。

(4) 可变性

企业经营面临的内外部环境始终处于动态变化和不断调整的状态，导致伴生风险也随之发生变化。同时，在风险由隐性向显性变化过程中，外部防控手段的及时介入或处理迟滞，又影响或加剧了风险的变化方向。另外，企业经营水平和技术发展的变化会引发新风险的产生，例如智能手机充电时发生锂电池爆燃、电动汽车无人驾驶技术失控和P2P金融小贷不规范引发的连锁风险等。

3. 风险管理的几个概念

(1) 风险管理的主体

原则上来说，风险发生后承担相应损失和影响的组织或个人均可成为风险管理主体，具体包括个人、家庭、企业、政府、事业单位和社会团体等。

(2) 风险管理的核心

风险管理的核心是通过科学手段和体系化管理，预知风险、识别风险，从根本上杜绝风险的发生。但鉴于风险的客观性和突发性，当风险不可避免地发生后，风险管理的核心将更多关注于有效降低风险引发的损失。风险管理核心工作将紧密围绕识别风险、衡量风险、控制风险这几方面进行逐步展开。

(3) 风险管理的对象

对于企业经营工作来说，风险管理需要关注的对象主要是安全责任风险、市场风险、政策风险、违约风险、失责风险、财务风险等。上述风险的管理责任如果缺位，将会直接造成企业的经济损失，在某种程度上影响企业正常的生产经营，甚至会引发连锁的负面反应，造成无法弥补的重大损失。

(4) 风险管理的目标

企业应建立全面的风险管理制度，通过合理配置资源，丰富管理手段，以最低的费用成本投入取得最佳、最全面的安全保障，并尽最大可能降低风险发生后对企业生产经营造成的负面影响。要在管理投入和损失补偿之间做到最优平衡。

(5) 风险管理的作用

风险管理的作用主要是保障企业的资产安全和员工安全，具体表现在如下几个方面：一是预防风险事故的发生；二是减少风险事故造成的损失；三是转嫁风险事故造成的损失；四是保证企业的财产稳定；五是营造安全的社会环境。

二、风险管理的主要内容

1. 风险环境

风险环境是风险主体所处的既定的环境，包括风险文化、风险管理技术与手段、现有的风险水平、风险主体与其他风险主体之间的关系等，内部环境因素关系到风险主体采取风险管理措施的积极性、可采取的风险管理措施范围、风险管理实践的成功可能性等。

2. 风险管理目标

风险管理目标是风险成本的最小化、达到可接受的风险水平或可容忍的风险水平，这是所有领域风险管理的目标。但是，不同的风险主体对于风险成本在什么水平才是最小化、可接受的风险水平或可容忍的风险水平的标准如何、是应该以可接受的风险水平作为目标还是以可容忍的风险水平为目标等问题往往有着不同的立场与观点。

风险管理目标的影响因素包括经济水平、技术水平、管理水平、道德水平、价值观等，风险管理的目标常用多个指标形成的风险指标体系来描述。风险指标的确定是通过对大量数据进行分析，确立符合当前社会经济、技术水平、社会伦理道德等的可接受风险水平。

3. 风险识别

风险识别是风险管理的基础，即通过定性和定量的方法来辨识所有可能对风险管理目标产生不利影响的不确定因素。风险识别包括组织内在风险识别和外在风险识别。内在风险是指组织内部产生的风险，如生产风险、财务风险、人力资源风险等；外在风险是指组织所处的环境中产生的风险，包括社会风险和自然风险，外在风险是不受组织影响而客观存在的风险。

风险识别的主要内容是：风险源识别，即识别存在潜在不利影响的客观与主观因素，包括风险的存在形式、存在环境及其特征等，可采用风险分析调查表、风险检视表、现场检查与交流法等定性识别，也可采用事故树分析法、流程图分析法等定量识别。

4. 风险评估或评价

风险评估是在风险源识别的基础上，识别风险源可能引起的后果并评估其风险等级，包括发生损失的后果和无损失发生的后果、损失发生的概率和损失幅度。风险识别是风险管理工作的基础，也是最困难的部分。确定损失发生的概率需要大量的事故、故障发生概率数据等作为研究依据，目前关于这些风险事故的相关资料比较缺乏，

风险评价是指在风险识别和风险估测的基础上，将风险的大小与可接受的安全水平相比较，决定是否采取控制措施以及采取何种程度的控制措施。常见的风险评价方法可以分为两类：一类是以安全评价（危险评价）通称的广义的风险评价，其原理是通过定性或定量的方法，分析系统中的危险有害因素，确定危险性等级；另一类仅以确定风险指标为目的的狭义风险评价，其原理是以风险信息收集和统计推断为基础，确定风险发生的概率和严重程度指标，绘制风险坐标图，或者确定风险的不确定性指标。

5. 风险管理决策

风险管理决策的目的都是一致的，即在风险识别与评估的基础上，合理选择技术管理方案以控制风险达到可容忍水平，同时降低风险成本。风险管理决策应包括风险管理

技术方案的选择和风险管理组织实施方案的选择。影响风险管理决策的因素包括风险管理目标、风险水平、决策者风险态度、可供选择的风险控制方案、决策准则等。风险管理决策是对未来做出的判断，风险管理决策的效果往往是在短期内无法评价的，只有当发生风险事故时，风险管理决策的效果才能有直观的体现，度量长期结果的重要指标之一就是期望值。风险管理方案的选择应从控制风险源、减少风险因素和降低损失幅度三个方面进行比较选择，即综合考虑各方案的损失发生概率与损失发生幅度，风险规避措施以降低损失发生概率为原则，风险控制措施则是综合降低损失发生概率与幅度的技术与管理措施，控制型风险转移则是通过合同或协议，将风险转移给他人或其他组织，是以损失幅度降低为原则的。

6. 风险监测与预警

风险监测与预警体现了风险管理预防风险的原则，缺乏风险监测与预警的风险管理只能是滞后的被动管理，风险监测与预警是为了把握风险的动态变化，及时更新风险管理目标、措施以达到全过程的风险管理。风险预警在各个领域都有广泛的应用，包括军事预警、地震预警、台风预警、泥石流预警、干旱监测预警、环境预警、宏观经济预警和微观经济预警等。国外企业风险预警研究在方法上以实证为主，在内容上集中于企业的职能层次，我国的风险预警研究大多集中于财务等职能预警和自然灾害预警两大方面。风险预警的一般方法包括指标预警、统计预警和模型预警。指标预警是统计预警和模型预警的基础，模型预警又包括线性模型预警和非线性模型预警。

三、风险管理的基本原则

1. 预防为主

预防为主原则（预防原则）体现风险管理是事前管理的思想，一旦直面风险、进行风险控制则是已经产生损失。为了尽可能地避免损失的产生，应对风险进行事前管理，而不是损失管理。风险管理虽然是对现在进行的活动进行管理，但是风险管理的实质对象是未来发生的事件，管理的目的是避免事件的发展与期望之间产生偏差，所以风险管理的目的是关注于未来，因此风险管理本身就是一种事前管理。在实际生产过程中，预防原则应该被广泛应用，安全管理的首要原则便是“预防为主”。为了实施预防为主的原则，人们必须辨识风险的来源。风险事故是由直接或间接原因而导致损失的偶然事件，风险事故的发生都是由潜在风险积累引起的。由于风险积累的原因、方式、速度、形式有诸多不同，因此风险的发生和发展在方式、速度、形式方面也表现出诸多不同。

2. 可接受风险原则

风险管理中关于可接受风险标准制定的原则包括：最低合理可行原则（ALARP 原则）、比较原则（GAMAB 原则）、最小内源性死亡率原则（MEM 原则）等。其中，ALARP 原则起源于英国，由英国健康和安全委员会确立为可接受风险标准所建立的标准框架。当风险等级较高时，风险管理成本同样较高；当风险等级非常低时，采取一定措施降低风险等级需要的风险成本会急剧升高。ALARP 原则用于指导风险管理过程中，风险和风险成本之间取得平衡，即根据风险成本和风险等级确定风险管理措施后，风险处于可接受范围内。因此，ALARP 原则适用于可容忍风险区域，如图 12-1 所示。

GAMAB 原则的内容是新系统的风险与原有系统风险相比较，新系统风险水平至少与原有系统的风险水平相当，也就是说将原有系统以被接受的风险水平作为风险可接受标准。MEM 原则与 GAMAB 原则类似，当生产活动不会在人们日常生活承受的风险水平上明显增加风险时，风险水平被接受。也就是说，将人们日常生活中承受的风险水平作为可接受风险标准的参照。

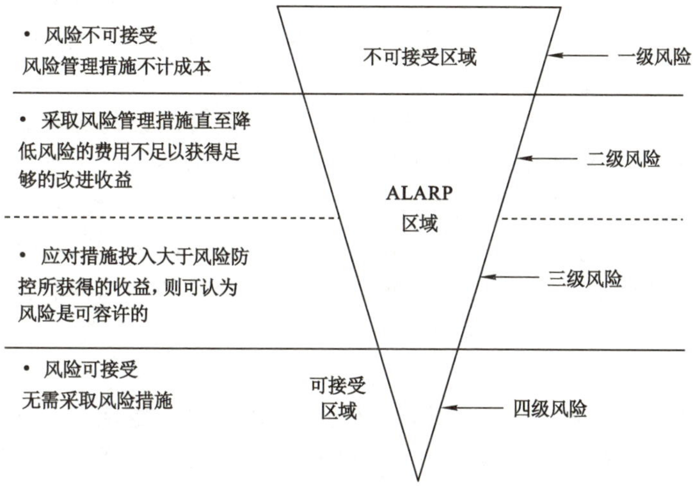

图 12-1　ALARP 原则示意图

每个人对风险的理解都存在差异。风险厌恶型的人对风险的理解近乎损失，因此在风险管理时往往会有很严格的风险接受标准，只关注如何降低损失，而不是如何降低风险发生的概率即如何进行事前管理。

3. 风险分散化原则

风险分散化原则在实际生产中应用广泛，如在投资中，大家普遍接受“不把所有鸡蛋放在一个篮子里”的思想，这便是风险分散化原则的体现。风险汇聚安排是通过风险分散抑制风险的一种主要方式，通过风险汇聚安排，参加汇聚安排的单位或个人的事故成本等于参加者的平均损失，而平均损失要比每个人自身的损失更加容易预测。

多个风险单位组成风险单位组合，其损失是一个随机变量，可以作为损失的度量，损失的方差或标准差可以定量表达，构造风险单位既不会增加风险管理成本，也不能降低损失，而风险单位组合的风险并不是各个风险单位风险的组合，而是小于风险单位的风险的组合。当风险单位足够多且各风险单位之间不相关时，风险单位组合的风险趋近于零。因此，风险单位组合是消除风险的重要手段。

四、风险管理过程

风险管理的过程是一个系统性的工作流程，旨在识别、评估和控制企业运营过程中的各种安全风险，确保员工的安全和企业的稳定发展。

1. 危害因素辨识

危害因素辨识是安全风险管理的第一步，也是最基础的一步。这一步骤涉及对工作环境、设备、工艺流程等进行全面分析，识别出可能对员工的安全构成威胁的危险因素。辨识时要考虑各种时态（过去、现在和将来）和状态（正常、异常和紧急）以及人、机、环境等各个方面。

在进行危害因素辨识时，首先要对目标系统或环境进行全面的了解，包括其历史、现状和未来发展规划。这有助于识别出与系统或环境紧密相关的潜在危害。下面，通过现场观察、员工访谈、查阅资料等方式，收集大量关于系统或环境的信息，这些信息是后续辨识工作的基础。在辨识过程中，要特别关注那些可能导致严重后果的危害因素，如高温、高压、有毒有害物质等。同时，也不能忽视那些看似微小但可能引发连锁反应的因素，如设备的小故障、环境中的微小变化等。此外，还需要考虑人的因素，如操作失误、疲劳等，这些都可能成为事故的触发点。除了对现有的危害因素进行辨识外，还需要预测和分析未来可能出现的危害因素。这要求辨识人员具备前瞻性的思维，能够根据系统或环境的变化趋势，预测出可能产生的新危害因素。在整个辨识过程中，要时刻保持警惕，不放过任何一个可能的危害因素，也要注重数据的分析和比对，以确保辨识结果的准确性和全面性。最终，通过危害因素辨识，可以为后续的风险评估和控制提供有力的依据，从而确保系统的安全稳定运行。

2. 风险评价

风险评价，又称为安全评价，是对辨识出的危险因素进行定性和定量评估，确定风险的大小、发生的可能性和可能造成的损失。评价方法包括定量分析和定性分析，以及基于历史数据和专家判断的综合评估。

风险评价有助于预防潜在风险，通过识别可能对企业或个人产生负面影响的潜在风险，可以在风险发生之前采取预防措施；风险评价还能提高决策质量，通过评估各种可能性和影响来为决策提供有价值的信息；风险评价还能帮助企业或个人保护利益和财产，通过了解可能存在的风险来采取适当的保护措施；风险评价也有助于促进合规性，确保组织或个人的行为符合相关的法律法规和规定；通过风险评价可以提高效率和效益，识别出可能影响工作和生活的风险，并采取措施来减少这些风险。

在进行风险评价时，可能会使用到不同的风险评估方法，如风险因素分析法、模糊综合评价法、内部控制评价法、分析性复核法、定性风险评价法以及风险率风险评价法等，这些方法可以根据具体情况选择应用，以确保风险评价的准确性和有效性。

3. 风险控制

根据风险评价的结果，制定风险控制措施来降低或消除风险。常见的风险控制方法包括工程技术控制、管理控制和个人防护装备的使用。控制措施的选择应基于风险的性质和大小，以及实施措施的可行性。应该细致地分析每一个风险因素，根据其严重性和发生概率来制定相应的控制策略。对于高风险因素，我们需要采取更为严格和高效的措施，如技术改进、增强安全防护、提高员工安全意识等，以降低其发生的可能性或减轻其潜在影响。同时，风险控制不仅是对已识别风险的应对，而且是一种预防性的管理策略。这说明我们需要根据风险评价的结果，对可能发生的风险进行预测和预防，通过优化流程、提升设备性能、加强人员培训等手段，构建一个更加稳健和安全的运营环境。此外，实施风险控制还需要我们保持灵活性和适应性。因为风险是动态变化的，随着内外部环境的变化，原有的风险因素可能会消失，新的风险因素可能会产生。因此，我们需要定期重新评估风险，并根据新的评价结果调整风险控制措施，以确保其始终与当前的风险状况相匹配。

4. 变更管理

当工作环境、工艺、设备等因素发生变化时，需要对新增的风险进行辨识和控制。这包括对变更进行评估、审批和实施，以确保变更不会引入新的不可接受的风险。

首先，需要明确变更的原因、目标和范围。这通常由项目团队成员或利益相关者提出，并详细说明变更的需求和期望效果。其次，对提出的变更进行评估。这一步骤的目的是分析变更对项目或组织的影响和风险，包括变更的可行性、成本效益以及可能带来的新风险。评估过程中可能需要项目团队、风险管理专家和相关部门的参与。评估完成后，将变更建议提交给相应的决策者或相关部门进行审批。批准过程中应充分考虑变更的必要性和对项目整体的影响，确保变更与项目的战略目标和计划相一致。一旦变更获得批准，项目团队需要制订详细的实施计划，并安排相应的资源来执行变更，包括分配任务、设定时间表、确保资源的可用性等。实施过程中应保持清晰的沟通和协调，以确保变更的正确性和有效性。变更实施后，需要对其进行持续的追踪和监控，以及时了解变更的执行情况和效果。如果发现问题或偏离计划的情况，应及时进行调整和修正，确保变更能够按照既定目标顺利进行。

在整个变更管理过程中，与所有相关方的沟通和协调至关重要，以确保信息的准确性和一致性，并减少误解和冲突的可能性。同时，变更管理应与项目的风险管理计划紧密结合，对变更可能带来的新风险进行及时的识别、评估和控制。

5. 应急措施

针对可能发生的事故或紧急情况，制定应急预案和响应机制。这包括建立应急组织、明确应急流程和资源调配方式，以及进行定期的应急演练和培训。在风险管理中，应急措施的程序通常包括以下几个关键步骤。

(1) 预防与准备

识别和分析潜在的风险源，进行全面的风险评估。制定应急预案，明确应对各种风险的具体措施和流程。配置必要的应急救援设施和器材，并定期进行检查和维护，确保其完好有效。成立应急组织和指挥体系，如应急指挥中心，并明确各个人员的职责。对员工进行应急培训，提高他们的风险意识和应急响应能力。

(2) 监测与预警

建立风险监测机制，及时获取风险情报。设立预警系统，以便在风险发生或升级时及时发出警报。

(3) 应急响应

一旦发生紧急情况，立即启动应急预案。按照预案中的流程，组织人员进行抢险救援工作。确保信息畅通，及时向上级和相关部门报告情况。根据现场情况，灵活调整应急策略，以最大限度地减少损失。

(4) 事后恢复与总结

在紧急情况得到控制后，开始进行清理和恢复工作。对受损的设施进行修复，确保其恢复正常功能。对整个应急过程进行总结评估，识别存在的问题和改进点。根据总结的结果，对应急预案进行修订和完善，以便更好地应对未来的风险。

6. 持续监控和改进

对安全风险进行持续监控，及时发现和解决潜在问题。同时，定期对安全风险管理流程进行评审和改进,以适应企业发展和外部环境的变化。在风险管理中,持续监控和改进是两个紧密相连的环节,它们对于确保风险管理体系的有效性和适应性至关重要。

持续监控是指对风险管理体系的实施情况进行不间断的监督和检查。这包括对已识别风险的发展状况进行追踪,监测风险控制措施的效果以及及时发现和解决潜在的新风险。通过持续监控,组织可以确保其风险管理体系始终与当前的风险环境保持一致,并及时调整策略以应对变化。而改进则是指在监控过程中发现问题或不足时,对风险管理体系进行必要的调整和优化,包括更新风险评估方法、改进风险控制措施、提升员工的风险管理技能等。通过不断改进,组织可以提高其风险管理水平,更有效地应对各种风险挑战。

为了实现持续监控和改进,组织需要建立一个完善的风险管理机制,包括明确的风险管理政策、定期的风险评估流程、有效的风险监控系统和及时的问题反馈机制。同时,组织还应培养员工的风险管理意识,鼓励他们积极参与风险管理活动,共同推动风险管理体系的持续优化。

7. 安全文化建设

通过培训、宣传和教育活动,提高员工的安全意识和风险管理能力。这有助于形成全员参与的安全管理氛围,提升企业的整体安全性能。首先,安全文化建设需要从员工的安全意识培养做起。通过定期的安全培训、安全知识宣传以及安全案例分享,可以让员工深刻理解安全工作的重要性,并意识到自身在安全防范中的责任和作用。同时,组织应鼓励员工主动报告潜在的安全隐患,及时消除安全风险。其次,安全文化建设需要建立完善的安全管理制度和操作规程。这些制度和规程应明确员工在安全工作中的具体职责和操作要求,确保各项工作有据可依、有章可循。此外,组织还应定期对安全管理制度进行审查和更新,以适应不断变化的安全环境和业务需求。再次,安全文化建设需要强化对安全行为的监督和考核。通过设立安全监督机构或安全专员,对组织内部的安全行为进行定期检查和评估,确保员工严格遵守安全操作规程。对于违反安全规定的行为,应及时进行纠正并给予相应的处罚,以维护安全制度的严肃性和权威性。最后,安全文化建设需要营造全员参与的安全氛围。组织应鼓励员工积极参与安全文化建设活动,如安全知识竞赛、安全演练等,提高员工的安全技能和应对突发事件的能力。同时,组织还应定期收集员工对安全工作的意见和建议,不断完善和优化安全管理体系。

第 2 节　风险评价方法

一、风险评价的原则

风险评价也称安全评价。风险评价以实现系统安全为目的,运用安全系统工程原理和方法对系统中存在的危险因素进行辨识和分析,判断系统发生事故和职业危害的可能性及其严重程度,从而为制定防范措施和管理决策提供科学依据。

安全评价是落实“安全第一、预防为主、综合治理”方针的重要技术保障,是安全生产监督管理的重要手段。安全评价工作以国家有关安全的方针、政策和法律法规、标准为依据,运用定量和定性的方法,对建设项目或生产经营单位存在的职业危险有害因素进行识别、分析和评价,提出预防、控制、治理对策措施,为建设单位或生产经营单位减少事故发生的风险，为政府主管部门进行安全生产监督管理提供科学依据。虽然安全评价的领域、种类、方法、手段种类繁多，而且评价系统的属性特征及事件的随机性千变万化、各不相同，但其思维方式却是一致的，可归纳为以下四个基本原理：相关性原理、类推原理、惯性原理和量变到质变原理。

安全评价是关系到被评价项目能否符合国家规定的安全标准、能否保障劳动者安全与健康的关键性工作。由于这项工作不但具有较复杂的技术性，而且还有很强的政策性，因此，要做好这项工作，必须以被评价项目的具体情况为基础，以国家安全法规及有关技术标准为依据，用严肃的科学态度，认真负责的精神，强烈的责任感和事业心，全面、仔细、深入地开展和完成评价任务。在工作中，必须自始至终遵循科学性、公正性、合法性和针对性原则。

二、风险评价的分类

1. 根据工程周期进行分类

根据工程、系统生命周期和评价的目的，为了课程和内容的统一性，后续将风险评价术语统称为安全评价，不再单独说明。安全评价分为安全预评价、安全验收评价、安全现状综合评价、专项安全评价。

(1) 安全预评价

安全预评价是根据建设项目可行性研究报告的内容，分析和预测该建设项目可能存在的危险、有害因素的种类和程度，提出合理可行的安全对策及建议。安全预评价实际上就是在项目建设前应用风险评价的原理和方法对系统（工程、项目）的危险性、危害性进行预测性评价。安全预评价以拟建设项目作为研究对象，根据建设项目可行性研究报告提供的生产工艺过程、使用和产出的物质、主要设备和操作条件等，研究系统固有的危险及有害因素，应用系统安全工程的方法，对系统的危险性和危害性进行定性、定量分析，确定系统的危险、有害因素及其危险、危害程度。针对主要危险、有害因素及其可能产生的危险、危害后果，提出消除、预防和降低的对策措施，评价采取措施后的系统是否能满足规定的安全要求，从而得出建设项目应如何设计、管理才能达到安全指标要求的结论。

(2) 安全验收评价

安全验收评价是在建设项目竣工验收之前、试生产运行正常后，通过对建设项目的设施、设备、装置实际运行状况及管理状况的安全评价，查找该建设项目投产后存在的危险、有害因素，确定其程度，提出合理可行的安全对策措施及建议。安全验收评价是运用系统安全工程原理和方法，在项目建成试生产正常运行后，在正式投产前进行的一种检查性安全评价。它通过对系统存在的危险和有害因素进行定性和定量的检查，判断系统在安全上的符合性和配套安全设施的有效性，从而做出评价结论并提出补救或补偿措施，以促进项目实现系统安全。

(3) 安全现状综合评价

安全现状综合评价是针对系统、工程的（某一个生产经营单位总体或局部的生产经营活动的）安全现状进行的安全评价，通过评价查找其存在的危险、有害因素，确定其程度，提出合理可行的安全对策措施及建议。这种对在用生产装置、设备、设施、储存、运输及安全管理状况进行的全面综合安全评价，是根据政府有关法规的规定或是根据生产经营单位职业安全、健康环境保护的管理要求进行的。主要内容包括:全面收集评价所需的信息资料,采用合适的安全评价方法进行危险识别,给出量化的安全状态参数值;对于可能造成重大后果的事故隐患,采用相应的数学模型,进行事故模拟预测极端情况下的影响范围,分析事故的最大损失,以及发生事故的概率;对发现的隐患,根据量化的安全状态参数值、整改的优先度进行排序;提出整改措施与建议。

(4) 专项安全评价

专项安全评价是根据政府有关管理部门的要求进行的,是对专项安全问题进行的专题安全分析评价,如危险化学品专项安全评价,非煤矿山专项评价等。

专项安全评价是针对某一项活动或场所,如一个特定的行业、产品、生产方式、生产工艺或生产装置等,对存在的危险、有害因素进行的安全评价,目的是查找其存在的危险、有害因素,确定其程度,提出合理可行的安全对策及建议。

2. 根据结果量化程度进行分类

根据评价结果的量化程度,安全评价可分为定性评价、定量评价和半定量评价。具体采用哪种方法,还要根据行业特点及其他因素进行确定。但是,无论采用哪种方法都有相当大的主观因素,都难免存在一定的偏差和遗漏。各种评价方法都有它的特点和适用范围。

(1) 定性评价法

定性评价法主要是根据经验和判断对生产系统的工艺、设备环境、人员、管理等方面的状况进行定性的评价。安全检查表法、预先危险性分析、失效模式和后果分析、危险可操作性研究、事件树分析法、故障树分析法、人的可靠性分析方法等均属于此类。

(2) 半定量评价法

半定量评价法包括概率风险评价(LEC)法、打分的检查表法、MES 法等。这种方法大都建立在实际经验的基础上,合理打分,根据最后的分值或概率风险与严重度的乘积进行分级。由于其可操作性强,且还能依据分值有一个明确的级别,因而也广泛用于地质、冶金、电力等领域。因化工、煤矿、航天等行业的系统复杂、不明确性因素太多,对于人员失误的概率估计困难,难以应用。

(3) 定量评价法

定量评价法是根据一定的算法和规则对生产过程中的各个因素及相互作用的关系进行赋值,从而算出一个确定值的方法。若规则确定、算法合理,且无难以确定的因素,则此方法的精度较高,且不同类型评价对象间有一定的可比性。美国道化学公司的火灾、爆炸指数法,英国帝国化学公司蒙德工厂的蒙德评价法,日本的六阶段风险评价法和我国化工厂危险程度分级方法,我国易燃、易爆有毒危险源评价方法均属此类。

三、风险评价的方法

1. 定性风险评价方法

目前定性安全评价方法在国内外企业安全管理工作中被广泛使用。定性安全评价方法主要是根据经验和直观判断能力对生产系统的工艺、设备、设施、环境、人员和管理等方面的状况进行定性的分析,安全评价的结果是一些定性的指标,如是否达到了某项安全指标、事故类别和导致事故发生的因素等。定性的评价方法一般都是以表格分析的形式出现。常用的定性安全评价方法有安全检查表、预先危险性分析法、因素图分析法、故障假设分析法、故障类型和影响分析法、作业条件危险性评价法（格雷厄姆 - 金尼法或 LEC 法）、危险可操作性研究、人的可靠性分析、风险矩阵法等。

2. 定量风险评价方法

定量安全评价方法通常基于大量的试验结果和广泛的事故资料统计分析获得的指标或规律（数学模型），对生产系统的工艺、设备、设施、环境、人员和管理等方面的状况进行定量的计算，安全评价的结果是一些定量的指标，如事故发生的概率、重要度、事故的伤害（破坏）范围、定量的危险性等。

按照安全评价给出的定量结果类别的不同，定量安全评价方法还可以分为概率风险评价法、危险指数评价法和伤害（破坏）范围评价法。

（1）概率风险评价法

概率风险评价法是根据事故的基本致因因素的事故发生概率，应用数理统计中的概率分析方法，求取整个评价系统的事故发生概率的安全评价方法。常用的概率风险评价方法包括：故障类型及影响分析、事故树分析、事件树分析等。

概率风险评价法是建立在大量的试验数据和事故统计分析基础之上的，因此评价结果的可信程度较高，由于能够直接给出系统的事故发生概率，因而便于各系统可行性大小的比较。特别是对于同一个系统，概率风险评价法可以给出发生不同事故的概率、便于不同事故可能性的比较。但该类评价方法要求数据准确、充分，分析过程完整，判断和假设合理，特别是需要准确地给出基本致因因素的事故发生概率，显然这对一些复杂、存在不确定因素的系统是十分困难的。在实际工作中，由于数据不足或资料不准确，可比条件与环境不易确定等原因，在系统设计过程初期很难用事件发生概率法定量地估算出风险大小，但在预计风险值和确定特定事件发生概率时仍有很高的实用价值。随着计算机在安全评价中的应用，模糊数学理论、灰色系统理论和神经网络理论已经应用到安全评价之中，弥补了该类评价方法的一些不足，扩大概率风险评价法的应用范围。

概率风险评价法在核电站应用广泛，是复杂系统安全评价的重要方法，在核工业、化工及航天领域安全工作中得到重视。随着社会的发展，概率风险评价法中常用的评价法如事故树、事件树等方法也被广大安全评价工作人员使用。

（2）危险指数评价法

危险指数评价法应用系统的事故危险指数模型，根据系统及其物质、设备（设施）和工艺的基本性质和状态，采用推算的办法，逐步给出事故的可能损失、引起事故发生或使事故扩大的设备、事故的危险性以及采取安全措施的有效性的安全评价方法。常用的危险指数评价法有：道化学公司火灾、爆炸危险指数评价法，IC 蒙德火灾、爆炸毒性指数评价法，易燃、易爆、有毒重大危险源评价法等。

在危险指数评价法中，指数的采用使得系统结构复杂、难以用概率计算事故可能性的问题，通过划分为若干个评价单元的办法得到了解决。这种评价方法，一般将有机联系的复杂系统，按照一定的原则划分为相对独立的若干个评价单元，针对评价单元逐步推算事故可能的损失和事故危险性以及采取安全措施的有效性，比较不同评价单元的评价结果，确定系统最危险的设备和条件。评价指数值同时含有事故发生可能性和事故后果两方面的因素，避免了事故概率和事故后果难以确定的缺点。

该类评价方法的缺点是，采用的安全评价模型对系统安全保障设施（设备、工艺）功能的重视不够，评价过程中的安全保障设施（设备、工艺）的修正系数，一般只与设施（设备、工艺）的设置条件和覆盖范围有关，而与设施（设备、工艺）的功能多少、优劣等无关；特别是忽略了系统中的危险物质和安全保障设施（设备、工艺）间的相互作用关系；而且，给定各因素的修正系数后，这些修正系数只是简单地相加或相乘，忽略了各因素之间的重要度的不同。因此，只要系统中危险物质的种类和数量基本相同，系统工艺参数和空间分布基本相似，即使因不同系统服务年限有很大不同而造成实际安全水平已经有了很大的差异，其评价结果也是基本相同的，从而导致该类评价方法的灵活性和敏感性较差。

（3）伤害（破坏）范围评价法

伤害（破坏）范围评价法是根据事故的数学模型，应用计算数学方法，求取事故对人员的伤害范围或对物体的破坏范围的安全评价方法。液体泄漏模型、气体泄漏模型、气体绝热扩散模型、池火火焰与辐射强度评价模型、火球爆炸伤害模型、爆炸冲击波超压伤害模型、蒸气云爆炸超压破坏模型、毒物泄漏扩散模型和锅炉爆炸伤害 TNT 当量法都属于伤害（破坏）范围评价法。

伤害（破坏）范围评价法是应用数学模型进行计算，只要计算模型以及计算所需要的初值和边值选择合理，就可以获得可信的评价结果。评价结果是事故对人员的伤害范围或（和）对物体的破坏范围，因此评价结果直观、可靠，评价结果可用于危险性分区，同时还可以进一步计算伤害区域内的人员及其人员的伤害程度，以及破坏范围物体的损坏程度和直接经济损失。但该类评价方法计算量比较大，一般需要使用计算机进行计算，特别是计算的初值和边值选取往往比较困难，而且评价结果对评价模型、初值和边值的选择依赖性很大，评价模型或初值和边值选择稍有不当或偏差，评价结果就会出现较大的失真。因此，该类评价方法适用于系统的事故模型或初值和边值比较确定的安全评价。

3. 安全评价方法的选择原则

任何一种安全评价方法都有其适用条件和范围，在安全评价中如果使用了不适用的安全评价方法，不仅浪费工作时间，影响评价工作正常开展，而且导致评价结果严重失真，使安全评价失败。因此，在安全评价中，合理选择安全评价方法是十分重要的。在进行安全评价时，应该在认真分析并熟悉被评价系统的前提下，选择安全评价方法。

选择安全评价方法应遵循充分性、适应性、系统性、针对性和合理性的原则。

（1）充分性原则

充分性是指在选择安全评价方法之前，应该充分分析评价的系统，掌握足够多的安全评价方法，并充分了解各种安全评价方法的优缺点、适应条件和范围，同时为安全评价工作准备充分的资料，供选择评价方法时参考和使用。

（2）适应性原则

适应性是指选择的安全评价方法应该适应被评价的系统。被评价的系统可能是由多个子系统构成的复杂系统，评价的各子系统可能有所不同，应根据系统和子系统、工艺的性质和状态，选择适应的安全评价方法。

（3）系统性原则

系统性是指安全评价方法与被评价的系统所能提供的安全评价初值和边值条件应形

成一个和谐的整体。安全评价方法获得的可信的安全评价结果，是必须建立在真实、合理和系统的基础数据之上的，被评价的系统应该能够提供所需的系统化数据和资料。

(4) 针对性原则

针对性是指所选择的安全评价方法应该能够提供所需的结果。由于评价的目的不同，需要安全评价提供的结果可能不同，只有安全评价方法能够给出所要求的结果，才能满足评价目的的要求。

(5) 合理性原则

在满足安全评价目的、能够提供所需的安全评价结果的前提下，应该选择计算过程最简单、所需基础数据最少和最容易获取的安全评价方法，使安全评价工作量和要获得的评价结果都是合理的。

4. 安全评价方法的选择过程

各种安全评价方法在实际应用中如何选取，要具体问题具体分析，对于特定的环境和资源条件，应根据系统的特点，选用不同的评价方法，以提高评价的准确性，有效地消除或控制系统中的危险、有害因素，达到安全生产的目的。不同的评价系统，可以选择不同的安全评价方法，一般可按图 12-2 所示的步骤来选择安全评价方法。在选择安全评价方法时，应首先详细分析被评价的系统，明确通过安全评价要达到的目标，即通过安全评价需要给出哪些、什么样的安全评价结果，然后应收集尽量多的安全评价方法，将安全评价方法进行分类整理。明确被评价的系统能够提供的基础数据、工艺和其他资料。

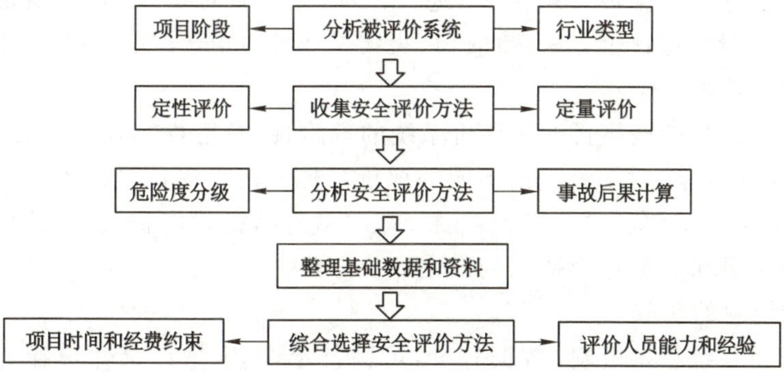

图 12-2　安全评价方法选择过程

安全评价方法多种多样，各有其适用对象，各有其优缺点，各有其局限性。许多方法是利用过去发生过的事件的概率和危害程度做出推断，往往对高风险事件更为关注，而高风险事件通常发生的概率很小，概率值误差很大，因此在预测低风险事件危险度时可能会得出不符合实际的判断。有时在利用定量评价方法计算绝对危险时，选取事件的发生频率和事故的严重度的基准标准不准时，得出的结果可能会有高达数倍的不准确性。另外，方法的误用也会导致错误的评价结果。

企业为了某项工作的需要，请专业的安全评价机构进行安全评价，参加安全评价的人员都是专业的安全评价人员，他们有丰富的安全评价工作积累，掌握很多安全评价方法，甚至有专用的安全评价软件，因此可以使用定性、定量安全评价方法对评价的系统进行深入的分析和系统的安全评价。

选用安全评价方法时应根据被评价对象的特点、具体条件和需要，以及安全评价方法的特点选用几种方法对同一对象进行评价，互相补充、分析综合、相互验证，以提高评价结果的准确性。在选择安全评价方法时应注意以下问题。

(1) 被评价对象特点

第一，根据被评价的系统规模、组成、复杂程度选择。随着被评价的系统规模、复杂程度的增大，有些评价方法的工作量、工作时间和费用相应地增大，甚至超过容许的条件，在这种情况下，应先用简洁的方法进行筛选，然后确定需要评价的详细程度，再选择适当的评价方法。

第二，根据评价对象的工艺类型和工艺特征选择。评价方法大多适用于某些工艺过程和评价对象，如道化学公司火灾、爆炸危险指数法，IC蒙德火灾、爆炸毒性指数评价法，易燃、易爆、有毒重大危险源评价法适用于化工类工艺过程的安全评价，故障类型及影响分析法适用于机械电气系统硬件、装置的安全评价。

第三，评价对象的危险性。根据过去的统计资料，对危险性较大的系统可采用系统的定性、定量安全评价方法，如事故树、火灾爆炸危险指数评价法、TNT当量法等。反之，可采用经验的安全评价方法或直接引用分级(分类)标准进行评价，如安全检查表、直观经验法或直接引用高处坠落危险性分级标准等。

一般而言，若被评价系统同时存在几类危险、有害因素，往往需要用几种安全评价方法分别进行评价。对于规模大、复杂、危险性高的系统可先用简单的定性安全评价方法(如安全检查表、预先危险性分析法等)进行评价，然后再对重点部位(设备或设施)采用系统的定性或定量安全评价方法(事故树、火灾爆炸危险指数法等)进行评价。

(2) 评价的具体目标

虽然对系统评价的最终目的是评价系统的危险性(危害性)，但在具体评价中可以根据需要(客户提出要求)对系统提出不同的评价目标。由于评价目标不同，评价的最终结果也是不同的，如危险(危害)等级、事故概率、事故造成的经济损失、危险区域(半径)等，因此需要根据被评价目标选择适用的安全评价方法。

(3) 评价资料的获取

如果被评价系统技术资料、数据齐全，可进行定性、定量评价并选择合适的定性、定量评价方法。反之，如果是一个正在设计的系统、缺乏足够的数据资料或工艺参数不全，则只能选择较简单的、需要数据较少的安全评价方法(如预先危险性分析法)。有些评价方法特别是定量的评价方法，应用时需要有必要的统计数据(如事件、故障发生的概率，评价目标所需的参数值等)作依据，如果缺少这些数据，就必然限制了这些定量评价方法的应用。

(4) 安全评价人员的能力

主要包括安全评价人员的知识、经验、完成评价工作的时限、经费支持情况、评价单位设施配备和评价人员及管理人员的习惯、爱好等。如一个企业进行安全评价的目的是提高全体员工的安全意识，需要全体员工的参与，使他们能够识别出与自己作业相关的危险有害因素，找出事故隐患，树立“以人为本”的安全理念，全面提高企业的安全管理水平。安全评价人员可根据经验采用较简单的安全评价方法(如作业条件危险性分析方法)，提供危险性的分级，便于员工理解和使用。

第 3 节　突发事件应急管理

一、突发事件概述

1. 突发事件的定义

突发事件广义上可以被理解为突然发生的事情：第一层含义是事件发生、发展的速度很快，出乎意料；第二层含义是事件难以应对，必须采取非常规的方法来处理。从狭义上讲，突发事件就是意外地突然发生的重大或敏感事件。简言之，突发事件就是天灾人祸。天灾即自然灾害，人祸如恐怖事件、社会冲突、意外事故、丑闻（包括大量谣言）等，专家也称其为“危机”。

2. 突发事件的特征

（1）发生突然性

突发事件是事物内在矛盾由量变到质变的飞跃过程，诱因具有一定的偶然性和不易发现的隐蔽性。它以什么方式出现，在什么时候出现，是人们无法把握的。也就是说，突发事件发生的具体时间、实际规模、具体态势和影响深度，是难以预测的。

一般而言，突发事件具有出乎意料的特征。一是事件的发生出乎意料，管理者对在什么时间、什么地点、什么原因、发生什么事件、造成什么危害等缺乏准确的判断。虽然有些突发事件存在发生征兆和预警的可能，管理者能提前捕捉一些信息，但是由于事件真实发生的时间、地点、规模等难以为管理者所准确预见和判断。二是心理、资源和应对措施等各项准备工作不到位。由于事发突然，在心理层面，人们高度震惊，易产生恐惧情绪，发生听信各种谣言、逃离事发现场等行为；在资源上各种应急物资没有提前做好充分准备，相关物资出现暂时性短缺，发生哄抢行为；在应对措施上，由于缺乏必要的预案和具体有效的手段，必须针对具体情况临时制定各种应急措施。

（2）目的明确性

任何突发事件（除自然事件外），都有明确的目的性和欲望性，因为人们选择和行为的目标，都是为了满足某种需要。自然事件本身虽无目的性，但是在处理这类事件的过程中人们的目的性也是十分明确的。

（3）瞬间聚众性

任何一类突发事件，都必然要涉及一部分人的切身利益，使其产生心理压力和变化，引起人们的关注和不安也属正常。尤其是社会性的突发事件，多是由少数人操纵，通过宣传鼓动把一些群众卷到事件中来。

（4）行为破坏性

不论什么性质和规模的突发事件，都必然不同程度地给国家和人民造成政治、经济和精神上的破坏与损失。以人员伤亡、财产损失为标志，包括直接损害和间接损害，还体现在对社会心理和个人心理造成的破坏性冲击，进而渗透到社会生活的各个层面。

（5）状态失衡性

如果将社会的正常秩序看作均衡状态的话，那么突发事件则使社会偏离正常发展轨道而出现失衡。突发事件的发生，会使人们的生活处于不稳定状态，昔日和谐安宁的社会环境遭到破坏，正常的工作方式和工作程序也得不到保证。因此，必须用特殊手段才能恢复正常的社会秩序。

(6) 情况复杂性

突发事件往往是各种矛盾激化的结果，总是呈现出一果多因、相互关联、环环相扣的复杂状态，若处置不当可能加大损失，扩大范围，转为政治事件。突发事件防治的组织系统也比较复杂，至少包括中央、省市及有关职能部门、社区三个层次。

(7) 发展的持续性

整个人类文明进程中，突发事件从未停止过，只能通过共同努力最大限度降低突发事件发生的频率和次数，减轻其危害程度及对人类造成的负面影响。大量突发事件使人类反思人与自然的关系，人整体变得更加成熟，行为更加理性。突发事件一旦爆发，总会持续一个过程，表现为潜伏期、爆发期、高潮期、缓解期和消退期。持续性表现为蔓延性和传导性，一个突发事件经常会导致另一个突发事件的发生。

3. 突发事件的分类

按照成因，突发事件可分为自然性突发事件、社会性突发事件。

按照危害性，突发事件可分为轻度、中度、重度危害突发事件。

按照可预测性，突发事件可分为可预测的、不可预测的突发事件。

按照可防可控性，突发事件可分为可防可控的、不可防不可控的突发事件。

按照影响范围，突发事件可分为地方性、区域性或国家性、世界性或国际性突发事件。

《中华人民共和国突发事件应对法》(以下简称《突发事件应对法》)规定，根据突发公共事件的发生过程、性质和机理，突发公共事件主要分为以下四类：自然灾害、事故灾难、公共卫生事件和社会安全事件。

(1) 自然灾害

自然灾害是指给人类生存带来危害或损害人类生活的自然现象，是由于自然异常变化造成的人员伤亡、财产损失、社会失稳、资源破坏等现象或一系列事件。自然灾害主要包括水旱灾害(洪水、干旱)、气象灾害(台风、龙卷风、飓风、冰雹、暴雪、沙尘暴、冻雨、寒潮)、地震灾害(火山爆发)、地质灾害(泥石流、滑坡、山体崩塌、地面下沉)、海洋灾害(风暴潮、海啸、海浪、海冰、赤潮)、森林草原火灾、生物灾害等。目前我国没有发生过的自然灾害只有火山爆发和飓风。

自然灾害主要有三个特征：

① 自然灾害从本质上来讲，不可抗力是人与自然矛盾的一种表现形式。人的能动性对自然灾害的抗拒力有限，只能在一定范围内减少灾害损失。

② 破坏程度大，自然灾害往往具有颠覆性，造成生命和财产的巨大损失。

③ 通常情况下，经济欠发达的国家和地区人员伤亡的程度严重，经济发达的国家和地区，财产损失的程度严重。

(2) 事故灾难

事故灾难是指突然发生，造成或者可能造成重特大人员伤亡、重大财产损失、重大生态环境破坏和对全国或者一个地区的经济社会稳定、政治安全构成重大威胁和损害，具有重大社会影响的，涉及安全生产的紧急事件。其本质特征是由于人们无视法律法规，违反生产安全操作的行为所致的。事故灾难主要包括工矿商贸等企业的各类安全事故

(危险化学品事故、矿山事故)、交通运输事故(公路交通事故、铁路交通事故、民用航空器飞行事故、水上交通事故)、火灾事故、公共设施和设备事故、环境污染和生态破坏事件等。

事故灾难主要有三个特点:

① 事故灾难发生的环境较复杂,多发生在不同的生活和生产区域,由于事故本身所处的环境复杂,对施救的方法、装备、技术和救援物资的需求也不尽相同,加之事故灾难环境中诱发衍生灾害的因素增多,人员大量聚集、危险品存放不当、生产与生活界限不明、人为隐瞒事故物品等情况大大增加了次生灾害发生的概率。

② 事故灾难的救援难度较大,事故灾难的现场往往人员密集,伤员多、伤情重,救援设施设备简陋,疏散空间有限,现场初期救援力量不足,救援技能缺乏,救援效果差。

③ 事故灾难的救援专业性要求高,事故灾难往往对救援提出多学科、多领域的专业要求,救援人员需要配备专业设备,具备专业知识,具有专业技能。

(3) 公共卫生事件

公共卫生事件是指突然发生,造成或者可能造成重大人员伤亡、财产损失、生态环境破坏和严重社会危害,危及公共安全的紧急事件。公共卫生事件主要包括传染病疫情、群体性不明原因疾病、食品安全和职业危害、动物疫情,以及其他严重影响公众健康和生命安全的事件。我国常见的公共卫生事件有食品安全类和传染性疾病类。

公共卫生事件主要有三个特征:

① 爆发性强,控制难度大。公共卫生事件在发生初期一般具有较强的隐蔽性,其危害往往容易被忽视,遏制事态的有利时机很难把握。传染性疾病具有辐射性爆发和几何性扩散的特点,食品安全事件具有集中性爆发和群体性危害的特点。公共卫生事件在一定范围内显现时,已经形成爆发态势,受时间、地域、手段等因素的制约,其控制难度很大。

② 影响面广,应对周期长。随着经济一体化进程的加快,公共卫生事件有着从局部向全球蔓延的趋势。无论是流行性疾病的传播,还是有毒有害食品的扩散,都是从一地一国向多地多国蔓延,影响面十分广泛。从事件爆发到应对结束,诱因调查、危害研判、应对措施的制定和实施等是一个较为复杂的过程,需要较长的应对周期。

③ 诱因复杂,不确定性强。公共卫生事件发生的诱因复杂,生活习惯和生产方式的改变,特别是人类干预自然、挑战自我的探索活动,都可能引发不同类别的公共卫生事件,从而加大了新型公共卫生事件发生的概率。现代生活方式和经济一体化进程,打破了传统公共卫生事件的规律,事件发生的时间、地点,发展趋势,造成的后果以及应对的手段都具有不确定性,从而降低了应对事件的针对性。

(4) 社会安全事件

社会安全事件是指因人民内部矛盾而引发,或因人民内部矛盾处理不当而积累、激发的,由部分公众参与的,具有一定组织和目的,并对政府管理和社会秩序造成影响,甚至使社会在一定范围内陷入一定强度对峙状态的突发事件,例如重大群体性事件、严重暴力刑事案件、恐怖袭击等严重威胁社会治安秩序和公民生命财产安全,需要采取特别应急措施进行处置的突发事件。其本质特征是由一定的社会问题诱发,主要包括恐怖袭击事件、经济安全事件和涉外突发事件等。

社会安全事件主要有三个特征：

① 人为谋划，影响恶劣。社会安全事件的发生往往经历谋划或策划的过程且存在矛盾积聚性的状况。社会安全事件的发生轻则危害公民的生命和财产安全，重则妨碍公共秩序，危害公共安全，有的甚至会威胁到较大区域内的经济发展和社会稳定。一般情况下，社会安全事件发生后国内外的关注度较高，会造成长期恶劣的国际影响。

② 缓慢积聚，急剧爆发，带有复杂的社会矛盾因素。社会安全往往是由人民内部矛盾长期积聚但无法通过正常渠道疏导而引起的。这些矛盾的积聚有时还掺杂着民族、历史传统等复杂因素。政府在某方面的处置不当可能会导致矛盾升级，在特定情况下甚至使事件发生质的变化。这些矛盾经过长时间的积聚，甚至会相互交织，一旦爆发，往往具有急剧爆发的特点。

③ 处置不当极易导致恶性衍生灾害。社会安全事件的诱发因素较多，既有人民内部矛盾，又有治安类事件，还包括自然灾害、事故灾难、公共卫生事件引发的动乱、暴乱等因素。

二、应急管理流程

1. 基本术语

(1) 事故

简单地讲，事故就是突然发生的与人的希望和意志相反的事件。具体地讲，事故主要是指个人或组织在生产生活活动中，突然发生违背人们意愿的情况，迫使有目的的活动暂时性中断或永久性中止。在生产过程中，事故是指造成人员伤亡、职业病、财产损失或其他损失的意外情形。

(2) 应急处置

应急处置就是对突发险情、事故、事件等采取紧急措施或行动，进行应对处置。

(3) 应急预案

应急预案就是针对可能发生的事故，为迅速、有序地开展应急行动而预先制定的行动方案。

(4) 应急准备

应急准备就是针对可能发生的事故，为迅速、有序地开展应急行动而预先进行的组织准备和应急保障。

(5) 应急响应

应急响应就是事故发生后，有关组织或人员采取的应急行动。

(6) 应急救援

应急救援就是在应急响应过程中，为消除、减少事故危害，防止事故扩大或恶化，最大限度地降低事故造成的损失或危害而采取的救援措施或行动。

(7) 恢复

恢复就是事故的影响得到初步控制后，为使生产、工作、生活和生态环境尽快恢复到正常状态而采取的措施或行动。

2. 应急预案

应急预案又名“预防和应急处理预案”“应急处理预案”“应急计划”或“应急救援预案”，是事先针对可能发生的事故或灾害预先制定的应急与救援行动、降低事故损失的有关救援措施、计划或方案。应急预案实际上是标准化的反应程序，以使应急救援活动能迅速有序地按照计划和最有效的步骤进行，是应急处置的根据。

（1）应急预案的含义

应急预案有三层含义：

① 事故预防。通过危险源辨识、事故后果分析，采用技术和管理手段降低事故发生的可能性且将可能发生的事故控制在局部，防止事故蔓延，并预防次生、衍生事故的发生。同时，通过编制应急预案并开展相应的培训，可以进一步提高各层次人员的安全意识，从而达到事故预防的目的。② 应急处理。一旦发生事故或故障，有应急处理程序和方法，能快速反应处理故障或将事故消除在萌芽状态。

③ 抢险救援。采用预定现场抢险和抢救的方式，对人员进行救护并控制事故发展从而减少事故造成的损失。

（2）应急预案的作用

编制应急预案的目的为控制重大事故的发生，防止事故蔓延，有效地组织抢险和救援，政府和生产经营单位应对已初步认定的危险场所和部位进行风险分析。应急预案在应急系统中起着关键作用，它明确了在突发事故发生之前、发生过程中以及结束之后，谁负责做什么、何时做、相应策略和资源准备等。它是在辨识和评估潜在重大危险、事故类型、发生的可能性及发生的过程、事故后果及影响严重程度的基础上，为应急准备和应急响应的各个方面所预先做出的详细安排，是开展及时、有序和有效事故应急救援工作的行动指南。

应急预案在应急救援中的突出作用和地位体现在以下几点：

① 应急预案明确了应急救援的范围和体系。使应急准备和应急管理不再无据可依、无章可循，尤其是培训和演习工作的开展，更依赖于应急预案；培训可以让应急响应人员熟悉自己的任务，具备完成指定任务所需的相应技能；演习可以检验预案和行动程序，并评估应急人员技能和整体协调性。

② 制定应急预案有利于做出及时的应急响应，降低事故损失。应急行动对时间要求十分严格，不允许有任何拖延。应急预案预先明确了应急各方的职责和相应程序，在应急力量、应急资源等方面做了大量准备，可以指导应急救援迅速、高效、有序地开展，将事故的人员伤亡、财产损失和环境破坏降低到最低限度。此外，如果预先制定了预案，对重大事故发生后必须快速解决的一些应急恢复问题，也有帮助。

③ 应急预案已成为各类突发重大事故的应急基础。通过编制基本的应急预案，可以保证应急预案有足够的灵活性，对那些事先无法预料到的突发事件或事故，也可以起到基本的应急指导作用成为开展应急救援的“底线”。在此基础上，可以针对特定危害编制专项应急预案，有针对性地制定应急措施，进行专项应急准备和演习。

④ 当发生超过应急能力的重大事故时，便于与上级应急部门的协调。

⑤ 有利于提高风险防范意识。预案的编制、评审、发布和宣传，有利于各方了解可能面临的重大风险及其相应的应急措施，有利于促进各方提高风险防范意识和能力。

（3）应急管理过程

应急管理过程包括接警、响应级别确定、警报、应急启动、救援行动、扩大应急、应急结束和后期处置几个过程：

① 接警。事故灾难发生后、报警信息应迅速汇集到应急救援指挥中心并立即传送到各专业区域应急指挥中心。性质严重的重大事故灾难的报警应及时向上级应急指挥机关和相

应行政领导报送。接警时应做好事故的详细情况记录和联系方式等。

② 确定响应级别。应急救援指挥中心接到报警后，应立即建立与事故现场的地方或企业应急机构的联系，根据事故报告的详细信息，对警情做出判断，由应急救援中心值班负责人或现场指挥人员初步确定相应的响应级别。

③ 警报。响应级别确定后，应立即按规定程序发布预警信息和警报。如果事故不足以启动应急救援体系的最低响应级别，通知应急机构和其他有关部门关闭响应。

④ 启动应急预案。应急响应级别确定后，相应的应急救援指挥中心按所确定的响应级别启动应急程序，通知应急救援指挥中心有关人员到位，开通信息与通信网络，调配应急救援所需的应急资源(包括应急队伍和物资、装备等)，派出现场指挥协调人员和专家组等。

⑤ 救援行动。现场应急指挥中心迅速启用，救援中心应急队伍及时进入事故现场，积极开展人员救助、工程抢险等有关应急救援工作，专家组为救援决策提供建议和技术支持。

⑥ 扩大应急响应。当事态仍无法得到有效控制时，必须向上级救援机构(场外应急指挥中心)请求实施扩大应急响应。

⑦ 应急结束和后期处置。救援行动完成后，进入后期处置阶段，包括现场清理，人员善后处理和事故调查等。

在上述应急响应程序的每一项活动中，具体负责人都应该按照事先制定的标准操作程序来执行实施。图 12-3 所示为企业应急处置流程。

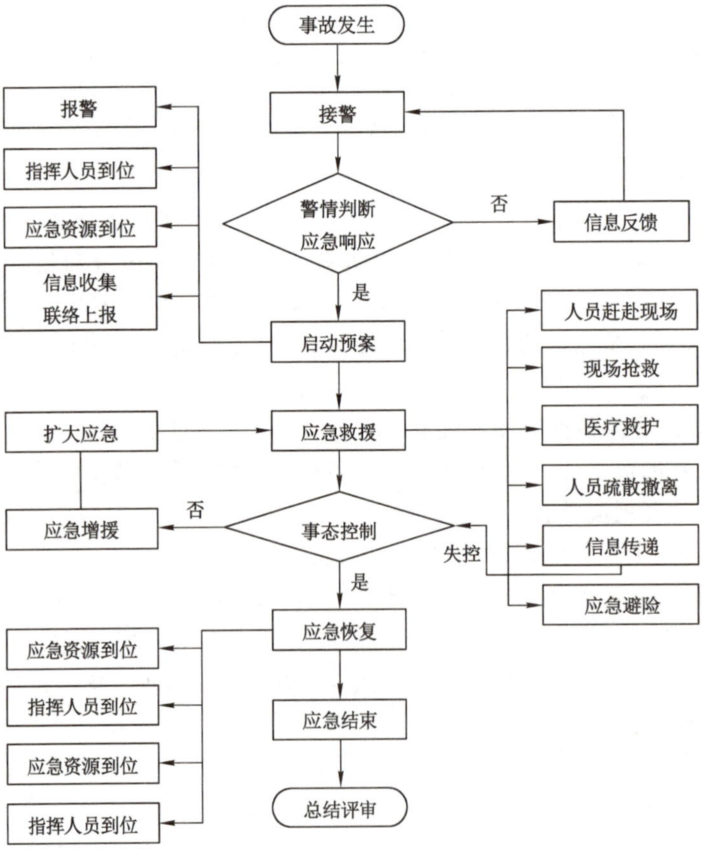

图 12-3　企业应急处置流程

复习思考题

1. 简述风险的含义及风险管理的主要内容。
2. 简述风险评价的常用方法。
3. 简述安全评价方法选择的原则。
4. 试述安全评价依据的法规。
5. 简述应急预案的分类及含义。
6. 简述突发事件应急管理的流程。

安全文化点滴

第6篇

管理创新

❊ 开篇导语

在安全管理实践中，判断安全管理有效性的关键指标是安全绩效，而创新是安全管理绩效的源泉，是组织发展的第一动力，是安全管理的蓝海。持续提升组织的安全管理能力首先要深刻理解现代化安全管理方法的本质，通过探索先进的管理方法，提出这些方法与安全的结合点已成为各类组织实现安全发展的重要前提。在现代众多管理方法中，6σ、13S、安全管理体系等具有广泛的适用性，为企业的安全工作提供帮助。本篇围绕上述内容，分两部分阐述：第一部分，从现代安全管理理论进行展开；第二部分，将安全管理实践提高到方法论的高度，针对创新思维、心智模式钝化和问题分析方面，讲解应对的有效工具。

❊ 学习目标

了解6σ安全管理理论。

了解13S安全管理方法。

掌握安全管理体系的类型。

理解创新的含义及创新思维的内容。

掌握头脑风暴法、六顶思考帽法、思维导图和鱼骨图等分析工具。

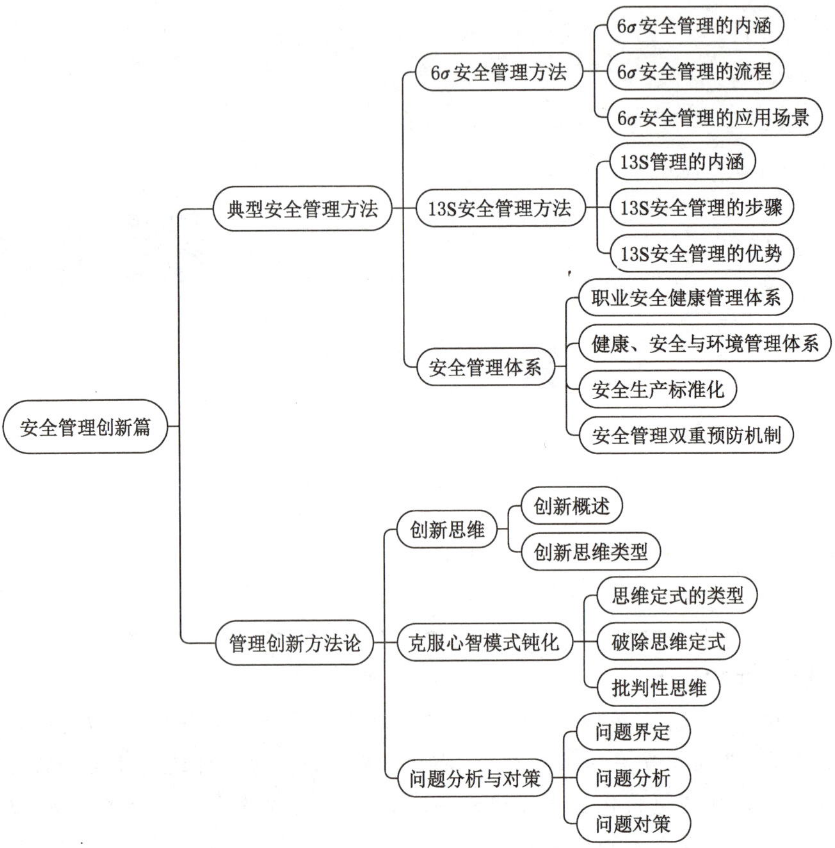
安全管理创新篇
典型安全管理方法
6σ安全管理方法
6σ安全管理的内涵
6σ安全管理的流程
6σ安全管理的应用场景
13S安全管理方法
13S管理的内涵
13S安全管理的步骤
13S安全管理的优势
安全管理体系
职业安全健康管理体系
健康、安全与环境管理体系
安全生产标准化
安全管理双重预防机制
管理创新方法论
创新思维
创新概述
创新思维类型
克服心智模式钝化
思维定式的类型
破除思维定式
批判性思维
问题分析与对策
问题界定
问题分析
问题对策

思维导图

第 13 章　典型安全管理方法

第 1 节　6σ 安全管理方法

一、6σ 安全管理的内涵

1. 6σ 的定义

在统计学上，σ 用来表示标准偏差值，用以描述总体中的个体离均值的偏离程度。几个 σ 是一种表示质量的统计尺度。6σ 表示产品的质量合格率为 99.999 66%，也就是说，做 100 万件事情，其中只有 3.4 件是有缺陷的，这几乎就是人类能够达到的最为完美的境界。当产品的合格率达到 6σ 水平时，基本可以消除次品。因此，6σ 管理是一项以数据为基础，科学的、系统的、追求完美的管理方法。

6σ 安全管理

20 世纪 80 年代末，摩托罗拉公司最早将 6σ 作为一种突破性的质量管理战略，三年后该公司的 6σ 质量战略取得了空前的成功：产品的不合格率从百万分之 6 210（大约 4σ）减少到百万分之 32（5.5σ），在此过程中节约成本超过 20 亿美元，平均每年提高生产率 12.3%，因质量缺陷造成的损失减少了 84%，摩托罗拉公司因此取得了巨大成功，成为世界著名的跨国公司，并于 1998 年获得美国鲍德里奇国家质量管理奖。

真正把 6σ 的质量战略变成管理哲学和实践，从而形成一种企业文化的是杰克・韦尔奇领导的通用电气公司。该公司 1996 年开始把 6σ 作为一种管理战略列为其三大公司战略举措之首，在公司全面推行 6σ 的流程变革方法。而 6σ 也逐渐成为世界上追求管理卓越性的企业最为重要的战略举措。6σ 管理模式在摩托罗拉和通用电气两大公司推行并取得立竿见影的效果后，立即引起了世界各国的高度关注，各大企业也纷纷效仿、引进并推行 6σ 管理，从而在全球掀起了一场“6σ 管理”浪潮。

2. 6σ 安全管理的特征

(1) 真正以顾客为关注焦点

在 6σ 管理中，以顾客为关注的焦点是最重要的事情，要真正做到这一点往往有一定难度。对 6σ 业绩的测量首先从顾客开始，通过对 SIPOC（供方、输入、过程、输出和顾客）模型分析来确定 6σ 对象。6σ 管理方法的改进程度是由其对顾客满意度和价值的影响来定义的，因此，6σ 管理比其他管理方法更能真正地关注顾客。

(2) 以数据和事实驱动管理

6σ 把“以数据和事实为管理依据”的概念提升到一个新的、更有力的水平。虽然许多公司在改进安全信息系统、安全知识管理等方面投入了很多注意力，但是很多经营决策仍然是以主观观念和假设为基础的。6σ管理则从分析测量业绩关键指标开始，收集数据并分析关键变量，能够更有效地发现、分析和解决问题。

(3) 对过程的关注、管理和提高

无论把重点放在安全设施、设备和服务的设计、安全的测量、效率和顾客满意度的提升还是业务经营上，6σ都把过程视为成功的关键载体。6σ最显著的突破之一是使领导和上层管理者确信过程是向顾客传递价值的途径。

(4) 主动管理

主动即意味着在事件发生之前采取行动，而不是事后做出反应。在6σ管理中，主动性的管理意味着对那些常常被忽略的安全活动养成习惯，制定有雄心的目标并经常进行评审设定清楚的优先级，重视问题的预防而非事后补救，询问做事的理由而不是因为惯例就盲目地遵循。真正做到主动性的管理是创造性和有效变革的起点，而绝不会令人厌烦或认为分析过度。6σ将综合利用工具和方法，以动态的、积极的、预防性的管理风格取代被动的管理习惯。

(5) 无边界的合作

"无边界"是美国通用电气公司经营成功的秘诀之一。在推行6σ之前，美国通用电气一直致力于打破障碍。6σ的推行加强了自上而下、自下而上和跨部门的团队工作，改进公司内部的协作以及与供方和顾客的合作。

(6) 对完美的渴望，对失败的容忍

虽然每个以6σ为目标的公司都必须力求使结果趋于完美，但同时也应该能够接受并管理偶然的失败。这些理论和实践使全面质量管理一直追求的零缺陷和最佳效益目标得以实现。

二、6σ安全管理的流程

1. 识别问题

要做好一个6σ项目，首先要组建一个团队，确定团队的项目发起人。在整个过程中需要掌握好5个步骤：识别问题、分析原因、产生/选择对策、实施/评估结果以及标准化/复制。

识别问题是6σ的第一步，包括绘制流程图、选择衡量指标、按层次排列数据和陈述问题四个步骤。

(1) 绘制流程图

绘制流程图是将某一过程的所有作业环节文件化，按发生的先后顺序详细描述这些活动。通过流程图可以了解每个过程，研究每个过程存在的危险，澄清工作环节的先后次序，突出不足和遗漏之处。

(2) 选择衡量指标

选择衡量指标是指根据工作流程选择需要改进的质量指标。一个过程的指标应符合系统的整体目标，并体现作业人员的要求，主要包括安全、环境和效率三个方面的指标。

(3) 按层次排列数据

根据流程图，确定应该进行测量的活动(特别是对过程的整体效益和对过程产出量有关键影响的活动)；选择一个发挥作用的指标(指标应能清楚展示问题，描述现状与理想状态之间的距离)，采用谨慎的方式来收集要用的数据；对所获取的数据按层次进行排列。

（4）陈述问题

陈述问题的报告应具体且易懂。书写陈述报告应遵守“三要”与“三不要”原则：要清楚地表明该问题如何与系统的业绩相关；要尽可能以数量、可量度的术语来陈述问题；要确保问题的规模、范围是可以解决的。不要陈述对问题原因预先形成的想法，如“由于”“因此”等字眼不应出现在问题报告中；不要暗示特殊的解决方法，如“缺乏”“不足”等字眼不应出现在问题报告中；不要将问题归咎于某人或某个小组，问题报告所针对的应是在过程中如何运作。

2. 分析原因

分析是追寻问题产生原因的过程，也许会找到许多原因，但要识别出最主要的原因。通过分析流程图中的典型过程缺陷，并借助于安全系统工程的工具来寻找事故发生或安全隐患的根源。

（1）寻找隐患原因

通过分析团队收集的数据，寻找造成事故和隐患的原因并识别其特殊原因。

（2）辨识根本原因

根本原因是其他原因的来源，分析过程中根本原因会多次出现。当根本原因不存在时，其他原因也将随之消失，根源不是现象。

（3）证实根本原因

把需要证实的原因分离出来，减少或消除原因，确定对问题产生的影响。

3. 产生/选择对策

产生/选择对策是为了减少或消除问题产生的根本原因而采取的最佳作业计划。作业计划中应有实施最佳对策的具体步骤，包括有助于成功执行对策所需的每一个行动。在计划执行过程中，可能会发生阻止成功执行对策的障碍，因此在产生/选择对策过程中，应采取冗余原理，同时制订一项应急计划，确保对策能够有效执行。

4. 实施/评估结果

为了使行动有效，应让每一个对策执行者明白行动的原因，并尽早参与行动，以确保行动的潜在变化更易让人接受。如果计划达到预期效果，则说明计划奏效；否则要查明原因并调整计划。证明行动有效性的最有说服力的证据就是对可测量的改善状况进行评估，如果评估发现效果不明显，则建议再返回到第 1 步。

5. 标准化/复制

一旦团队确信结果有效，就要把解决问题的方式插入标准化过程中，使之成为标准过程的一部分，这样就能保证问题不再发生。将有效解决问题的所有行动积累在一起，形成过程管理系统，并将所需的行动编制成文件，根据需要来执行。

将团队所利用的工具/技巧整理成文，供其他团队参考，看是否对他们的问题奏效。可以列一个分享团队成果的潜在用户表，从而扩大行动的正面影响，让其他人从中收益。

三、6σ 安全管理的应用场景

6σ 管理作为一种追求高质量、高效率的管理方法，其应用已经远远超出了制造业的范畴，逐渐渗透到各个行业和领域。特别是在安全管理方面，6σ 的方法论提供了一种全新的视角和手段，帮助组织识别和减少安全风险，从而实现更高效、更安全的运营。下面详细阐述 6σ 安全管理在不同领域的应用场景。

1. 制造业

在制造业中，6σ 安全管理主要应用于生产流程的优化和事故预防。制造业的生产线往往涉及复杂的机械设备和操作流程，任何一个环节的失误都可能导致安全事故的发生。通过应用 6σ 的方法，企业可以对生产流程进行深入分析，找出可能的风险点和安全隐患，进而制定相应的预防措施。

2. 医疗保健

在医疗保健领域，患者的安全是至关重要的。医疗事故的发生往往会导致严重的后果，甚至威胁患者的生命。6σ 安全管理在这里发挥了巨大的作用。医疗机构可以利用 6σ 方法论对医疗流程进行细致的分析，找出潜在的医疗错误和风险因素，并通过改进流程和提高医护人员的操作技能来减少医疗事故的发生。

3. 物流行业

物流行业是现代社会经济运行的重要支柱，货物的安全运输对于整个供应链的稳定性至关重要。然而，在复杂的物流网络中，货物损坏、丢失或延误的风险时刻存在。6σ 安全管理可以帮助物流企业优化其物流流程，减少这些风险的发生。

4. 服务业

在服务业中，如酒店、餐饮和娱乐行业，客户的安全和满意度是评价服务质量的重要指标。然而，由于服务过程的复杂性和多变性，安全事故和服务质量问题时有发生。6σ 安全管理可以帮助这些行业提升服务水平，确保客户在享受服务过程中的安全。

5. 建筑施工

建筑施工是一个复杂而危险的过程，涉及大量的机械设备、高空作业和电气安全等问题。任何一个环节的失误都可能导致严重的安全事故。6σ 安全管理可以帮助建筑施工企业优化施工流程，减少施工现场的安全隐患。

6. 金融行业

在金融行业中，资金安全和客户信息安全是至关重要的。然而，随着金融科技的快速发展和网络攻击的不断增多，金融行业面临着前所未有的安全风险。6σ 安全管理可以帮助金融机构识别和减少欺诈活动、资金流失等风险，提高金融交易的安全性和可靠性。

7. 航空航天

航空航天领域对于安全性的要求极高，任何一点小小的失误都可能导致灾难性的后果。6σ 安全管理在这个领域的应用尤为重要。从飞机设计、制造到飞行操作，每一个环节都需要经过严格的质量控制和安全检查。通过 6σ 的方法，可以对飞行器的各个部件进行精细化的质量控制，确保飞行器的安全性和可靠性。同时，对于飞行操作过程也可以进行优化，减少人为操作失误的风险。

8. 石油化工

石油化工行业是一个高风险行业，生产过程中涉及大量的危险化学品和高温高压设备。一旦发生事故，后果将不堪设想。6σ 安全管理可以帮助石油化工企业优化生产流程，提高设备的安全性和可靠性。通过对生产过程中的数据进行详细的分析，可以及时发现潜在的安全隐患并制定相应的预防措施。此外，6σ 方法还可以应用于设备的维护和检修过程中，提高设备的运行效率和安全性。

9. 电力行业

电力行业是国民经济的基石，电力供应的稳定性和安全性对于整个社会的正常运转至关重要。然而，电力设备在运行过程中存在着各种潜在的安全风险。通过引入 6σ 安全管理方法，电力企业可以对电力设备的运行状态进行实时的监测和分析，及时发现并处理潜在的安全隐患。同时，6σ 方法还可以应用于电力设备的维护和检修过程中，提高设备的运行效率和安全性。

6σ 安全管理方法的应用场景非常广泛，几乎可以应用于任何需要提升安全性能和管理水平的行业和领域。通过数据分析和流程改进，6σ 方法可以帮助组织识别并减少安全风险，提高整体的安全性和效率。在未来，随着 6σ 管理方法的不断完善和推广，相信它将在更多的领域发挥巨大的作用，为社会的安全和稳定发展作出贡献。

第 2 节　13S 安全管理方法

一、13S 安全管理的内涵

1955 年，日本推行了 2S，宣传口号为“安全始于整理，终于整理整顿”，其目的是确保作业空间的安全。后因生产和品质控制的需要又逐步提出了 3S，也就是清扫、清洁和素养。1986 年，日本企业的 5S 著作逐渐问世，掀起了 5S 管理方法热潮。

5S 管理方法是指在生产现场中对人员、机器、材料和方法等生产要素进行有效管理的一种方法。5S 指的是整理、整顿、清扫、清洁和素养，因其日语的拼音均以“S”开头，故简称 5S 管理方法。5S 管理方法对于塑造企业的形象、降低成本、准时交货、安全生产、高度的标准化、创造令人心旷神怡的工作场所以及现场改善等方面发挥了巨大作用，逐渐被各国的管理界所认可。随着世界经济的发展，5S 管理方法已经成为企业管理的一股新潮流。

近年来，随着人们对 5S 管理法认识的不断深入，又逐渐增加了 8 个 S，即节约(saving)、安全(safety)、服务(service)、满意(satisfaction)、学习(study)、速度(speed)、坚持(stick)和共享(share)，形成了 13S 安全管理。13S 安全管理既讲究个体素养的培养和提高，又强调相互间的团结协作。

从基本的日常管理，到对工作、对社会的服务意识，再到良好习惯的养成，这不是一个简单的量的变化和简单的创新，而是一种社会对从业人员素质要求的不断完善和进步，是社会发展的必然，也是人类发展的必然。13S 安全管理思想在我国很早就有体现，从古人对修身养性的教诲中便能看出，如千里之行始于足下，一屋不扫何以扫天下，勿以善小而不为、勿以恶小而为之，愚公移山，锲而不舍等。13S 安全管理就是对上述思想的继承和演绎，使其理论化、系统化，并用于企业经营活动，进而上升为企业的管理理念。具体内容如下：

1. 整理

整理是把需要与不需要的人、事、物分开，再将不需要的人、事、物加以处理，这是改善生产现场的第一步。整理的关键是对“留之无用，弃之可惜”的观念予以突破，必须摒弃“好不容易才做出来的”“丢了好浪费”“可能以后还有机会用到”等传统观念。

2. 整顿

整顿是把需要的人、事、物加以定量和定位，对生产现场需要留下的物品进行科学合理的布置和摆放，以便在最快速的情况下取得所要之物，在最简洁、最有效的规章、制度和流程下完成事务。简言之，整顿就是人和物放置方法的标准化，减少取放物品的时间，使所有人员都能迅速找到物品并能将其放回原处，使其标准化。整顿的目的包括工作场所一目了然、整齐的工作环境、减少取放物品的时间、有利于提高工作效率、提高产品质量以及保障生产安全。

3. 清扫

清扫是根据整理、整顿的结果，把不需要的部分清除掉，把工作场所打扫干净。通过清扫创建一个明快、舒畅的工作环境，目的是使员工保持一个良好的工作情绪，保证稳定工作的质量。清扫活动的关键是按照企业的具体情况确定清扫对象、清扫人员、清扫方法、准备清扫器具和实施清扫的步骤，做到自己使用的物品自己清扫，不增加专门的清扫工，设备的清扫要着眼于设备的维护保养。

4. 清洁

清洁是维持前3S的成果，是对前3S活动的坚持和深入安全事故根源，创造一个良好的工作环境，使员工能愉快地工作，改善管理的绩效。清洁活动的目的是使整理、整顿和清扫工作成为标准化的基础，有利于企业形成良好的安全文化。

5. 节约

节约是指减少企业的人力、成本、空间、时间、库存和物料消耗等因素，对时间、空间和能源等方面合理利用，以发挥其最大效能，从而创造一个高效率的、物尽其用的工作场所。节约的目的包括避免场地浪费，提高利用率；减少物品的库存量；减少不良的产品；减少动作浪费，提高作业效率；减少故障发生，提高设备运行效率等。

6. 安全

安全是指防止伤亡事故、设备事故及各种灾害的发生，保障劳动者的安全健康和生产、劳动过程的正常进行而采取的各种措施和从事的一切活动。安全的目的是清除隐患，排除险情，预防事故的发生。

7. 服务

服务是指站在客户的角度思考问题，努力满足客户要求。强化服务意识，倡导奉献精神，每个员工必须牢固树立服务意识，为集体（个人）的利益或为事业工作，服务有关的同事和客户。企业的品牌和形象来源于产品的质量、服务。服务的目的是深入企业的方方面面，让员工从内心接受“客户就是上帝”的观念并身体力行。

8. 满意

满意是指客户接受有形产品和无形服务后感到需求得到满足的状态。企业开展的活动能使各有关方满意：投资者满意，即企业达到更高的生产及管理境界，投资者可以获得更大的利润和回报；客户满意，即表现为高质量、低成本、交货期准、技术水平高和生产弹性高等；员工满意，即效益好，员工生活富裕，人性化管理使每个员工可获得安全、尊重和成就感；社会满意，即对社会有杰出的贡献，热心公众事业，支持环境保护。

9. 素养

素养就是培养全体员工良好的工作习惯、组织纪律和敬业精神提高人员的素质，营造团队精神。这是13S管理活动的核心，也是各项活动顺利开展、持续进行的关键。抓13S管理，要始终着眼于提高员工的素质。素养的目的是通过素养让员工遵守规章制度，使其具有良好的工作习惯。

10. 速度

工作要迅速才能发挥经济与效率，以最少时间和费用换取最大效能，反应敏捷，接到任务时不超过 1 小时做出反应，提前或按时完成任务。

11. 学习

员工的成长也就是公司的成长，成长的过程需要不断地去学习，学习各种新的技能技巧，才能不断满足公司发展的需求。通过学习，员工获得更好的提升空间。学习的目的是让员工能更好地发展，注入新动力去应对未来可能存在的竞争。

12. 坚持

企业在成长发展过程中，需要不间断地持续性地保持这种良好的管理方式，以保持不间断的竞争力。因此，坚持是管理中的一项重要的因素。坚持目的是保持之前的管理成果，持续保持企业的管理质量。

13. 共享

社会在发展进步中，企业要面对不断出现的各种竞争与环境，但企业会因各种因素而存在局限性，也就是说，企业再强大，也会有薄弱的环节，也会受到各种限制。加强共享，能达到互补、互利，实现共赢。共享的目的是互补知识与技术的薄弱，互补能力的缺陷，提升整体的竞争力与应变力。

二、13S 安全管理的步骤

1. 成立推行组织

成立推行 13S 活动的组织包括成立委员会及推行办公室、确定组织职能、确定委员的主要工作及对委员进行编组与责任区划分。为显示企业对 13S 活动的重视以及为该活动提供充足的人力、物力支持，一般 13S 活动推行委员会主任由企业主要领导出任，具体活动安排可由副主任负责全面推行。

2. 拟订推行方针及目标

方针制定：推动 13S 安全管理时，制定方针作为指导原则。方针的制定要结合企业具体情况，要有号召力，一旦制定，就要广为宣传。例如，“推行 13S 管理、塑一流形象”“于细微处着手，塑造公司新形象”“安全第一、质量至上”等。

目标制定：先预设期望目标，作为活动努力的方向以及便于活动过程中进行成果检查。例如，“安全生产 1 000 天无事故”等。

3. 拟订工作计划及实施方法

推行 13S 活动一定要有具体的、可操作的计划和实施方法，以便员工对整个过程有一个整体的了解。主要内容包括以下几个方面：制订日程计划、资料收集及借鉴其他企业的做法、制定 13S 活动实施办法、制定要与不要的物品区分方法、制定 5S 活动评比的方法、制定 5S 活动奖惩办法及相关规定。

4. 教育

要想推行 13S 安全管理，教育非常重要，让员工了解 13S 活动能给工作及自己带来好处从而主动地去做，与被别人强迫着去做，其效果是完全不同的。每个部门都需要对全员进行教育，具体内容包括：现场管理法的内容及目的、现场管理法的实施方法和现场管理法的评比方法。另外，新员工还要开展新进员工的 13S 现场管理法训练。教育形式要多样化，讲课、讨论、放录像、观摩案例或样板区域、学习推行手册及实训演习等方式，均可视情况使用。

5. 活动前的宣传造势

13S 活动要全员重视、参与才能取得良好的效果。13S 安全管理实际上是为了营造一种追求卓越的文化，营造一个良好的工作氛围。因此，适当的宣传造势活动是必不可少的。具体宣传的形式具有多样性，包括最高主管发表宣言，召开实施动员大会，海报、内部报刊、宣传栏、电视和广播宣传，特别是要利用网络媒体（包括内部网站、微信、微博、网络论坛和网络视频等）进行宣传。

6. 实施

实施是推行 13S 活动最为关键的一个环节，包括：做好作业准备，准备好作业所需的各项道具；全厂上下彻底大扫除，给工厂开展“洗澡”运动；建立地面画线及物品标识标准；“三定”（定点、定容和定量）和“三要素”（放置场所、放置方法和标示方法）的展开；定点摄影，记录整个实施活动；制作 13S 活动日常确认表及实施该活动。

7. 查核

查核工作包括：现场查核；13S 问题点质疑、解答；举办各种活动及比赛（如征文活动等）。

8. 评比及奖惩

依照 13S 活动竞赛办法进行评比，公布成绩，对表现优秀的部门和个人给予适当的奖励，对表现差的部门和个人给予一定的惩罚，使他们产生改进的压力。要想使评比考核具有可行性与可靠性，制定科学的考核与评分标准就显得十分重要。

9. 检讨与修正

问题是永远存在的，每次考核都会遇到问题，各责任部门依缺点项目进行改善，不断提高。因此，13S 安全管理是一个永无休止、不断提高的过程。随着 13S 安全管理水平的提高，可以适当修改和调整考核的标准，逐步严格考核标准，使企业的 13S 管理水平达到更高层次。

10. 纳入定期管理活动中

通过几个月，甚至一年的 13S 安全管理推行，逐步实施 13S 安全管理的前 9 个步骤，促使 13S 安全管理逐渐走向正轨之后，可以考虑将 13S 纳入定期管理活动之中。例如，可以导入一些 13S 管理加强月（包括“红牌作战月”“目视管理月”等），即每三个月进行一次红牌作战，每三个月或半年进行一次目视管理月。通过这些方法，可以使企业的 13S 安全管理得到巩固和提高。需要强调的一点是，企业因其背景、架构、企业文化和人员素质的不同，推行时可能会有各种不同的问题出现，推行办公室要根据实施过程中所遇到的具体问题，采取可行的对策，才能取得满意的效果。

三、13S 安全管理的优势

13S 安全管理作为一种融合了多种管理理念和方法的现场管理体系，已经在众多企业中得到了广泛的应用和认可。它不仅能够显著提升企业的运营效率，还能够保障员工的安全与健康，为企业的长远发展奠定坚实的基础。

1. 提升企业形象与品牌价值

实施 13S 安全管理，首先带来的是企业整体形象的显著提升。一个整洁、有序、安全的工作环境不仅能够给员工带来愉悦的工作体验，更能够向外界展示企业的专业性和高效性。当客户或合作伙伴参观企业时，一个井然有序的生产现场无疑会给他们留下深刻的印象，从而增强对企业的信任和好感。这种正面的企业形象，进而会转化为企业的品牌价值，使企业在激烈的市场竞争中脱颖而出。

此外，13S 安全管理还体现了企业对员工和社会的责任感。一个注重安全管理、关爱员工生命安全的企业，必然能够赢得员工和社会的尊重与支持。这种正面的社会形象，不仅有助于提升企业的社会影响力，还能够吸引更多优秀的人才加入企业，为企业的持续发展注入新的活力。

2. 提高工作效率与减少浪费

13S 安全管理通过整理、整顿、清扫、清洁等步骤，使得工作环境变得宽敞明亮、物品摆放有序。在这样的工作环境中，员工能够迅速找到所需的工具和材料，减少寻找和等待的时间。同时，物品的有序摆放也能够避免误用和损坏，减少不必要的浪费。13S 安全管理还强调对工作流程的优化。通过对工作流程的梳理和改进，企业能够消除无效劳动和重复劳动，提高工作效率。同时，合理的流程设计还能够减少生产过程中的浪费，如减少物料搬运距离、降低库存等，从而为企业节约成本。

3. 强化安全文化与降低事故风险

安全是 13S 安全管理的核心要素之一。通过实施安全管理措施，企业可以及时发现和消除潜在的安全隐患，避免事故的发生。同时，13S 安全管理还强调培养员工的安全意识，使员工在工作中始终牢记“安全第一”的原则。

这种以安全为核心的企业文化，不仅能够保障员工的生命安全，还能够降低企业因事故带来的经济损失和声誉损害。更重要的是，一个安全的工作环境能够激发员工的工作热情和创造力，为企业的长远发展提供源源不断的动力。

4. 促进团队协作与沟通

13S 安全管理的实施需要全体员工的共同参与和努力。在整理、整顿等过程中，员工之间需要相互协作、共同完成任务。这种团队协作的精神不仅能够增强员工之间的凝聚力，还能够促进员工之间的沟通与交流。在团队协作的过程中，员工可以相互学习、取长补短，共同提升工作技能和解决问题的能力。同时，良好的沟通与交流还能够消除员工之间的误解和隔阂，增强团队的凝聚力和战斗力。这种团队协作与沟通的优势，在应对复杂多变的市场环境和企业挑战时将发挥重要作用。

5. 提升员工素养与职业发展

13S 安全管理不仅关注工作环境的整洁与安全，还注重培养员工的职业素养和自律性。通过定期的培训和实践活动，员工能够养成良好的工作习惯和职业道德，提升自身的职业素养。同时，13S 安全管理还为员工提供了广阔的职业发展平台。员工在参与安全管理的过程中，可以接触到更多的业务知识和管理技能，从而拓宽自己的职业视野和发展空间。这种职业素养的提升和职业发展的机会，不仅能够激发员工的工作积极性和创造力，还能够为企业的持续发展提供有力的人才保障。

13S 安全管理的优势体现在多个方面：它有助于提升企业形象与品牌价值，提高工作效率与减少浪费，强化安全文化与降低事故风险，促进团队协作与沟通以及提升员工素养与职业发展。这些优势共同构成了 13S 安全管理的核心价值，使企业在激烈的市场竞争中保持领先地位并实现可持续发展目标。因此，企业应该充分认识到 13S 安全管理的重要性，积极推动其实施并不断完善相关制度和措施，以最大限度地发挥其优势并为企业的长远发展注入新的活力。

第3节 安全管理体系

一、职业安全健康管理体系

1. 发展背景

职业安全健康管理体系(简称 OSHMS)是20世纪80年代后期在国际上兴起的现代安全生产管理模式,与质量管理体系和环境管理体系等一样被称为后工业时代的管理方法。职业安全健康管理体系最早由国际标准化组织(ISO)第207技术委员会于1994年5月在澳大利亚会上提出,其后成立了由中国、美国、英国、法国、德国等国家及国际劳工组织和世界卫生组织的代表组成的特别工作组进行专门研究。职业安全健康管理体系的产生适应了企业自身发展的需要。随着企业规模的不断扩大和生产集约化程度的进一步提高,对企业的质量管理和经营模式提出了更高的要求。企业不得不采用现代化的管理模式,使包括生产管理在内的所有生产经营活动科学化、标准化、法律化。

从20世纪90年代初,特别是在国际标准化组织将ISO9000和ISO14000成功引入管理体系方法之后,一些发达国家率先开展了实施职业安全健康管理体系的活动,职业安全健康管理开始进入系统化阶段。20世纪50年代,职业安全健康管理的主要内容是控制有关人身伤害的意外,防止意外事故的发生,不考虑其他问题,是一种相对消极的控制。20世纪70年代,其主要内容是进行一定程度的损失控制,涉及部分与人、设备、材料、环境有关的问题,但仍是一种消极控制。20世纪90年代,职业安全健康管理已发展到控制风险阶段,对个人因素、工作或系统因素造成的风险,可进行较全面的、积极的控制,是一种主动反应的管理模式。进入21世纪,职业安全健康管理是控制风险,将损失控制与全面管理方案配合,实现体系化的管理。这一管理体系不仅需要考虑人、设备、材料、环境,还要考虑人力资源、产品质量、工程和设计、采购货物、承包制、法律责任、制造方案等。英国安全卫生执行委员会的研究报告显示,工厂伤害、职业病和可被防治的非伤害性意外事故所造成的损失,约占英国组织获利的5%~10%。各国关于职业安全健康的规定日趋严格,不仅强调保障人员的安全,对工作场所及工作条件的要求也相继提高。

职业安全健康管理体系的宗旨与我国安全工作中的“安全第一、预防为主、综合治理”的方针相一致。作为国际标准化组织的正式成员国,我国非常重视职业安全健康管理体系的研究。1995年,我国政府就派员参加了由国际标准化组织组建的职业安全健康管理体系标准化特别工作小组。1996年,我国参加了在日内瓦召开的OSHMS标准化国际研讨会。1998年,中国劳动保护科学技术学会提出了学会标准《职业安全卫生管理体系规范及使用指南》(CSSTLP 1001),并根据此标准在国内建立了OSHMS实施和认证的试点。1999年10月,国家经济贸易委员会发布了《关于职业安全卫生管理体系试行标准有关问题的通知》和《关于开展职业安全卫生管理体系认证工作的通知》两个文件,为推动职业安全卫生管理体系的发展提供了新的动力。为促进职业安全卫生管理体系工作顺利开展,使职业安全卫生管理体系认证工作更加规范。2000年9月,国家安全生产行政主管部门下文,成立了全国职业安全健康管理体系认证指导委员会、全国职业安全健康管理体系认证机构认可委员会和全国职业安全健康管理体系审核员注册委员会。这三个机构的成立,为体系的建设及认证工作提供了组织基础,并组织力量制定了一系列基础性文件,为我国职业安全健康工作的开展起到了积极的作用。国家标准化管理委员会于 2001 年 11 月 12 日批准发布《职业健康安全管理体系规范》(GB/T 28001—2001)，并于 2002 年 1 月 1 日正式实施。

2. 职业安全健康管理体系的特点

(1) 系统性

职业安全健康管理体系的内容由方针、策划、实施与运行、检查与纠正措施、管理评审五大功能模块组成。每一功能模块均由若干要素构成，这些要素之间不是孤立的，而是相互联系的，要素间的相互依存、相互作用使所建立的体系完成特定的功能。职业安全健康管理体系标准强调结构化、程序化、文件化的管理手段，均体现其系统性。

(2) 先进性

职业安全健康管理体系是改善组织职业安全健康管理的一种先进、有效的标准化管理手段。该体系把组织的职业安全健康工作当作一个系统来研究，确定影响职业安全健康所包含的要素，将管理过程和控制措施建立在科学的危害辨识、风险评价基础上，对每个体系要素规定了具体要求，并建立和保持一套以文件为支持的程序，严格按照程序文件的规定执行。

(3) 持续改进

职业安全健康管理体系标准明确要求，组织的最高管理者在所制定的职业安全健康方针中，应包含对持续改进的承诺。同时，在管理评审要素中规定，组织的最高管理者应定期对职业安全健康管理体系进行评审，以确保体系的持续性、适用性、充分性和有效性。

(4) 预防性

职业安全健康管理体系的精髓是危害辨识、风险评价与控制，充分体现了“安全第一、预防为主、综合治理”的安全生产方针。实施有效的风险辨识、评价与控制，可实现对事故的预防控制。

(5) 全员与全过程性

职业安全健康管理体系标准要求实施全过程控制。该体系引进了系统和过程的概念，把职业安全健康管理作为一项系统工程，以系统分析的理论和方法来解决职业安全健康问题。强调采取先进的技术、工艺、设备及全员参与，对生产的全过程进行控制，才能有效地控制生产活动的危险因素，确保组织的职业安全健康状况得到改善。

3. 职业安全健康管理体系要素

职业安全健康管理体系由 5 个一级要素组成，即职业安全健康方针、策划、实施与运行、检查与纠正措施、管理评审，下分 17 个二级要素。

(1) 职业安全健康方针

这是组织在制定、实施与评审职业安全健康管理体系时的方向和原则，表明了组织实现有效职业安全健康管理的正式承诺，并为体系目标的策划提供指导性框架。

(2) 策划

这一环节包括危险源辨识、风险评价和风险控制的策划，法律法规及其他要求，目标以及职业安全健康管理方案等。策划的目的是确保组织的职业安全健康管理体系能够有效地应对潜在的风险和危害。

① 危险源辨识、风险评价和风险控制的策划。危险源辨识是识别组织活动中可能存在的危险源，并对其进行分类和记录的过程。风险评价是对已识别的危险源进行量化或定性

的评估，确定风险的大小和可能造成的后果。风险控制的策划则是根据风险评价的结果，制定相应的控制措施，以降低或消除风险。

② 法律法规和其他要求。组织应识别和获取适用于其活动的职业安全健康法律法规和其他要求，并确保在体系运行过程中遵守这些规定。这包括定期查阅相关法律法规的更新情况，以及确保员工了解和遵守这些规定。

③ 目标。组织应制定明确的职业安全健康目标，这些目标应与组织的职业安全健康方针相一致，并考虑法律法规和其他要求。目标应具有可测量性，以便对实现情况进行评估。

④ 职业安全健康管理方案。为实现职业安全健康目标，组织应制定并实施相应的管理方案。管理方案应包括具体的实施步骤、时间安排和资源分配等内容，以确保目标的实现。

（3）实施与运行

这个阶段涉及机构的职责、培训、意识和能力，协商与交流，文件化，文件和资料控制，运行控制，以及应急预案与响应等。实施与运行是确保职业安全健康管理体系有效落地的关键环节。

① 结构和职责。组织应建立明确的组织结构，并分配各级管理人员和员工在职业安全健康管理方面的职责和权限，这有助于确保体系的顺利实施和运行。

② 培训、意识和能力。组织应为员工提供必要的培训，以提高他们的职业安全健康意识和能力。培训内容应包括体系的要求、危险源辨识和风险评价方法等。

③ 协商和交流。组织应建立有效的协商和交流机制，以确保员工和相关方能够就职业安全健康问题进行充分的沟通和协商，这有助于及时发现和解决问题，提高员工对体系的认同感和参与度。

④ 文件化。组织应建立并保持一套完整的职业安全健康管理体系文件，包括方针、目标、管理方案、程序、作业指导书等，这些文件应清晰、准确、易于理解和执行。

⑤ 文件和资料控制。组织应对所有与职业安全健康管理体系相关的文件和资料进行有效的控制和管理，确保文件的准确性、及时性和可追溯性，这包括文件的编制、审批、发布、更改、保存和废止等环节。

⑥ 运行控制。组织应对与职业安全健康风险相关的运行活动进行有效的控制和管理，确保这些活动在规定的条件下进行，这包括制定安全操作规程、提供必要的设备和设施、实施监督检查等。

⑦ 应急预案与响应。组织应制定并实施应急预案，以应对可能发生的紧急情况或事故。应急预案应包括应急组织、通信联络、现场处置、医疗救护、安全防护等方面的内容，并定期进行演练和评估。

（4）检查与纠正措施

这一环节包括绩效测量和监测，事故、事件、不符合、纠正和预防措施，记录及记录管理，以及审核等，旨在监控体系的运行情况，及时发现并纠正存在的问题。

① 绩效测量和监测。组织应定期对职业安全健康管理体系的绩效进行测量和监测，包括危险源控制情况、目标实现情况、员工健康状况等，这有助于及时发现问题并采取改进措施。

② 事故、事件、不符合、纠正和预防措施。组织应建立事故、事件和不符合的报告、调查和处理程序，并采取必要的纠正和预防措施，以防止类似问题的再次发生，这包括事故的调

查分析、责任追究、整改措施的制定和实施等环节。

③ 记录及记录管理。组织应建立和保持必要的记录，以证明职业安全健康管理体系的有效运行。记录应清晰、完整、可追溯，并定期进行归档和保存。

④ 审核。组织应定期进行内部审核，以评估职业安全健康管理体系的符合性和有效性。审核应由具备相应资质的人员进行，并确保审核的独立性和客观性。

(5) 管理评审

定期对职业安全健康管理体系进行评审，确保其持续的适宜性、充分性和有效性。管理评审是一个反思和改进的过程，有助于组织不断完善其职业安全健康管理体系。

职业安全健康管理体系包含着实现不同管理功能的要素，要素间的逻辑关系如图 13-1 所示。危害辨识、风险评价和控制是职业安全健康管理体系的管理核心；职业安全健康管理体系具有实现遵守法律法规要求的承诺的功能；职业安全健康管理体系的监控系统对体系的运行具有保障作用；明确组织机构与职责后对风险评价和风险控制进行策划是实施职业安全健康管理体系的必要前提；其他职业安全健康管理体系要素也具备不同的管理作用，各有其功能。

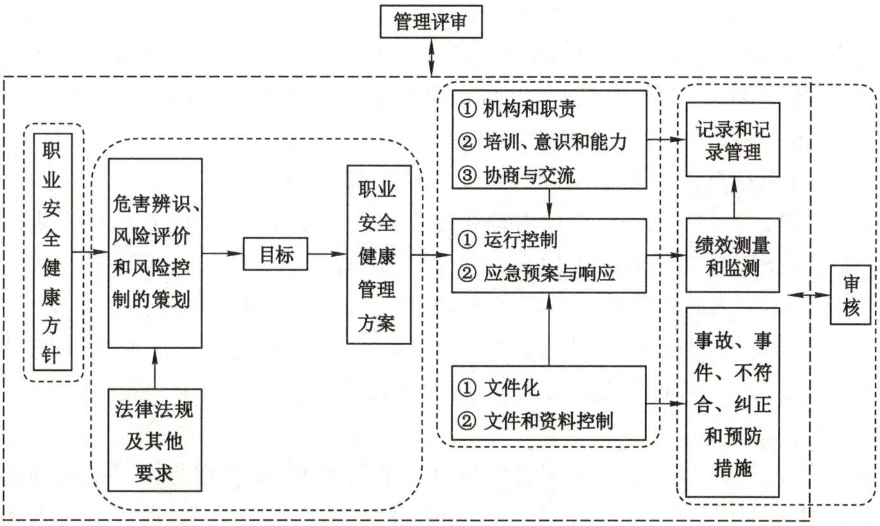

图 13-1　HSE 管理体系要素间的关联

二、健康、安全与环境管理体系

健康、安全与环境管理体系也就是 HSE(health safety and environment)管理体系，是在现代企业原有管理体系基础之上进一步得到发展和完善的综合管理体系。HSE 管理体系的核心目标是确保组织在运营过程中符合相关法律法规的要求，保证员工的健康安全，减少工伤事故，降低环境污染，并提高组织的形象和竞争力。

1. 发展历程

(1) 国外 HSE 管理体系发展历程

1985 年，壳牌石油公司首次在石油勘探开发领域提出了强化安全管理的构想和方法；1986 年，在强化安全管理的基础上，形成手册，以文件的形式确定下来，HSE 管理体系初现端倪。20 世纪 80 年代后期，国际上发生了几次重大事故。例如，1988 年 7 月 6 日，阿尔法钻井平台事故，造成167人死亡；1989年，埃克森石油公司的瓦尔迪兹油轮发生重大泄油污染事故。这些事故让人们认识到，石油生产和加工都是高风险的作业，必须采取有效、完善的管理体系才能避免重大事故的发生，这对安全工作的深化发展与完善起到巨大的推动作用。1991年，第一届油气勘探、开发的健康、安全环保国际会议召开，HSE这一概念开始逐步为人们所接受，许多大石油公司相继提出了自己的HSE管理体系设想。1994年，油气开发的安全、环保国际会议在印度尼西亚雅加达召开，进一步提升了HSE在企业管理活动中的地位，全球各大石油公司和服务厂商积极参与。1996年1月，ISO/TC67的SC6分委会发布《石油和天然气工业健康、安全与环境管理体系》(ISO/CD14690)，成为HSE管理体系在国际石油业普遍推行的里程碑，HSE管理体系在全球范围内进入了一个蓬勃发展时期。现阶段，世界各国石油石化公司对HSE管理的重视程度普遍提高，HSE管理已经成为世界性的潮流与主题，建立和持续改进HSE管理体系成为国际石油石化公司HSE管理的大趋势；HSE管理体系的审核已向标准化迈进；世界各国的环境立法更加系统，环境标准更加严格。

(2) 中国HSE管理体系的发展历程

① 起步阶段。1997年6月27日正式颁布了石油天然气行业标准《石油天然气工业健康、安全与环境管理体系》(SY/T 6276—1997)，自1997年9月1日起实施。国内石油石化企业均已建立实施HSE管理体系，在提高企业安全环保管理水平的同时，降低了成本，树立了良好的企业形象，促进了企业的健康发展。1997年6月，中国石油集团发布了《管理手册》A版，建立体系试点并建立HSE培训中心，开展HSE认证。

② 发展阶段。2001年2月，中国石油化工集团公司发布了《中国石油化工集团公司安全环境与健康(HSE)管理体系》《油田企业安全、环境与健康(HSE)管理规范》《炼油化工企业安全、环境与健康(HSE)管理规范》等文件，形成了系统的HSE管理体系标准。

2004年，中国石油集团制定了企业标准《健康、安全与环境管理体系 第一部分：规范》(Q/CNPC104.1—2004)，实行安全管理、监督两条线，推行基层“两书一表”，全面推行HSE认证。

③ 完善阶段。2007年8月，中国石油集团为了实现HSE管理与国际接轨和跨越式发展，认真总结过去HSE管理工作的经验和教训，引入国际先进的HSE管理理念和方法工具，以构建中国石油特色的HSE管理体系为目标，发布了新的企业标准《健康、安全与环境管理体系 第1部分：规范》(Q/SY 1002.1—2007)。新版体系文件统一、规范、可操作。中国石油集团以构建中国石油特色的HSE管理体系为目标，建立了完善的制度和标准体系、培训和咨询体系、考核和认证体系，全面推行HSE管理体系建设，进一步开展了HSE管理体系推进工作。

2. HSE的概念

HSE管理体系是指健康(health)、安全(safety)和环境(environment)三位一体的管理体系(health safety and environment management systems，HSEMS)，是一个组织在其自身活动中对可能引发的风险事前采取管理措施，控制其发生，以减少可能引起的人员伤害、财产损失和环境破坏，最终实现企业的HSE方针和目标的一种系统的管理方法。它由实施HSE管理的组织机构、职责、惯例、程序、过程和资源等要素构成，这些要素通过先进、科学的运行模式有机地融合在一起，相互关联、相互作用，形成一套结构化动态管理系统。

HSE 管理体系主要关注健康管理、安全管理、环境管理、法规合规和绩效改进等方面，HSE 管理体系是一个综合性的框架，通过实施 HSE 管理体系，企业可以更好地管理风险，提高员工的工作条件和环境，遵守法律法规，提升企业的可持续发展能力。

3. HSE 管理体系的特点

HSE 管理体系在现代化企业中发挥着至关重要的作用，旨在通过有效的预防和控制措施，保障员工的健康与安全，同时保护环境，实现企业的可持续发展。HSE 管理体系的特点主要体现在以下几个方面：

（1）系统性

HSE 管理体系是一个层次分明、相互关联的系统，它通过系统性的方法将健康、安全和环境管理紧密地结合在一起。这一体系涵盖了企业的各个方面，从组织结构、职责划分到具体的操作程序，都进行了详细的规划和安排。在 HSE 管理体系中，各个要素相互依存、相互制约，形成了一个有机的整体。这种系统性的特点使得 HSE 管理体系能够更好地协调各个部门之间的工作，确保各项管理活动的顺利进行。

在系统性方面，HSE 管理体系注重从全局出发，综合考虑各种因素，制定出全面、有效的管理方案。它要求企业在实施 HSE 管理时，必须遵循系统化的原则，按照既定的程序和步骤进行，确保各项管理活动的连贯性和一致性。此外，HSE 管理体系还强调持续改进的思想，通过定期审查和评估，不断完善和优化管理体系，以适应不断变化的内外部环境。

（2）预防性

HSE 管理体系强调预防为主的管理理念，致力于在事故发生前识别并控制潜在的健康、安全和环境风险。这一体系要求企业建立完善的风险评估机制，对生产经营活动中可能出现的各种风险进行科学的预测和分析。通过风险评估，企业可以及时发现并消除潜在的安全隐患，防止事故的发生。

在预防性方面，HSE 管理体系注重从源头上控制风险，通过采取一系列有效的预防措施，降低事故发生的概率。例如，企业可以加强对员工的安全培训和教育，提高员工的安全意识和技能水平；同时，还可以对生产设备进行定期维护和检查，确保其处于良好的运行状态。这些措施可以有效地减少事故的发生，保障员工和企业的安全。

（3）持续改进与长效性

HSE 管理体系是一个不断发展和完善的过程，它强调持续改进的思想，通过周而复始的“策划、实施、监测、评审”活动，不断发现问题、制定改进措施并跟踪执行情况。这一体系要求企业建立有效的自我监督机制，定期对管理体系进行审查和评估，及时发现并解决存在的问题。通过持续改进，企业可以不断提升 HSE 管理水平，确保管理体系的长期有效性。

在持续改进与长效性方面，HSE 管理体系注重建立长效机制，确保管理体系的稳定性和可持续性。企业可以通过制定明确的管理目标和指标，建立科学的考核机制，激励员工积极参与 HSE 管理活动。同时，企业还可以加强与外部机构的合作与交流，借鉴先进的管理经验和技术手段，不断提升自身的 HSE 管理水平。

（4）法律性

HSE 管理体系非常注重对法律法规的遵守，其管理理念、标准条款和审核重点等方面都体现了法律性的特点。企业在实施 HSE 管理体系时，必须遵守国家和地方的法律法规、标准和政策，确保企业的生产经营活动合法合规。

在法律性方面，HSE管理体系要求企业建立完善的法律法规遵循机制，确保企业的各项管理活动符合法律法规的要求。企业可以通过加强法律法规的宣传和培训，提高员工对法律法规的认识和理解；同时，还可以建立专门的法律法规监测机构，及时了解和掌握法律法规的变化情况，以便及时调整企业的管理策略。

(5) 全员参与

HSE管理体系强调全员参与的管理理念，要求企业各级管理者和员工都积极参与到HSE管理工作中来。这一体系注重培养员工的安全意识和环保意识，通过培训和宣传，提高员工对HSE管理的认识和重视程度。同时，HSE管理体系还鼓励员工积极参与HSE管理活动，提出改进意见和建议，为企业的HSE管理工作贡献自己的力量。

在全员参与方面，HSE管理体系注重激发员工的积极性和创造性，通过建立健全的激励机制和奖惩制度，鼓励员工积极参与到HSE管理活动中来。企业可以定期组织HSE知识竞赛、安全演练等活动，提高员工的实践能力和应对突发事件的能力。此外，企业还可以通过建立员工建议箱、开展员工满意度调查等方式，收集员工的意见和建议，为改进HSE管理体系提供有益的参考。

HSE管理体系具有系统性、预防性、持续改进与长效性、法律性以及全员参与等特点。这些特点使得HSE管理体系能够有效地提升企业的健康、安全和环境管理水平，保障企业的可持续发展。通过实施HSE管理体系，企业可以建立健全的健康、安全和环境管理机制，提高员工的安全意识和环保意识，减少事故的发生，保护生态环境，实现经济效益和社会效益的双赢。因此，HSE管理体系在现代企业中具有广泛的应用前景和重要的实践价值。在实际应用中，企业应根据自身的特点和实际情况，灵活运用HSE管理体系的理念和方法，制定出符合自身需要的管理方案。同时，企业还应加强对HSE管理体系的宣传和推广，提高全员对HSE管理的认识和重视程度，形成全员参与、共同推动的良好氛围。只有这样，才能充分发挥HSE管理体系的作用，为企业的健康、安全和可持续发展提供有力的保障。

4. HSE管理体系的作用

(1) 保障员工健康与安全，提升企业形象

员工是企业最宝贵的财富，保障员工的健康与安全是企业应尽的社会责任。HSE管理体系的首要作用在于确保员工的身心健康和生命安全。通过制定严格的职业健康安全管理标准，建立健全的安全防护机制，企业能够有效地预防和减少工伤事故和职业病的发生。同时，HSE管理体系还注重员工的心理健康，通过提供舒适的工作环境和良好的福利待遇，减轻员工的工作压力，提高员工的工作满意度和忠诚度。此外，HSE管理体系的实施还能够提升企业的社会形象。一个注重员工健康与安全的企业，往往能够赢得社会的广泛认可和尊重。这不仅有助于增强企业的品牌影响力和市场竞争力，还能够吸引更多优秀的人才加入企业，为企业的发展注入新的活力。

(2) 确保生产安全，降低运营成本

生产安全是企业稳定发展的基石。HSE管理体系通过全面的风险评估和隐患排查，帮助企业及时发现并消除潜在的安全隐患，确保生产过程的顺利进行。同时，该体系还强调对生产设备、工艺和操作流程的持续优化和改进，提高生产效率和产品质量，降低因安全事故导致的生产中断和损失。此外，HSE管理体系的实施还有助于降低企业的运营成本。通过

减少事故和职业病的发生，企业可以节省大量的赔偿和医疗费用支出。同时，通过有效的资源管理和能源利用，企业可以降低生产成本，提高经济效益。这些成本的降低不仅有助于提升企业的盈利能力，还能够为企业创造更多的发展机会和空间。

(3) 促进环境保护，实现可持续发展

环境保护是当今社会的重要议题之一。HSE管理体系强调企业在生产经营过程中要关注环境保护，通过采用环保技术和设备，减少废弃物排放量，减少对环境的污染。同时，该体系还鼓励企业开展环保宣传和教育活动，提高员工和公众的环保意识，共同推动环境保护事业的发展。通过实施HSE管理体系，企业不仅能够实现自身的可持续发展，还能够为社会的可持续发展做出贡献。随着环保意识的日益增强，越来越多的消费者开始关注企业的环保表现。一个注重环保的企业，往往能够赢得消费者的青睐和信任，提升市场竞争力。此外，企业还可以通过开展环保公益活动，树立积极的社会形象，增强企业的社会责任感和影响力。

(4) 强化风险管理，提升企业竞争力

HSE管理体系注重风险管理和预防控制，通过全面的风险评估和隐患排查，企业能够及时发现并消除潜在的安全和环保风险。这种前瞻性的风险管理方式有助于企业避免因意外事故或环境问题导致的损失和负面影响，保障企业的稳定运营和持续发展。同时，HSE管理体系的实施还能够提升企业的竞争力。在激烈的市场竞争中，那些注重安全管理、环保生产和员工健康的企业往往更具吸引力。这些企业能够吸引更多优秀的合作伙伴和投资者，共同推动企业的业务拓展和市场扩张。此外，HSE管理体系还能够提高企业的生产效率、降低运营成本，进一步增强企业的市场竞争力。

(5) 促进企业文化建设，增强员工凝聚力

HSE管理体系不仅关注员工的健康与安全以及生产过程中的风险管理，还涉及企业的价值观和文化建设。在实施HSE管理体系的过程中，企业需要倡导并践行安全、健康、环保的理念，将其融入企业的日常运营和管理中。这种理念的传播和实践，有助于形成积极向上、关注员工福祉和社会责任的企业文化。同时，HSE管理体系强调全员参与和持续改进，鼓励员工积极参与到安全管理、环境保护等工作中来，提出改进意见和建议。这种全员参与的氛围能够增强员工的归属感和凝聚力，形成共同推动企业发展的强大合力。此外，HSE管理体系的实施还能够提升企业的内部沟通效率。通过明确的安全管理制度和操作规程，以及定期的安全培训和教育活动，企业能够加强内部各部门之间的沟通和协作，形成更加紧密的工作关系。这种高效的内部沟通机制有助于企业快速响应各种挑战和变化，提高应对风险的能力。

HSE管理体系在保障员工健康与安全、确保生产安全、促进环境保护、强化风险管理和促进企业文化建设等方面发挥着重要作用。这些作用不仅有助于企业的稳定发展和可持续经营，还能够提升企业的社会形象和竞争力，为企业赢得更多的市场机会和发展空间。因此，企业应积极实施HSE管理体系，不断完善和优化管理体系，以适应不断变化的市场环境和社会需求。

5. HSE管理体系的构成要素

HSE管理体系有7个关键要素和25个二级要素见表13-1。

表 13-1　HSE 管理体系的构成要素

序号	一级要素	二级要素
1	领导和承诺	—
2	方针和战略目标	—
3	企业机构、资源和文件	① 企业机构和职责；② 资源；③ 管理者代表；④ 能力与培训；⑤ 承包方；⑥ 信息交流；⑦ 文件及其控制
4	评价与风险管理	① 确定风险危害及其影响；② 建立判别准则；③ 评价危害和影响；④ 建立说明危害和影响的文件；⑤ 建立具体目标和表现准则；⑥ 风险管理
5	规划(策划)指南	① 设施的完整性；② 程序和工作指南；③ 变更管理；④ 应急反应计划
6	实施与监测	① 活动和任务；② 监测；③ 记录；④ 不符合与纠正措施；⑤ 事故报告；⑥ 事故调查处理
7	审核与评审	① 审核；② 评审

(1) 领导和承诺

领导和承诺是 HSE 管理体系的核心，是体系运转的动力，对体系的建立运行和保持具有十分重要的意义。管理者对健康、安全与环境管理负有重要的领导责任是不言而喻的。因为无论哪种类型的管理体系，如果离开管理者的领导和支持都会寸步难行。领导的作用是通过展示正确的 HSE 行为，通过确定 HSE 职责和义务，通过提供所需的资源，通过考核和审核来不断改善 HSE 体系。此要素要求领导在 HSE 管理体系的建立和实施过程中体现如下几个方面：通过全方位的身体力行树立 HSE 榜样，支持正确行为；就 HSE 方面的有关问题与员工、承包商和其他相关方进行明确的双向交流；将 HSE 要求综合反映到业务发展计划中去，确保建立成文的管理要求；从思想、组织和制度上保证 HSE 管理体系按照既定方针和目标运行，并兼顾生产、业务等其他方面；建立明确的 HSE 目标、标准、职责、业绩考核办法，配备相应的人力和物力资源；在本公司内根据年度目标对各单位主管领导进行考核，考核时还应征求各方面的意见；将上级公司建立的 HSE 方针、目标落实到本公司的业务活动中，如外部认证、可持续发展保护生物多样性等；促进 HSE 经验的内外部交流。

(2) 方针和战略目标

方针和战略目标是由高层领导为公司制定的 HSE 管理的指导思想和行为准则，是健康、安全与环境管理的意图、行动的原则，是改善 HSE 表现的目标，是体系建立和运行的依据和指南。健康、安全与环境管理是密不可分的整体，制定的 HSE 方针不应是相互独立的，而应是综合性的。例如，中国石油甘肃销售分公司 HSE 管理的方针是：以人为本、健康至上、安全第一、预防为主、治理三废、保护环境、倡导科技、持续改进。战略目标是追求无事故、无伤害、无损失，努力向国际石油公司先进水平迈进。方针和战略目标的具体内容包括：应与国家、地方现行法律法规和其他应该遵守的内部、外部要求相一致；明确企业 HSE 管理持续改进的思想；强调事故预防的重要性，体现变被动防御为主动预防的宗旨；要反映对企业员工的期望和对承包商的要求(鼓励承包方建立自己的 HSE 管理体系或认可本企业的方针和战略目标)；除此之外，方针和战略目标还可包括针对 HSE 各个方面的内容。

(3) 企业机构、资源和文件

企业机构、资源和文件是体系运行的组织保障和物质基础，是保证 HSE 表现良好的必要条件。组织机构是指企业管理系统负有 HSE 管理责任的部门和人员的构成及职责，是企业 HSE 管理体系的具体管理机构组织状况。资源主要指可供使用的人力、财力、物力、技术、设备等内部资源，是 HSE 管理体系建立和运行的重要物质保障。

① 企业机构和职责。它涉及企业的组织结构设计、职责分配以及各级管理者和员工在 HSE 管理方面的具体职责。企业机构方面，企业应建立专门的 HSE 管理机构，明确机构的职责、权限和隶属关系。这个机构通常负责协调和监督整个企业的 HSE 管理工作，确保各项 HSE 政策和措施得到有效执行。同时，企业还需要根据业务特点和 HSE 管理需求，合理配置人力、财力和物力资源，确保 HSE 管理工作得到充分的支持和保障。在职责方面，企业应明确各级管理者和员工的 HSE 职责。高层管理者负责制定 HSE 方针和目标，提供必要的资源和支持，并定期对 HSE 管理体系进行评审和改进。中层管理者则负责将 HSE 方针和目标转化为具体的计划和措施，并监督其实施情况。基层员工则需要遵守 HSE 规定和操作规程，积极参与 HSE 培训和活动，提高自身的 HSE 意识和技能。

企业还需要建立完善的 HSE 责任制，明确各部门和各岗位的 HSE 职责，并通过签订责任书、制定考核标准等方式，确保各级管理者和员工认真履行自己的 HSE 职责。同时，企业还应建立激励机制，对在 HSE 管理方面表现突出的个人和团队进行表彰和奖励，以激发全员参与 HSE 管理的积极性和主动性。

② 资源。人力资源是 HSE 管理体系的核心。这包括具备专业 HSE 知识和技能的人员，他们负责策划、执行和监督 HSE 活动。企业需要为 HSE 管理人员提供必要的培训和发展机会，以确保他们具备最新的 HSE 知识和技能。此外，企业还应鼓励全员参与 HSE 管理，通过教育和培训提高全体员工的 HSE 意识和能力。物力资源也是 HSE 管理体系中不可或缺的一部分。这包括用于预防和控制 HSE 风险的设施、设备、工具和物资等。企业需要投入足够的资金，采购和维护这些物力资源，以确保其性能良好、安全可靠。同时，企业还应关注新技术和新设备的研发和应用，以提高 HSE 管理的效率和效果。此外，财力资源也是 HSE 管理体系中的重要组成部分。企业需要为 HSE 管理提供足够的资金支持，包括用于培训、采购、研发、审计和持续改进等方面的费用。通过合理的预算和资金分配，企业可以确保 HSE 管理体系得到充分的资源保障。信息资源也是 HSE 管理体系中的重要资源。企业需要建立完善的信息管理系统，收集、整理和分析与 HSE 管理相关的各种信息，如事故记录、风险评估结果、监测数据等。这些信息可以用于指导 HSE 管理决策、评估管理效果、制定改进措施等。

③ 管理者代表。HSE 管理者代表是由企业高层管理者任命的，他们通常是具有专业 HSE 知识和丰富管理经验的人员。作为 HSE 管理体系的核心人员，他们承担着监督、引导、协调和促进 HSE 管理的紧要职责。

一是订立和实施 HSE 政策。他们负责制定适合企业的 HSE 政策，并确保这些政策得到有效执行。这包括与其他管理层、员工和外部机构的沟通与协调，以确保 HSE 政策与企业战略和目标的一致性。

二是组织建立、实施和持续改进 HSE 管理体系。他们负责建立和维护 HSE 管理体系，确保其符合相关法规和标准的要求。同时，他们还要关注体系的持续改进，不断提升 HSE 管理水平。

三是报告和评审。他们需要定期向最高管理者报告 HSE 管理体系的建立与运行情况，协助最高管理者开展各项 HSE 管理工作。此外，他们还负责组织 HSE 管理体系的内部审核，确保体系的有效运行。

四是协调与沟通。他们需要协调公司机关各部门之间的横向关系，并监督各专业主管部门和所属单位 HSE 管理体系落实执行情况。通过有效的沟通与协调，促进各部门之间的合作，共同推动 HSE 管理工作的发展。

HSE 管理者代表还需要具备强烈的责任感和使命感，积极履行自己的职责，确保企业的 HSE 管理工作得到有效执行。他们是企业 HSE 管理体系的守护者，为企业的健康、安全和环境可持续发展提供有力保障。

④ 能力与培训。企业需要识别和分析员工在 HSE 管理方面的能力需求。这包括了解员工当前的能力水平以及他们为完成 HSE 任务所需的技能、知识和态度。通过这种需求分析，企业可以确定培训的目标和内容，以满足 HSE 管理体系的要求。企业需要制定培训计划并实施。培训计划应涵盖 HSE 管理的各个方面，包括安全操作规程、危险源识别与风险评估、应急预案制定与实施等。培训可以通过多种方式进行，如课堂讲授、在线学习、模拟演练等，以确保员工能够充分理解和掌握 HSE 知识和技能。此外，企业还需要建立有效的培训效果评估机制。这可以通过考试、测试、实操考核等方式进行，以评估员工对 HSE 培训内容的掌握程度和应用能力。根据评估结果，企业可以对培训计划进行调整和优化，以进一步增强培训效果。最后，企业还需要关注员工的持续学习和能力提升。随着 HSE 管理标准和技术的不断更新，员工需要不断更新自己的知识和技能。因此，企业需要定期为员工提供 HSE 相关的继续教育和培训机会，以确保他们能够跟上 HSE 管理的最新发展。

⑤ 承包方。首先，承包方应遵守所有的 HSE 规定和标准，包括国家的法律法规、行业标准以及业主或主承包商的特定要求。承包方需要确保自身的工作方法和流程符合这些规定，以预防事故、减少伤害，并保护环境。其次，承包方需要建立和实施自己的 HSE 管理体系。这个体系应该与主承包商的 HSE 管理体系相协调，并能够满足项目的特定需求。承包方的 HSE 管理体系应包括风险评估、目标设定、资源配置、监测检测以及持续改进等关键要素。承包方还应参与项目的 HSE 培训和交流活动。这有助于提升承包方员工的 HSE 意识和技能，确保他们能够在工作中遵循 HSE 规定，有效应对潜在的风险。同时，通过交流和合作，承包方可以更好地理解项目的 HSE 目标和要求，从而更好地实现项目的 HSE 绩效。最后，承包方的工作绩效应受到定期的评估和审核。这包括对承包方的工作现场进行 HSE 检查，评估其 HSE 管理体系的运行情况，以及检查其是否按照约定完成了 HSE 目标和指标。这些评估和审核的结果应作为改进承包方 HSE 管理的重要依据。

⑥ 信息交流。通过信息交流，组织内部各部门之间可以相互了解、协作和配合，共同推动 HSE 工作的开展。同时，与外部相关方的信息交流也有助于组织及时获取外部信息，了解行业动态和最佳实践，从而不断提升自身的 HSE 管理水平。信息交流有助于确保 HSE 管理体系的透明度和可追溯性。通过及时、准确地传递 HSE 相关信息，组织可以确保各级管理者和员工对 HSE 管理体系的运行情况有清晰的了解，从而便于他们更好地履行职责和义务。同时，信息交流也有助于组织在发生问题时，能够迅速定位原因并采取有效的纠正措施。在 HSE 管理体系中，信息交流的内容通常包括 HSE 政策、目标、风险评估结果、监测检测结果、改进措施以及事故报告等。这些信息需要在组织内部各层级之间、各部门之间以及组织与外部相关方之间进行传递和共享。为了确保信息交流的有效性，组织需要建立

相应的沟通渠道和机制，如定期会议、报告制度、信息共享平台等。此外，信息交流还需要注意信息的准确性和保密性。组织应确保所传递的 HSE 信息真实、完整、准确，避免误导和误解。同时，对于涉及敏感信息的部分，组织应采取适当的保密措施，防止信息泄露和滥用。

⑦ 文件及其控制。HSE 管理体系中的文件种类繁多，包括但不限于 HSE 政策、目标、程序、作业指导书、风险评估报告、监测记录、培训资料等。这些文件详细描述了 HSE 管理体系的各个方面，为组织提供了明确的指导和规范。文件控制的目的在于确保文件的准确性、完整性和有效性。组织需要建立文件管理制度，明确文件的编制、审批、发布、使用、修订和废止等流程和要求。文件的编制应基于实际情况和法律法规要求，确保内容准确、完整；文件的审批应由具有相应权限的人员进行，确保文件的合规性和权威性；文件的发布应确保及时、有效地传达给相关人员，以便他们了解并遵守；文件的使用应受到监督，确保其得到正确应用；文件的修订和废止应基于体系运行的需要和法律法规的变化，确保文件的时效性和适用性。此外，文件控制还需要关注文件的保存和保密。组织应建立文件存档制度，对重要文件进行妥善保存，以便查阅和追溯。同时，对于涉及商业秘密或敏感信息的文件，应采取适当的保密措施，防止信息泄露和滥用。通过文件及其控制，组织可以确保 HSE 管理体系的规范化和标准化，提高体系运行的效率和效果。同时，文件的定期审查和更新也有助于组织及时识别和解决 HSE 管理中的问题，推动体系的持续改进。

(4) 评价与风险管理

防止事故发生，将危害及影响降低到可接受的最低程度是 HSE 管理体系运行的最直接目的，对风险的正确且科学地识别、评价和有效管理是达到此目的的关键所在。风险管理是一个不间断的过程，是所有 HSE 要素的基础，应定期检查危害的存在，并评估业务活动中的相关风险。

① 确定风险危害及其影响。通过确定风险危害及其影响，企业可以更加全面地了解自身在 HSE 方面存在的风险和问题，从而有针对性地制定管理措施和应急预案，确保企业的生产活动安全、高效、环保。同时，这也是企业实现可持续发展、提升社会责任感的重要途径。在实际操作中，企业可以结合自身的特点和实际情况，灵活运用各种方法和工具进行风险识别和评估。例如，可以采用故障树分析、事件树分析、HAZOP 等方法来识别和分析风险；同时，还可以利用风险评估矩阵等工具来评估风险的等级和优先级，为制定风险控制措施提供依据。确定风险危害及其影响的过程通常包括以下几个步骤：

第一，危害识别。这包括识别生产过程中可能存在的设备、材料、工艺等风险源，分析员工操作行为、安全意识等人为因素，以及考虑工作环境中的温度、湿度、噪声等物理因素。同时，还需关注管理制度、培训教育等管理因素，以及自然灾害、社会环境等外部因素。

第二，风险评估。在识别出危害源后，需要对其进行分析和评估，确定其可能导致的风险类型，如物理危害、化学危害、生物危害、心理危害等。同时，还需评估危害的程度、概率以及可能产生的后果，如人员伤亡、财产损失、环境破坏等。

第三，确定风险范围。这包括评估风险可能影响的局部、区域或全局范围，以及风险的持续时间，是短期、中期还是长期。

第四，制定风险控制和预防措施。根据风险评估的结果，制定相应的控制和预防措施，以降低风险的发生概率和影响程度。这可能包括改进生产工艺、加强设备维护、提高员工安全意识、制定应急预案等。

② 建立判别准则。在 HSE 管理体系中,建立判别准则是至关重要的一个环节,它涉及对潜在危害和风险进行准确识别和评估,从而为企业制定有效的风险控制措施提供基础。判别准则的建立有助于企业系统地确定危害和影响,从而确保 HSE 管理体系能够全面、有效地应对各种风险。建立判别准则的过程中,企业应充分考虑相关法律法规、行业标准以及自身实际情况。这些准则应明确规定哪些因素被视为潜在危害,以及这些危害可能导致的后果和影响。同时,企业还需要根据这些准则对现有的设施、生产过程和管理体系进行全面的风险评估,识别出存在的风险点。

为了建立有效的判别准则,企业需要收集和分析大量的数据和信息,包括事故记录、安全检查报告、员工反馈等。这些数据和信息有助于企业深入了解潜在危害的性质、程度和影响范围,从而制定出更加科学合理的判别准则。此外,企业还应鼓励员工积极参与判别准则的建立过程。员工在生产现场的经验和观察对于发现潜在危害和风险具有重要意义。通过员工的参与,企业可以更加全面地了解生产过程中的安全问题,从而制定出更加贴近实际的判别准则。建立判别准则后,企业需要将其纳入 HSE 管理体系中,并确保其得到有效执行。这包括定期对判别准则进行审查和更新,以适应不断变化的生产环境和法规要求。同时,企业还需要对执行判别准则的情况进行监督和检查,确保各部门和员工都能够按照准则要求开展工作。

③ 评价危害和影响。首先,要对可能存在的危害进行辨识。这包括识别生产、作业过程中可能出现的物理、化学、生物等危害因素,以及这些因素可能导致的伤害或损害。例如,对于化工企业,可能存在的危害包括有毒有害物质的泄漏、爆炸等;对于建筑工地,可能存在的危害则包括高空坠落、物体打击等。其次,要对这些危害的影响进行评估。评估过程需要考虑危害的潜在影响范围,包括人员伤亡、财产损失、环境破坏等方面。同时,还要评估危害发生的可能性和频率,以确定其风险等级。在评价危害和影响时,还需要考虑不同状态和时态下的情况。例如,正常生产状态下的危害、异常生产状态下的危害以及紧急状态下的危害等;同时,也要考虑过去的危害事故、现在的危害状况以及未来可能出现的危害趋势。最后,根据评价结果,制定相应的风险控制措施。这些措施可能包括改进工艺流程、加强设备维护、提高员工安全意识、制定应急预案等。

④ 建立说明危害和影响的文件。在 HSE 管理体系中,建立说明危害和影响的文件是一个至关重要的要素。这些文件应详细列出企业在生产、运营过程中可能面临的各种危害和影响。这包括物理危害(如设备故障、物体打击)、化学危害(如有毒物质泄漏)、生物危害(如病原体传播)以及环境危害(如污染排放)等。同时,还需要描述这些危害可能导致的后果,如人员伤亡、财产损失、环境破坏等。文件还应明确描述危害和影响的评估过程。这包括使用的评估方法、评估标准以及评估结果。通过这一过程,企业能够更准确地了解风险的大小和严重程度,从而制定相应的控制措施。此外,文件还要包括风险控制措施的具体内容。这些措施可以涉及改进工艺、更新设备、提高员工安全意识、制定应急预案等方面。通过实施这些措施,企业可以有效地降低风险,确保员工的安全和环境的健康。

⑤ 建立具体目标和表现准则。目标应该与组织的整体战略和业务目标相一致,并具体、可衡量、可达成。例如,组织可以设定减少事故发生率、提高员工安全培训覆盖率、降低环境污染排放等具体目标。这些目标有助于组织明确在 HSE 方面需要达到的水平,并为制定实施计划提供了基础。表现准则是用来衡量和评估组织在 HSE 方面的绩效和表现

的。这些准则应该与建立的具体目标相对应，并能够量化或定性描述组织在 HSE 管理方面的成果。例如，对于减少事故发生率的目标，表现准则可以包括事故率的具体数值、事故调查和分析的及时性、安全培训的有效性等。这些准则有助于组织评估自身在 HSE 方面的表现，并及时发现存在的问题和改进的空间。

在建立具体目标和表现准则时，组织需要考虑其业务特点、风险状况、法律法规要求以及利益相关方的期望。同时，目标和准则的设定应该具有可操作性和可评估性，以便组织能够进行有效的监测和评估。此外，建立具体目标和表现准则还需要与组织的文化、价值观和管理体系相协调。组织应该通过领导层的示范、员工的参与和持续改进的机制，推动 HSE 管理体系的有效实施和目标的达成。定期审查和更新具体目标和表现准则也是非常重要的。随着组织的业务发展和环境变化，HSE 管理体系的目标和准则也需要相应地进行调整和优化，以确保其持续有效性和适应性。

⑥ 风险管理。风险管理主要涉及风险的识别、评估、控制和监控等方面，旨在降低或消除各种潜在的安全、健康和环境风险。风险的识别是风险管理的第一步。企业需要对生产过程、设备设施、作业环境等进行全面的检查和分析，识别出可能存在的物理、化学、生物等风险源。同时，还要关注员工的行为、安全意识和操作技能等方面，以及外部环境因素如自然灾害、政策法规变化等可能带来的风险。企业需要确定风险的概率、可能造成的损失以及风险的等级，以便对风险进行优先级排序，为制定风险控制措施提供依据。在风险控制方面，企业应根据风险评估的结果，制定相应的控制措施。这些措施可能包括改进生产工艺、加强设备维护、提高员工安全意识、制定应急预案等。同时，企业还需要建立风险管理的长效机制，通过持续改进和定期审查，确保风险控制措施的有效性。企业需要对实施的风险控制措施进行定期检查和评估，确保其有效运行。同时，还要密切关注新的风险源和风险因素，及时调整风险管理策略，确保 HSE 管理体系的持续优化和完善。

(5) 规划(策划)指南

规划(策划)是落实 HSE 风险管理的重要内容，是实施 HSE 计划管理的重要方面。HSE 规划是公司整体规划的一部分，应分层次围绕 HSE 目标和表现准则，通过危害和影响管理程序确定降低危害的措施，落实专门资金、必要的设备和资源，形成具有可操作性的规划。

① 设施的完整性。设施完整性管理是指通过采取技术改进措施和规范设备管理相结合的方式，确保整个装置或系统中关键设备运行状态的完好性。这一要素涵盖了设备的设计、制造、安装、使用、维护和报废全过程，确保设备在整个生命周期内都能够保持其安全性和有效性。企业需要对设施进行全面的风险评估，识别出可能存在的风险源和潜在的安全隐患。这有助于企业了解设备的安全状况，为制定针对性的管理措施提供依据。企业要制定详细的设备维护和管理计划，包括定期的检查、保养和维修等。这些计划应基于设备的设计和使用条件，以确保设备在整个生命周期内都能保持良好的运行状态。此外，企业还需要建立有效的监控和报警系统，以便及时发现和处理设备故障或异常情况。这有助于防止事故的发生，保障员工的安全和环境的健康。随着技术的不断发展和设备使用时间的增长，设备可能会出现新的安全隐患或性能下降等问题。因此，企业需要定期对设施进行评估和改进，以确保其始终满足 HSE 管理体系的要求。

② 程序和工作指南。程序是 HSE 管理体系中的一系列标准化操作流程，用于指导员

工如何正确、安全地执行特定任务。这些程序涵盖了从日常操作到紧急响应的各个方面，确保员工在面临各种情况时都能按照既定的步骤和方法进行操作。通过遵循这些程序，企业可以确保工作的连续性和稳定性，减少因操作不当而导致的事故和风险。工作指南则是对程序中特定环节的进一步细化和说明，提供了更加具体的操作建议和最佳实践。它们可以帮助员工更深入地理解程序的要求，掌握正确的操作方法，并在实际工作中灵活运用。工作指南通常包括操作步骤、注意事项、安全提示等内容，旨在为员工提供全面的指导和支持。

在 HSE 管理体系中，程序和工作指南的制定和更新是一个持续的过程。企业需要根据实际情况和法律法规的变化，对程序和工作指南进行定期审查和修订，确保其始终与企业的 HSE 管理目标和要求保持一致。同时，企业还应加强对员工的培训和教育，确保员工能够充分理解和遵守这些程序和工作指南。通过程序和工作指南的实施，企业可以建立起一套完整、规范的 HSE 管理体系，提高员工的安全意识和操作技能，降低事故发生的概率和风险，从而保障企业的安全生产和可持续发展。

③ 变更管理。HSE 管理体系中的要素之一为变更管理，是对生产过程中可能发生的变更进行有计划的控制，确保变更带来的危害得到充分识别，风险得到有效控制。变更管理按专业可分为总图变更、工艺技术变更、设备设施变更、仪表系统变更、公用工程变更、管理程序和制度变更、企业组织架构变更、生产组织方式变更、重要岗位的人员和职责变更、供应商变更、外部条件变更等。在 HSE 管理体系中，变更管理对于确保企业的安全生产和环境保护至关重要。通过有效的变更管理，企业可以识别和评估变更可能带来的风险，制定相应的风险控制措施，降低事故发生的概率。同时，变更管理还可以确保企业的生产活动符合相关的法律法规和标准要求，避免因违规操作而带来的法律风险和经济损失。

为了实施有效的变更管理，企业需要制定详细的变更管理流程，明确变更申请、评估、审批、实施和验收等各个环节的职责和要求。同时，企业还需要建立相应的变更管理记录和档案，以便于对变更过程进行追溯和监控。此外，企业还应加强员工对变更管理的培训和教育，提高员工的安全意识和操作技能，确保变更管理的顺利实施。然而，需要注意的是，变更管理在我国化工企业安全管理中仍然是薄弱环节。很多事故的原因都是没有有效地实施变更管理。因此，企业应高度重视变更管理在 HSE 管理体系中的作用，不断完善和优化变更管理流程和方法，确保企业的安全生产和可持续发展。

④ 应急反应计划。应急反应计划是为了应对可能发生的紧急事件或事故而制定的一系列措施和方案。其主要目的是减少人员伤亡、财产损失以及环境污染等负面影响。应急反应计划通常包含以下关键内容：

第一，紧急情况的识别和评估。对可能发生的紧急事件或事故进行预先分析，确定其可能的影响范围和严重程度。

第二，组织与人员分工。明确应急反应团队的组织结构、人员配置及各自职责，确保在紧急情况下能够迅速、有效地进行响应。

第三，应急资源准备。提前准备必要的应急设备、物资和资金，确保在紧急情况下能够及时调用。

第四，紧急处置措施。针对不同类型的紧急事件或事故，制定相应的紧急处置措施，包括疏散、救援、灭火、污染物处理等。

第五，后期恢复与总结。在紧急事件或事故处理完毕后，进行后期恢复工作，并对整个应急反应过程进行总结和评估，以便不断完善和提高应急反应能力。

此外，应急反应计划的制订还需要考虑对组织内可能发生的紧急情况进行全面的风险评估，确定可能存在的风险点和应对方案。通过定期的应急演练来检验和完善应急反应计划的有效性，并根据实际情况进行必要的更新和调整。

(6) 实施与监测

HSE 管理体系要求：员工和承包商在开始接触任何一项工作时，都必须熟悉相关的 HSE 控制措施，依据规划阶段所建立的程序、作业指南及相关的 HSE 政策实施工作，并进行监测。

① 活动和任务。在 HSE 管理体系的实施过程中，企业不同层次的人员具有不同的职责和任务。高层管理者应遵循 HSE 管理的方针，制定战略目标和高层次活动方案，采用计划和工作程序的形式指导各项活动，并进行监督和管理。现场工作层应按照颁布的工作指南和操作手册完成具体工作任务。只有各个岗位的管理人员和操作人员都能各司其职、各负其责，才能确保 HSE 管理目标持续实现。

② 监测。程序监测活动需要制定明确的程序，规定监测的内容、方法、频率以及记录要求。这些程序应确保能够全面、系统地收集和分析与 HSE 相关的数据和信息。监测的对象包括 HSE 绩效指标、风险源、法规要求以及体系运行情况等。例如，可以监测事故发生率、员工安全培训覆盖率、污染物排放量等绩效指标，以评估 HSE 管理的效果。同时，需要对可能存在的风险源进行定期检查和评估，确保其处于受控状态。此外，还需关注相关法规的变化，确保企业始终遵守最新的法规要求。在监测过程中，应使用适当的工具和技术。例如，可以利用现场观察、员工反馈、仪器检测等方式收集数据；通过数据分析软件或 HSE 管理系统对收集到的数据进行处理和分析，以识别存在的问题和改进的机会。监测的结果应定期报告给相关管理层，以便及时采取措施解决问题。同时，这些结果还可以作为体系持续改进的依据，为制订新的计划提供参考。

③ 记录。记录应涵盖多个方面，包括但不限于培训记录、检查记录、风险评估记录、事故和事件记录、审核和评审记录等。这些记录应详细、准确，能够反映 HSE 管理活动的真实情况。例如，培训记录应记录员工参加 HSE 培训的时间、内容、成绩等信息，以证明员工具备相应的 HSE 知识和技能。检查记录则应详细记录各项 HSE 检查活动的执行情况，包括检查的时间、地点、对象、发现的问题及采取的纠正措施等。此外，HSE 记录还需要按照规定的时限进行保存和归档，并确保记录的完整性和真实性。归档后的记录应定期进行检查和整理，以保持记录档案的清晰和有序。这样可以在需要时迅速找到相关信息，为决策提供支持。

④ 不符合与纠正措施。不符合项的识别是纠正措施的前提。这涉及对 HSE 管理体系运行中的各个环节进行监控和检查，一旦发现不符合项，应立即进行记录并通知相关责任人。不符合项可能包括设备操作不当、安全防护措施不到位、环境污染超标等。针对识别出的不符合项，需要制定具体的纠正措施。这些措施应针对问题的根本原因，确保能够彻底消除不符合项，并防止其再次发生。纠正措施可能包括改进设备操作程序、加强安全培训、增加安全防护设施、优化生产工艺等。在实施纠正措施的过程中，应明确责任人和完成时间，并对纠正措施的执行情况进行跟踪和检查。同时，还需要对纠正措施的有效性进行评估，确保问题得到彻底解决。此外，为了防止类似问题的再次发生，还需要对 HSE 管理体系进行

持续改进。这包括对管理体系的定期审查、更新和完善，以及对员工的安全意识和操作技能的持续提升。

⑤ 事故报告。事故报告制度是企业安全管理的重要组成部分，其主要目的在于及时获取事故信息，分析事故原因，以便采取相应的纠正和预防措施，防止类似事故再次发生。事故报告制度的重要性在于为企业的安全管理提供数据支持，帮助企业识别潜在的安全风险，提高员工的安全意识，并促进企业的持续改进。

事故报告需要遵循及时性、准确性和全面性原则，《生产安全事故报告和调查处理条例》详细规定了事故报告的责任与程序，事故报告后，企业应组织相关部门进行事故调查和分析，找出事故原因和责任，制定相应的纠正和预防措施。同时，应对事故造成的损失进行评估和处理，确保企业的正常运营和员工的权益得到保障。

⑥ 事故调查处理。事故调查的主要目的在于揭示事故发生的真实原因和过程，识别管理体系中的缺陷和漏洞，以便采取针对性的改进措施。通过事故调查处理，企业可以总结经验教训，提升安全管理水平，确保员工的安全与健康，保护环境，维护企业的可持续发展。

(7) 审核与评审

审核和评审是 HSE 管理体系的最后一环，是定期对 HSE 管理体系的表现、有效性和持续适用性所进行的评估，是体系持续改进的必要保证。HSE 管理体系要求：HSE 审核和评审是公司管理应履行的职责，所有现场和生产过程中实施的规范都应定期进行检查和审核，评价 HSE 管理标准和相关法规的遵守情况，提出持续改进的领域。

① 审核。审核的主要目的在于评估 HSE 管理体系的实施情况，确保其符合相关法律法规和标准要求，同时识别体系中的问题和改进机会。通过审核，企业可以及时发现和纠正体系运行中的偏差，确保 HSE 管理的持续改进和不断提升。HSE 管理体系的审核包括内部审核和外部审核两种类型。内部审核由企业自行组织，定期对 HSE 管理体系进行全面或专项检查；外部审核则由第三方机构进行，通常包括认证审核和监督审核。审核的范围可以涵盖整个组织或特定部门、项目等。在审核过程中，应重点关注 HSE 管理体系的关键要素和风险点，如风险评价、隐患治理、应急管理等。审核应以事实为依据，注重收集和分析相关的证据和数据，确保审核结果的客观性和准确性。审核过程中应加强与被审核方的沟通与协作，确保审核工作的顺利进行，同时促进双方的共同学习和进步。

② 评审。评审的主要目的在于对 HSE 管理体系的适应性、执行情况进行正式评估，以评价其有效性、充分性，并了解体系的现状，包括改进措施、预防措施是否产生效果。此外，评审还能帮助企业识别 HSE 管理体系中需要改进的方面，为企业的持续改进提供方向。

评审的内容通常包括 HSE 管理体系的各个方面，如领导承诺、方针目标和责任、组织机构与职责、风险评价与隐患治理、承包商和供应商管理、装置(设施)设计与建设、HSE 管理体系运行和维修、变更管理和应急管理、HSE 管理体系检查与监督、事故处理与预防等。评审的范围可以覆盖整个企业，也可以针对特定的部门、项目或流程。评审结束后，企业应根据评审报告中的建议制定改进措施并付诸实施。同时，应定期对改进措施的执行情况进行检查和评估，确保其有效性。此外，企业还应将评审结果和改进措施纳入 HSE 管理体系的持续改进计划，以不断提升 HSE 管理水平。

6. HSE 管理体系要素关系

HSE 管理体系包含着实现不同管理功能的要素。各要素之间相互关联、相互作用。这些要素之间不是孤立的。其中，领导和承诺是核心，方针和战略目标是方向，企业机构、资源和文件是体系运行必不可少的支持性条件，评价与风险管理、规划(策划)指南、实施与监测、审核与评审是体系运行的循环链。从结构上来看，HSE 管理体系是按 PDCA 戴明模式建立的，是一个持续循环和不断改进的结构，即"计划—实施—检查—改进"的结构。从内容上来看，各要素之间又有以下特征：各要素有一定的相对独立性，分别构成了核心、方向、支持性条件和循环链的各个环节；各要素是密切相关的，任何一个要素的改变必须考虑到对其他要素的影响，以保证体系的一致性。

三、安全生产标准化

安全生产标准化体现了"安全第一、预防为主、综合治理"的方针和"以人为本"的科学发展观，强调企业安全生产工作的规范化、科学化、系统化和法治化，强化风险管理和过程控制，注重绩效管理和持续改进，符合安全管理的基本规律，代表了现代安全管理的发展方向，是先进安全管理思想与我国传统安全管理方法、企业具体实际的有机结合，有效提高企业安全生产水平，从而推动我国安全生产状况的根本好转。

1. 安全生产标准化的形成过程

2004 年，国务院印发了《关于进一步加强安全生产工作的决定》，第一次提出了"安全质量标准化"的要求，要求制定和颁布重点行业、领域安全生产技术规范和安全生产质量工作标准，其中"安全生产技术规范"的提法在我国安全工作的历史上是一个新的起点；文件明确要求在全国所有工矿、商贸、交通运输、建筑施工等企业普遍开展安全质量标准化活动。

2006 年 6 月 27 日，全国安全生产标准化技术委员会成立大会暨第一次工作会议在京召开。

2011 年 5 月 6 日，国务院安委会办公室下发了《关于深入开展企业安全生产标准化建设的指导意见》，要求全面推进企业安全生产标准化建设，进一步规范企业安全生产行为，改善安全生产条件，强化安全基础管理，有效防范和坚决遏制重特大事故发生。

2011 年 5 月 16 日，国务院安委会办公室下发了《关于深入开展全国冶金等工贸企业安全生产标准化建设的实施意见》，提出工贸企业全面开展安全生产标准化建设工作，实现企业安全管理标准化、作业现场标准化和操作过程标准化。2013 年年底前，规模以上工贸企业实现安全达标，2015 年年底前，所有工贸企业实现安全达标。

2011 年 6 月 7 日，国家安全监督管理总局下发了《关于印发全国冶金等工贸企业安全生产标准化考评办法的通知》，制定了考评发证、考评机构管理及考评员管理等实施办法，进一步规范工贸行业企业安全生产标准化建设工作。

2011 年 8 月 2 日，国家安全监督管理总局下发了《关于印发冶金等工贸企业安全生产标准化基本规范评分细则的通知》，发布《冶金等工贸企业安全生产标准化基本规范评分细则》，进一步规范了冶金等工贸企业的安全生产。

2013 年 1 月 29 日，国家安全监督管理总局等部门下发了《关于全面推进全国工贸行业企业安全生产标准化建设的意见》，提出要进一步建立健全工贸行业企业安全生产标准化建设政策法规体系，加强企业安全生产规范化管理，推进全员、全方位、全过程安全管理。力求通过努力，实现企业安全管理标准化、作业现场标准化和操作过程标准化，2015 年年底前所有工贸行业企业实现安全生产标准化达标，企业安全生产基础得到明显强化。

2014 年 6 月 3 日，国家安全监督管理总局发布了《关于印发企业安全生产标准化评审工作管理办法(试行)的通知》,要求各级安全监管部门要将企业安全生产标准化建设和隐患排查治理体系建设的效果,作为实施分级分类监管的重要依据,实施差异化的管理,将未达到安全生产标准化等级要求的企业作为安全监管重点,加大执法检查力度,督促企业提高安全管理水平。

2014 年 7 月 31 日,住房和城乡建设部印发了《建筑施工安全生产标准化考评暂行办法》,进一步加强建筑施工安全生产管理,落实企业安全生产主体责任,规范建筑施工安全生产标准化考评工作。

2016 年 12 月 13 日,国家质量监督检验检疫总局、国家标准化管理委员会批准发布了《企业安全生产标准化基本规范》(GB/T 33000—2016),并于 2017 年 4 月 1 日起实施。该标准适用于工矿商贸企业开展安全生产标准化建设工作,有关行业制修订安全生产标准化标准、评定标准,以及对安全生产标准化工作的咨询、服务、评审、科研、管理和规划等。

2. 安全生产标准化的定义

安全生产标准化(work safety standardization,WSS)是指通过建立安全生产责任制,制定安全管理制度和操作规程,排查治理隐患和监控重大危险源,建立预防机制,规范生产行为,使各生产环节符合有关安全生产法律法规和标准规范的要求,人、机、物、环处于良好的生产状态,并持续改进,不断加强企业安全生产规范化建设。这一定义涵盖了企业安全生产工作的全局,是企业开展安全生产工作的基本要求和衡量尺度,也是企业加强安全生产管理的重要方法和手段。而《中华人民共和国标准化法》中的“标准化”主要是通过制定、实施国家、行业等标准规范各种生产行为,以获得最佳生产秩序和社会效益的过程,两者有所不同。

开展安全生产标准化建设工作的意义主要体现如下:落实企业安全生产主体责任的重要途径;强化企业安全生产基础工作的长效机制;政府实施安全生产分类指导;有效防范事故发生的重要手段;维护从业人员合法权益的重要体现。

3. 安全生产标准化的特点

(1) 强制性

依据国务院颁发的《关于进一步加强安全生产工作的决定》和《关于进一步加强企业安全生产工作的通知》等文件,企业必须开展安全生产标准化活动。这体现了安全生产标准化的法规性和强制性,所有相关企业都必须遵守并执行。

(2) 群众性

安全生产标准化活动要求企业全体员工参与。无论是最高管理者还是实际操作者,都要结合各自岗位、工种学习国家法律法规和技术标准,排查生产过程、环节存在的安全隐患。这种全员参与的特性,使得安全生产标准化活动能够深入企业的每一个角落,从而确保安全生产无死角。

(3) 系统性

安全生产标准化活动覆盖了企业生产经营的各个层面、各个岗位和人员,实现企业全员、全方位、全过程、全天候的安全生产。这意味着安全生产标准化不仅关注生产活动,也关注管理活动;不仅关注工艺环节的安全标准化,也关注后勤保障环节的安全标准化;不仅关注技术标准,也关注操作规范;不仅涉及每个岗位的安全操作,也涉及每个员工的责任和行动。

(4) 动态性

安全生产标准化的内容并非一成不变，而是随着环境、科技发展和企业自身变化而丰富。它是一个 PDCA 动态循环管理模式，对实施安全标准化活动的形式、方式及具体内容进行动态调整、创新发展、持续改进、不断完善。这种动态性使得安全生产标准化能够与时俱进，适应新的环境和挑战。

4. 安全生产标准化的构成要素

安全生产标准化包含目标职责、制度化管理、教育培训、现场管理、安全风险管控及隐患排查治理、应急管理、事故管理和持续改进等 8 个一级要素和 28 个二级要素见表 13-2。

表 13-2　安全生产标准化的构成要素

序号	一级要素	二级要素
1	目标职责	1.1 目标
		1.2 机构和职责
		1.3 全员参与
		1.4 安全生产投入
		1.5 安全文化建设
		1.6 安全生产信息化建设
2	制度化管理	2.1 法规标准识别
		2.2 规章制度
		2.3 操作规程
		2.4 文档管理
3	教育培训	3.1 教育培训管理
		3.2 人员教育培训
4	现场管理	4.1 设备设施管理
		4.2 作业安全
		4.3 职业健康
		4.4 警示标志
5	安全风险管控及隐患排查治理	5.1 安全风险管理
		5.2 重大危险源辨识管理
		5.3 隐患排查治理
		5.4 预测预警
6	应急管理	6.1 应急准备
		6.2 应急处置
		6.3 应急
7	事故管理	7.1 报告
		7.2 调查和处理
		7.3 管理
8	持续改进	8.1 绩效评定
		8.2 绩效改进

（1）目标职责

① 目标。安全生产标准化的目标是企业安全生产工作的核心和灵魂，它引导着企业前进的方向，激励着员工为之奋斗。企业只有明确了目标并付诸实践，才能在安全生产方面取得长足的进步和发展。

② 机构和职责。安全生产标准化要求企业建立健全的安全生产组织机构。这个机构通常由企业领导班子牵头，配合安全生产部门负责具体工作。在机构设置上，应确保各级安全生产管理人员的职责和权限明确，从而实现责任到人，各司其职。此外，这个机构还负责监督和指导整个企业的安全生产工作，确保安全生产管理体系的有效运行。企业需要明确各级管理人员和员工的安全生产职责，确保责任到人。这包括从企业领导到一线员工，每个岗位和每个人员都应有清晰的安全生产职责。

③ 全员参与。全员参与意味着企业的所有员工，无论其职位高低、工作内容如何，都应当积极投入到安全生产的工作中。这要求每位员工都要充分认识到安全生产的重要性，了解自己在安全生产中的职责和角色，并主动参与到安全生产的各个环节中。

④ 安全生产投入。企业需要为安全生产提供必要的经费支持，用于购买符合安全标准的设备、器材和防护用品，改善作业环境，以及开展安全生产培训、宣传和教育等活动。这些资金的投入能够有效提升企业的安全生产水平，降低事故发生的概率。物质投入也是安全生产投入的重要组成部分。企业需要投入足够的物质资源，保障生产设施、设备的安全运行。这包括定期对设备进行检修、维护和更新，确保设备处于良好的工作状态，减少因设备故障引发的安全事故。此外，技术投入也是安全生产投入不可忽视的一方面。企业需要引进先进的技术和管理经验，提升生产过程的安全性。通过技术创新和改造，降低生产过程中的安全风险，提高生产效率和质量。最后，人员投入也是安全生产投入的重要组成部分。企业需要配备足够的安全生产管理人员和操作人员，确保他们具备相应的安全知识和技能。同时，企业还需要加强员工的安全培训和教育，提高员工的安全意识和自我保护能力。

⑤ 安全文化建设。企业通过建立本企业的安全生产和职业病危害防治理论及行为准则，通过加强安全意识、安全管理、安全技术和安全教育等方面的建设，企业可以建立起一套科学、有效的安全生产管理体系，提升企业的安全生产水平，保障员工的生命财产安全。

⑥ 安全生产信息化建设。通过现代信息技术手段，对安全生产进行全面、系统、高效的管理，提升安全生产水平，预防和控制事故的发生；同时，通过建立安全生产信息管理系统、引入物联网技术、建立信息共享平台、开展安全培训教育以及应用人工智能技术等方式，可以推动安全生产信息化建设的不断深入和发展。

（2）制度化管理

① 法规标准识别。法规标准识别要求企业对其生产经营活动涉及的安全生产法规、标准、规章等进行全面的梳理和识别。这包括国家层面的法律法规、行业标准、地方规章以及国际安全标准等。企业需要通过专业的法律团队或咨询机构，确保对相关法规标准有深入的理解和准确的把握。企业通过比较和分析，找出企业在安全生产方面存在的差距和不足，为后续的改进工作提供明确的方向和目标。在法规标准识别的基础上，企业需要制定和完善自身的安全生产管理制度和操作规程。此外，企业还应建立法规标准的动态更新机制。

② 规章制度。规章制度是企业安全生产管理体系的重要组成部分，通过制定、执行和完善规章制度，可以规范员工的行为，保障生产活动的安全进行。企业安全生产方面的规章

制度包括但不限于以下内容：

第一，安全生产责任制。明确各级领导、各部门和各类人员的安全生产职责，确保安全生产工作有明确的责任主体和责任人。

第二，安全操作规程。详细规定各类设备、工艺和作业的安全操作步骤和方法，确保员工在生产过程中能够正确、安全地进行操作。

第三，安全生产教育和培训制度。规定员工必须接受的安全教育和培训内容、方式及周期，提高员工的安全意识和操作技能。

第四，安全检查制度。定期对生产设备、作业场所、工艺过程等进行安全检查，及时发现和消除安全隐患。

第五，事故报告和调查处理制度。规定事故发生后的报告程序、调查方法和处理措施，确保事故得到及时、有效的处理，防止类似事故再次发生。

第六，安全奖惩制度。对在安全生产工作中表现突出的员工进行奖励，对违反安全规章制度的员工进行惩罚，以此激励员工自觉遵守安全生产规定。

第七，劳动防护用品管理制度。规定劳动防护用品的采购、发放、使用和维护要求，确保员工在生产过程中得到必要的防护。

第八，危险源辨识和风险评估制度。对生产过程中的危险源进行辨识和评估，制定相应的防范措施，降低事故风险。

第九，应急预案和演练制度。制定针对可能发生的各类事故的应急预案，并定期组织演练，提高员工应对突发事件的能力。

③ 操作规程。首先，操作规程需要涵盖各个生产环节和岗位，明确每个操作步骤的具体要求和安全注意事项。这些规程应该基于设备特性、工艺要求以及安全标准制定，确保员工能够清晰了解并正确执行。其次，操作规程的制定应充分考虑员工的实际操作经验和技能水平。过于复杂或难以理解的规程可能导致员工执行困难，甚至引发安全事故。因此，规程的制定需要简洁明了、易于理解，并在必要时提供图示或视频等辅助材料。此外，操作规程的执行需要得到严格的监督和检查。企业应建立相应的监督机制，定期对员工的操作行为进行检查和评估。对于违反规程的行为，应及时进行纠正和处罚，以确保规程的有效执行。同时，操作规程并非一成不变。随着设备更新、工艺改进以及安全标准的提高，操作规程也需要及时进行修订和完善。企业应建立规程的定期评审和更新机制，确保规程始终与生产实际和安全要求保持一致。最后，操作规程的执行还需要与企业的安全文化建设相结合。通过加强员工的安全教育和培训，提高员工对操作规程的认识和遵守意识，使操作规程真正成为员工自觉的行为准则。

④ 文档管理。文档管理是安全生产标准化的基础，它涉及安全生产政策、操作规程、风险评估、安全培训、应急预案等各个方面。通过系统化、规范化的文档管理，企业能够明确各项安全生产工作的要求和标准，确保各级人员都能够清晰地了解并执行相关安全规定。安全生产标准化的文档管理涵盖了多个方面。需要制定和更新安全生产政策、目标和管理制度，明确企业的安全生产方向和原则；需要编制和修订操作规程、作业指导书等，确保员工能够按照正确的步骤和方法进行作业；需要建立风险评估和隐患排查的文档记录，及时发现和整改潜在的安全风险。同时，安全培训和教育、事故应急预案等也需要有相应的文档支持。

(3) 教育培训

① 教育培训管理。企业应建立健全安全教育培训制度，按照有关规定进行培训。培训大纲、内容、时间应满足有关标准的规定。企业安全教育培训应包括安全生产和职业卫生的内容。企业应明确安全教育培训主管部门，定期识别安全教育培训需求，制定、实施安全教育培训计划，并保证必要的安全教育培训资源。企业应如实记录全体从业人员的安全教育和培训情况，建立安全教育培训档案和从业人员个人安全教育培训档案，并对培训效果进行评估和改进。

② 人员教育培训。人员教育培训的目的是提高员工的安全意识、知识和技能。通过培训，员工能够了解安全生产的重要性，掌握正确的操作规程和安全技能，从而在工作中主动遵守安全规定，有效预防事故的发生。培训人员主要分为主要负责人、安全管理人员、从业人员和外来人员四类。

（4）现场管理

① 设备设施管理。安全生产标准化中的设备设施管理是一个系统性的过程，涵盖了设备设施的全生命周期，包括规划、采购、安装、使用、维护、改造和报废等阶段。通过科学、系统的方法对设备设施进行全生命周期管理，可以确保生产活动的安全、高效，为企业的可持续发展提供有力保障。

② 作业安全。作业安全管理的核心在于预防和控制。安全生产标准化要求对生产过程及物料、设备设施、器材、通道、作业环境等存在的隐患进行定期的分析和控制。这包括了对动火作业、受限空间内作业、临时用电作业、高处作业等危险性较高的作业活动实施作业许可管理，并严格履行审批手续。作业许可证应包含危害因素分析和安全措施等内容，以确保作业过程的安全可控。安全生产标准化要求企业加强生产作业行为的安全管理，对作业行为隐患、设备设施使用隐患、工艺技术隐患等进行分析，并采取控制措施。这包括了对员工的操作行为进行规范，确保他们熟悉并正确执行安全操作流程，避免因操作不当导致的事故。企业应根据作业场所的实际情况，按照相关标准和规定，在有较大危险因素的作业场所和设备设施上设置明显的安全警示标志，以提醒员工注意安全，避免事故的发生。企业应定期对作业安全状况进行评估和审查，发现存在的问题和不足，并及时进行改进和优化。同时，通过建立有效的激励机制和考核体系，鼓励员工积极参与作业安全管理工作，提高整个企业的安全生产水平。

③ 职业健康。职业健康是指在工作环境中保持健康和安全的状态，它涵盖了体格、心理和社会因素对工作者健康的影响，并强调预防职业病和职业伤害的重要性。标准化要求企业为员工提供安全、健康的工作环境，包括适宜的照明、通风、温度控制等物理因素，以及减少噪声、振动、化学物质等有害因素的暴露。这有助于预防职业病的发生，保障员工的身体健康。通过定期的培训和宣传，员工能够了解职业病的危害和预防措施，掌握正确的操作方法，提高自身的职业健康素养。同时，企业也需要建立完善的职业健康档案，记录员工的健康状况和接受的职业健康培训情况，以便及时发现和处理潜在的健康问题。此外，安全生产标准化还要求企业建立健全的职业健康管理制度和应急预案。这包括定期进行职业健康检查，对发现的职业病隐患进行及时整改，制定应对职业病危害的紧急措施，确保在发生职业病危害事故时能够迅速、有效地应对，最大限度地减少损失。最后，企业应定期对职业健康管理工作进行评估和审查，发现存在的问题和不足，并及时进行改进和优化。同时，通过设立职业健康绩效指标，对职业健康管理工作的成果进行量化评价，激励员工积极参与职业

健康管理工作，推动职业健康管理水平不断提升。

④ 警示标志。警示标志能够明确标识出危险源和潜在风险。它们通过颜色、形状和文字的组合，清晰地指示出存在危险或需要注意的区域、设备或操作。员工在接触到这些标志时，能够迅速识别并理解潜在的危险，从而采取相应的预防措施。警示标志有助于提升员工的安全意识和警觉性。它们作为一种视觉提醒，能够时刻提醒员工关注安全，保持警觉。通过不断的视觉冲击和提醒，员工能够逐渐形成对安全的敏感性和自觉性，从而在日常工作中更加注重安全操作。此外，警示标志还能够规范员工的行为和操作。它们通过明确的指示和禁止内容，告诉员工应该如何正确操作设备、使用工具或进行作业。员工在遵守这些标志的指引时，能够避免误操作或违规行为，确保工作的安全进行。

在实际应用中，警示标志的设置应遵循一定的标准和规范。它们应放置在显眼、易于观察的位置，确保员工能够一眼看到并理解其含义。同时，标志的设计应简洁明了、易于理解，避免使用过于复杂或模糊的图案和文字。此外，企业还应定期对警示标志进行检查和维护，确保其完好无损、清晰可见。

(5) 安全风险管控及隐患排查治理

① 安全风险管理。安全生产标准化的要素中，安全风险管理是至关重要的一环，它涵盖了安全风险辨识、安全风险评估、安全风险控制以及变更管理等多个方面。这些环节共同构成了企业安全风险管理的完整流程，确保了安全生产工作的有序进行。

第一，风险辨识。安全风险辨识是安全风险管理的基础。企业需要对生产经营活动中的危险源和有害因素进行全面、系统的识别，包括物理性、化学性、生物性、心理性、行为性等多方面的风险。通过现场勘查、员工访谈、数据分析等方式，企业可以准确识别出潜在的安全风险，为后续的风险评估和控制提供依据。

第二，风险评估。安全风险评估是对已辨识出的安全风险进行定量或定性的分析，评估其可能导致的后果和发生的概率。企业可以采用风险矩阵、概率影响图等工具，对风险进行排序和分类，确定哪些风险需要优先控制。同时，企业还需要考虑风险的可接受程度，根据自身的实际情况和法律法规要求，制定合适的风险控制标准。

第三，风险控制。安全风险控制是安全风险管理的核心环节。企业应根据风险评估的结果，制定相应的风险控制措施，包括工程技术措施、管理措施、培训教育措施等。这些措施旨在消除或降低风险的发生概率和影响程度，确保企业的安全生产。同时，企业还需要建立风险监控机制，对风险控制措施的实施效果进行定期检查和评估，确保其有效性。

第四，变更管理。变更管理是安全风险管理的重要组成部分。当企业的生产经营活动发生变更时，如设备更新、工艺改进、人员调整等，都可能带来新的安全风险。因此，企业需要对变更进行充分的风险辨识和评估，制定相应的风险控制措施，并确保这些措施在变更实施前得到有效落实。此外，企业还需要对变更后的安全风险进行持续监控和评估，确保安全生产工作的稳定进行。

安全风险管理从安全风险辨识、安全风险评估、安全风险控制和变更管理四个方面构成了完整的流程。企业通过这些环节的实施，可以全面、系统地管理安全风险，确保安全生产工作的顺利进行。同时，企业还需要不断完善和优化安全风险管理机制，提高风险管理的效率和水平，为企业的可持续发展提供有力保障。

② 重大危险源辨识和管理。安全生产标准化中，重大危险源辨识和管理是至关重要的

要素。它涉及对可能导致重大事故的危险源进行识别、评估、监控和控制，以确保企业的安全生产。以下是关于重大危险源辨识和管理的一些关键方面：

第一，重大危险源辨识。根据相关法律法规和标准，明确辨识的范围和对象，如长期或临时生产、搬运、使用或储存危险物品的场所和设施。确保辨识工作全面覆盖所有潜在重大危险源。采用科学、系统的方法进行辨识，如风险评估、事故树分析、事件树分析等。这些方法有助于准确识别危险源及其潜在风险。对辨识出的重大危险源进行记录，包括其名称、位置、性质、数量等信息，为后续的管理和监控提供依据。

第二，重大危险源管理：制定针对重大危险源的管理制度，明确管理责任、程序和要求。确保各级管理人员和员工都了解并遵守这些制度。根据辨识结果，制定具体的控制措施，如工程技术措施、管理措施和应急措施等。这些措施旨在消除或减少危险源的风险。对重大危险源进行定期监控和检查，确保其处于受控状态。采用先进的监控技术和设备，提高监控的准确性和及时性。制定针对重大危险源的应急预案，明确应急响应程序、救援措施和资源配置等。确保在发生事故时能够迅速、有效地进行处置。加强员工的安全培训，提高他们对重大危险源的认识和应对能力。定期进行应急预案的演练，检验预案的可行性和有效性。

第三，持续改进与评估：定期对重大危险源辨识和管理工作进行评估，发现存在的问题和不足，及时进行改进。加强与其他企业或组织的交流与合作，分享在重大危险源辨识和管理方面的经验和做法，共同提高安全管理水平。

③ 隐患排查治理。安全生产标准化的要素中，隐患排查治理占据着举足轻重的地位。隐患排查治理是企业安全管理的核心工作之一，它通过对生产经营过程中存在的各种安全隐患进行系统的排查、评估、整改和监控，旨在预防和控制事故的发生，确保企业的安全生产。隐患排查治理的工作流程通常包括以下几个步骤：首先，企业需要制定详细的隐患排查计划，明确排查的范围、重点和方法；其次，通过现场检查、员工反馈等方式，全面排查存在的安全隐患；接着，对排查出的隐患进行评估和分类，确定其危险程度和整改优先级；然后，制定整改措施，明确整改责任人和整改时限，并落实整改措施；最后，对整改结果进行复查和验证，确保隐患得到彻底消除。

在隐患排查治理过程中，企业需要遵循一些基本的工作原则。首先是“排查要认真”，要对每一个环节、每一个细节进行仔细的检查，确保不遗漏任何隐患。其次是“整治要坚决”，对于发现的隐患，要采取果断的措施进行整改，不留后患。最后是“成果要巩固”，通过建立健全的隐患排查治理制度，确保整改成果得到长期保持。隐患排查治理的目的是预防和控制事故的发生。通过及时的隐患排查和整改，企业可以消除潜在的安全风险，降低事故发生的概率。同时，隐患排查治理也有助于提高企业的安全管理水平，增强员工的安全意识，形成良好的安全文化。隐患排查治理还是安全生产标准化建设的基础和重要组成部分。它为企业提供了具体的操作指南和参考标准，有助于企业建立健全的安全管理体系，实现安全生产的目标。通过隐患排查治理工作的持续推进和不断完善，企业可以不断提升自身的安全管理水平，为企业的可持续发展提供有力保障。

(6) 应急管理

① 应急准备：

第一，应急救援组织。企业应按照有关规定建立应急管理组织机构或指定专人负责应急管理工作，建立与本企业安全生产特点相适应的专(兼)职应急救援队伍。按照有关规定可以不单独建立应急救援队伍的，应指定兼职救援人员，并与邻近专业应急救援队伍签订应急救援服务协议。

第二，应急预案。企业应在开展安全风险评估和应急资源调查的基础上，建立生产安全事故应急预案体系，制定符合规定的生产安全事故应急预案，针对安全风险较大的重点场所（设施）制定现场处置方案，并编制重点岗位、人员应急处置卡。企业应按照有关规定将应急预案报当地主管部门备案，并通报应急救援队伍、周边企业等有关应急协作单位。企业应定期评估应急预案，及时根据评估结果或实际情况的变化进行修订和完善，并按照有关规定将修订的应急预案及时报当地主管部门备案。

第三，应急设施、装备、物资。企业应根据可能发生的事故种类特点，按照规定设置应急设施，配备应急装备，储备应急物资，建立管理台账，安排专人管理，并定期检查、维护保养，确保其完好、可靠。

第四，应急演练。企业应按照规定定期组织公司（厂、矿）、车间（工段区、队）、班组开展生产安全事故应急演练，做到一线从业人员参与应急演练全覆盖，并按照的规定对演练进行总结和评估，根据评估结论和演练发现的问题，修订、完善应急预案，改进应急准备工作。

第五，应急救援信息系统建设：矿山、金属冶炼等企业，生产、经营、运输、储存、使用危险物品或处置废弃危险物品的生产经营单位，应建立生产安全事故应急救援信息系统，并与所在地县级以上地方人民政府负有安全生产监督管理职责部门的安全生产应急管理信息系统互联互通。

② 应急处置。安全生产标准化的要素中，应急处置是不可或缺的一环。应急处置是指在突发事件发生时，为控制事态、减轻损失而采取的紧急措施和行动。下面将详细阐述安全生产标准化中的应急处置要素。应急处置需要制定详细的预案。预案应明确应急处置的组织架构、职责分工、处置程序、资源调配等内容。预案的制定应基于对企业风险的全面评估，考虑可能出现的各种紧急情况，并制定相应的应对措施。预案的定期更新和演练也是非常重要的，以确保其有效性。应急处置需要建立健全的应急响应机制。这包括建立快速反应的应急队伍，配备必要的应急设备和物资，以及建立有效的信息沟通和协调机制。在突发事件发生时，应急响应机制应能够迅速启动，及时调动资源，有效应对。应急处置还需要注重现场处置和救援工作。现场处置人员应具备相应的技能和知识，能够迅速评估情况，采取有效的控制措施，防止事态扩大。同时，应加强与专业救援队伍的协作，确保在事故发生时能够迅速提供救援和支持。在应急处置过程中，信息报告和沟通也是至关重要的。企业应建立完善的信息报告制度，确保在突发事件发生时能够及时、准确地向相关部门报告情况。同时，加强与员工、公众和媒体的沟通，及时发布信息，消除谣言，维护社会稳定。在事故得到控制后，企业应迅速组织恢复生产和生活秩序。同时，对事故原因进行深入调查和分析，总结经验教训，完善应急处置预案和措施，防止类似事故再次发生。

③ 应急评估。企业应对应急准备、应急处置工作进行评估。矿山、金属冶炼等企业，生产、经营、运输储存、使用危险物品或处置废弃危险物品的企业，应每年进行一次应急准备评估。完成险情或事故应急处置后，企业应主动配合有关组织开展应急处置评估。

（7）事故管理

① 报告。企业应建立事故报告程序，明确事故内外部报告的责任人、时限、内容等，并教育、指导从业人员严格按照有关规定的程序报告发生的生产安全事故。企业应妥善保护

事故现场以及相关证据。事故报告后出现新情况的,应当及时补报。

② 调查和处理。企业应建立内部事故调查和处理制度,按照有关规定、行业标准和国际通行做法,将造成人员伤亡(轻伤、重伤、死亡等人身伤害和急性中毒)和财产损失的事故纳入事故调查和处理范畴。企业发生事故后,应及时成立事故调查组,明确其职责与权限,进行事故调查。事故调查应查明事故发生的时间、经过、原因、波及范围、人员伤亡情况及直接经济损失等。

事故调查组应根据有关证据、资料,分析事故的直接、间接原因和事故责任,提出应吸取的教训、整改措施和处理建议,编制事故调查报告。企业应开展事故案例警示教育活动,认真吸取事故教训,落实防范和整改措施,防止类似事故再次发生。企业应根据事故等级,积极配合有关人民政府开展事故调查。

③ 管理。企业应建立事故档案和管理台账,将承包商、供应商等相关方在企业内部发生的事故纳入本企业事故管理,并且应按照有关规定和国家、行业确定的事故统计指标开展事故统计分析。

(8) 持续改进

① 绩效评定。绩效评定是对企业安全生产标准化实施情况进行综合评估,旨在促进企业安全管理水平的不断提升,确保安全生产工作的可持续发展。绩效评定的主要目标包括评估企业安全生产标准化指标达标情况,确保企业达到相关安全生产标准化规定的要求。分析企业在一定时期内发生的安全生产事故数量、严重程度等情况,以评估其安全生产绩效。检查企业是否按照安全管理制度与操作规程进行操作,以及是否提供有效的安全培训与教育。审查企业是否做好安全操作记录,并及时反馈安全隐患,以便及时整改。

在绩效评定的过程中,通常采用文件资料查阅、现场实地检查、应急演练观察等方法。

根据综合评估结果,绩效评定会给出相应的评定等级,如合格、基本合格、不合格等。同时,针对评定中发现的不足之处提出改进措施,并确定具体的整改计划和责任人,确保问题得到及时解决。绩效评定并非一次性的活动,而是需要定期进行的。通过定期的绩效评定,企业可以持续跟踪其安全生产标准化的实施情况,及时发现并改进存在的问题,从而不断提升安全生产管理水平。

② 绩效改进。安全生产标准化的要素中,绩效改进是一个至关重要的环节,涉及企业安全生产管理体系的持续完善和提升。绩效改进的目标在于通过不断的努力提高企业的安全生产管理水平和绩效,减少安全事故的发生,保障员工的生命财产安全,并推动企业的可持续发展。

为了实现绩效改进,企业可以采取以下关键措施:

第一,定期评估与反馈。企业应定期对其安全生产绩效进行评估,包括事故率、违规行为、隐患排查与整改情况等。评估结果应及时反馈给相关部门和员工,以便了解当前的安全生产状况,发现存在的问题和短板。

第二,设定明确的目标。基于评估结果,企业应设定明确、可衡量的安全生产目标。这些目标应具有挑战性和可实现性,能够激发员工的积极性和参与度。

第三,制定改进措施。针对评估中发现的问题和目标,企业应制定具体的改进措施。这些措施可以包括加强员工培训、完善安全管理制度、更新安全设备、优化操作流程等。

第四,实施改进计划。企业应明确改进计划的责任人、时间节点和所需资源,并确保计划得到有效执行。同时，应建立监督机制，对改进计划的实施情况进行跟踪和检查。

第五，持续监控与调整。绩效改进是一个持续的过程，企业需要不断地监控和评估改进效果，并根据实际情况进行调整和优化。这要求企业具备灵活性和适应性，能够及时应对新的安全风险和挑战。

绩效改进需要得到企业领导层的高度重视和全力支持。领导层应积极参与安全生产工作，为绩效改进提供必要的资源和指导。员工是安全生产的主体，他们的参与和合作对于绩效改进至关重要。企业应加强员工的安全意识培训，提高他们的安全操作技能，鼓励他们积极参与安全管理和改进工作。为了激发员工参与绩效改进的积极性，企业应建立相应的激励机制，如奖励制度、晋升机制等，让员工从绩效改进中获得实实在在的利益。通过持续的绩效改进，企业可以不断提升其安全生产管理水平，降低安全事故风险，保障员工的生命财产安全，为企业的稳健发展奠定坚实的基础。

四、安全管理双重预防机制

1. 发展历程

(1) 机制提出的背景

2015 年的四起特别重大安全事故成为机制的提出背景，这四起事故分别是：陕西咸阳“5・15”道路交通事故、河南平顶山“5・25”火灾事故、天津港“8・12”火灾爆炸事故、深圳光明新区“12・20”滑坡事故，共造成 312 人遇难、12 人失踪。

(2) 机制落实的过程

2015 年 12 月，习近平总书记在中共中央政治局常委会上指出：“对易发重特大事故的行业领域，要采取风险分级管控、隐患排查治理双重预防性工作机制，推动安全生产关口前移。”

2016 年为“双重预防机制落实年”。2016 年 1 月 6 日，风险分级管控、隐患排查治理双重预防工作机制首次公开发布。习近平总书记在中共中央政治局常委会会议上就安全生产工作提出五点要求，其中第四点：必须坚决遏制重特大事故频发的势头，对易发重特大事故的行业领域采取风险分级管控、隐患排查治理双重预防性工作机制，推动安全生产关口前移，加强应急救援工作，最大限度减少人员伤亡和财产损失。山东省在全国率先印发了政策文件《山东省人民政府办公厅关于建立完善风险管控和隐患排查治理双重预防机制的通知》。

2016 年 4 月和 10 月，国务院安委会办公室两次印发重要文件：《关于印发标本兼治遏制重特大事故工作指南的通知》和《关于实施遏制重特大事故工作指南构建双重预防机制的意见》。

2016 年 12 月 18 日，中华人民共和国成立以来规格最高的安全生产工作的纲领性文件《中共中央 国务院关于推进安全生产领域改革发展的意见》发布。意见要求：坚持源头防范，构建风险分级管控和隐患排查治理双重预防工作机制，严防风险演变、隐患升级导致生产安全事故发生；加强安全风险管控，强化企业预防措施，企业要定期开展风险评估和危害辨识，针对高危工艺、设备、物品、场所和岗位，建立分级管控制度，制定落实安全操作规程。

2016 年 12 月 13 日，国家标准《企业安全生产标准化基本规范》(GB/T 33000—2016)要求以安全风险管理、隐患排查治理、职业病危害防治为基础，以安全生产责任制为核心，建立安全生产标准化管理体系。

2017 年 1 月 12 日,《安全生产"十三五"规划》提出四项基本原则,其中第三项:预防为主,源头管控。实施安全发展战略把安全生产贯穿于规划、设计、建设、管理、生产、经营等各环节,严格安全生产市场准入,不断完善风险分级管控和隐患排查治理双重预防机制,有效控制事故风险。

2019 年 8 月,应急管理部印发的《危险化学品企业安全风险隐患排查治理导则》明确了管控措施存在缺陷或缺失时就构成安全隐患,包括物的不安全状态、人的不安全行为和管理上的缺陷等方面。导则对隐患的定义更合理,把双重预防机制下的隐患排查治理讲得比较清楚。

(3) 机制成为法定职责

2021 年 9 月 1 日,《安全生产法》修订实施,双重预防机制正式写入法律,成为必须履行的法定职责。其中第四条:生产经营单位必须遵守本法和其他有关安全生产的法律法规,加强安全生产管理,建立健全全员安全生产责任制和安全生产规章制度,加大对安全生产资金、物资、技术、人员的投入保障力度,改善安全生产条件,加强安全生产标准化、信息化建设,构建安全风险分级管控和隐患排查治理双重预防机制,健全风险防范化解机制,提高安全生产水平,确保安全生产。

第二十一条　生产经营单位的主要负责人对本单位安全生产工作负有下列职责:(五)组织建立并落实安全风险分级管控和隐患排查治理双重预防工作机制,督促、检查本单位的安全生产工作,及时消除生产安全事故隐患。

第四十一条　生产经营单位应当建立安全风险分级管控制度,按照安全风险分级采取相应的管控措施。生产经营单位应当建立健全并落实生产安全事故隐患排查治理制度,采取技术、管理措施,及时发现并消除事故隐患。事故隐患排查治理情况应当如实记录,并通过职工大会或者职工代表大会、信息公示栏等方式向从业人员通报。其中,重大事故隐患排查治理情况应当及时向负有安全生产监督管理职责的部门和职工大会或者职工代表大会报告。

2. 双重预防机制的概念

(1) 术语的定义

简单来说,双重预防机制就是安全风险分级管控和隐患排查治理。通俗说,双重预防机制就是构筑防范生产安全事故的两重防火墙。

安全风险分级管控,就是我们日常工作中的风险管理,包括危险源辨识、风险评价分级、风险管控,即辨识风险点有哪些危险物质及能量,在什么情况下可能发生什么事故,全面排查风险点的现有管控措施是否完好,运用风险评价准则对风险点的风险进行评价分级,然后由不同层级的人员对风险进行管控,保证风险点的安全管控措施完好。

隐患排查治理就是对风险点的管控措施通过隐患排查等方式进行全面管控,及时发现风险点管控措施中潜在的隐患,及时对隐患进行治理。

安全风险管控到位就不会形成事故隐患,隐患一经发现及时治理就不可能酿成事故,要通过双重预防的工作机制,切实把每一类风险都控制在可接受范围内,把每一个隐患都治理在形成之初,把每一起事故都消灭在萌芽状态。安全生产工作与其他工作一样,只有遵行规律方能驾驭它,必须坚定事故可防可控的理念,将风险分级管控和隐患排查治理牢牢挺在前面。双重预防就是要把风险管控好,不让风险管控措施出现隐患,这是第一重"预防";对风险管控措施出现的隐患及时发现、及时治理，预防事故的发生，这就是第二重“预防”。图 13-2 所示为双层预防机制与传统安全管理模式的对比。

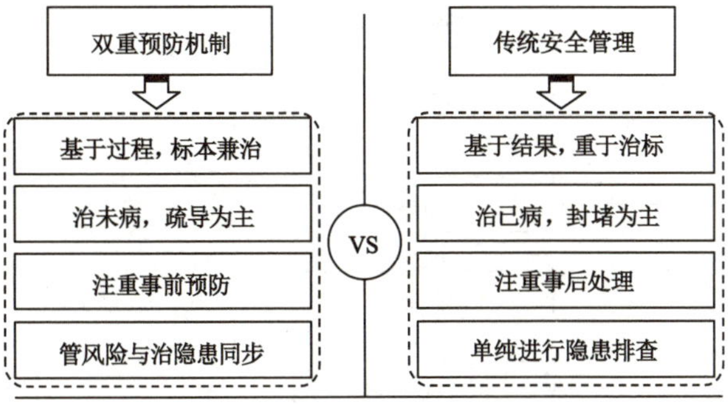

图 13-2　双层预防机制与传统安全管理模式的对比

（2）风险分级管控与隐患排查治理的关系

安全风险分级管控是隐患排查治理的前提和基础，通过强化安全风险分级管控，从源头上消除、降低或控制相关风险，进而降低事故发生的可能性和后果的严重性。隐患排查治理是安全风险分级管控的强化与深入，通过隐患排查治理工作，查找风险管控措施的失效、缺陷或不足，采取措施予以整改。同时，分析、验证各类危险有害因素辨识、评估的完整性和准确性，进而完善风险分级管控措施，减少或杜绝事故发生的可能性。

安全风险分级管控和隐患排查治理共同构建起预防事故发生的双重机制，构成两道保护屏障，有效遏制重特大事故的发生。图 13-3 所示为风险分级管控与隐患排查治理的关系。

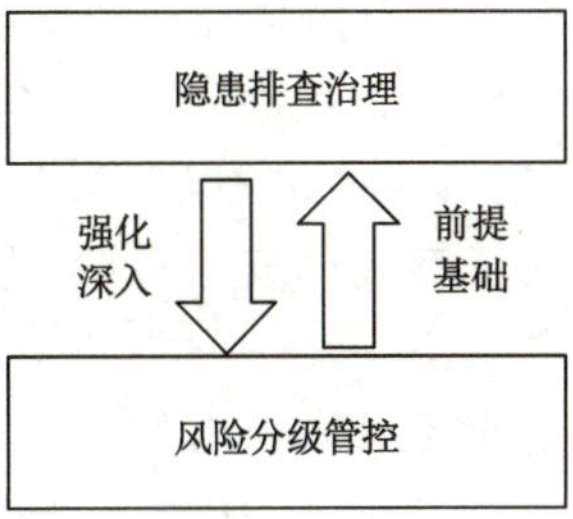

图 13-3　风险分级管控与隐患排查治理的关系

3. 构建双重预防机制

（1）双重预防机制的内容

双重预防机制的建立需要从以下 10 个方面进行：建立安全风险清单和数据库；制定重大安全风险管控措施；设置重大安全风险公告栏；制作岗位安全风险告知卡；绘制企业安全风险四色分布图；绘制企业作业安全风险比较图；建立安全风险分级管控制度；建立隐患排查治理制度；建立隐患排查治理台账或数据库；制定重大隐患治理实施方案。

（2）双重预防机制的构建流程

图 13-4 所示为双重预防机制的构建流程。

根据《国务院安委会办公室关于实施遏制重特大事故工作指南构建双重预防机制的意

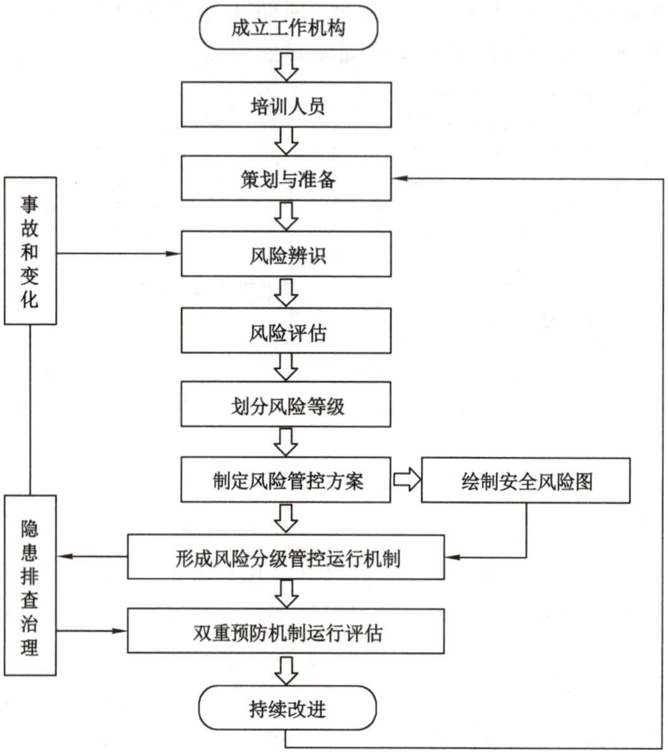

图 13-4　双重预防机制的构建流程

见》的要求，企业构建双重预防机制应该做到以下方面。

① 全面开展安全风险辨识。各地区要指导推动各类企业按照有关制度和规范，针对本企业类型和特点，制定科学的安全风险辨识程序和方法，全面开展安全风险辨识。企业要组织专家和全体员工采取安全绩效奖惩等有效措施，全方位、全过程辨识生产工艺、设备设施、作业环境、人员行为和管理体系等方面存在的安全风险，做到系统、全面、无遗漏，并持续更新完善。

② 科学评定安全风险等级。企业要对辨识出的安全风险进行分类梳理，参照《企业职工伤亡事故分类》(GB 6441—86)，综合考虑起因物、引起事故的诱导性原因、致害物、伤害方式等，确定安全风险类别。对不同类别的安全风险，采用相应的风险评估方法确定安全风险等级。安全风险评估过程要突出遏制重特大事故，高度关注暴露人群，聚焦重大危险源、劳动密集型场所、高危作业工序和受影响的人群规模。安全风险等级从高到低划分为重大风险、较大风险、一般风险和低风险，分别用红、橙、黄、蓝四种颜色标识。其中，重大安全风险应填写清单、汇总造册，按照职责范围报告属地负有安全生产监督管理职责的部门。要依据安全风险类别和等级建立企业安全风险数据库，绘制企业“红、橙、黄、蓝”四色安全风险空间分布图。

③ 有效管控安全风险。企业要根据风险评估的结果，针对安全风险特点，从组织、制度、技术、应急等方面对安全风险进行有效管控。要通过隔离危险源、采取技术手段、实施个体防护、设置监控设施等措施，达到规避、降低和监测风险的目的。要对安全风险分级、分层、分类、分专业进行管理，逐一落实企业、车间、班组和岗位的管控责任，尤其要强化对重大

危险源和存在重大安全风险的生产经营系统、生产区域、岗位的重点管控。企业要高度关注运营状况和危险源变化后的风险状况，动态评估、调整风险等级和管控措施，确保安全风险始终处于受控范围内。

④ 实施安全风险公告警示。企业要建立完善安全风险公告制度，并加强风险教育和技能培训，确保管理层和每名员工都掌握安全风险的基本情况及防范、应急措施。要在醒目位置和重点区域分别设置安全风险公告栏，制作岗位安全风险告知卡，标明主要安全风险、可能引发事故隐患类别、事故后果、管控措施、应急措施及报告方式等内容。对存在重大安全风险的工作场所和岗位，要设置明显警示标志，并强化危险源监测和预警。

⑤ 建立完善隐患排查治理体系。风险管控措施失效或弱化极易形成隐患，酿成事故。企业要建立完善隐患排查治理制度，制定符合企业实际的隐患排查治理清单，明确和细化隐患排查的事项、内容和频次，并将责任逐一分解落实，推动全员参与自主排查隐患，尤其要强化对存在重大风险的场所、环节、部位的隐患排查。要通过与政府部门互联互通的隐患排查治理信息系统，全过程记录报告隐患排查治理情况。对于排查发现的重大事故隐患，应当在向负有安全生产监督管理职责的部门报告的同时，制定并实施严格的隐患治理方案，做到责任、措施、资金、时限和预案“五落实”，实现隐患排查治理的闭环管理。事故隐患整治过程中无法保证安全的，应停产停业或者停止使用相关设施设备，及时撤出相关作业人员，必要时向当地人民政府提出申请，配合疏散可能受到影响的周边人员。

4. 工作程序

(1) 风险分级管控程序

风险分级管控是指按照风险不同级别、所需管控资源、管控能力、管控措施复杂及难易程度等因素而确定不同管控层级的风险管控方式。风险分级管控的基本原则是：风险越大，管控级别越高；上级负责管控的风险，下级必须负责管控，并逐级落实具体措施。图 13-5 所示为风险分级管控的程序。一般将风险分为蓝色风险、黄色风险、橙色风险和红色风险四个等级。风险分级管控的程序主要有：

① 危险源识别。全面识别和梳理组织内外可能发生的风险，包括确定可能带来不利影响的因素和事件。此外，还需要将各场所、设备设施、作业活动作为基本的辨识单元，以确保风险辨识覆盖本单位及相关方作业的所有场所、设备设施和作业活动。

② 风险评价。对已识别的风险进行评估，确定其发生的可能性和对组织的影响程度。这通常涉及风险定性和风险定量分析。

③ 风险分级。根据风险评估结果，将风险分为不同的等级。常见的分级方式包括高、中、低三个等级，或者根据具体情况进行更细致的划分，如红、橙、黄、蓝四个等级。风险评价方法，如风险矩阵法(RP 法)和作业条件危险性评价法(LEC 法)，可以根据行业主管部门或上级单位的要求来确定。

④ 风险管控策略制定。根据风险分级结果，制定相应的管控策略和措施，包括风险预防、监测、响应和应对措施，以减小风险的可能性和影响程度。

⑤ 风险监控和控制。通过建立风险监控机制，对已识别和分级的风险进行跟踪和监控，及时掌握风险的变化情况，并采取相应的控制措施。

⑥ 持续改进。根据风险监控的结果和工作实践的经验，对已识别和管控的风险进行定期评估和改进，以提高风险管控的效果和效益。

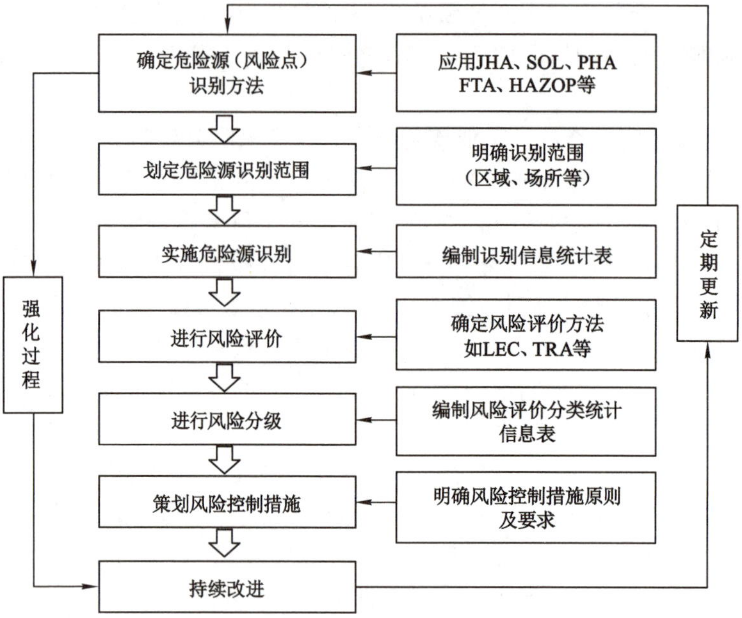

图 13-5　风险分级管控的程序

另外，风险分级管控程序还可能包括清单建立、警示告知等步骤。建立安全风险辨识、评价清单，清单中至少包括风险所在场所/部位、风险描述、风险可能导致的后果、风险评价过程、风险等级和控制措施等内容。同时，根据确定的风险等级绘制风险分布图，对风险实施动态管理。

（2）隐患排查治理程序

隐患排查治理需要明确几个重要概念：

① 隐患排查。隐患排查是指企业组织安全生产管理人员、工程技术人员和其他相关人员对本单位的事故隐患进行排查，并对排查出的事故隐患，按照事故隐患的等级进行登记，建立事故隐患信息档案的工作过程。

② 隐患治理。隐患治理是指消除或控制隐患的活动或过程，包括对排查出的事故隐患按照职责分工明确整改责任，制定整改计划、落实整改资金、实施监控治理和复查验收的全过程。

③ 隐患信息。隐患信息是指包括隐患名称、位置、状态描述、可能导致后果及其严重程度、治理目标、治理措施、职责划分、治理期限等信息的总称。企业对事故隐患信息应建档管理。

④ 隐患分级排查。公司级：通常风险级别为Ⅰ级和Ⅱ级的风险点，Ⅰ级和Ⅱ级风险点通常应包括重大危险源，风险点所产生的后果严重、易产生重大隐患的风险点，或后果不严重、但发生概率较高的风险点所涉及的危险源。

专业级：专业管理直接管理或相关的活动、过程、装置、设施、设备、物料等风险点所涉及的危险源，如供电专业的排查点可包括高压线路、高压配电、低压配电、配电柜（箱）、避雷系统、检维（抢）修等活动等风险点中的危险源。车间级：基层单位管辖范围内所有的设施、设备、作业过程、人员（含外来人员）等风险点所涉及的危险源可设为排查点，包括在本区域内的公司级、专业级排查点。班组级：除专业能力或设备能力不足导致无法实施排查的危险源外，将本班组内所有的设施、设备、作业过程、人员（含外来人员）等风险点所涉及的危险源可设为排查点。岗位级：除专业能力或设备能力不足导致无法实施排查的风险点外，将本岗位内所有的设施、设备、作业过程、人员（含外来人员）等风险点所涉及的危险源应设为排查点。

图 13-6 所示为事故隐患排查治理的一般程序，双重预防机制中的事故隐患排查治理程序是一个系统性的过程。主要包括以下步骤：

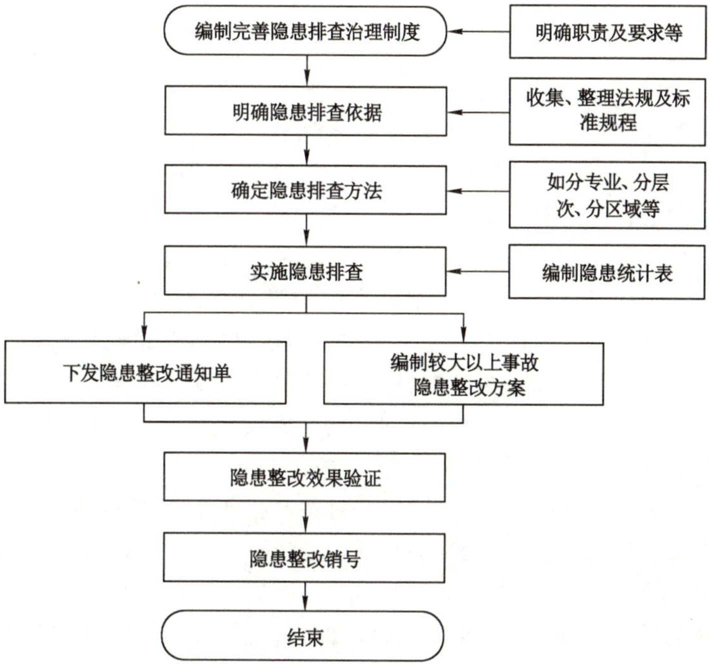

图 13-6　事故隐患排查治理的一般程序

第一步，建立健全事故隐患排查治理制度。完善事故隐患自查、自改、自报管理机制，对事故隐患排查、记录、治理、通报等环节作出具体规定。确保资金到位，规范隐患排查治理的闭环运行。

第二步，明确隐患排查依据。企业需要依据国家、地方和行业的相关法律法规以及相关的标准规范等，来进行隐患排查工作。这些法规和标准规范为隐患排查提供了明确的指导，确保排查工作的合法性和合规性。企业应建立健全的安全生产责任制、安全生产规章制度和操作规程等，这些制度和规程是隐患排查的重要参考，能够帮助企业识别并消除潜在的安全风险。此外，风险辨识和评估结果也是隐患排查的重要依据。通过对生产过程中的风险进行辨识和评估，可以确定风险的性质和程度，从而有针对性地制定隐患排查方案，确保排查工作的针对性和有效性。企业可以借鉴历史上发生的事故案例，分析事故原因和教训，从而找出可能存在的类似隐患，加强排查和治理工作。

第三步，确定隐患排查方法。明确隐患排查的范围、对象、时间以及所需的具体方法和手段。这需要根据企业的实际情况，结合行业特点和安全风险状况，制定具有针对性的排查计划。组织专业人员进行实地隐患排查。实地排查过程中，要对生产场所、设备设施、作业流程等进行全面、细致的检查，并特别注意对可能导致事故发生的危险因素和薄弱环节进行重点关注。排查人员需要运用专业知识和技能，识别并记录下发现的各种隐患。此外，采用科学的风险评估方法对排查出的隐患进行评估和分类。根据隐患的严重性和发生概率，将其划分为不同的风险等级，并确定相应的治理优先级。这有助于企业更好地理解风险状况，并合理分配资源，优先处理高风险隐患。同时，结合历史事故案例和经验教训来完善隐患排查方法。企业可以借鉴过去的事故案例，分析事故原因和隐患类型，从而调整和优化当前的排查方法，提高排查的准确性和有效性。利用现代科技手段，如大数据分析、物联网技术等，对隐患排查数据进行收集、分析和处理，提高排查工作的效率和准确性。

第四步，实施隐患排查。根据事故隐患排查清单，定期组织事故隐患排查工作。对排查中发现的事故隐患进行登记，确保所有隐患都被记录并纳入治理程序。结合企业的生产特点和安全风险状况，制定具体的隐患排查方案。方案中应明确排查的目标、范围、时间节点以及具体的排查方法。组建由安全管理人员、技术人员和操作人员组成的排查小组。对生产设备、工艺流程、作业环境等进行全面、细致的检查，记录发现的问题和隐患。

第五步，隐患整改效果验证。需要制订详细的隐患整改效果验证计划，明确验证的目的、范围、方法和时间节点。验证人员应前往隐患整改现场，对整改措施的实施情况进行实地检查。这包括核实整改措施是否已按照预定方案完成，以及整改后的设施、设备或工艺是否正常运行。通过收集整改前后的相关数据，如事故发生率、设备运行参数、员工安全意识水平等，对整改效果进行定量分析。这有助于客观评估整改措施的实际效果。向参与整改和受整改影响的员工收集反馈意见，了解他们对整改措施的看法和感受。员工的反馈可以为验证结果提供重要的参考。邀请安全领域的专家对整改效果进行评估和审查。专家可以基于专业知识和经验，对整改措施的合理性和有效性提出专业意见。根据现场检查、数据分析和专家评估的结果，编写隐患整改效果验证报告。报告应详细记录验证过程、方法和结果，并提出进一步的改进建议。

复习思考题

1. 简述 6σ 安全管理方法的实施原则和步骤。
2. 简述 13S 安全管理法的含义及其在实际中的应用。
3. 简述职业安全健康管理体系产生的原因。
4. 职业安全健康管理体系包括哪几个方面的要素？简单分析各要素间的联系。
5. 简述 HSE 管理体系的概念及特点。
6. 简述安全生产标准化的内容。
7. 简述双重预防机制的内容及构建流程。

安全文化点滴

第 14 章　管理创新方法论

第 1 节　创新思维

一、创新概述

1. 创新的概念

“创新”是一个古老的名词，在《魏书》中就有“革弊创新”一词。但是“创新”作为企业管理中的一种经济学概念被引入，却相对来说年轻许多。1912 年，熊彼特(J. A. Schumpeter)发表《经济发展理论》，首次提出了“创新理论”，也就是将生产要素或生产条件重新组合，创造出新的价值。他定义了“创新”的五种形式：新产品开发、新技术应用、新市场开拓、原材料新来源以及新组织搭建。但是，熊彼特的理论并未得到当时社会的重视。一直到 20 世纪 50 年代，人们才逐步意识到创新对社会与经济的重要性，开始寻找创新的规律。20 世纪 60 年代，科技革命迅猛发展，华尔特·罗斯托(W. W. Rostow)在“起飞”六步理论中，将“技术创新”视为“创新”的主导。随后，人们持续对“技术创新”进行探索性研究。许多学者也进行了创新研究，提出了不同的创新定义。一般认为创新是指以现有的思维模式提出有别于常规或常人思路的见解为导向，利用现有的知识和物质，在特定的环境中，本着理想化需要或为满足社会需求，而改进或创造新的事物、方法、元素、路径、环境，并能获得一定有益效果的行为。

2. 创新的特征

创新的五个主要特征包括目的性、变革性、新颖性、超前性和价值性，这些特征共同构成了创新的内涵和特质并使得创新成为推动社会进步和发展的重要动力。

(1) 目的性

创新活动始终贯穿着明确的目的性。无论是技术创新、产品创新还是服务创新，其背后都有着明确的目标和意图。这些目标可能包括解决现有问题、满足市场需求、提升效率、降低成本等。目的性使得创新活动有了明确的方向和动力，推动创新者不断寻找新的解决方案和突破点。

(2) 变革性

创新意味着对现有事物进行深刻的改革和革新。它不仅是对现有产品或服务的微小改进，而且是对传统观念、模式、技术的颠覆和重塑。变革性是创新的核心，它推动社会不断向前发展，带来新的机遇和挑战。

(3) 新颖性

创新强调对现有的不合理事物的扬弃，革除过时的内容，确立新事物。这意味着创新必须具有新颖性，能够打破常规，提出前所未有的新思想、新方法和新解决方案。新颖性是创新的重要标志，它使得创新成果能够脱颖而出，产生深远影响。

（4）超前性

创新以求新为灵魂，具有超前性。这种超前性不是简单地预测未来，而是基于对当前趋势和潜在需求的深刻洞察，提出具有前瞻性的解决方案。超前性使得创新能够引领潮流，推动社会进步，为未来发展奠定基础。

（5）价值性

创新具有明显、具体的价值，对经济社会具有一定的效益。无论是提升生产效率、降低成本、改善用户体验还是创造新的市场需求，创新都能够为社会带来实际的价值和效益。价值性是创新的最终目标和意义所在，它使得创新成果能够得到社会的认可和接受。

二、创新思维类型

1. 发散思维

发散思维的概念最早由伍德沃斯（R. S. Woodworth）于 1918 年提出。迄今，已经由无数学者对其进行研究，形成了一个庞大的理论体系。根据形式不同，发散思维可以分成结构、因果、属性、关系、功能等五类。结构思维是根据结构特性来发散的，如二维结构、三维结构等。因果思维是通过寻找因果联系来找寻新的突破点。属性思维根据事物的属性来发现可能性，如密度、颜色、味道等。关系思维是通过思考事物所处的特定关系，寻找相应出路，不一定是唯一的解。功能思维则是综合多种因素，重点放在系统功用上。

2. 联想思维

世界是普遍联系的。联想思维作为联系观点的实际应用表现，是基于联系的本因，做出的有思维轨迹的推断。一般来说，联想思维可以分为相似、接近、对比和自由四种。

相似联想是通过事物相同或相似的特点进行的类推联想。生活中各类事物之间总是存在相似或相同的地方，相似联想将这些暂时的联系进行泛化或抽象概括。客观世界中的相似现象常常会反映在人脑中，因此，人总是下意识地按照相似的规律去认识和改造世界。如果能总结人在认识和改造世界的过程中产生的有效活动，寻找发展过程中主体与客体之间相似现象的基本规律与内在联系，肯定能帮助我们预见事物未来的发展方向。相似联想在整个探索过程中发挥了向导作用，在创意的形成过程中也有其独特的力量。世界上没有任何事物是孤立存在的，也没有什么能脱离系统独自存在于世间。因此，时空上的联想，容易让我们通过经验或者潜意识让其形成连接。

对比联想也就是相反联想，正好与相似联想相反，提到一个事物，就想到与这个事物性质相反的另一个事物。

自由联想并不是没有规律、没有逻辑地胡乱联想，它是基于日常思维的积累，在联想时摆脱具体事物的羁绊，充分展示内心的真实面貌。自由联想虽然会占用很多时间，但是自由联想是最具创造力的，往往会有意想不到的收获。

3. 形象思维

“形象”这个概念是以别林斯基为代表的 19 世纪文艺理论家提出的。形象思维也叫作直感思维，是指思维形态为具体的图像或形象，也是人的本能之一。

形象性是最基本的性质。形象思维反映的是事物的形象，通过的途径可能是感知、通感、想象等。它是使事物生动、直观、整体地展现的基础。非逻辑性指的是形象思维对信息加工的方式没有范式和逻辑，它是立体和系统的，可以迅速把握问题。形象思维的结果需要等待逻辑的证明和实践的检验。形象思维的特点是形象性、无逻辑性、非精确性以及想象性。

由于形象思维的粗线条反映，也导致了它的另一个特点就是非精确性。它只能对事物进行定性或半定量分析，而抽象思维则能进行精确的定量分析，在实际生活中，往往需要将两者结合起来使用。形象思维的创造力靠想象性的特点来保证，富有想象力的人通常形象思维和创造力也很强。

4. 逆向思维

逆向思维也称求异思维，是指对现有理论或事物反向进行创新的一种思维方式。它要求思考者反其道而行之，从对立面和相反面开始进行探索，找到新的解决思路。逆向思维具有普适性、创新性和叛逆性的特点。普适性指的是逆向思维应用范围极广，几乎所有领域都可用。辩证唯物主义的对立统一规律以及矛盾相互转化规律也同样适用于逆向思维中，在常规思维没办法解决时，进行反向推理可能会有意外收入。逆向思维体现了这种辩证性，要求思考者跳出单向的推理逻辑，从尽头处折返。

创新性是逆向思维最大的改变特征。作为一种特殊的生存智慧，往往能产生出其不意的效果。逆向思维就是用新观点、新角度、新方法来处理和研究问题，以期产生新的思维。叛逆性是指使用一种截然不同的对立的方法来分析难题，它能从相互矛盾的表象中分析利弊，转化矛盾。逆向思维是一种科学却复杂的思维方式。在运用逆向思维时，务必对思考的问题有全面、细致的了解。下面三种情形适合使用逆向思维：

① 新的问题：逆向思维可以解决看似对立，不可能解决的问题。

② 长期遗留问题：逆向思维可以突破思维定式。

③ 特殊问题：特事特办，具体问题具体分析。

5. 系统思维

彼得·圣吉认为，自幼我们就被教导把问题分解，把世界拆成片段来理解。这显然能够使复杂的问题容易处理，但无形中却失掉整体的连属感，也不了解行动所带来的一连串后果。中国安全科学的奠基人刘潜教授指出，我的安全哲学思想和安全科学理论方法是来自实践的，得从“立场观点方法”开始研究，找到根源。要真正搞懂安全科学，必须理解部分和整体的辩证关系。刘潜正是立足于部分和整体的辩证关系，建立了属于安全科学特有的科学哲学思想：先从整体到部分，再从部分到整体相融合。

在复杂的安全管理情境下，局部甚至细节问题可能对整体产生重大的影响。但是局部问题的根源可能是在其他部分，或者受到相互之间、与外部环境之间复杂关系的影响。“只见树木、不见森林”，致力于解决局部或者细节的问题，可能失去了“退后一步审视大画面”的视野，从而既难以理解问题的复杂性，也难以找到解决问题的根本途径。从整体上把握，才能认识到事物之间相互的关系，而这种认识便需要系统思维。

系统思维是一种极其重要的思维方式，它强调从全局和整体的视角去审视问题，理解事物之间的内在联系和相互作用。它被认为是原则性与灵活性有机结合的基本思维方式，能够帮助人们抓住整体，抓住要害，并能够在不失原则的情况下，灵活有效地处置事务。系统思维的核心在于全面性和整体性。在分析问题时，它要求人们看到各个部分之间的相互影响和制约关系，以及它们对整个系统的作用。这有助于更准确地把握问题的关键所在，提出有效的解决方案。同时，系统思维也有助于避免局部优化而忽略整体利益的情况，帮助人们在决策时兼顾各个部分和整体的利益，实现整体优化。

具体来说，系统思维使人们能够运用系统观点，把对象的互相联系的各个方面及其结构和功能进行系统认识。例如，在资源配置方面，系统思维可以帮助人们在整体实力与对手相等或者略低于对手的情况下，通过合理的资源配置，达到整体的胜利。这种思维方式也有助于领导者从整体出发，把着眼点放在全局上，注重整体效益和整体结果。

系统思维的培养是一个长期且持续的过程，涉及多个方面的学习和实践。以下是一些具体的策略和建议，帮助你逐步培养系统思维。

(1) 建立整体观念

首先，要认识到整体性原则是系统思维方式的核心。无论面对什么问题，都要尝试从整体的角度去理解，而不是仅仅局限于局部。尝试将问题放在更大的背景下进行思考，观察各个部分是如何相互关联和影响的。

(2) 学习多学科知识

系统思维需要对多个领域有深入的理解。因此，广泛学习不同学科的知识，特别是那些涉及复杂系统和相互关系的学科，如系统科学、生态学、社会学等，将有助于培养系统思维。

(3) 实践系统分析方法

系统分析是系统思维的重要工具。学习并掌握一些系统分析方法，如因果图、影响图、系统动力学等，可以更好地识别问题的根本原因，找到解决问题的有效途径。

(4) 关注反馈与循环

在系统思维中，反馈和循环是常见的现象。理解并关注这些过程，可以更好地把握系统的动态变化，从而做出更准确的决策。

(5) 培养跨学科合作能力

系统思维往往需要跨学科的视角和方法。因此，与他人分享和交流，特别是与来自不同学科背景的人合作，可以拓宽视野，提升系统思维的能力。

(6) 反思与总结

在培养系统思维的过程中，不断地反思和总结是非常重要的。每次面对问题时，尝试用系统思维的方式去分析和解决，然后反思整个过程，看看哪些地方做得好，哪些地方可以改进。这样可以逐步优化自己的系统思维方式。

第 2 节　克服心智模式钝化

有了长期实践与经验的积累，在处理日常事务和一般性问题时，可以形成“套路”，从而驾轻就熟、得心应手、提高效率、节约成本，使问题高效解决。但面临新情况、新问题时，思维定式会阻碍我们形成新观念、新构想、新点子和发现新事物，成为我们思维的枷锁、前进的羁绊。创新思维强调的就是一个“新”：新思路、新方法、新技术等。培养创新思维的第一步就是打破常规思维的约束。

一、思维定式的类型

思维定式，也叫作惯性思维，最早是由德国心理学家缪勒(G. E. Muller)于 1889 年提出的。思维定式是指思考者在思维活动中形成的一种稳定倾向或习惯思维方式。思维定式受到社会环境、人文传统以及个人经历、兴趣爱好等影响，一旦形成，就很难改变。这些思维会产生一个强大的惯性来约束和规范我们的思考逻辑，使我们的思考逻辑限在一个固定的框架中。思维定式对解决问题有非常重要的意义。在解决问题时，思维定式的好处是可以迅速联想相似问题的解决方案，将新问题与旧问题进行比较，抓住共同特征，用已知的经验来解决新问题，或者把新问题转化为一个熟悉的问题。

万事都有两面，思维定式同样也有消极的部分。长此以往，它使人们在思考时养成了一种千篇一律、机械化、呆板的思考习惯，不利于创新创造。尤其是在环境发生变化时，如果有思维定式，势必对思维创新有重重阻碍。思维定式创造的条条框框，成了创新的枷锁，妨碍人们找到新的解决方法。

思维定式的种类有很多，最常见的有从众型思维定式、权威型思维定式、经验型思维定式、教条型思维定式以及自我型思维定式五种。

1. 从众型思维定式

从众型思维定式源于从众心理。在社会生活中，人们无时无刻不以各自方式影响其他人。而个体往往最易受到其他人的影响，从而对自己的认知产生动摇。旁人可以阻碍或促进某个个体完成任务，个体受到的压力也能迫使其接受大部分人的判断。这一现象不仅仅在个体对自己的判断模棱两可的情况下会出现，即使是答案显而易见的情况下，也会出现类似现象。究其原因，还是因为人们在心理上还是更愿意相信大多数人的判断，觉得大多数人的知识、信息来源更可靠、更可信，因此大多数人的结论的正确率更高。因此，在个人判断与大多数人的判断不一致时，个人往往选择跟随大多数，怀疑并修正自己的结果。从众心理容易扼杀创新，一个社会越强调传统，就会有越多的从众思维枷锁。

2. 权威型思维定式

社会需要权威，若没有权威就没有了秩序，社会的稳定是人们对权威的崇拜与服从。恩格斯在《论权威》中提道："一方面是一定的权威，不管它是怎样造成的，另一方面是一定的服从，不管社会组织怎样，这两者在产品的生产和流通赖以进行的物质条件下，都是我们所必需的。"但是，如果走另一个极端—把权威绝对化，那么对权威的崇拜只会变成一种迷信和盲目推崇，权威型思维定式也就成了另一种扼杀创新的枷锁。因此，不恰当地引用权威的观点，不恰当地推崇权威观点，不敢质疑权威，这些都将不利于创新。

3. 经验型思维定式

人生中会积累大量经验，比如生活感受、实践知识、传统习惯、新奇观念等。经验在实践活动中扮演了很重要的角色，人们可以依靠经验来指导相同环境下相同的实践活动，以此提高实践活动的效率。另外，经验也是理论的根基。理论思维必须基于经验，如果离开经验，那么理论就没有依靠。但它只是在一定的认知水平，在特定的条件下，对特定的实践活动有指导意义。一旦拘泥于经验，那么个人的眼界势必会受到极大影响，从而阻碍创新。在这种情况下，经验型思维定式也就成了创新的枷锁。

4. 教条型思维定式

教条型思维定式的人不管实际情况如何，一味从书本出发，书上怎么说实际就怎么做。实际上，书本知识与经验一样，都有两面性。人们需要站在巨人的肩膀上才能迅速发展，创新也需要基于必要的知识。然而，如果迷信书本知识，无视实际情况，用书本知识去硬套现实,那么就会囚禁思想。创新思维源于书本知识,而超脱于书本,它需要对累积的知识进行灵活运用,创造出新的东西。因此,书本知识是思维创造的起点,但不能拘泥于此,应该跳出框架,开拓思维,产生新的想法。

5. 自我型思维定式

在思维活动中,人们总是自觉或不自觉地遵循自己的观点,从自己的立场、自己的眼光去考虑事情。一个个体的自我型思维定式是以自我为中心的,一个团队的自我型思维定式是以自身团队为中心的,一个国家或民族的自我型思维定式是以本国或本民族为中心的,也就是说,特定的主体都是按照自身为中心来观察和认识世界。对于相同的事物,由于所处的角度、方向、认知不同,获得的信息也不同。就如盲人摸象一般,要得到更接近真理的答案,必须摆脱自我设定的框架,才能真正提升创造力水平。

二、破除思维定式

1. 破除从众型思维定式

破除从众型思维定式,需要"反潮流"。要求在研究问题时,能相信自己的认识和判断,顶住压力,不随波逐流,坚持自己的想法不轻易改变。一般来说,从众思维弱的,反潮流能力弱;创新思维强的,反潮流能力强。纵观人类历史,真理往往首先由少数人发现,最终慢慢被大众接受。因此,想要打破从众心理,就一定要做到在进行思维创新的时候,不顾忌他人想法,不以他人观点论是非,这样才能真正做到打破障碍,开拓视野,获得新事物和新想法。

2. 破除权威型思维定式

破除权威型思维定式,需要科学审视权威。首先,需要查看权威是不是本专业的权威,现代社会已经出现"权威泛化",即把某一领域的权威影响不恰当地扩展到其他领域。一般来说,权威都有专业局限性,超出了本专业的范围,权威便不再是权威。其次,需要审查权威是不是本地的权威,权威不仅受到专业局限,还受到地域局限。不同地域的权威意见可能也不一致。然后,需要审视其是不是当下的权威,知识也是会过时的,随着时代发展在不断更新,不与时俱进的权威也会被时代淘汰。最后,需要审查其权威的可靠性,有些权威是借助一些政治、经济、媒体的力量进行包装出来的,也有一些是真的权威,但出于利益需要,也可能会做出不真实的结论判断。

3. 破除经验型思维定式

破除经验型思维定式的方法是突破经验的框架,将经验上升到理论和逻辑的层面。依据理论知识和逻辑规则进行思考,我们只靠经验是无法掌握事物的一般、普遍规律的,受到经验思维的局限性,只能对事物的个性和特性进行表面联系,不能对事物的内在规律和本质联系进行探索。因此,破除经验型思维定式的关键是需要升华经验至理论层面,才能更全面有效地指导人类实践。

4. 破除教条型思维定式

破除教条型思维定式的关键在于了解事物的本质,学会反思与质疑。对知识的运用需要灵活,不能拘泥于已有的内容。书本上的知识都是源自实践,因此,当实践发生变化时,需要开拓视野,使用新的方法和途径来解决问题。

5. 破除自我型思维定式

破除自我型思维定式的根本在于"跳出自我",尝试站在别人的立场上重新思考,理解世界上其他的事物和现象。在"我"与"非我"的跳跃之中,可以碰撞出很多新思想和新观念。

能够把人限制住的只有人自己。人的思维空间是无限的，像曲别针一样，至少有亿万种可能的变化。也许我们正在被困在一个看似走投无路的境地，也许我们正囿于一种两难选择之间，这时一定要明白，这种境遇只是因为我们固执的定势思维所致，只要勇于重新考虑，一定能够找到不止一条跳出困境的出路。

三、批判性思维

“批判的”源于希腊文 kriticos（提问、理解某物的意义和有能力分析，即“辨明或判断的能力”）和 kriterion（标准）。从语源上说，该词暗示发展“基于标准的有辨识能力的判断”。批判性思维作为一个技能的概念可追溯到杜威的“反省性思维”：“能动、持续和细致地思考任何信念或被假定的知识形式，洞悉支持它的理由以及它所进一步指向的结论”。批判性思维指的是技能和思想态度，没有学科边界，任何涉及智力或想象的论题都可从批判性思维的视角来审查。批判性思维既是一种思维技能，也是一种人格或气质；既能体现思维水平，也凸显现代人文精神。

1. 思考模型

（1）苏格拉底方法

批判性思维的第一个模型是“苏格拉底方法”或“助产术”——苏格拉底所倡导的一种探究性质疑。通过苏格拉底提问（或反驳、辩证法），人们被要求澄清他们思考或研究的目的和他们的意思，区分相干和不相干的信息，然后检验其可靠性和来源，质疑他们自己和他人所言包含的假设；按照合作的精神，从不同的视角进行推理，探查他们自己和他人所思考东西的后果或意义，整理他们知道或以为知道的东西的理由和证据，也对他们面前的证据和理由保持敏感。通过提问，揭示习以为常、理所当然的信念背后的假设所包含的不一致性，以探求新的可能答案。

（2）反省性思维

现代批判性思维的代表人物杜威，提出了“反省性思维”——批判性思维的探究模型。杜威发现，日常解决问题的方法类似于科学探究方法：定义问题，把期望转变为可能的、合意的结果，形成达至所确认目标的可能方式的假说，想象地思考实施这些假说的可能后果，然后用它们试验，直到问题被解决。然而，杜威同时区别了日常思维和反省性思维。反省性思维是对任何信念或被假定的知识形式，根据其支持理由以及它所指向的进一步的结论，予以能动、持续和细致地思考。反省，意味着搜寻发展某个信念的其他证据、新事实，或者证实该信念，或者使它的荒谬和不相干更显然。简言之，反省性思维意味着在进一步的探究期间，判断被悬置。反省性思维本质上是假说的系统检验，有时也称为“科学方法”。它包括问题的定义、假说的提出、观察、测量、定性和定量分析、试验、解释。反省性思维也是组织课程的基本原则，其焦点是把所提议的假说视为人们所面临困惑的可能的解决方法。反省性思维关注思维的因和果。

（3）元认知

“元认知”是对认知的认知，突出对认知的监控和调节。批判性思维包括认知技能和情感特质（心理倾向）两大部分，包含在批判性思维技能中的“自我校正”明显属于元认知。而把批判性思维定义为元思维时（比如保罗的定义——为改善思维而对思维的思考），整个批判性思维就具有元认知的性质。

（4）高阶认知

“高阶思维”或“高阶认知(技能)”源自布鲁姆认知目标分类系统。这个著名的“金字塔”系统包括6个连续的层级:知识、领会、应用、分析、综合和评估。最高的3个范畴——综合、分析和评估构成了高阶思维,而且常常被等同于批判性思维。所以,高阶思维等相关说法就是布鲁姆式的批判性思维。也有人将批判性思维仅仅看作第6个层级即评估,因为正是这个层级“聚焦于对一个陈述或命题的分析的基础上做出评价或判断”。由此,批判性思维只是高阶思维的一部分。

2. 批判性思维的特征

(1) 分析性

安全管理需要对各种潜在的风险和威胁进行深入的分析。批判性思维的分析性特征可以帮助安全管理人员对这些问题进行解构,理解其内在结构和关系,从而能够更准确地识别出风险的来源和性质。

(2) 评估性

安全管理要求对各种安全措施和策略的有效性进行评估。批判性思维可以帮助安全管理人员评估信息的真实性和可信度,判断各种安全措施的优劣,以及识别出潜在的安全隐患和缺陷。

(3) 推理和决策能力

安全管理往往需要基于已有的信息和数据,通过推理来预测和应对潜在的安全威胁。批判性思维能够通过有条理的分析和推理,帮助安全管理人员做出合理的决策,以应对复杂多变的安全环境。

(4) 灵活性和适应性

安全管理中的批判性思维还体现在其灵活性和适应性上。面对不断变化的安全威胁和情境,批判性思维能够帮助安全管理人员及时调整策略,适应新的安全需求。

(5) 反思和改进

批判性思维强调对已有思维和行动的反思和改进。在安全管理中,这意味着对过去的安全事件和策略进行回顾和总结,找出其中的问题和不足,从而不断完善和提升安全管理水平。

总的来说,批判性思维在安全管理中发挥着至关重要的作用,有助于安全管理人员更全面、深入地理解和应对安全问题,提高安全管理的效率和效果。

第3节　问题分析与对策

一、问题界定

1. 问题的类型

问题基本上都包含了一个要点:存在单一或多种课题,必须制定解决策略并付诸实施,问题的本质是我们的预期与现实的落差。根据现状与期望的落差、目标与理想的差距、现在的问题与未来的问题,我们把问题分为三种类型:恢复原状型、防范潜在型和追求理想型。

(1) 恢复原状型

恢复原状型指的是现在希望恢复成原来的状态,也就是原来的状态就是现在所期望的状态。恢复原状型是现状与过去的状态存在落差,所以要从现状与过去的落差中寻找问题。

例如,“机器没电了怎么办”“汽车的车胎爆了怎么办”“事故率能不能降低到去年的水平”,这类问题可以归类为恢复原状型问题。

(2) 防范潜在型

现在对未来的不确定性,在现阶段未发生明显损害,但在未来有可能发生不同类型的结果。例如:“生产安全遇到瓶颈,未来的隐患治理是否会被 AI 取代”“行业不断涌入新的竞争对手,未来是否会行业饱和并且竞争异常激烈”“随着年龄不断增长,身体机能也慢慢下降,未来是否会出现各种问题”诸如这些问题,我们可以归类为防范潜在型问题。

(3) 追求理想型

追求理想型这种问题之所以发生,是因为现在的状态没有得到满足,因此,追求理想型问题主要的思考方式是,现在的状态并没有重大损害,但由于现状没有满足期望的状态,由此产生的问题。例如,“明年的重特大事故率能不能降低 65%”“怎样实现本质安全”“如何考取注册安全评价师”,这类问题可以归类为追求理想型。

2. 问题的性质

(1) 重要性

比如以对全局的影响是否够久远,是否够深刻来判断是否是重要的问题。或者我们可以从事件链的节点属性来判断,比如路径上的瓶颈点、性质上的转化点、程度上的转折点、结构上的分叉点等。这些点能使得事件性质即将发生变化,一般都是重要问题。我们要把重要问题置顶,对重要问题进行最深入的分析和最充分的解决方案设计。针对该问题选派最有全局观、最得力的团队去解决,并且要为重要的问题配置最有力的相关资源辅助。并且,重要问题最好放在可视、可控的范围内去解决。

(2) 急迫性

“机不可失,时不我待,失不再来”指的就是问题的急迫性,不立刻解决就会错失机会。另一种情况是对后续的工作有先决性影响的事件,这件事不做,后面的很多事都会被影响。急迫问题一般分为三种情况:急事急办、急事缓办和缓事急办。一般通过治标为治本赢得时间的事情都需要急事急办。而如果一件事虽然紧急,但不容出现任何差错,这一类的事件则需要慢慢地、细致地去办,谨慎、耐心、细心地处置。还有一种事件本身并不紧急,但如果不及时处理,就会积压和演化,这类事件需要缓事急办,通过及时处理这些有可能演化成大事的小事,清理外围,减轻正面问题的压力。

(3) 大小性

大问题是相对而言的大问题,在众多即将处理的问题排序中,是相对比较大的问题。

一般会有两种策略处理大问题:一种是抓大放小,在资源和精力有限的情况,优先解决大问题;二是大事化小,把可分解的大问题分解成若干小问题,分步骤解决。对于不可分解的问题逐层解决,由表及里,逐步减小问题的规模,最后直至彻底解决。

(4) 难易性

难的问题一般复杂度较高,直接处理会有一定难度。或者处理一个问题会有众多关联问题的并发,存在多个相互交织、相互影响、可能并行的问题,也可能是某个问题的继发或衍生问题。面对困难问题时,一般需要多方面调研分析诊断,运用多维度的解决策略,如外病内治策略、避实就虚策略、围魏救赵策略、固守待变策略等。

(5) 新旧性

新问题是相比于过去曾经发生过的老问题而言的，是过往从来没有发生过的问题。做好调研分析诊断之后，我们可以穷尽所有的可能性和全部的方案，找出最适合新问题的解决方案，选择最优的方案进行实施。

二、问题分析

一般来说，解决一个问题的时候通常分为分析判断、制定解决方案、方案实施三个步骤。分析判断一般还可以分成调查、分析、判断三个步骤。对于恢复原状型问题，分析判断的目的在于找到问题对象存在何种主要问题或短板，可能导致哪些后果，问题的主要原因是什么，它的可能演化机理又是什么，如何帮助问题对象药到病除、恢复原状。对于防范潜在型问题，分析判断问题对象处在何种可能的困扰、威胁、潜在风险当中，应采取哪种优化、改造、改善和预防措施，帮助问题对象做好保健，防范潜在风险。对于追求理想型问题，则更多的是关于问题对象存在何种可能的发展机会，应该优先建设或发展哪些领域、哪些项目，其发展前景如何，帮助问题对象追求到自己的理想。

1. 调查

调查是获取数据、获取事实的过程，但问题解决的三个步骤并不是依次进行的，不是先做调查，做完调查做分析，做完分析做判断。做分析的时候很有可能因为数据或事实不够充分，需要补充或更新数据；在做判断的时候，也很有可能因为判据不足，需要补充或更新分析，或者判断结果不适用，需要修改。这些都需要重新回去做分析，甚至重新做调研再做分析。所以，整个调查贯穿发现问题的全部过程，因为任何问题都需要以事实和数据为基础。在调研事实和数据过程中，应当尽量保证其真实、可靠、充分、及时、关联度高。对于二手数据也需要做相关核查，对于破碎的资料、事实和数据，如果有机会，尽量做多源数据的核查，相互印证，力争还原事实。

2. 分析

进入分析和判断环节，仍然需要不断地完善数据，并且仅仅有数据是不够的，数据应该转化为信息才能成为判据。在做数据转化的过程中应该做到数据形式化，即一致的、可理解的表述；数据有序化，即符合一定的规律，如分类、排序、截面等；数据结构化，即数据之间的关联关系或因果关系。将数据信息化之后，再通过信息不断分析挖掘，将信息知识化，有利于更好地做出判断。

3. 判断

判断一般分为实证判断和逻辑判断。实证判断是在信息不充分的时候，我们为了尽快得到分析结果，通常会先假设“问题可能是……”，然后通过相关统计工具获得合理的数据后，对假设进行证实或证伪。逻辑判断是通过事实进行逻辑推演，得出结论。如果总是没有办法解释事实的逻辑，则有理由怀疑判据有问题，再通过反复调查分析寻求判据的合理性。

三、问题对策

1. 头脑风暴法

头脑风暴法(brain storming，BS)又称脑力激荡、智力激励法等，是美国创造学家奥斯本(Osborn)于1939年首次提出、1953年正式发表的一种激发性思维方法。头脑风暴法通过创造自由愉快、畅所欲言的氛围，针对某一主题让所有参加者自由提出点子或想法，并以此相互启发、相互激励、引起联想、产生共振和连锁反应，从而可以诱发更多的创意和灵感。其目的是通过找到新的和异想天开的解决问题的方法来解决问题。头脑风暴法的操作步骤如下。

（1）明确头脑风暴法小组的组成

小组一般以 5～10 人为宜。小组中不宜有过多行家，以避免在头脑风暴过程中有过多的评价，难以形成自由奔放的气氛。小组成员最好涵盖不同的学科背景和工作经历。

（2）热身

这一步骤主要是针对不熟悉头脑风暴方法的团队而实施的一步，在正式进行头脑风暴前召开一个预备会议，以营造一种有助于头脑风暴的气氛。

（3）确定议题

议题应尽可能具体，最好是日常工作中遇到的亟待解决的问题，目的是进行有效的联想。议题应由主持人在召开头脑风暴会议前告诉参与者，并附加必要的说明，使参加者能够收集确切的资料，并且按照正确的方向思考问题。

（4）提出设想

① 各抒己见。主持人或领导者重新叙述议题，要求小组成员讲出与该议题有关的设想。发言要简明扼要，不需要做任何论述，即使是一句话的设想也可以。

② 激发思考。在小组人员提出设想的时段，主持人必须善于运用激发思考的方法，场面轻松。任何发言者都不能否定和批评别人的意见，只能对别人的想法进行补充、完善和发挥。

（5）记录设想

这一步骤实际上是与提出设想阶段同时进行的。记录人可以是组员也可以是其他职员。记录下来的设想是进行综合和改善所需要的素材，所以必须放在全体参与者都看到的地方，比如黑板等。

（6）评价

小组人员对设想进行评价和选择。

2. 六顶思考帽法

思考最大的问题在于混乱。我们在思考的过程中常犯的一种错误是，总试图一次性解决所有的问题。情感、逻辑、创意、信息等，一股脑涌入思考中，就容易使思路乱作一团。六顶思考帽的方法就是帮助思考者一次只思考一个方向的问题，帮助思考者区分逻辑和信息等问题，每次只戴一顶帽子采纳特定类型的思考方式，如图 14-1 所示。尤其在工作会议中，往往会出现会议过程偏离主题的讨论，六顶思考帽能够帮助日常工作生活中提高效率，事半功倍。

六顶思考帽

（1）蓝色思考帽：掌控思考、专注、程序设计、归纳与总结、控制与监控

蓝帽是控制的帽子，蓝帽思考者负责控制思考本身。蓝帽就像指挥家指挥大家使用其他思考帽进行思考。在会议或者讨论中，蓝帽思考负责定义思考的主题，确定焦点和问题，还要监督思考进程，维持会议纪律，确保思考者都能够遵循既定规则，并且在出现争论时负责及时制止。蓝帽在会议中可以根据会议进程，要求思考者更换思考帽。蓝帽的一个重要功能就是“摄像”，记录会议中的思考过程，最后进行总结和综述。

戴蓝帽的通常是会议主持人、协调人或领导者。同时在具体的会议中，尽管蓝帽被指派

给了一名成员，其他参与者仍然可以提出关于蓝帽思考的建议或评价。

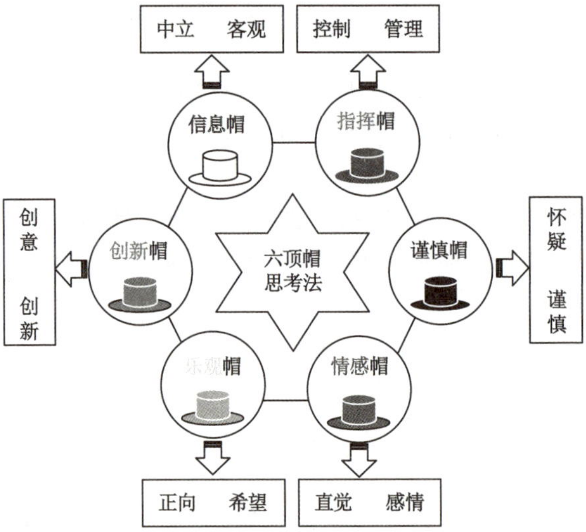

图 14-1　六顶思考帽法

(2) 白色思考帽：信息、事实和数据、真理、中立、客观

白帽是中立的帽子。可以把白帽想象成一张白纸，在白纸上进行打印，我们关注的就仅仅是纸上的信息了。所以在戴上白帽时，人们关注的信息包括：目前有哪些信息？还需要补充什么信息？遗漏了哪些信息？如何获取所需要的信息？信息既包括能够被检验的确切的数据，也包括情感等不能被检验的模糊信息。

白帽象征中立，从实际出发，戴上白帽的思考者就要求以中立客观的方式拿出数据。比如戴上白色思考帽的回答"有 60%的顾客认为我们的产品价格较高，20%的顾客认为我们的产品质量很好，还有 20%的顾客明确表明会再次回购我们的产品"，像"大体上""偶尔""有些"这类词语，也可以作为白帽的输出信息，前提是在特定的框架范围内。比如"关于为什么要辞职，戴上白帽思考的话，工资和以前差不多，职业生涯大体上看不到什么发展，工作也没什么挑战性……"

(3) 红色思考帽：表达情绪与情感、直觉、感性

戴上红色思考帽可以表达自己的情绪、直觉、感受，可以没有逻辑也可以不客观，更不用证明其是否合理。当然，一场严肃的会议绝不会允许不合理的思考出现，但是红帽的存在就是为了能够让人们表达当时的情感，或许过半小时以后，人们的情感、情绪又会发生不同的变化。红帽的目的是表达当时的情感，而不会强迫思考者做出决定或者判断。红帽就像是白帽的对立，红帽的思考只关乎情绪和情感，给了人们可以公开表达情绪的机会。如果没有红帽的存在，情绪并没有消失，而是以一种不被我们知道的方式影响我们思考。任何想要表达情绪、直觉的思考者都可以戴上这顶帽子，红帽也给了他们一个可以大胆表达的公开平台。红色思考帽鼓励思考者找到情绪的真相，找到其中掺杂的情感。

(4) 黄色思考帽：乐观、充满希望、积极思考

黄帽是阳光的帽子。戴上黄帽就预示着要从积极的思考出发，在其他成员提出建议时，寻找任何可能存在的积极的方面，将创意尽可能地实现。人们天生就有规避风险的特质，某

一个新的创意和想法提出了，我们往往想到的是这个新的想法会对目前的情况造成何种影响和冲击，这跟黄帽的思考天然相对，所以黄帽也是六顶思考帽中比较难戴的帽子。我们要培养一种“价值敏感性”，也就是说，对价值要像当前对待危险一样敏感。黄帽之所以重要，是因为它促使人们花更多精力去寻找价值，这也是为什么当有些人戴上黄帽以后会有很多惊喜感，就是因为一开始看起来枯燥的点子变得有趣了起来。黄帽的魅力就在于，即使再平常的创意，我们也能努力发现其中的价值。

(5) 黑色思考帽：谨慎、小心、冷静、严肃

黑帽是谨慎的帽子。在六顶思考帽中，黑帽是被用得最多的帽子。黑帽的一个重要特点就是对即将发生的事物进行风险评估，阻止人们做危险、有伤害的事情。我们必须知道我们要避免哪些伤害，哪些方法行不通，而哪些又是我们赖以生存的途径。纵使有再多的创意和想法，一旦发生了不可逆转的错误，也都会前功尽弃。

如上所述，黑帽可以说是六顶思考帽中最重要的帽子，但是也要避免在思考过程中过度使用，毕竟批判比创新要容易得多。就好比在工作中有人提出了新的工作方法来提高工作效率，如果这个方法会改变我们日常的工作习惯，我们一定会想方设法找到其中的不妥之处。

(6) 绿色思考帽：生机、肥沃、创造性、丰富

绿帽是能量的帽子。戴上绿帽时会要求提出与众不同的创意，绿色思考帽的特点就在于，要求每个人都参与到创造性的工作中来。创意不再是特定人群的事，戴上绿帽的每个人都可以是创意人士，都可以迸发出不同的点子。使用绿色思考帽的人都被期待做出一些新鲜的创意，当人们面对期待的时候，也会更加努力，从而本来不擅长创意的人，在一次次努力下，也和其他人一样具有创造力了。戴上绿帽可以提出任何可能性，可能性在思考中有着非常重要的作用。正是有了可能性，人类的生活才得以进步。

经过多年以来的实践，越来越多的组织和个人对六顶思考帽这一思考方式加以青睐，并取得了显著的效果。一是效率的提高。通过六顶思考帽法，团队中成员的智慧被充分发掘，并且大家都往同一个方向努力。二是时间成本降低。所有人都向同一方向看齐，不做偏离中心的发言，不再盲目争论，由此节省了大量的时间。三是全局观念的增强。在六顶思考帽的指挥下，人们不再关注自我需求，而是对发生的事物做出客观的评价，摒弃了自我观念。

3. 思维导图

思维导图的创始人是英国人东尼·博赞(T. Buzan)，也是著名的大脑、学习和思维技能等世界级作者、演讲家。他在 20 世纪 50 年代提出思维导图的思考方式，目前已经在人们的学习、工作和生活中被广泛使用，“思维导图”也被称为“瑞士军刀”般的思维工具。思维导图是围绕一个中心主题开展的，从中心词语延伸出去的每个分支词语或图像，形成一种无穷无尽的分支链，但是这些分支又紧紧围绕中心主题词语。这是一种有利于打开大脑潜力的图形技术，在现实的工作、生活和学习中，人们往往会强调这种思维方式，用来整合发散性思维和信息，系统地、有组织地收集数据和资料，更加清晰地进行思考。思维导图有以下四个基本特征：

① 注意的焦点清晰地集中在中央图像上。

② 主题作为分支从中央图像向四周放射。

③ 分支由一个关键图像或者印在线条上的关键词构成，比较不重要的话题也以分支形式表现出来，附在较高层次的分支上。

④ 各分支形成一个相互连接的节点结构。

思维导图还可以用色彩、图画、符号等不同元素来加以修饰，增强视觉效果，使其更具趣味性、更美观、更独特。而这些形式也会增强绘制者的创造力，更加有助于增强回忆这些信息时候的记忆力。思维导图之所以备受青睐，是因为它能从根本上帮我们解决在工作、学习中对于理解和记忆的难题。思维导图具有图形化、简洁化的特征，能够帮助我们快速回忆起关键信息，符合我们发散性思维的思考方式。图 14-2 所示为思维导图模型。

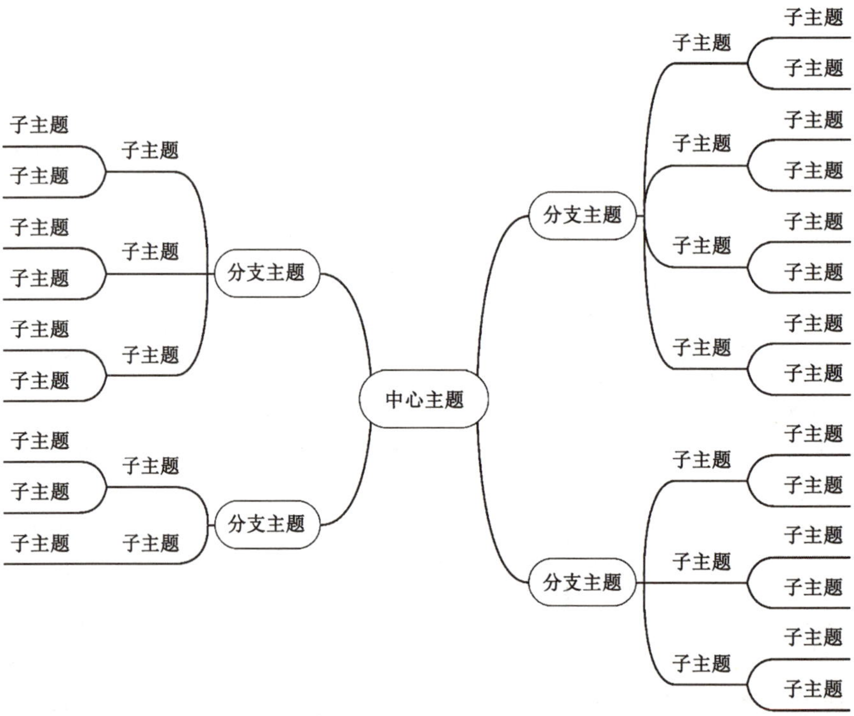

图 14-2　思维导图模型

4. 鱼骨图

鱼骨图分析法，又名因果图分析法，是一种发现问题“根本原因”的分析方法，鱼骨图是由日本管理大师石川馨先生总结出来的，又名石川图，图 14-3 所示为鱼骨图模型。现代工商管理教育如 MBA、EMBA 等将其划分为问题型、原因型及对策型等几类。鱼骨图分析法因其形状如鱼骨而得名，它是一种透过现象看本质的分析方法。

（1）鱼骨图的特点

鱼骨图分析法作为一种揭示问题“根本原因”的有效工具，其特点鲜明且实用。这种方法通过层层深入的方式，将问题的表象与内在原因紧密连接，从而帮助分析者透过现象看本质，快速定位问题的核心所在。以下将详细阐述鱼骨图分析法的特点，并从多个维度进行

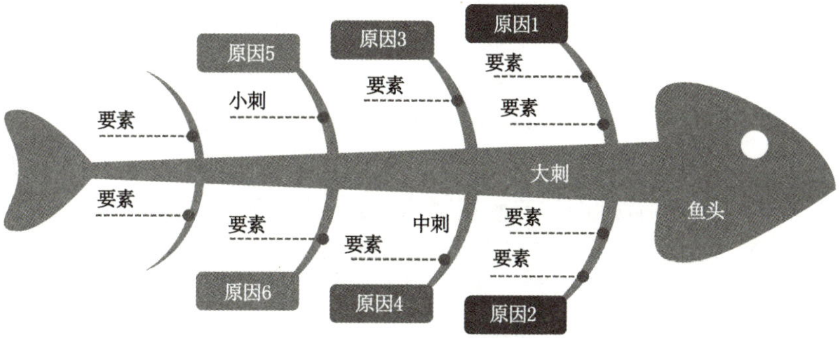

图 14-3　鱼骨图模型

解析。

① 鱼骨图分析法具有直观性和系统性。在绘制鱼骨图的过程中，问题被置于图的头部，如同鱼骨的头，而问题的各种原因则像鱼骨上的分支一样，逐一展开。这种图形化的呈现方式使得问题及其原因之间的关系一目了然，便于分析者快速理解问题的全貌。同时，鱼骨图的结构性特点也体现了其系统性，每个分支都代表着问题的一个方面或层次，通过层层分解，可以全面而系统地分析问题的各个方面。

② 鱼骨图分析法注重深入分析和因果关系。在绘制鱼骨图时，分析者需要深入挖掘问题的内在原因，从大到小、从粗到细地列出问题的各个层级原因。这种深入分析的过程有助于发现问题的根源，从而找到解决问题的关键所在。同时，鱼骨图也强调因果关系，即原因与结果之间的逻辑联系。通过分析原因与结果之间的链条，可以找出问题的关键节点，进而提出有效的解决方案。

③ 鱼骨图分析法还具有灵活性和适用性。无论是生产质量问题、市场营销问题还是其他类型的问题，都可以使用鱼骨图进行分析。分析者可以根据问题的实际情况，灵活调整鱼骨图的结构和内容，以适应不同的分析需求。同时，鱼骨图还可以与其他分析工具相结合，如流程图、直方图等，以提供更全面、深入的分析结果。

④ 鱼骨图分析法有助于团队协作和沟通。在团队中使用鱼骨图进行问题分析时，每个成员都可以参与到绘制和讨论的过程中，从而加深对问题的理解。同时，鱼骨图作为一种图形化的表达方式，也更容易被团队成员理解和接受。通过共同绘制和讨论鱼骨图，团队成员可以形成对问题的共识，进而更好地协作解决问题。

⑤ 鱼骨图分析法还强调问题的预防和持续改进。通过对问题的深入分析，分析者不仅可以找出问题的根源并解决问题，还可以发现潜在的风险和隐患，从而采取相应的预防措施。同时，鱼骨图分析法也鼓励持续改进，即在解决问题后继续分析问题的残留因素和可能的新问题，以实现问题的根本解决和组织的持续改进。

鱼骨图分析法具有直观性、系统性、深入性、灵活性、团队协作性以及预防和持续改进等特点。这些特点使得鱼骨图分析法在解决各种问题时具有广泛的应用价值，能够帮助分析者快速定位问题根源并提出有效的解决方案。因此，无论是在企业管理、生产控制还是其他领域，鱼骨图分析法都是一种值得推广和应用的分析工具。

（2）操作步骤

第一步，查找要解决的问题：明确要分析的问题或目标。

第二步，确定主题并绘制鱼头：在纸张的最左端写上主题，用方框或圆圈框起来，作为鱼骨图的鱼头。

第三步，画出鱼的背骨：从鱼头向右画一条粗线，代表鱼骨图的背骨。

第四步，列出副主题并绘制大刺：将主题分为 3～8 个副主题，分布于背骨的周围，用方框或圆圈框起来，然后朝着背骨的方向画出箭头，这是鱼骨图的大刺。

第五步，内容补充并绘制中刺和小刺：在各个副主题引申出的大刺周围进行更详细的内容补充，然后向着大刺的方向画出箭头，这是鱼的中刺。在中刺的周围进行内容补充，向着中刺的方向画出带有箭头的线，这是鱼的小刺。

第六步，深入研究问题原因：对于每一个问题，研究其发生的原因，并连续问至少五个问题，至少深入五个层次。当认为无法继续进行时，列出这些问题的原因。

第七步，列出解决方案：针对列出的问题原因，提出至少 20 种解决方法。

通过以上步骤，可以绘制出一个完整的鱼骨图，有助于全面、系统地分析问题的原因，并找到解决问题的有效方法。请注意，鱼骨图只是一种工具，实际操作中需要结合具体情况灵活运用。

(3) 鱼骨图的应用场景

鱼骨图在安全管理中的应用主要体现在对安全事件或问题的原因进行深入分析和系统梳理，以便制定针对性的预防措施和解决方案。

① 事故原因分析。在发生安全事故后，可以利用鱼骨图对事故原因进行逐层分解。通过绘制鱼骨图，可以清晰地展示出事故发生的各个因素，包括直接原因、间接原因以及根本原因。这有助于全面、系统地了解事故发生的全貌，为制定有效的预防措施提供依据。

② 安全隐患排查。鱼骨图可以用于识别和分析生产、工作环境中存在的安全隐患。通过绘制鱼骨图，可以列出可能导致安全事故的各种因素，并对这些因素进行优先级排序。这样，安全管理人员可以重点关注那些风险较高的因素，采取相应的措施进行整改，从而降低安全事故的发生概率。

③ 安全制度优化。鱼骨图可以帮助分析现有安全制度的不足和缺陷。通过绘制鱼骨图，可以识别出安全制度中存在的问题和漏洞，进而提出改进措施。这有助于完善安全制度，提高安全管理水平，确保生产、工作的安全稳定进行。

④ 员工安全意识提升。鱼骨图可以用于分析员工安全意识薄弱的原因。通过绘制鱼骨图，可以找出导致员工安全意识不足的各种因素，如培训不足、监管不到位等。针对这些因素，可以制定相应的培训计划和监管措施，提高员工的安全意识，减少因人为因素导致的安全事故。

⑤ 风险预测与预防。鱼骨图可以用于预测潜在的安全风险，并制定相应的预防措施。通过绘制鱼骨图，可以分析出可能导致安全风险的各种因素，并提前制定相应的应对措施。这有助于及时消除安全隐患，降低安全风险，确保生产、工作的顺利进行。

鱼骨图在安全管理中可以帮助企业和组织全面、系统地分析安全问题，找出问题的根源，制定针对性的预防措施和解决方案。通过运用鱼骨图，可以提高安全管理水平，减少安全事故的发生，保障员工和企业的安全。

复习思考题

1. 什么是创新？有何特征？
2. 创新思维的类型有哪些？
3. 如何进行批判性思维？
4. 思考三类问题分别需要怎样的对策。
5. 简述头脑风暴法的过程。
6. 尝试使用思维导图方法对本章知识进行总结。

安全文化点滴

参考文献

[1] 爱德华,德博诺.六顶思考帽[M].马睿,译,北京:中信出版社,2016.
[2] 曹裕,陈劲.创新思维与创新管理[M].北京:清华大学出版社,2017.
[3] 陈宝智.安全原理[M].北京:化学工业出版社,2013.
[4] 陈金刚.安全管理学[M].北京:机械工业出版社,2023.
[5] 崔政斌,张美元,周礼庆.杜邦安全管理[M].北京:化学工业出版社,2019.
[6] 戴世强.企业安全风险管控与隐患排查实务[M].北京:人民日报出版社,2023.
[7] 段瑜,张开智.安全工程导论[M].北京:冶金工业出版社,2018.
[8] 法约尔.工业管理与一般管理[M].迟力耕,张璇,译.北京:机械工业出版社,2013.
[9] 范维澄,闪淳昌,等.公共安全与应急管理[M].北京:科学出版社,2017.
[10] 范维澄.公共安全科学导论[M].北京:科学出版社,2013.
[11] 傅贵.安全管理学:事故预防的行为控制方法[M].北京:科学出版社,2022.
[12] 龚建军.应急管理人员培训教材[M].北京:机械工业出版社,2019.
[13] 郝纳根.安全-Ⅰ与安全-Ⅱ:安全管理的过去和未来[M].孙佳,译.北京:中国工人出版社,2015.
[14] 贾进章,耿晓伟,李杰.应急管理学[M].徐州:中国矿业大学出版社,2023.
[15] 贾文耀.员工不安全行为的自我识别与防范[M].北京:人民日报出版社,2018.
[16] 姜奇平.海尔管理学:原则与框架[M].北京:中国财富出版社,2019.
[17] 康良国,吴超.安全绩效的研究框架构建[J].科技促进发展,2021,17(3):437-444.
[18] 康良国,吴超.大数据环境下企业安全绩效管理的基础性问题[J].中国安全生产科学技术,2020,16(10):5-11.
[19] 李爽.安全双重预防机制百问百答[M].徐州:中国矿业大学出版社,2023.
[20] 李遐桢.最新安全生产法条文对照与重点解读[M].北京:法律出版社,2021.
[21] 刘景良.安全管理[M].4版.北京:化学工业出版社,2021.
[22] 刘潜.安全科学和学科的创立与实践[M].北京:化学工业出版社,2010.
[23] 罗通元,吴超.量子心理视阈下的安全科学刍议[J].安全,2020,41(1):60-67.
[24] 罗通元,吴超.心理学视角下事故致因与行为探究综述[J].工业安全与环保,2018,44(1):82-87.
[25] 罗通元.安全信息学概论[M].北京:中国石化出版社,2021.
[26] 罗云,许铭.现代安全管理(第三版)[M].化学工业出版社,2016.
[27] 罗云.员工安全行为管理[M].2版.北京:化学工业出版社,2017.

[28] 美国项目管理协会.项目管理知识体系指南:PMBOK 指南[M].卢有杰,王勇,译.北京:电子工业出版社,2005.
[29] 邵辉,赵庆贤,葛秀坤,等.安全心理与行为管理[M].2 版.北京:化学工业出版社,2017.
[30] 泰勒.科学管理原理[M].朱碧云,译.北京:北京大学出版社,2013.
[31] 田水承,景国勋.安全管理学[M].北京:机械工业出版社,2009.
[32] 王海清,张玉倩,郑威,等.基于主次屏障的化工装置事故根因分析及"双预"机制应用[J].中国安全科学学报,2024,34(2):131-137.
[33] 王起全,等.安全评价[M].2 版.北京:化学工业出版社,2024.
[34] 王硕,胡宁.管理学原理[M].北京:清华大学出版社,2018.
[35] 王文周.管理学:微课版[M].北京:北京师范大学出版社,2021.
[36] 维权帮.安全生产法看图一点通[M].北京:中国法制出版社,2020.
[37] 吴超,黄浪,王秉.新创理论安全模型[M].北京:机械工业出版社,2018.
[38] 吴超,王秉,黄浪.安全科学原理[M].2 版.北京:机械工业出版社,2023.
[39] 吴超,王秉.大学生安全文化[M].2 版.北京:机械工业出版社,2017.
[40] 吴超.安全科学方法学[M].北京:中国劳动社会保障出版社,2011.
[41] 吴超.公共安全管理的若干基础理论[J].安全,2021,42(4):1-7.
[42] 吴超.四十年的"安全"旅途:吴超学术随笔[M].长沙:中南大学出版社,2023.
[43] 吴穹.安全管理学[M].2 版.北京:煤炭工业出版社,2016.
[44] 西蒙.管理行为:珍藏版[M].詹正茂,译.北京:机械工业出版社,2013.
[45] 应急管理部培训中心.生产经营单位主要负责人和安全生产管理人员安全培训通用教材[M].徐州:中国矿业大学出版社,2019.
[46] 袁东升,程磊.安全工程学[M].徐州:中国矿业大学出版社,2020.
[47] 张英奎,孙军.现代管理学[M].2 版.北京:机械工业出版社,2013.
[48] 赵云胜,李升友.安全科学导论[M].北京:气象出版社,2014.
[49] 中国安全生产科学研究院.安全生产法律法规:2022 版[M].北京:应急管理出版社,2022.
[50] 中国安全生产科学研究院.安全生产管理:2022 版[M].北京:应急管理出版社,2022.
[51] 周延,姜威.安全管理学[M].徐州:中国矿业大学出版社,2013.
[52] DHILLON R K. Risk management in safety[M]. [s. l.]:CRC Press,2021.
[53] HARVEY R G. Safety science and risk management[M]. New York: Butterworth-Heinemann, 2020.
[54] HEINRICH H W. Industrial accident prevention[M]. New York: McGraw-Hill Education, 1941.
[55] HOLLNAGEL E. Safety psychology[M]. [s. l.]:CRC Press,2019.
[56] MCCANN C J. Accident prevention and safety management[M]. London: Routledge,2020.
[57] MCCANN C J. Modern safety management: theory and practice[M]. London: Routledge,2021.

[58] REGESTER M, COLLINS J O. Crisis management and emergency response[M]. Hoboken: John Wiley & Sons, 2023.

[59] SCHNEIDEWIND N F. System safety engineering: a practical approach[M]. 2nd ed. Hoboken: Wiley, 2022.

[60] TIDD J. From knowledge management to strategic competence[M]. 3rd ed. London: Imperial College Press, 2012.

附录　课外学术资源

开放科学计量学学习平台	安全科学技术的历史现状及发展趋势（一）	安全科学技术的历史现状及发展趋势（二）	安全科学技术的历史现状及发展趋势（三）
课外推荐读物	安全科学经典读物	安全管理文章合集	在线课程资源
曹刚讲安全	现代安全管理方法	吴超博客（科学网）	傅贵博客（科学网）
安全新语争鸣	安全新论	星罗云布	安全科学学术地图